Python 辅助 Word+Excel
让办公更高效

◎ 罗帅 罗斌 编著

清华大学出版社

北京

内 容 简 介

本书以"问题描述＋解决方案"的模式，通过 300 余个案例分别介绍使用 Python 代码批量处理 Excel 和 Word 的技术亮点。全书内容分为两部分：在第一部分的 Python 实战 Excel 案例中，主要介绍使用 Python 代码将多个工作表拼接成一个工作表；使用列表推导式累加多个工作表；使用对称差集方法筛选工作表；将一维工作表转换为二维工作表；使用插入行方法制作工资条；根据指定字符将单列拆分为多列；使用字典对工作表的数据分类求和；根据工作表的数据创建 3D 饼图、3D 条形图、3D 面积图、圆环图、柱形图、雷达图、气泡图、折线图、股票图等。在第二部分的 Python 实战 Word 案例中，主要介绍使用 Python 代码自定义 Word 文件的段落、块、节、样式、表格、图像等。通过本书案例的学习，读者不仅可以体验 Python 语言的精妙之处，还能对采用 Python 代码批量处理 Excel 文件和 Word 文件产生全新的认知。

本书适合作为 Python 程序员、数据分析师、营销人员、管理人员、科研人员、教师、学生等各类人士进行数据分析和办公事务处理的案头参考书，无论是初学者还是专业人士，本书都极具参考和收藏价值。

图书在版编目（CIP）数据

Python 辅助 Word＋Excel：让办公更高效/罗帅，罗斌编著.—北京：清华大学出版社，2022.1(2023.11重印)
ISBN 978-7-302-59246-4

Ⅰ.①P… Ⅱ.①罗…②罗… Ⅲ.①软件工具－程序设计②办公自动化－应用软件 Ⅳ.①TP311.561
②TP317.1

中国版本图书馆 CIP 数据核字(2021)第 191811 号

责任编辑：黄 芝 李 燕
封面设计：刘 键
责任校对：刘玉霞
责任印制：沈 露

出版发行：清华大学出版社
网　　　址：https://www.tup.com.cn, https://www.wqxuetang.com
地　　　址：北京清华大学学研大厦 A 座　　　邮　　编：100084
社 总 机：010-83470000　　　邮　　购：010-62786544
投稿与读者服务：010-62776969, c-service@tup.tsinghua.edu.cn
质量反馈：010-62772015, zhiliang@tup.tsinghua.edu.cn
课件下载：https://www.tup.com.cn,010-83470236
印 装 者：三河市君旺印务有限公司
经　　　销：全国新华书店
开　　　本：210mm×285mm　　　印　　张：31　　　字　　数：915 千字
版　　　次：2022 年 1 月第 1 版　　　印　　次：2023 年 11 月第 2 次印刷
印　　　数：2501 ～ 3000
定　　　价：99.80 元

产品编号：094092-01

前　言

Python 是一种开源的高级程序设计语言,该语言支持命令式编程、函数式编程以及面向对象编程。Python 语言由荷兰计算机程序员 Guido van Rossum 于 1989 年发明,第一个公开版本发行于 1991 年。与 Perl 语言一样,Python 源代码同样遵循 GPL(GNU General Public License,GNU 通用公共许可证)协议。Python 官方宣布,2020 年 1 月 1 日停止 Python 2 的更新,Python 2.7 被确定为最后一个 Python 2.x 版本。因此,Python 3 及其之后的版本是目前 Python 语言开发的主流,本书所有案例基于 Python 3.8 之后的版本。

Python 曾经是神经网络、机器学习、计算机视觉、机器人智能控制、工厂智能化的基础计算机语言。大量开源的第三方库为 Python 实现大数据处理、科学计算、数据分析、自动驾驶、自动化办公、自动化运维、图形图像处理、人脸识别、网络安全、移动互联、云计算与边缘计算等多个领域提供了强有力的便捷支持。此外,Python 还提供了丰富的 API(Application Programming Interface,应用程序接口)和工具,方便程序员在必要时可以使用其他语言来编写扩充模块,因此 Python 也被戏称为"胶水语言"。Python 正在被越来越多的人士喜爱和推崇。

人类社会已经进入大数据时代,大数据和人工智能技术正在各个领域深刻地改变着人们的工作方式和生活方式。不断产生和更新的大数据,其蕴含的商业价值和社会影响正在被越来越多的睿智之士所挖掘和关注。本书案例详细介绍了使用 Python 代码和 openpyxl、python-docx 等第三方库对微软的 Excel、Word 软件进行再次开发,实现类似于 VBA(Visual Basic for Application),但远远超越 VBA 的强大功能。

全书内容分为如下两部分。

第一部分:Python 实战 Excel 实例。主要介绍了使用 Python 代码和 openpyxl 库开发 Excel 的案例,如将一个工作表拆分成多个工作表;将多个工作表拼接成一个工作表;使用列表推导式累加多个工作表;使用对称差集方法筛选工作表;将一维工作表转换为二维工作表;将二维工作表转换为一维工作表;使用插入行方法制作工资条;使用集合推导式对行进行筛选;根据指定字符将单列拆分为多列;根据指定参数合并多个单元格;使用列表删除单元格的重复内容;使用字典对工作表的数据分类求和;根据工作表的数据创建 3D 饼图、3D 条形图、3D 面积图、柱形图、雷达图、气泡图、折线图、堆叠 3D 柱形图、堆叠折线图、嵌套圆环图、股票图等。

第二部分:Python 实战 Word 案例。主要介绍了使用 Python 代码和 python-docx 库开发 Word 的案例,例如,使用 Python 代码批量处理 Word 文件的段落、块、图像、表格、节、样式等。在日常工作中,微软的 Word 软件毫无疑问是编辑单个图文文件的不二选择,但是如果需要批量创建和修改多个相似的 Word 文件,使用 Python 代码和 python-docx 库将成倍提高工作效率。

本书的所有案例均源于工作实际,它将 Python 和 Excel、Word 软件有机结合起来,批量处理办公事务或进行数据分析,方便快捷、高效直观。本书全部代码均基于 Python 3.8、Office 2019,在 PyCharm 2019.3.5 x64 集成开发环境中编写并完成测试。阅读和使用本书案例需要读者具备一定的 Python 语言编程基础并了解微软的 Excel、Word 软件等操作常识。全书所有内容和思想并非一人之力所能及，而是凝聚了众多热心人士的智慧并经过充分提炼和总结而成的，在此对他们表示崇高的敬意和衷心的感谢！限于时间和作者水平，书中少量内容可能存在认识不全面或有偏颇，以及一些疏漏和不当之处，敬请读者批评指正。

　　读者可扫描封底刮刮卡内二维码获得权限，再扫描下方二维码，获取本书配套源代码。

作　者

2021 年 7 月

于重庆渝北

目录

C*ontents*

下载源码

第1部分

Python实战Excel案例

使用 Python 开发微软的 Excel 通常需要使用第三方库,如 xlrd、xlwt、xlutils、xlwings、win32com、openpyxl、pandas 等,各种第三方库都有自己独特的功能和缺陷,因此在采用这些第三方库之前需要慎重考虑。例如 xlrd 只能读取在 Excel 文件中的数据;xlwt 只能在 Excel 文件中写入数据;xlutils 虽然可以读写 Excel 文件的数据,但是它依赖于 xlrd 和 xlwt;xlwings 可以从 Excel 中调用 Python,也可在 Python 中调用 Excel;win32com 可以独立读写 Excel 文件的数据;openpyxl 也可以独立读写 Excel 文件的数据;pandas 能够读写在 Excel 文件中的数据,但是它需要 xlrd/xlwt/openpyxl/xlsxwriter 等库的配合。本书所有使用 Python 开发 Excel 的案例均采用 openpyxl 库。

001 批量创建空白的 Excel 文件

观看视频

此案例主要通过在 for 循环中调用 openpyxl. Workbook()方法和 Workbook 的 save()方法,从而实现根据不同的文件名称在指定目录中批量创建多个空白的 Excel 文件。当运行此案例的 Python 代码(A001.py 文件)之后,将自动在当前目录(MyCode\A001)中创建 7 个空白的 Excel 文件,效果分别如图 001-1 和图 001-2 所示。

A001.py 文件的 Python 代码如下:

```
#导入 openpyxl 库
import openpyxl
#设置分公司名称列表(myNames)
myNames = ['北京分公司','上海分公司','深圳分公司','西安分公司',
          '沈阳分公司','重庆分公司','武汉分公司']
#循环列表(myNames)的分公司名称(myName)
for myName in myNames:
    #根据分公司名称(myName)设置 Excel 文件的名称
    myPath = '结果表 - ' + myName + '2020 年度利润表.xlsx'
    #新建空白工作簿(myBook)
    myBook = openpyxl.Workbook()
    #根据参数(myPath)保存空白工作簿(myBook),即创建(保存)多个空白的 Excel 文件
    myBook.save(myPath)
```

在上面这段代码中,import openpyxl 表示导入操作 Excel 的 openpyxl 库。在 Python 代码中使用 openpyxl 库时,必须首先在工程中添加 openpyxl 库。在 PyCharm 集成开发环境中创建 Python 工程、编写代码及添加 openpyxl 库的步骤如下。

(1)启动(运行)PyCharm,弹出图 001-3 所示的工程创建对话框。

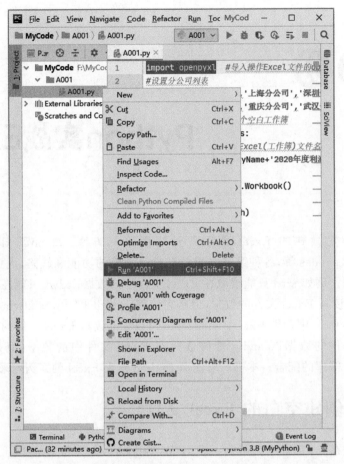

图　001-1

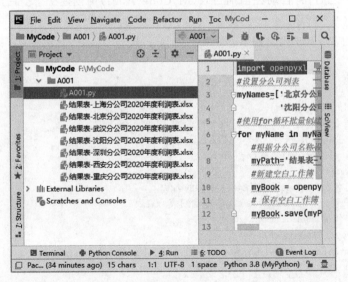

图　001-2

（2）在图 001-3 所示的对话框中单击 Create New Project 按钮，然后在弹出的对话框（New Project）的 Location 文本框中输入工程位置，如"F:\MyCode"，如图 001-4 所示，再单击 Create 按钮，PyCharm 即在指定位置新建工程 MyCode。

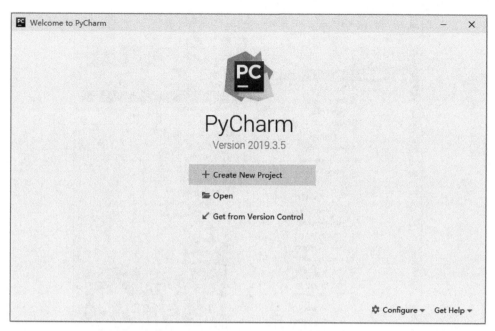

图　001-3

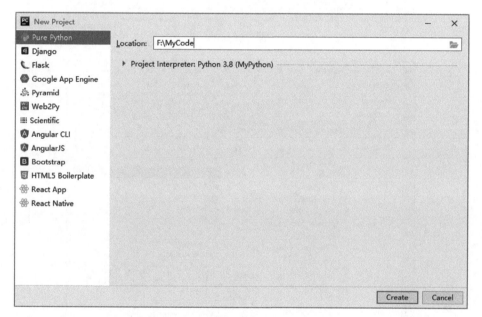

图　001-4

（3）在 PyCharm 中右击左侧 Project 下的工程名称 MyCode，在弹出的菜单中执行 New→Directory 命令，如图 001-5 所示，则将弹出 New Directory 对话框，然后在该对话框的输入框中输入目录名称 A001，按下 Enter 键，即完成在 MyCode 工程下新建 A001 目录。

（4）在 PyCharm 中右击 Project 下 MyCode→A001 目录，在弹出的菜单中执行 New→Python File 命令，如图 001-6 所示，则将弹出 New Python file 对话框，然后在该对话框的输入框中输入 Python 文件名称 A001，如图 001-7 所示，再按下 Enter 键，即完成在 MyCode\A001 目录下新建 A001.py 文件。

（5）此时在 A001.py 文件中输入 import openpyxl 代码，PyCharm 将自动检测到一个错误（No module named openpyxl），如图 001-8 所示，因此必须在工程中添加 openpyxl 库。

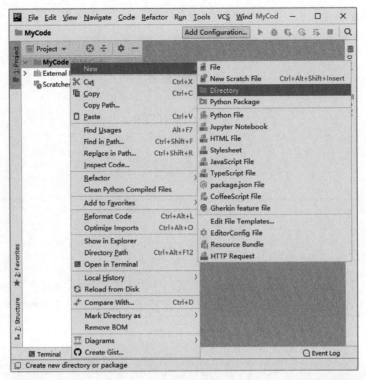

图 001-5

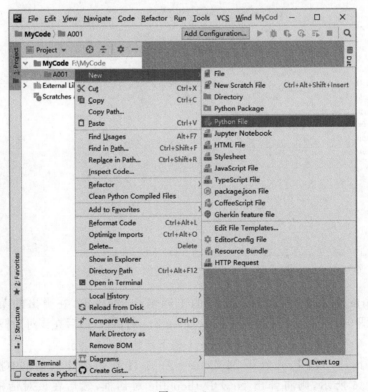

图 001-6

（6）首先在 PyCharm 左侧的 Project 中选择工程名称 MyCode，再执行 File→Settings 命令，即弹出 Settings 对话框。在 Settings 对话框左侧执行 Project：MyCode→Project Interpreter 命令，如图 001-9 所示，然后单击右侧的"＋"按钮，即弹出 Available Packages 对话框。

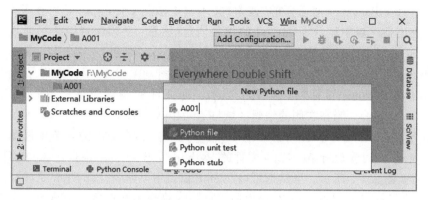

图　001-7

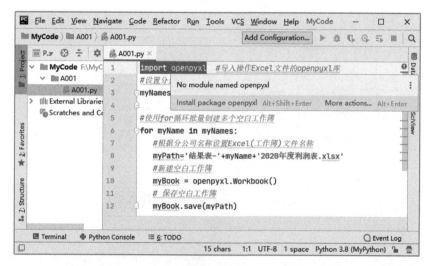

图　001-8

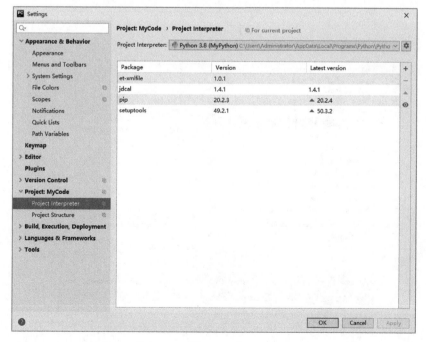

图　001-9

（7）在 Available Packages 对话框的"搜索"文本框中输入 openpyxl，然后在下面的列表中选择 openpyxl，则将在右侧区域中显示 openpyxl 的相关信息（注意：必须保持网络畅通），如图 001-10 所示。然后单击 Install Package 按钮，即执行在线安装 openpyxl 库（包）。在安装 openpyxl 库（包）成功之后则提示 Package 'openpyxl' installed successfully，如图 001-11 所示。此时依次关闭 Available Packages 对话框和 Settings 对话框，返回到 A001.py 文件的编辑对话框，则不会出现错误（No module named openpyxl）。当在右侧的编辑区域将 A001.py 文件的 Python 代码编写完成之后，即可在左侧 Project 下右击执行 MyCode→ A001→A001.py 命令，再在弹出的菜单中选择 Run 'A001'命令，如图 001-1 所示，此时将运行 A001.py 文件的 Python 代码，执行结果是在 A001 目录中批量生成 7 个 Excel 文件，如图 001-2 所示。当然也可以在 cmd 窗口中以命令行（python A001.py）风格实现相同的功能：即在执行 python A001.py 命令之前，使用 dir 命令不会在目录中显示 7 个 Excel 文件（因为不存在），当执行 python A001.py 命令之后，使用 dir 命令则在目录中显示 7 个 Excel 文件（因为刚刚创建），如图 001-12 所示。

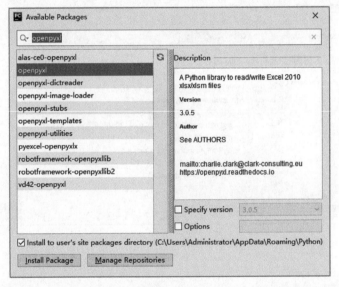

图　001-10

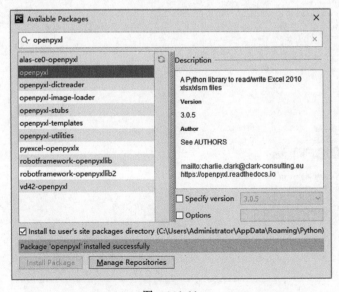

图　001-11

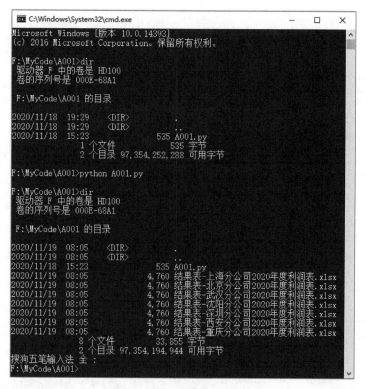

图　001-12

当在 MyCode 工程中成功添加 openpyxl 库之后,即可在 MyCode 工程的任何目录中添加 Python 文件,并在这些 Python 文件中任意调用 openpyxl 库的对象和方法执行 Excel 的相关操作。因此,本书中 Python 实战 Excel 的其他案例,不再罗列前述操作。关于如何安装 PyCharm 和 Python 3.8 解释器,请参考 PyCharm 安装教程(https://www.runoob.com/w3cnote/pycharm-windows-install.html)。此外,阅读和使用本书案例要求读者具备一定的 Python 语言编程基础和操作 Excel 的基本常识,关于 Python 语法基础可以参考 Python 基础语法教程(https://www.runoob.com/python/python-basic-syntax.html)。

需要说明的是:本书关于 Python 实战 Excel 的部分案例可能涉及较多的知识点,由于篇幅限制,这些知识点未在某个案例中集中介绍,而是分散在多个案例中,因此在单个案例中,只需要明白该案例强调的知识点即可;为了便于查找检索,本书有关 Python 实战 Excel 的案例按照工作簿、工作表、行、列、单元格、图表的顺序编写,由于相关知识本身有一定的交叉性和关联性,因此在阅读和使用时,如果遇到问题和困难可以在目录中查阅相关问题的介绍(因为有的知识点在前面的案例中必须使用,但它编排在后面的案例中)。

此案例的源文件是 MyCode\A001\A001.py。

002　批量创建非空白的 Excel 文件

观看视频

此案例主要通过使用 while 循环以及 openpyxl.load_workbook()方法和 Workbook 的 save()方法,从而实现在当前目录中根据已经存在的 Excel 文件批量创建多个非空白的 Excel 文件。当运行此案例的 Python 代码(A002.py 文件)之后,将自动根据"利润表.xlsx"文件,在当前目录(MyCode\A002)中创建内容完全相同的 7 个 Excel 文件,如"结果表-上海分公司 2020 年度利润表.xlsx"等,效果分别如图 002-1 和图 002-2 所示。

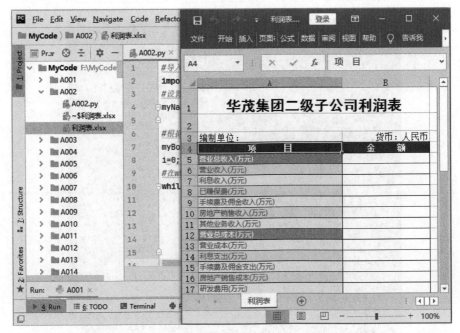

图　002-1

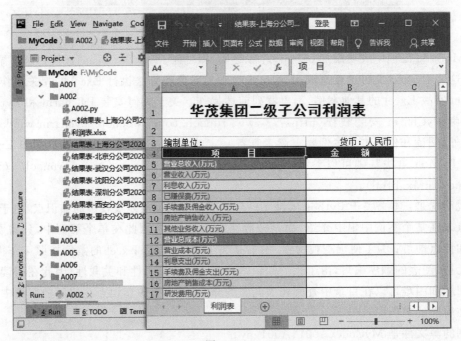

图　002-2

A002.py 文件的 Python 代码如下：

```
# 导入 openpyxl 库
import openpyxl as myOpenpyxl
# 设置分公司名称列表(myNames)
myNames = ['北京分公司','上海分公司','深圳分公司','西安分公司',
          '沈阳分公司','重庆分公司','武汉分公司']
# 根据"利润表.xlsx"文件创建工作簿(myBook)
```

```
myBook = myOpenpyxl.load_workbook('利润表.xlsx')
i = 0;myLength = len(myNames)
♯在 while 循环中批量创建与"利润表.xlsx"内容完全相同的 Excel 文件
while i < myLength:
        ♯根据分公司名称设置各个 Excel 文件的名称
        myPath = '结果表－' + myNames[i] + '2020 年度利润表.xlsx'
        i += 1
        ♯保存工作簿(myBook)或者说将工作簿(myBook)另存为 Excel 文件
        myBook.save(myPath)
```

在上面这段代码中,import openpyxl as myOpenpyxl 表示在当前代码中导入 openpyxl 库,并使用 myOpenpyxl 名称代替 openpyxl 名称,as 的这种功能在第三方库名称超长时特别有用。myBook = myOpenpyxl.load_workbook('利润表.xlsx')表示根据"利润表.xlsx"文件创建 Workbook 对象 (myBook)。myBook.save(myPath)表示根据指定的参数(myPath)保存工作簿(或者说保存 Excel 文件)。注意:如果 Excel 文件已经存在,则正在保存的 Excel 文件将覆盖已经存在的 Excel 文件,且没有任何提示。

此案例的源文件是 MyCode\A002\A002.py。

003　使用字典拆分多个工作簿

观看视频

此案例主要通过使用 Python 语言的字典,从而实现根据特定的分类原则将一个工作簿(的工作表数据)拆分成多个工作簿(的工作表数据)。当运行此案例的 Python 代码(A309.py 文件)之后,将根据录取院校把"录取表.xlsx"文件的录取表数据拆分到各个录取院校工作簿(各个 Excel 文件)中,效果分别如图 003-1 和图 003-2 所示。

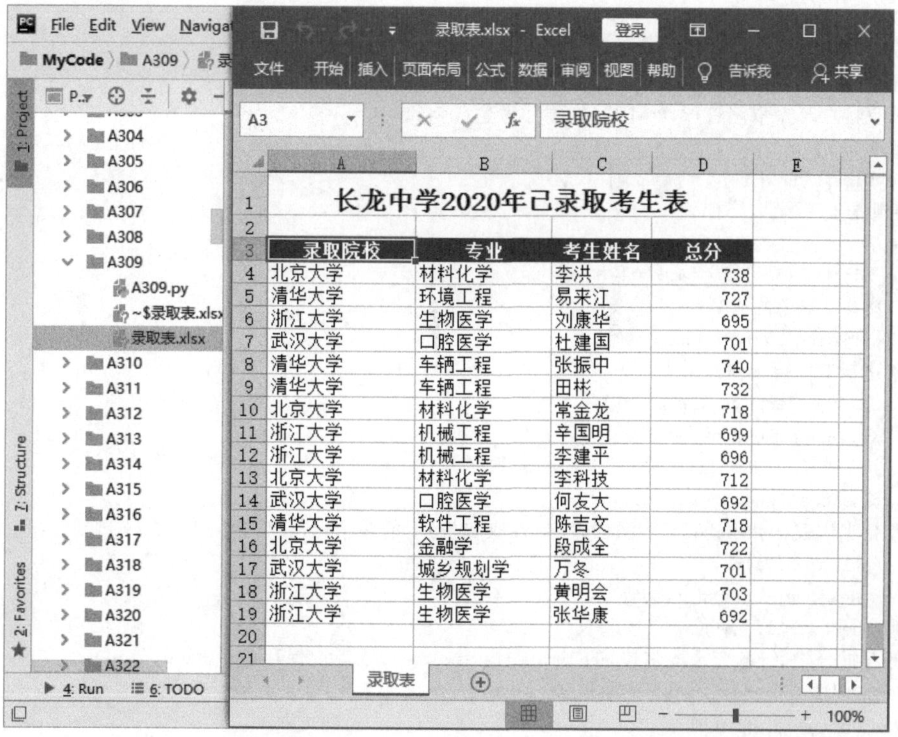

图　003-1

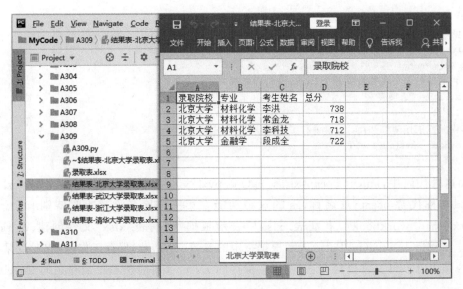

图　003-2

A309.py 文件的 Python 代码如下：

```python
import openpyxl
#读取"录取表.xlsx"文件
myBook = openpyxl.load_workbook('录取表.xlsx')
mySheet = myBook['录取表']
#按行获取录取表(mySheet)的单元格数据(myRange)
myRange = list(mySheet.values)
#创建空白字典(myDict)
myDict = {}
#从录取表(myRange)的第4行开始循环(到最后一行)
for myRow in myRange[3:]:
    #如果在字典(myDict)中存在某录取院校(myRow[0]),
    #则直接在某录取院校(myRow[0])中添加考生([myRow])
    if myRow[0] in myDict.keys():
        myDict[myRow[0]] += [myRow]
    #否则创建新录取院校
    else:
        myDict[myRow[0]] = [myRow]
#循环字典(myDict)的成员
for myKey,myValue in myDict.items():
    #创建新工作簿(myNewBook)
    myNewBook = openpyxl.Workbook()
    myNewSheet = myNewBook.active
    #在新工作表(myNewSheet)中添加表头(录取院校、专业、考生姓名、总分)
    myNewSheet.append(myRange[2])
    #在新工作表(myNewSheet)中添加键名(录取院校)下的多个键值(考生)
    for myRow in myValue:
        myNewSheet.append(myRow)
    myNewSheet.title = myKey + '录取表'
    #保存拆分之后(各个录取院校)的工作簿(myNewBook),或者说保存各个 Excel 文件
    myPath = '结果表－' + myKey + '录取表.xlsx'
    myNewBook.save(myPath)
```

在上面这段代码中,字典(myDict)的作用就是以"录取院校"作为键名,在该键名下添加键值(即添加录取院校录取的多个考生),从而实现对所有考生进行归类。在此案例中,当字典(myDict)添加了考生以后,其保存的考生内容如下:

```
{'北京大学': [('北京大学','材料化学','李洪',738),('北京大学','材料化学','常金龙',718),('北京大学','材料化学','李科技',712),('北京大学','金融学','段成全', 722)],'清华大学': [('清华大学','环境工程','易来江',727),('清华大学','车辆工程','张振中',740),('清华大学','车辆工程','田彬',732),('清华大学','软件工程','陈吉文',718)],'浙江大学': [('浙江大学','生物医学','刘康华',695),('浙江大学','机械工程','辛国明',699),('浙江大学','机械工程','李建平',696),('浙江大学','生物医学','黄明会',703),('浙江大学','生物医学','张华康',692)],'武汉大学':[('武汉大学','口腔医学','杜建国',701),('武汉大学','口腔医学','何友大',692),('武汉大学','城乡规划学','万冬',701)]}
```

在创建多个工作簿时,则根据键名(录取院校)在每个工作簿的活动工作表中直接添加该键名(录取院校)的所有键值(即录取院校录取的多个考生),最后将每个工作簿保存为 Excel 文件。在此案例中,myDict[myRow[0]]＝[myRow]也可以写成 myDict.update({myRow[0]：[myRow]})。

此案例的源文件是 MyCode\A309\A309.py。

004　使用嵌套字典拆分多个工作簿

观看视频

此案例主要通过使用 Python 语言的嵌套字典,从而实现根据特定的分类原则将一个工作簿(的工作表数据)拆分成多个工作簿(的多个工作表数据)。当运行此案例的 Python 代码(A310.py 文件)之后,将按照录取院校和专业分类,把"录取表.xlsx"文件的录取表数据拆分到各个录取院校(包含各个专业的多个工作表)工作簿(各个 Excel 文件)中,效果分别如图 004-1 和图 004-2 所示。

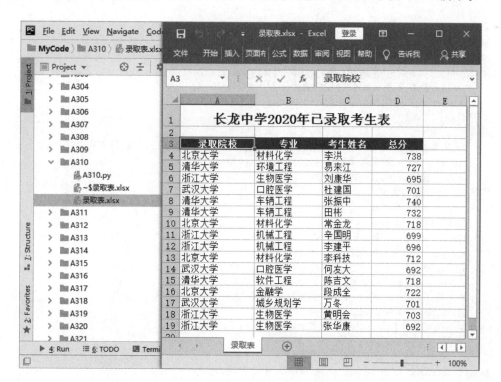

图　004-1

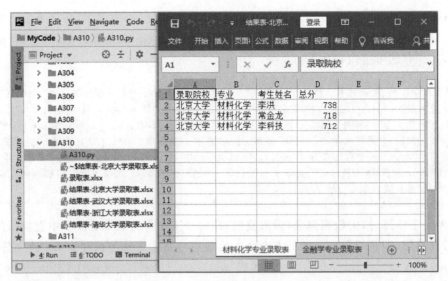

图　004-2

A310.py 文件的 Python 代码如下:

```python
import openpyxl
#读取"录取表.xlsx"文件
myBook = openpyxl.load_workbook('录取表.xlsx')
mySheet = myBook['录取表']
#按行获取录取表(mySheet)的单元格数据(myRange)
myRange = list(mySheet.values)
#创建空白字典(myDict)
myDict = {}
#从录取表(myRange)的第4行开始循环(到最后一行)
for myRow in myRange[3:]:
    #如果在字典(myDict)中存在某录取院校且存在该录取院校的某专业
    if myRow[0] in myDict.keys() and myRow[1] in myDict[myRow[0]].keys():
        #则直接在某录取院校的某专业中添加考生([myRow])
        myDict[myRow[0]][myRow[1]] += [myRow]
    #否则
    else:
        #如果在字典(myDict)中不存在某录取院校,则首先创建某录取院校及其专业
        if myRow[0] not in myDict.keys(): myDict[myRow[0]] = {}
        myDict[myRow[0]][myRow[1]] = [myRow]
#循环字典(myDict)的成员
for myKey1,myValue1 in myDict.items():
    #创建新工作簿(myNewBook)
    myNewBook = openpyxl.Workbook()
    for myKey2, myValue2 in myValue1.items():
        #根据键名(myKey2)创建新工作表(myNewSheet)
        myNewSheet = myNewBook.create_sheet(myKey2 + "专业录取表")
        #在新工作表(myNewSheet)中添加表头(录取院校、专业、考生姓名、总分)
        myNewSheet.append(myRange[2])
        #在新工作表(myNewSheet)中添加键名(专业)下的多个键值(考生)
        for myRow in myValue2:
            myNewSheet.append(myRow)
    myNewBook.remove(myNewBook['Sheet'])
    #保存拆分之后(各个录取院校)的工作簿(myNewBook),即保存各个 Excel 文件
    myPath = '结果表 - ' + myKey1 + '录取表.xlsx'
    myNewBook.save(myPath)
```

在上面这段代码中,myDict＝{}表示创建空白字典,该空白字典最后将形成嵌套的字典,即在字典之中还有子字典。Python 语言的嵌套字典格式如下:myDict＝{Parentkey1:{ChildKey1:ChildValue1},Parentkey2:{ChildKey2:ChildValue2}…},在此案例中,最后形成的嵌套字典(myDict)的内容如下:

```
{'北京大学':{'材料化学':[('北京大学','材料化学','李洪',738),('北京大学','材料化学','常金龙',718),
('北京大学','材料化学','李科技',712)],'金融学':[('北京大学','金融学','段成全',722)]},'清华大学':{'环
境工程':[('清华大学','环境工程','易来江',727)],'车辆工程':[('清华大学','车辆工程','张振中',740),('清
华大学','车辆工程','田彬',732)],'软件工程':[('清华大学','软件工程','陈吉文',718)]},'浙江大学':{'生物
医学':[('浙江大学','生物医学','刘康华',695),('浙江大学','生物医学','黄明会',703),('浙江大学','生物医
学','张华康',692)],'机械工程':[('浙江大学','机械工程','辛国明',699),('浙江大学','机械工程','李建平',
696)]},'武汉大学':{'口腔医学':[('武汉大学','口腔医学','杜建国',701),('武汉大学','口腔医学','何友大',
692)],'城乡规划学':[('武汉大学','城乡规划学','万冬',701)]}}
```

在上面这个嵌套字典(myDict)中,"武汉大学"是父键,"口腔医学"是子键,"杜建国"这行数据是(可以有多个)子键值,其余以此类推。

此案例的源文件是 MyCode\A310\A310.py。

005　在工作簿中创建空白工作表

观看视频

此案例主要通过在 for 循环中使用 Workbook 的 create_sheet()方法,从而实现在工作簿中批量创建多个空白的工作表。当运行此案例的 Python 代码(A005.py 文件)之后,将在"利润表.xlsx"文件中新建 12 个空白的工作表,即 1 月份利润表～12 月份利润表效果如图 005-1 所示。需要说明的是:本书所有的 Python 实战 Excel 案例如无特别提示,"结果表-XXX.xlsx"均为在 Python 代码运行之后生成的 Excel 文件(即案例代码实现的目的)中,"XXX.xlsx"则是在 Python 代码运行之前的 Excel 文件。

图　005-1

A005.py 文件的 Python 代码如下:

```python
import openpyxl
myBook = openpyxl.load_workbook('利润表.xlsx')
myNames = ['1 月份利润表','2 月份利润表','3 月份利润表','4 月份利润表',
          '5 月份利润表','6 月份利润表','7 月份利润表','8 月份利润表',
          '9 月份利润表','10 月份利润表','11 月份利润表','12 月份利润表']
# 循环列表(myNames)的表名(myName),如'1 月份利润表'等
for myName in myNames:
    # 根据表名(myName)在工作簿(myBook)中创建空白的工作表
    myBook.create_sheet(myName)
myBook.save('结果表 - 利润表.xlsx')
```

在上面这段代码中,myBook. create_sheet(myName)表示根据指定的名称(myName)在工作簿(myBook)中创建空白的工作表,如果使用 myBook. create_sheet(),则创建的空白工作表的表名将按照 Sheet1、Sheet2、Sheet3、Sheet4、Sheet5 等风格命名。

此案例的源文件是 MyCode\A005\A005. py。

观看视频

006   根据指定位置创建空白工作表

此案例主要通过在 Workbook 的 create_sheet()方法中设置位置参数,从而实现在工作簿中根据指定位置创建空白的工作表。当运行此案例的 Python 代码(A006. py 文件)之后,将在"利润表. xlsx"文件中每间隔一个位置创建一个空白的工作表,代码运行前后的效果分别如图 006-1 和图 006-2 所示。

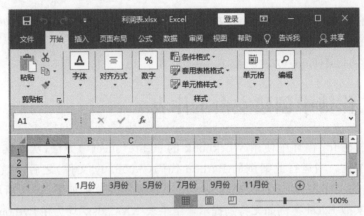

图   006-1

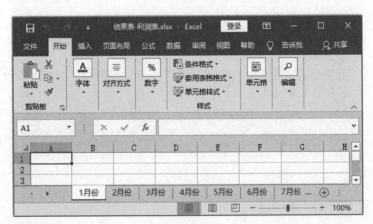

图   006-2

A006. py 文件的 Python 代码如下:

```python
import openpyxl
myBook = openpyxl.load_workbook('利润表.xlsx')
myNames = ['2月份','4月份','6月份','8月份','10月份','12月份']
i = 0;myLength = len(myBook.worksheets)
while i < myLength:
    ♯在工作簿(myBook)的指定位置(i * 2 + 1)创建空白的工作表
```

```
        myBook.create_sheet(myNames[i],i*2+1)
        i += 1
myBook.save('结果表-利润表.xlsx')
```

在上面这段代码中,myBook. create_sheet(myNames[i],i*2+1)表示在工作簿(myBook)的指定位置(i*2+1)创建空白的工作表,create_sheet()方法的语法格式如下:

```
create_sheet(title = None,[index = None])
```

其中,参数 title 代表空白工作表的名字,参数 index 代表空白工作表的位置(从左到右索引依次为 0、1、2…),类型为 int,该参数可以省略,也可以是负值。

此案例的源文件是 MyCode\A006\A006. py。

007　在工作簿中复制多个工作表

观看视频

此案例主要通过在 for 循环中使用 Workbook 的 copy_worksheet()方法,从而实现在工作簿中根据已经存在的工作表批量复制多个内容和格式完全相同的工作表。当运行此案例的 Python 代码(A008. py 文件)之后,将在"利润表.xlsx"文件中复制 12 个与利润表的内容和格式完全相同的工作表,即 1 月份利润表、2 月份利润表、3 月份利润表、4 月份利润表等工作表,代码运行前后的效果分别如图 007-1 和图 007-2 所示。

图　007-1

图　007-2

A008.py 文件的 Python 代码如下：

```python
import openpyxl
myBook = openpyxl.load_workbook('利润表.xlsx')
myNames = ['1 月份利润表', '2 月份利润表', '3 月份利润表', '4 月份利润表',
            '5 月份利润表', '6 月份利润表', '7 月份利润表', '8 月份利润表',
            '9 月份利润表', '10 月份利润表', '11 月份利润表', '12 月份利润表']
# 循环列表(myNames)的表名(myName),如'1 月份利润表'等
for myName in myNames:
    # 在工作簿(myBook)中根据利润表(myBook.worksheets[0])复制工作表(mySheet)
    mySheet = myBook.copy_worksheet(myBook.worksheets[0])
    # 重新设置复制工作表的表名
    mySheet.title = myName
myPath = '结果表 - 利润表.xlsx'
myBook.save(myPath)
```

在上面这段代码中，mySheet＝myBook.copy_worksheet(myBook.worksheets[0])表示在工作簿(myBook)中复制一个与利润表（myBook.worksheets[0]）的内容和格式完全相同的工作表(mySheet)，注意：参数 myBook.worksheets[0]是工作表对象，不是工作表表名。

此案例的源文件是 MyCode\A008\A008.py。

观看视频

008 在工作簿中根据表名删除工作表

此案例主要通过在 if 条件语句中使用 Workbook 的 remove()方法，从而实现在工作簿中根据表名删除指定的工作表。当运行此案例的 Python 代码（A010.py 文件）之后，将在"利润表.xlsx"文件中删除表名包含"华东"的工作表，代码运行前后的效果分别如图 008-1 和图 008-2 所示。

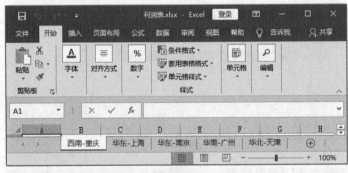

图　008-1

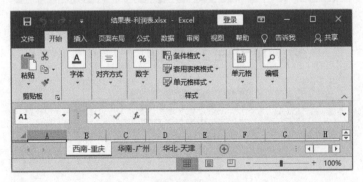

图　008-2

A010.py 文件的 Python 代码如下：

```
import openpyxl
myBook = openpyxl.load_workbook('利润表.xlsx')
#循环工作簿(myBook)的工作表(mySheet)
for mySheet in myBook.worksheets:
    #如果工作表(mySheet)的表名包含'华东',则删除工作表(mySheet)
    if mySheet.title.split('-')[0] == '华东':
        myBook.remove(mySheet)
myBook.save('结果表-利润表.xlsx')
```

在上面这段代码中，mySheet.title.split('-')[0]=='华东'表示使用"-"符号将工作表(mySheet)的表名拆分为多个列表成员，如果列表的第 1 个成员是"华东"，则使用 myBook.remove(mySheet)从工作簿(myBook)中删除该工作表(mySheet)。

此案例的源文件是 MyCode\A010\A010.py。

009　在工作簿中根据位置删除工作表

观看视频

此案例主要通过在 Workbook 的 remove()方法的参数中根据索引位置指定工作表，从而实现在工作簿中根据索引位置删除工作表。当运行此案例的 Python 代码（A009.py 文件）之后，将在"利润表.xlsx"文件中删除月份数为奇数的工作表，保留月份数为偶数的工作表，代码运行前后的效果分别如图 009-1 和图 009-2 所示。

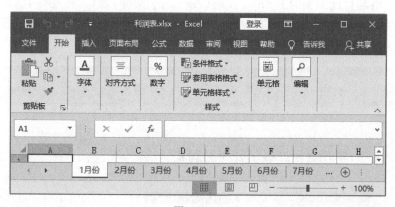

图　009-1

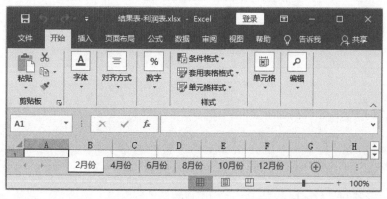

图　009-2

A009.py 文件的 Python 代码如下：

```
import openpyxl
myBook = openpyxl.load_workbook('利润表.xlsx')
myNames = myBook.sheetnames
i = 0;myLength = len(myNames)
while i < myLength:
        #如果工作表表名的月份数为奇数,则删除
        if i % 2 == 0:
            myBook.remove(myBook[myNames[i]])
        i += 1
myBook.save('结果表 - 利润表.xlsx')
```

在上面这段代码中,myBook.remove(myBook[myNames[i]])表示在工作簿(myBook)中删除指定的工作表(myBook[myNames[i]])。需要注意的是：当在工作簿中删除多个工作表时,应该小心使用索引指定将要删除的工作表,因为每执行一次删除工作表的操作,工作簿的所有工作表的索引将发生变动。

此案例的源文件是 MyCode\A009\A009.py。

010　自定义活动工作表的表名

观看视频

此案例主要通过使用工作簿的 active 属性和工作表的 title 属性,从而实现在工作簿中自定义活动工作表的表名。当运行此案例的 Python 代码(A003.py 文件)之后,将在"利润表.xlsx"文件中把当前活动工作表的表名从"2 季度利润表"修改为"2020 年 2 季度利润表",代码运行前后的效果分别如图 010-1 和图 010-2 所示。

图　010-1

A003.py 文件的 Python 代码如下：

```
import openpyxl
myBook = openpyxl.load_workbook('利润表.xlsx')
mySheet = myBook.active
mySheet.title = '2020 年' + mySheet.title
myBook.save('结果表 - 利润表.xlsx')
```

图　010-2

在上面这段代码中，mySheet＝myBook.active表示通过active属性获取工作簿（myBook）的活动工作表（mySheet），mySheet.title表示活动工作表（mySheet）的表名。在Excel中，活动工作表在指定以后必须保存，然后退出Excel才有效。在此案例中，如果在Excel中指定"2季度利润表"为活动工作表，然后保存退出，则在运行Python代码（A003.py文件）之后，"2季度利润表"将被修改为"2020年2季度利润表"；如果在Excel中指定"3季度利润表"为活动工作表，然后保存退出，则在运行Python代码（A003.py文件）之后，"3季度利润表"将被修改为"2020年3季度利润表"，以此类推；如果新指定活动工作表，但是未保存退出，则新指定的活动工作表无效。

此案例的源文件是MyCode\A003\A003.py。

011　自定义所有工作表的表名

观看视频

此案例主要通过在for循环中使用工作簿的worksheets属性和工作表的title属性，从而实现在工作簿中自定义所有工作表的表名。当运行此案例的Python代码（A004.py文件）之后，将在"利润表.xlsx"文件的所有工作表的表名前面添加"2020年"，如将"1季度利润表"修改为"2020年1季度利润表"等，代码运行前后的效果分别如图011-1和图011-2所示。

图　011-1

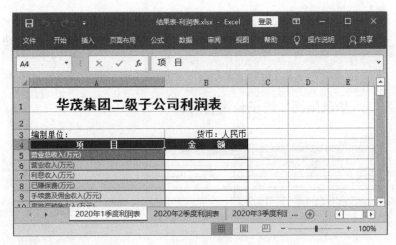

图　011-2

A004.py 文件的 Python 代码如下：

```
import openpyxl
myBook = openpyxl.load_workbook('利润表.xlsx')
♯循环工作簿(myBook.worksheets)的工作表(mySheet)
for mySheet in myBook.worksheets:
    ♯根据工作表(mySheet)的表名设置新的表名
    mySheet.title = '2020年' + mySheet.title
myBook.save('结果表 - 利润表.xlsx')
```

在上面这段代码中，myBook.worksheets 表示工作簿（myBook）的所有工作表。for mySheet in myBook.worksheets 表示逐个循环工作簿（myBook）的所有工作表（worksheets）。mySheet.title = '2020年' + mySheet.title 表示在工作表（mySheet）的表名前面（左边）添加"2020年"。

此案例的源文件是 MyCode\A004\A004.py。

观看视频

012　自定义工作表的表名背景颜色

此案例主要通过在 while 循环中使用工作表的 tabColor 属性，从而实现在工作簿中根据指定条件批量自定义多个工作表的表名（标签）的背景颜色。当运行此案例的 Python 代码（A007.py 文件）之后，将在"利润表.xlsx"文件中把所有月份数为奇数的工作表的表名（标签）背景设置为红色，代码运行前后的效果分别如图 012-1 和图 012-2 所示。

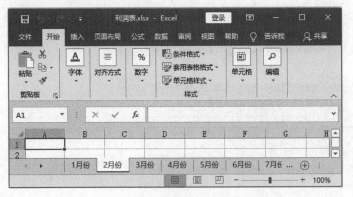

图　012-1

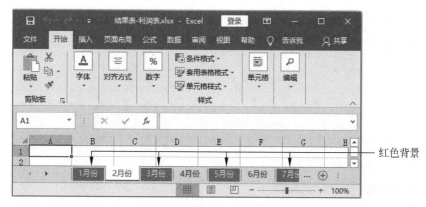

图　012-2

A007.py 文件的 Python 代码如下：

```python
import openpyxl
myBook = openpyxl.load_workbook('利润表.xlsx')
i = 0;myLength = len(myBook.worksheets)
while i < myLength:
    #如果工作表的表名月份数为奇数,则设置工作表的表名标签背景为红色
    if i % 2 == 0:
        myBook.worksheets[i].sheet_properties.tabColor = 'FF0000'
    i += 1
myBook.save('结果表 - 利润表.xlsx')
```

在上面这段代码中,myBook.worksheets[i].sheet_properties.tabColor='FF0000'表示设置指定
工作表(worksheets[i])的表名标签背景为红色,sheet_properties.tabColor 目前仅支持 RRGGBB 格
式的颜色代码。如果 myBook.worksheets[i].sheet_properties.tabColor='00FF00',则将设置指定
工作表(myBook.worksheets[i])的表名标签背景为绿色。

此案例的源文件是 MyCode\A007\A007.py。

013　设置修改工作表的保护密码

观看视频

此案例主要通过使用密码设置工作表的 password 属性,从而实现使用密码禁止修改工作表。当
运行此案例的 Python 代码(A469.py 文件)之后,将生成一个有密码保护的 Excel 文件"结果表-员工
表.xlsx"。如果在 Excel 中试图修改"结果表-员工表.xlsx"文件的员工表数据,则将弹出一个保护对
话框,如图 013-1 所示,此时应该单击"确定"按钮首先退出该对话框,然后执行"审阅"→"撤销工作表
保护"命令,在弹出的"撤销工作表保护"对话框中输入预设的密码 123456,在单击"确定"按钮之后即
可正常修改此工作表,如图 013-2 所示。

A469.py 文件的 Python 代码如下：

```python
import openpyxl
myBook = openpyxl.load_workbook('员工表.xlsx')
mySheet = myBook.active
#mySheet.protection.sheet = True
#设置修改工作表的保护密码
mySheet.protection.password = '123456'
myBook.save('结果表 - 员工表.xlsx')
```

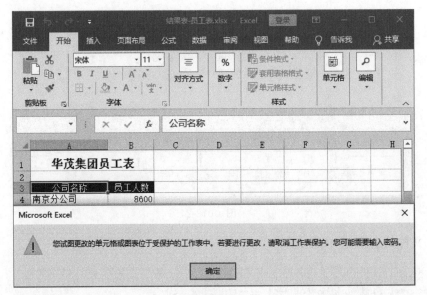

图　013-1

图　013-2

在上面这段代码中，mySheet. protection. password＝'123456'表示设置工作表（mySheet）的保护密码是 123456，在 Excel 中修改工作表（mySheet）时需要输入此密码；如果仅设置 mySheet. protection. sheet＝True，则在 Excel 中修改工作表（mySheet）时就不需要输入密码，直接执行"审阅"→"撤销工作表保护"命令即可。

此案例的源文件是 MyCode\A469\A469. py。

014　在指定位置插入多个空白行

观看视频

此案例主要通过使用 Worksheet 的 insert_rows()方法，从而实现在工作表的指定位置之前插入多个空白行。当运行此案例的 Python 代码（A011. py 文件）之后，在"收入表. xlsx"文件的收入表的第 6 行之前将插入 2 个空白行，代码运行前后的效果分别如图 014-1 和图 014-2 所示。

图　014-1

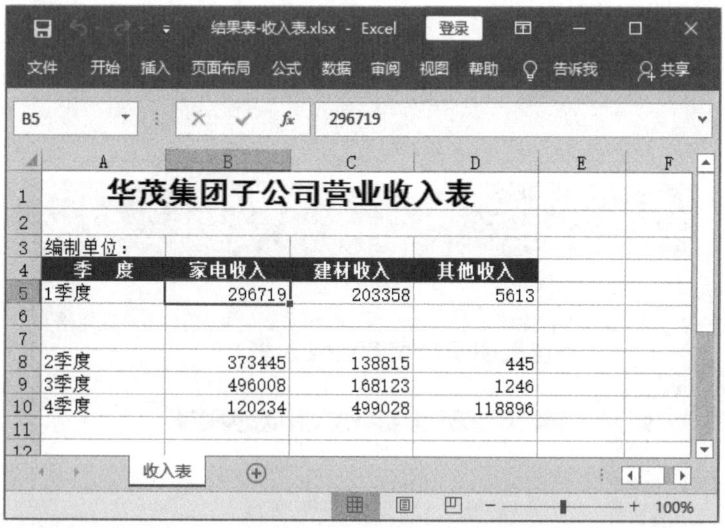

图　014-2

A011.py 文件的 Python 代码如下：

```
import openpyxl
myBook = openpyxl.load_workbook('收入表.xlsx')
mySheet = myBook.active
#在收入表(mySheet)的第6行之前插入2个空白行
mySheet.insert_rows(6,2)
myBook.save('结果表-收入表.xlsx')
```

　　在上面这段代码中，mySheet.insert_rows(6,2)表示在收入表(mySheet)的第6行之前插入2个空白行，insert_rows()方法的第1个参数表示插入位置，第2个参数表示插入空白行的行数；如果仅需要在收入表(mySheet)的第6行之前插入1个空白行，则也可以写成 mySheet.insert_rows(6)。

　　此案例的源文件是 MyCode\A011\A011.py。

观看视频

015　在工作表的末尾添加新行

　　此案例主要通过在 for 循环中使用 Worksheet 的 append()方法，从而实现以行为单位在工作表的末尾添加多行数据。当运行此案例的 Python 代码（A060.py 文件）之后，在"收入表.xlsx"文件的收入表的末尾将添加 2、3、4 季度的收入数据，代码运行前后的效果分别如图 015-1 和图 015-2 所示。

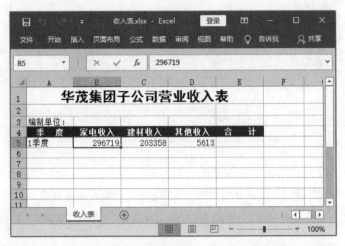

图　015-1

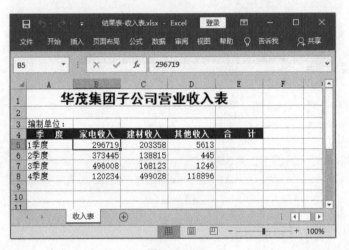

图　015-2

　　A060.py 文件的 Python 代码如下：

```
import openpyxl
myBook = openpyxl.load_workbook('收入表.xlsx')
mySheet = myBook.active
myList = [['2 季度',373445,138815,445],['3 季度',496008,168123,1246],
        ['4 季度',120234,499028,118896]]
# 循环列表(myList)的行(myRow)数据
for myRow in myList:
    # 根据行(myRow)数据在收入表(mySheet)的末尾添加新行
    mySheet.append(myRow)
myBook.save('结果表 - 收入表.xlsx')
```

在上面这段代码中，mySheet.append(myRow)表示向收入表(mySheet)的末尾添加 1 行数据(myRow)，myRow 可以是包含多个成员的列表。

此案例的源文件是 MyCode\A060\A060.py。

016　在起始为空的工作表中添加数据

此案例主要通过使用 Python 语言的字典设置 Worksheet 的 append()方法的参数，并将字典的键名设置为列号，从而实现在起始（首行首列）为空的工作表中整行地添加数据。当运行此案例的Python 代码(A234.py 文件)之后，将从"收入表.xlsx"文件的收入表的 C10 单元格开始添加两行数据，即 3 季度和 4 季度的收入数据，代码运行前后的效果分别如图 016-1 和图 016-2 所示。

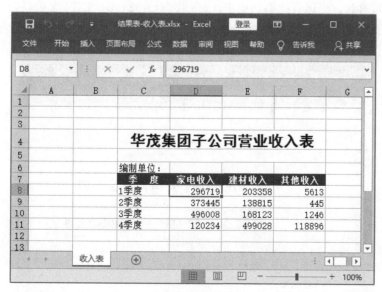

图　016-1

图　016-2

A234.py 文件的 Python 代码如下：

```
import openpyxl
myBook = openpyxl.load_workbook('收入表.xlsx')
mySheet = myBook.active
♯ 在收入表(mySheet)的末尾添加新行
mySheet.append({'C':'3 季度','D':496008,'E':168123,'F':1246})
mySheet.append({'C':'4 季度','D':120234,'E':499028,'F':118896})
myBook.save('结果表 - 收入表.xlsx')
```

在上面这段代码中，mySheet.append({'C':'3 季度','D':496008,'E':168123,'F'：1246})表示将"3 季度"写入收入表(mySheet)的最后一行的 C 列，将 496008 写入收入表(mySheet)的最后一行的 D 列，将 168123 写入收入表(mySheet)的最后一行的 E 列，将 1246 写入收入表(mySheet)的最后一行的 F 列。由于通过字典的键名控制了列号，因此采用此方式能够实现在最后一行的部分单元格中写入值，例如：mySheet.append({'C':'3 季度','F':1246})将在收入表(mySheet)的最后一行的 D 列和 E 列中不写入数据，仅在 C 列和 F 列中写入数据。如果在 append()方法中直接使用列表作为参数，如 mySheet.append(['3 季度',496008,168123,1246])，则该行数据将添加到收入表(mySheet)的 A 列中，而不是 C 列中。此外，列名采用数字指定也是正确的，例如：mySheet.append({3:'3 季度',4：496008，5：168123,6：1246})也能在收入表(mySheet)的末尾添加 1 行数据；甚至列名可以采用字母和数字混写的方式，例如：mySheet.append({ 3:'3 季度','D':496008,5：168123,6：118896})也能实现相同的功能。

此案例的源文件是 MyCode\A234\A234.py。

017   在起始为空的工作表中计算数据

观看视频

此案例主要通过使用 Worksheet 的 min_row、min_column、max_row、max_column 属性设置 iter_cols()方法的 min_row、min_col、max_row、max_col 参数，从而实现读写起始(首行首列)为空的工作表数据，并按列求和。当运行此案例的 Python 代码(A034.py 文件)之后，将计算"收入表.xlsx"文件的收入表(前几行和前几列为空白的工作表)的各个类别的收入合计，代码运行前后的效果分别如图 017-1 和图 017-2 所示。

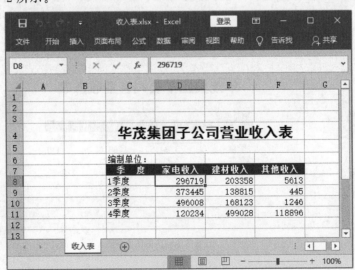

图   017-1

图　017-2

A034.py 文件的 Python 代码如下：

```python
import openpyxl
myBook = openpyxl.load_workbook('收入表.xlsx')
mySheet = myBook.active
＃根据起始单元格和结束单元格设置数据范围的最小行列数和最大行列数
myMinRow = mySheet.min_row + 4
myMinColumn = mySheet.min_column + 1
myMaxRow = mySheet.max_row
myMaxColumn = mySheet.max_column
＃指定按列操作单元格的数据范围
myRange = mySheet.iter_cols(min_row = myMinRow, min_col = myMinColumn,
                            max_row = myMaxRow, max_col = myMaxColumn)
myRowIndex = myMinRow + 4
myColIndex = myMinColumn − 1
mySheet.cell(myRowIndex, myColIndex).value = '合计'
＃按列对单元格数据求和
for myCol in myRange:
    myColIndex += 1
    myColSum = sum(myCell.value for myCell in myCol)
    ＃将合计数据写入单元格
    mySheet.cell(myRowIndex, myColIndex).value = myColSum
myBook.save('结果表 − 收入表.xlsx')
```

在上面这段代码中，mySheet 的 min_row、min_column、max_row、max_column 属性表示收入表（mySheet）的起始单元格和结束单元格的行列编号，一般情况下，如果工作表的（包含数据的）单元格从首行首列开始，则工作表的 min_row＝1、min_column＝1。但是在此案例中，收入表（mySheet）的首行和首列之前均有几行空白，它的 min_row＝4、min_column＝3，因此在设置 iter_cols()方法的 min_row、min_col 参数时，应该考虑这种特殊情况。

此案例的源文件是 MyCode\A034\A034.py。

018　在工作表中移动指定范围的数据

观看视频

此案例主要通过使用 Worksheet 的 move_range()方法，从而实现在工作表中将指定范围的数据移动到指定位置。当运行此案例的 Python 代码（A015.py 文件）之后，在"收入表.xlsx"文件的收入表中将把 B 列(B4～B8)的数据移动到 E 列(E4～E8),代码运行前后的效果分别如图 018-1 和图 018-2 所示。

图　018-1

图　018-2

A015.py 文件的 Python 代码如下:

```python
import openpyxl
myBook = openpyxl.load_workbook('收入表.xlsx')
mySheet = myBook.active
#把收入表(mySheet)的 B4:B8 范围的数据向下移动 0 行,向右移动 3 列
mySheet.move_range('B4:B8', rows = 0, cols = 3)
myBook.save('结果表 - 收入表.xlsx')
```

在上面这段代码中,mySheet.move_range('B4:B8',rows=0,cols=3) 表示把收入表(mySheet) 的 B4～B8 的数据向下移动 0 行,向右移动 3 列,move_range()方法的第 1 个参数表示将要移动的数据范围,rows 参数表示将要移动的行数,如果为负数,则表示向上移动,cols 参数表示将要移动的列数,如果为负数,则表示向左移动。

此案例的源文件是 MyCode\A015\A015.py。

019 将筛选结果添加到新建的工作表

观看视频

此案例主要通过使用 Worksheet 的 append()方法和 Workbook 的 create_sheet()方法，从而实现在新建的工作表中批量添加筛选的数据。当运行此案例的 Python 代码(A302. py 文件)之后，将在“成绩表. xlsx”文件中新建一个工作表(差等生表)，并在差等生表中批量添加考试成绩总分小于 350 的学生，代码运行前后的效果分别如图 019-1 和图 019-2 所示。

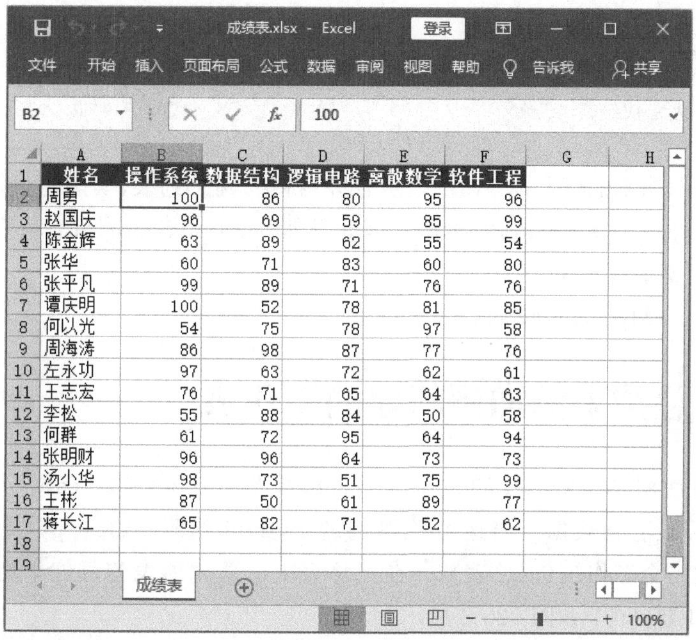

姓名	操作系统	数据结构	逻辑电路	离散数学	软件工程
周勇	100	86	80	95	96
赵国庆	96	69	59	85	99
陈金辉	63	89	62	55	54
张华	60	71	83	60	80
张平凡	99	89	71	76	76
谭庆明	100	52	78	81	85
何以光	54	75	78	97	58
周海涛	86	98	87	77	76
左永功	97	63	72	62	61
王志宏	76	71	65	64	63
李松	55	88	84	50	58
何群	61	72	95	64	94
张明财	96	96	64	73	73
汤小华	98	73	51	75	99
王彬	87	50	61	89	77
蒋长江	65	82	71	52	62

图 019-1

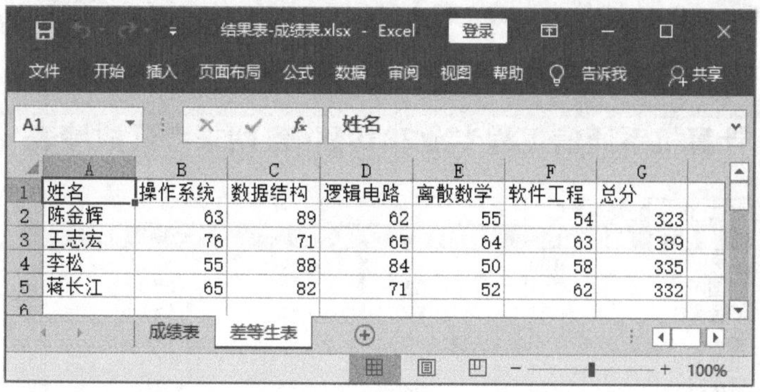

姓名	操作系统	数据结构	逻辑电路	离散数学	软件工程	总分
陈金辉	63	89	62	55	54	323
王志宏	76	71	65	64	63	339
李松	55	88	84	50	58	335
蒋长江	65	82	71	52	62	332

图 019-2

A302. py 文件的 Python 代码如下：

```
import openpyxl
myBook = openpyxl.load_workbook('成绩表.xlsx')
mySheet = myBook['成绩表']
#数据范围(myRange)从成绩表(mySheet)的第 2 行开始,到最后一行
myRange = mySheet[str(mySheet.min_row + 1):str(mySheet.max_row)]
#新建工作表(差等生表)
```

```
myFilterSheet = myBook.create_sheet('差等生表')
#在差等生表中添加表头
myFilterSheet.append([myCell.value for myCell
    in mySheet[str(mySheet.min_row):str(mySheet.min_row)]] + ['总分'])
for myRow in myRange:
    #获取每位学生的各科成绩
    myList = [myCell.value for myCell in myRow]
    #计算每位学生的成绩总分
    myScore = sum(myList[1:])
    #如果总分小于350,则添加到差等生表
    if myScore < 350:
        myFilterSheet.append(myList + [myScore])
myBook.save('结果表-成绩表.xlsx')
```

在上面这段代码中，myList+[myScore]表示合并（拼接）两个列表，实际测试表明：如果 myList+[myScore]写成 myList+myScore，则将报错。因此虽然列表[myScore]只有一个成员，也必须写成列表形式[myScore]，而不能写成 myScore。

此案例的源文件是 MyCode\A302\A302.py。

观看视频

020　将汇总结果添加到新建的工作表

此案例主要通过使用 Worksheet 的 append()方法和 Workbook 的 create_sheet()方法，从而实现在新建的工作表中添加汇总数据。当运行此案例的 Python 代码（A301.py 文件）之后，将在“成绩表.xlsx”文件中新建一个工作表（汇总表），并在汇总表中汇总成绩表的每位学生的各科成绩，代码运行前后的效果分别如图 020-1 和图 020-2 所示。

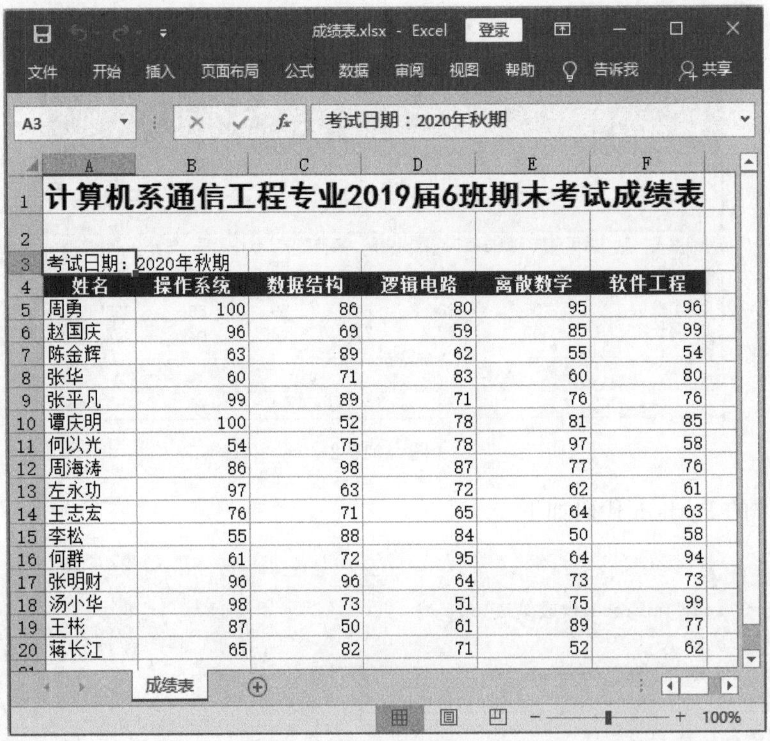

计算机系通信工程专业2019届6班期末考试成绩表

考试日期：2020年秋期

姓名	操作系统	数据结构	逻辑电路	离散数学	软件工程
周勇	100	86	80	95	96
赵国庆	96	69	59	85	99
陈金辉	63	89	62	55	54
张华	60	71	83	60	80
张平凡	99	89	71	76	76
谭庆明	100	52	78	81	85
何以光	54	75	78	97	58
周海涛	86	98	87	77	76
左永功	97	63	72	62	61
王志宏	76	71	65	64	63
李松	55	88	84	50	58
何群	61	72	95	64	94
张明财	96	96	64	73	73
汤小华	98	73	51	75	99
王彬	87	50	61	89	77
蒋长江	65	82	71	52	62

图　020-1

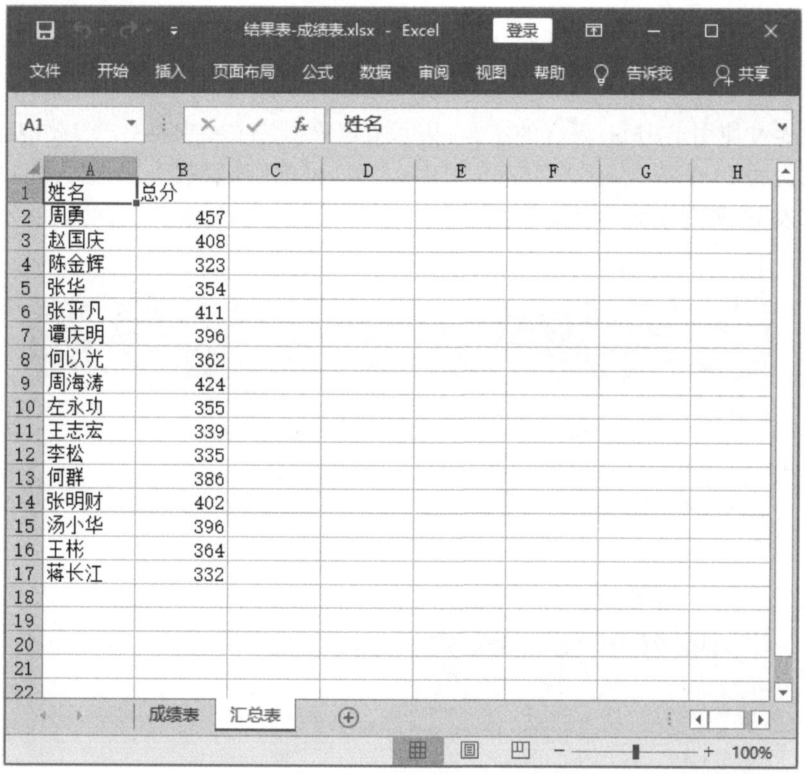

图　020-2

A301.py文件的Python代码如下：

```
import openpyxl
myBook = openpyxl.load_workbook('成绩表.xlsx')
mySheet = myBook['成绩表']
#数据范围(myRange)从成绩表(mySheet)的第5行开始,到最后一行
myRange = mySheet[str(mySheet.min_row + 4):str(mySheet.max_row)]
#新建工作表(汇总表)
mySumSheet = myBook.create_sheet('汇总表')
#在汇总表(mySumSheet)中添加表头
mySumSheet.append(['姓名','总分'])
for myRow in myRange:
    #在汇总表(mySumSheet)中添加每位学生的姓名和总分
    mySumSheet.append([myRow[0].value,
                    sum([myCell.value for myCell in myRow][1:])])
myBook.save('结果表 - 成绩表.xlsx')
```

在上面这段代码中，myRange＝mySheet[str(mySheet.min_row＋4):str(mySheet.max_ row)]表示以行方式设置成绩表(mySheet)的数据范围，即指定数据范围从成绩表的第5行(mySheet.min_row＋4)开始，到最后一行(mySheet.max_row)。mySumSheet＝myBook.create_ sheet('汇总表')表示在工作簿(myBook)中新建汇总表(mySumSheet)。mySumSheet.append([myRow[0].value, sum([myCell.value for myCell in myRow][1:])])表示在汇总表(mySumSheet)中添加每位学生的姓名和总分。

此案例的源文件是MyCode\A301\A301.py。

观看视频

021　将一个工作表拆分成多个工作表

此案例主要通过使用 Python 语言的字典,从而实现根据特定要求将一个工作表拆分成多个工作表。当运行此案例的 Python 代码(A305.py 文件)之后,将把"录取表.xlsx"文件的录取表数据拆分到各个院校录取表中,如北京大学录取表、清华大学录取表等,代码运行前后的效果分别如图 021-1 和图 021-2 所示。

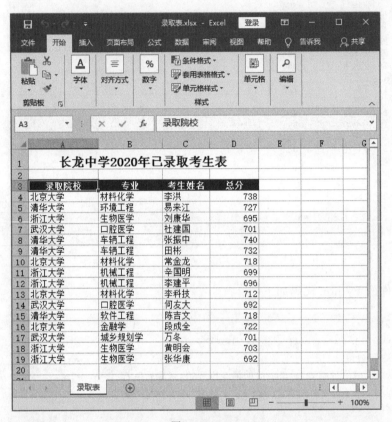

图　021-1

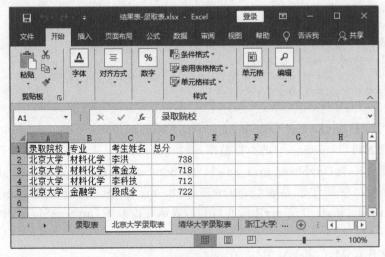

图　021-2

A305.py 文件的 Python 代码如下：

```python
import openpyxl
#根据"录取表.xlsx"文件创建工作簿(myBook)
myBook = openpyxl.load_workbook('录取表.xlsx')
mySheet = myBook['录取表']
#按行获取录取表(mySheet)的单元格数据(myRange)
myRange = list(mySheet.values)
#创建空白字典(myDict)
myDict = {}
#从 myRange 的第 4 行开始循环(到最后一行)
for myRow in myRange[3:]:
    #如果在字典(myDict)中存在某录取院校(myRow[0]),
    #则直接在某录取院校(myRow[0])中添加考生([myRow])
    if myRow[0] in myDict.keys():
        myDict[myRow[0]] += [myRow]
    #否则创建新录取院校
    else:
        myDict[myRow[0]] = [myRow]
#循环字典(myDict)的成员
for myKey,myValue in myDict.items():
    #根据 myKey(录取院校)创建新工作表(myNewSheet)
    myNewSheet = myBook.create_sheet(myKey + '录取表')
    #在新工作表(myNewSheet)中添加表头(录取院校、专业、考生姓名、总分)
    myNewSheet.append(myRange[2])
    #在新工作表(myNewSheet)中添加录取院校(myKey)的多位考生(myValue)
    for myRow in myValue:
        myNewSheet.append(myRow)
#保存工作簿,即将拆分结果保存在'结果表 - 录取表.xlsx'文件中
myBook.save('结果表 - 录取表.xlsx')
```

在上面这段代码中，myDict＝{}表示创建空白字典，Python 语言的字典格式如下：d＝{key1：value1，key2：value2，…}，在此案例中，最后形成的字典 myDict 的内容如下：

```
{'北京大学':[('北京大学','材料化学','李洪',738),('北京大学','材料化学','常金龙',718),('北京大学','材料化学','李科技',712),('北京大学','金融学','段成全',722)],'清华大学':[('清华大学','环境工程','易来江',727),('清华大学','车辆工程','张振中',740),('清华大学','车辆工程','田彬',732),('清华大学','软件工程','陈吉文',718)],'浙江大学':[('浙江大学','生物医学','刘康华',695),('浙江大学','机械工程','辛国明',699),('浙江大学','机械工程','李建平',696),('浙江大学','生物医学','黄明会',703),('浙江大学','生物医学','张学康',692)],'武汉大学':[('武汉大学','口腔医学','杜建国',701),('武汉大学','口腔医学','何友大',692),('武汉大学','城乡规划学','万冬',701)]}
```

此案例的源文件是 MyCode\A305\A305.py。

022　将多个工作表拼接成一个工作表

此案例主要通过在 for 循环中使用 Worksheet 的 append()方法，从而实现将多个工作表的数据拼接(合并)在一个工作表中。当运行此案例的 Python 代码(A304.py 文件)之后，将把"录取表.xlsx"文件中的北京大学录取表、清华大学录取表、浙江大学录取表、武汉大学录取表等所有工作表的数据合并在新建工作表(录取表)中，代码运行前后的效果分别如图 022-1 和图 022-2 所示。

观看视频

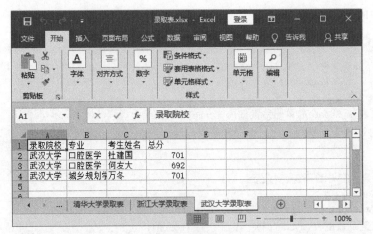

图 022-1

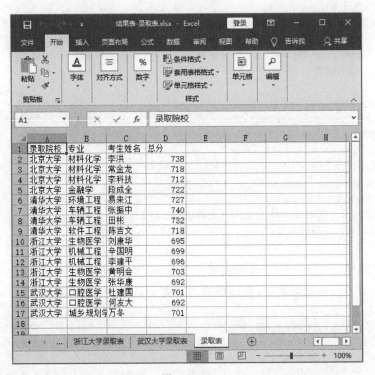

图 022-2

A304.py 文件的 Python 代码如下：

```python
import openpyxl
# 根据"录取表.xlsx"文件创建工作簿(myBook)
myBook = openpyxl.load_workbook('录取表.xlsx')
# 创建列表(myNewRows)
myNewRows = []
# 循环工作簿(myBook)的工作表(mySheet)
for mySheet in myBook:
    # 将工作表(mySheet)的考生数据添加到 myNewRows
    myNewRows += [[myCell.value for myCell in myRow]
                  for myRow in mySheet.rows][1:]
# 创建新工作表(myNewSheet),即录取表
```

```
myNewSheet = myBook.create_sheet('录取表')
# 设置新工作表(myNewSheet)的表头
myNewSheet.append(['录取院校','专业','考生姓名','总分'])
# 在新工作表(myNewSheet)中添加所有考生
for myNewRow in myNewRows:
    myNewSheet.append(myNewRow)
# 保存工作簿,即将拼接多个工作表的结果保存为'结果表 - 录取表.xlsx'文件
myBook.save('结果表 - 录取表.xlsx')
```

在上面这段代码中,myNewRows＋＝[[myCell. value for myCell in myRow] for myRow in mySheet. rows][1:]表示以切片的方式去掉每个工作表(如武汉大学录取表)的表头,该行代码也可以使用下列代码代替:myNewRows＋＝list(mySheet. values)[1:]。此外,需要说明的是:for mySheet in myBook 等价于 for mySheet in myBook. worksheets。

此案例的源文件是 MyCode\A304\A304. py。

023　使用列表操作符拼接两个工作表

观看视频

此案例主要通过使用 Python 语言的列表脚本操作符("＋"号),从而实现将两个工作表的数据拼接在一个工作表中。当运行此案例的 Python 代码(A343. py 文件)之后,将把"订单表. xlsx"文件中的已出库订单表和未出库订单表拼接为全部订单表,已出库订单表如图 023-1 所示,未出库订单表如图 023-2 所示,拼接的全部订单表如图 023-3 所示。

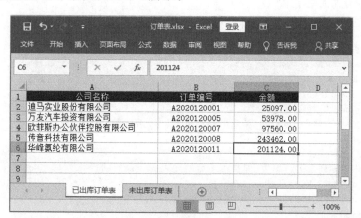

图　023-1

图　023-2

图   023-3

A343.py 文件的 Python 代码如下：

```
import openpyxl
myBook = openpyxl.load_workbook('订单表.xlsx',data_only = True)
mySheet1 = myBook['已出库订单表']
mySheet2 = myBook['未出库订单表']
#将已出库订单表复制成全部订单表
mySheet3 = myBook.copy_worksheet(mySheet1)
mySheet3.title = '全部订单表'
#删除全部订单表的行(第1行除外)
while mySheet3.max_row > 1:
     mySheet3.delete_rows(2)
myList3 = list(mySheet1.values)[1:]
myList2 = list(mySheet2.values)[1:]
#拼接已出库订单表(即列表 myList3)和未出库订单表(即列表 myList2)的所有行
#myList3.extend(myList2)
myList3 = myList3 + myList2
#根据订单编号升序排列全部订单表(即拼接之后的列表 myList3)的行
myList3 = sorted(myList3,key = lambda x:x[1])
#将全部订单表(即拼接之后的列表 myList3)的行添加到 mySheet3
for myRow in myList3:
    mySheet3.append(myRow)
myBook.save('结果表 – 订单表.xlsx')
```

在上面这段代码中，myList3＝myList3＋myList2 表示将 myList3 和 myList2 两个列表的所有成员拼接在一起。一般情况下，当执行这种拼接操作时，myList3 和 myList2 的列应该一一对应，但是即使未能一一对应，也能执行拼接操作(这种操作只是在第一个列表的结束位置简单罗列第二个列表的行)。此外，myList3＝myList3＋myList2 也可以直接使用 myList3.extend(myList2)代替。

此案例的源文件是 MyCode\A343\A343.py。

观看视频

024   使用列表推导式累加多个工作表

此案例主要通过使用 Python 语言的列表推导式以及 Python 语言的 sum()函数，从而实现在工作簿中累加多个工作表指定单元格的数据。当运行此案例的 Python 代码(A021.py 文件)之后，将累加"利润表.xlsx"文件中的12个工作表(如1月份利润表、2月份利润表等)的"营业总收入(万元)"数据(即各工作表B5单元格的数据),并据此创建全年利润表,代码运行前后的效果分别如图024-1和图024-2所示。

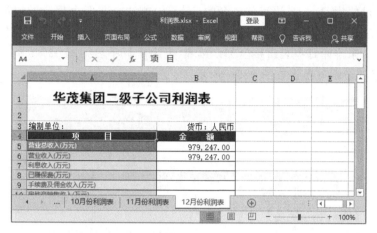

图　024-1

图　024-2

A021.py文件的Python代码如下:

```python
import openpyxl
myBook = openpyxl.load_workbook('利润表.xlsx')
# 累加工作簿(myBook)所有工作表的B5单元格的数据
mySum = sum([mySheet['B5'].value for mySheet in myBook])
# 在工作簿(myBook)中新增一个全年利润表(mySheet2)
mySheet2 = myBook.copy_worksheet(myBook.worksheets[0])
mySheet2.title = '全年利润表'
# 在全年利润表(mySheet2)的对应单元格设置累加数(合计)
mySheet2['B5'].value = mySum
mySheet2['B6'].value = mySum
myBook.save('结果表 – 利润表.xlsx')
```

在上面这段代码中,mySum=sum([mySheet['B5'].value for mySheet in myBook])是一个列表推导式,表示逐个获取该工作簿(myBook)所有工作表(mySheet)的B5单元格的数据,并通过sum()函数累加这些数据。在这里,mySheet['B5']与mySheet.cell(5,2)完全相同,均指向同一个单元格。

此案例的源文件是MyCode\A021\A021.py。

观看视频

025　使用集合方法拼接两个工作表

此案例主要通过使用 Python 语言的集合的 union()方法合并两个集合的成员,从而实现在工作簿中拼接两个工作表。当运行此案例的 Python 代码(A346.py 文件)之后,将根据"订单表.xlsx"文件的已出库订单表和未出库订单表拼接全部订单表,已出库订单表如图 025-1 所示,未出库订单表如图 025-2 所示,拼接的全部订单表如图 025-3 所示。

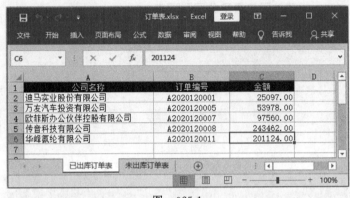

图　025-1

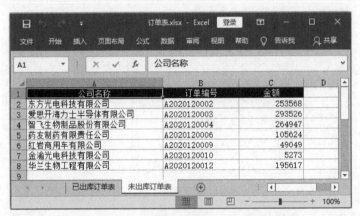

图　025-2

图　025-3

A346.py 文件的 Python 代码如下：

```
import openpyxl
myBook = openpyxl.load_workbook('订单表.xlsx',data_only = True)
mySheet1 = myBook['已出库订单表']
mySheet2 = myBook['未出库订单表']
#将已出库订单表复制成全部订单表
mySheet3 = myBook.copy_worksheet(mySheet1)
mySheet3.title = '全部订单表'
#删除全部订单表的行(第1行除外)
while mySheet3.max_row > 1:
        mySheet3.delete_rows(2)
#根据已出库订单表的行创建集合(mySet1)
mySet1 = set(list(mySheet1.values)[1:])
#根据未出库订单表的行创建集合(mySet2)
mySet2 = set(list(mySheet2.values)[1:])
#将 mySet1 和 mySet2 拼接成 mySet3,即生成全部订单表
mySet3 = mySet1.union(mySet2)
for myRow in mySet3:
    mySheet3.append(myRow)
myBook.save('结果表 - 订单表.xlsx')
```

在上面这段代码中，mySet3 = mySet1. union(mySet2)表示将 mySet1 集合和 mySet2 集合拼接成 mySet3 集合。注意：mySet3 集合成员的排列顺序可能与它们在 mySet1 集合和 mySet2 集合中的排列顺序不一致，并且可能每次在拼接之后的排列顺序都不一致，因为集合的成员与排列顺序无关。

此案例的源文件是 MyCode\A346\A346.py。

026　使用集合方法拼接多个工作表

观看视频

此案例主要通过使用 Python 语言的集合的 union()方法拼接多个集合，从而实现在工作簿中将多个工作表拼接（合并）成一个工作表。当运行此案例的 Python 代码（A347.py 文件）之后，将把"录取表.xlsx"文件中的北京大学录取表、清华大学录取表、浙江大学录取表、武汉大学录取表共 4 个工作表的数据拼接（合并）成一个工作表（即录取表），武汉大学录取表的数据如图 026-1 所示（其他三个工作表的数据与此类似），拼接（合并）的录取表的数据如图 026-2 所示。

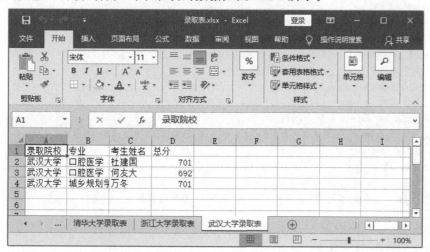

图　026-1

图 026-2

A347.py 文件的 Python 代码如下：

```
import openpyxl
myBook = openpyxl.load_workbook('录取表.xlsx',data_only = True)
mySheet1 = myBook['北京大学录取表']
mySheet2 = myBook['清华大学录取表']
mySheet3 = myBook['浙江大学录取表']
mySheet4 = myBook['武汉大学录取表']
#将北京大学录取表(mySheet1)复制成(全部院校)录取表(mySheet5)
mySheet5 = myBook.copy_worksheet(mySheet1)
mySheet5.title = '录取表'
#删除录取表(mySheet5)的行(第1行除外)
while mySheet5.max_row > 1:
    mySheet5.delete_rows(2)
#根据北京大学录取表(mySheet1)的行创建集合(mySet1)
mySet1 = set(list(mySheet1.values)[1:])
#根据清华大学录取表(mySheet2)的行创建集合(mySet2)
mySet2 = set(list(mySheet2.values)[1:])
#根据浙江大学录取表(mySheet3)的行创建集合(mySet3)
mySet3 = set(list(mySheet3.values)[1:])
#根据武汉大学录取表(mySheet4)的行创建集合(mySet4)
mySet4 = set(list(mySheet4.values)[1:])
#将mySet1、mySet2、mySet3、mySet4集合拼接(合并)成集合(mySet5)
mySet5 = mySet1.union(mySet2,mySet3,mySet4)
#根据集合(mySet5)在(全部院校)录取表(mySheet5)中添加考生数据
for myRow in mySet5:
    mySheet5.append(myRow)
myBook.save('结果表 - 录取表.xlsx')
```

在上面这段代码中，mySet5＝mySet1.union(mySet2，mySet3，mySet4)表示将 mySet1、mySet2、mySet3、mySet4 四个集合拼接(合并)成 mySet5 集合。注意：union()方法的参数可以有多个，即该方法可以拼接多个集合，每个参数(集合)使用逗号分隔即可。

此案例的源文件是 MyCode\A347\A347.py。

027　使用集合方法筛选两个工作表

观看视频

此案例主要通过使用 Python 语言的集合的 difference()方法获取两个集合的差集，从而实现在两个工作表中筛选不同的行。当运行此案例的 Python 代码(A345.py 文件)之后，将根据“订单表.xlsx”文件的全部订单表和已出库订单表创建未出库订单表，全部订单表如图 027-1 所示，已出库订单表如图 027-2 所示，创建的未出库订单表如图 027-3 所示。

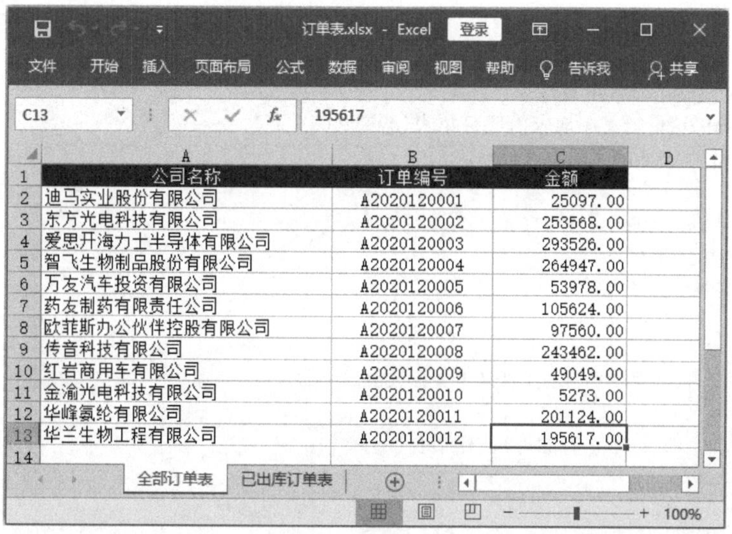

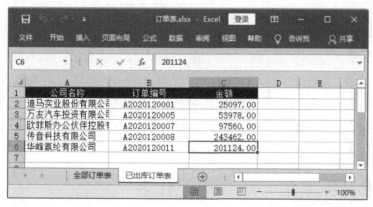

公司名称	订单编号	金额
迪马实业股份有限公司	A2020120001	25097.00
东方光电科技有限公司	A2020120002	253568.00
爱思开海力士半导体有限公司	A2020120003	293526.00
智飞生物制品股份有限公司	A2020120004	264947.00
万友汽车投资有限公司	A2020120005	53978.00
药友制药有限责任公司	A2020120006	105624.00
欧菲斯办公伙伴控股有限公司	A2020120007	97560.00
传音科技有限公司	A2020120008	243462.00
红岩商用车有限公司	A2020120009	49049.00
金渝光电科技有限公司	A2020120010	5273.00
华峰氨纶有限公司	A2020120011	201124.00
华兰生物工程有限公司	A2020120012	195617.00

图　027-1

公司名称	订单编号	金额
迪马实业股份有限公司	A2020120001	25097.00
万友汽车投资有限公司	A2020120005	53978.00
欧菲斯办公伙伴控股有	A2020120007	97560.00
传音科技有限公司	A2020120008	243462.00
华峰氨纶有限公司	A2020120011	201124.00

图　027-2

A345.py 文件的 Python 代码如下：

```
import openpyxl
myBook = openpyxl.load_workbook('订单表.xlsx',data_only = True)
mySheet1 = myBook['全部订单表']
```

图　027-3

```
mySheet2 = myBook['已出库订单表']
#将全部订单表(mySheet1)复制成未出库订单表(mySheet3)
mySheet3 = myBook.copy_worksheet(mySheet1)
mySheet3.title = '未出库订单表'
#删除未出库订单表(mySheet3)的行(第1行除外)
while mySheet3.max_row > 1:
    mySheet3.delete_rows(2)
myList1 = list(mySheet1.values)[1:]
myList2 = list(mySheet2.values)[1:]
#根据全部订单表的行(第1行除外)创建集合(mySet1)
mySet1 = set(myList1)
#根据已出库订单表的行(第1行除外)创建集合(mySet2)
mySet2 = set(myList2)
#计算 mySet1 和 mySet2 两个集合的差集,即获得未出库订单表的行
mySet3 = mySet1.difference(mySet2)
#循环集合(mySet3)的行(myRow)数据
for myRow in mySet3:
    #将行(myRow)数据添加到未出库订单表(mySheet3)中
    mySheet3.append(myRow)
myBook.save('结果表 – 订单表.xlsx')
```

在上面这段代码中,mySet3＝mySet1.difference(mySet2)表示 mySet1 和 mySet2 两个集合的差集(即 mySet1-mySet2＝mySet3)。一般情况下,mySet1 代表全集,mySet2 代表子集。因此在此案例中,如果设置 mySet3＝mySet2.difference(mySet1),则 mySet3 将是一个空集。

此案例的源文件是 MyCode\A345\A345.py。

028　使用对称差集方法筛选工作表

观看视频

此案例主要通过使用 Python 语言的集合的 symmetric_difference()方法获取两个集合的对称差集,从而实现在两个工作表中筛选不同的行(或者说删除相同的行)。当运行此案例的 Python 代码(A361.py 文件)之后,将根据"学员表.xlsx"文件的 Java 学员表和 Android 学员表筛选仅学一门课程的学员,即删除同时学习 Java 和 Android 的学员,Java 学员表如图 028-1 所示,Android 学员表如图 028-2 所示,筛选的仅学一门课程的学员表如图 028-3 所示。

图　028-1

图　028-2

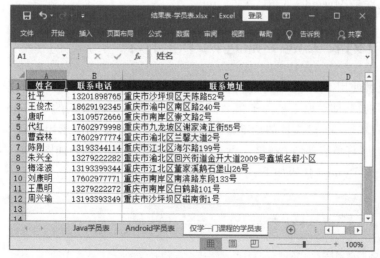

图　028-3

A361.py 文件的 Python 代码如下：

```
import openpyxl
myBook = openpyxl.load_workbook('学员表.xlsx',data_only = True)
mySheet1 = myBook['Android学员表']
mySheet2 = myBook['Java学员表']
#将Android学员表复制成仅学一门课程的学员表(mySheet3)
mySheet3 = myBook.copy_worksheet(mySheet1)
mySheet3.title = '仅学一门课程的学员表'
#删除仅学一门课程的学员表(mySheet3)的行(第1行除外)
while mySheet3.max_row > 1:
        mySheet3.delete_rows(2)
#根据Android学员表(mySheet1)的行(第1行除外)创建集合(mySet1)
mySet1 = set(list(mySheet1.values)[1:])
#根据Java学员表(mySheet2)的行(第1行除外)创建集合(mySet2)
mySet2 = set(list(mySheet2.values)[1:])
#计算mySet1和mySet2两个集合的对称差集(mySet3),即获得两个工作表(集合)不同的行
mySet3 = mySet1.symmetric_difference(mySet2)
#循环集合(mySet3)的行(myRow)数据
for myRow in mySet3:
        #将行(myRow)数据添加到仅学一门课程的学员表(mySheet3)中
    mySheet3.append(myRow)
myBook.save('结果表-学员表.xlsx')
```

在上面这段代码中，mySet3＝mySet1.symmetric_difference(mySet2)表示 mySet1 和 mySet2 两个集合的对称差集(mySet3)。集合 A 与集合 B 的对称差集定义为在集合 A 与集合 B 中所有不属于 A∩B 的元素(成员)的集合，请看下面这个简单的例子：

```
mySet1 = {1,2,3}
mySet2 = {1,3,5}
mySet3 = mySet1.symmetric_difference(mySet2)
print(mySet3) #输出:{2,5}
```

需要说明的是：mySet3＝mySet1.symmetric_difference(mySet2)也可以写成 mySet3＝ mySet1^mySet2。

此案例的源文件是 MyCode\A361\A361.py。

029 使用列表关键字筛选两个工作表

观看视频

此案例主要通过使用 Python 语言的列表脚本操作符(关键字 not in)筛选数据，从而实现在两个工作表中筛选不同的行，即获取全集与子集之间的差集。当运行此案例的 Python 代码(A342.py 文件)之后，将根据"订单表.xlsx"文件的全部订单表和已出库订单表创建未出库订单表，全部订单表如图 029-1 所示，已出库订单表如图 029-2 所示，据此创建的未出库订单表如图 029-3 所示。

A342.py 文件的 Python 代码如下：

```
import openpyxl
myBook = openpyxl.load_workbook('订单表.xlsx',data_only = True)
mySheet1 = myBook['全部订单表']
mySheet2 = myBook['已出库订单表']
```

图　029-1

图　029-2

图　029-3

```
#将全部订单表(mySheet1)复制成未出库订单表(mySheet3)
mySheet3 = myBook.copy_worksheet(mySheet1)
mySheet3.title = '未出库订单表'
#删除未出库订单表(mySheet3)的行(第 1 行除外)
while mySheet3.max_row > 1:
        mySheet3.delete_rows(2)
myList1 = list(mySheet1.values)[1:]
myList2 = list(mySheet2.values)[1:]
#循环全部订单表(myList1 列表)的行(myRow)
for myRow in myList1:
    #如果行(myRow)不在已出库订单表(myList2 列表)中
    if myRow not in myList2:
        #则将行(myRow)添加到未出库订单表(mySheet3)中
        mySheet3.append(myRow)
myBook.save('结果表-订单表.xlsx')
```

在上面这段代码中，if myRow not in myList2 表示判断在列表（myList2）中是否存在某行（myRow），如果不存在，则该表达式为 True，否则为 False。注意：如果行（myRow）包含多列，则该行的所有列的数据必须与列表（myList2）的某行的所有列的数据完全匹配，该表达式才为 False；如果只匹配部分列的数据，该表达式仍为 True。例如，['迪马实业股份有限公司','A2020120001',25097]与['迪马实业股份有限公司','A2020120001A',25097]将被视为两个不同的行。

此案例的源文件是 MyCode\A342\A342.py。

观看视频

030 使用 filter()函数转换二维工作表

此案例主要通过使用 Python 语言的 filter()函数，从而实现将一维工作表转换为二维工作表。当运行此案例的 Python 代码(A312.py 文件)之后，将把“收入表.xlsx”文件的一维表转换为二维表，图 030-1 表示转换之前的一维表，图 030-2 表示转换之后的二维表。

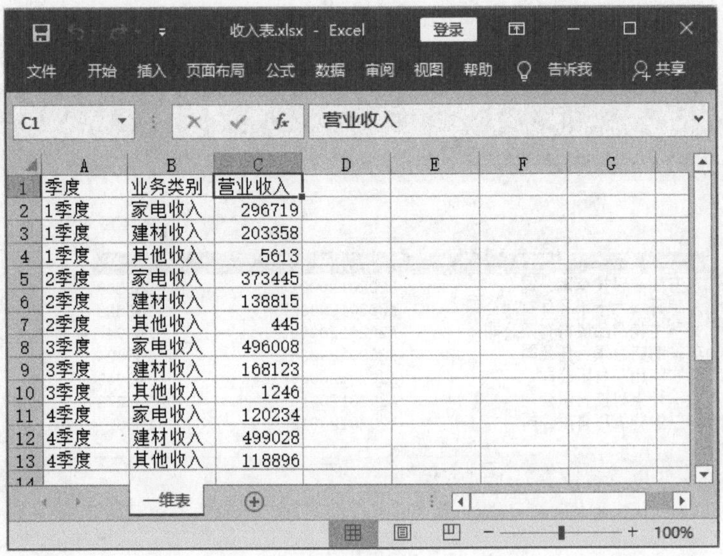

季度	业务类别	营业收入
1季度	家电收入	296719
1季度	建材收入	203358
1季度	其他收入	5613
2季度	家电收入	373445
2季度	建材收入	138815
2季度	其他收入	445
3季度	家电收入	496008
3季度	建材收入	168123
3季度	其他收入	1246
4季度	家电收入	120234
4季度	建材收入	499028
4季度	其他收入	118896

图 030-1

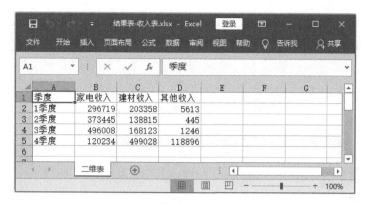

图　030-2

A312.py 文件的 Python 代码如下：

```python
import openpyxl
myBook = openpyxl.load_workbook('收入表.xlsx')
mySheet = myBook['一维表']
myRange = list(mySheet.values)[1:]
myTypes = list({myCell.value: '' for myCell in mySheet['B'][1:]})
# print(myTypes)
myQuarters = list({myCell.value: '' for myCell in mySheet['A'][1:]})
# print(myQuarters)
myNewBook = openpyxl.Workbook()
myNewSheet = myNewBook.active
myNewSheet.title = '二维表'
myNewSheet.append(['季度'] + myTypes)
for myQuarter in myQuarters:
    mySets = [(myQuarter,myType) for myType in myTypes]
    myNewSheet.append([myQuarter] + [list(filter(lambda myParam:myParam[0]
       == mySet[0] and myParam[1] == mySet[1],myRange))[0][2] for mySet in mySets])
myNewBook.save('结果表 - 收入表.xlsx')
```

在上面这段代码中，myQuarters＝list({myCell. value：'' for myCell in mySheet['A'] [1:]})表示通过字典清除一维表 A 列（季度）的重复内容，因此 myQuarters 包含的内容是：['1 季度','2 季度','3 季度','4 季度']。

myTypes＝list({myCell. value：'' for myCell in mySheet['B'] [1:]})表示通过字典清除一维表 B 列（业务类别）的重复内容，因此 myTypes 包含的内容是：['家电收入','建材收入','其他收入']。

list(filter(lambda myParam：myParam[0] ＝＝ mySet[0] and myParam[1] ＝＝ mySet[1]，myRange))[0][2]的 filter()函数表示根据传入的参数 myParam，对 myRange 范围（A2:C13）的数据进行筛选，在此即是筛选 myRange 每行符合 mySet[0]（季度）和 mySet[1]（业务类别）的数据。

此案例的源文件是 MyCode\A312\A312. py。

031　使用 zip()函数转换一维工作表

观看视频

此案例主要通过使用 Python 语言的 zip()函数，从而实现将二维工作表转换为一维工作表。当运行此案例的 Python 代码（A311.py 文件）之后，将把"收入表. xlsx"文件的（二维）收入表转换为（一维）收入表，图 031-1 表示转换之前的（二维）收入表，图 031-2 表示转换之后的（一维）收入表。

图 031-1

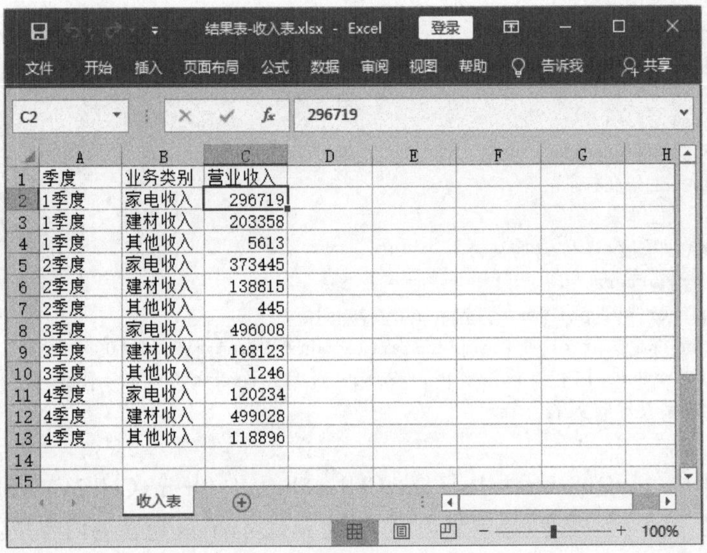

图 031-2

A311.py 文件的 Python 代码如下：

```
import openpyxl
myBook = openpyxl.load_workbook('收入表.xlsx')
mySheet = myBook['收入表']
myNewBook = openpyxl.Workbook()
myNewSheet = myNewBook.active
myNewSheet.title = '收入表'
myNewSheet.append(['季度','业务类别','营业收入'])
myRange1 = mySheet['A'][4:]
myRange2 = mySheet.iter_rows(min_col = 2,min_row = 5)
for myQuarter,myRow in zip(myRange1,myRange2):
    #print([myQuarter.value] + [myCell.value for myCell in myRow])
    for myType, myAmount in zip(mySheet['4'][1:],myRow):
```

```
        #print(myQuarter.value, myType.value, myAmount.value)
        myNewSheet.append([myQuarter.value, myType.value, myAmount.value])
myNewBook.save('结果表-收入表.xlsx')
```

在上面这段代码中,zip(myRange1,myRange2)表示将 myRange1 和 myRange2 两个列表重新组成一个列表。代码:

```
for myQuarter,myRow in zip(myRange1,myRange2):
    print([myQuarter.value] + [myCell.value for myCell in myRow])
```

在执行之后的输出结果如下:

```
['1 季度',296719,203358,5613]
['2 季度',373445,138815,445]
['3 季度',496008,168123,1246]
['4 季度',120234,499028,118896]
```

zip(mySheet['4'][1:],myRow)表示将 mySheet['4'][1:]和 myRow 两个列表重新组成一个列表,请看下面这个简单的例子:

```
myList = list(zip(['家电收入','建材收入','其他收入'],[296719,203358,5613]))
#输出: [('家电收入',296719),('建材收入',203358),('其他收入',5613)]
print(myList)
```

此案例的源文件是 MyCode\A311\A311.py。

032　使用 map()函数转换一维工作表

观看视频

此案例主要通过使用 Python 语言的 map()函数,从而实现将二维工作表转换为一维工作表。当运行此案例的 Python 代码(A368.py 文件)之后,将把"收入表.xlsx"文件的(二维)收入表转换为(一维)收入表,图 032-1 表示转换之前的(二维)收入表,图 032-2 表示转换之后的(一维)收入表。

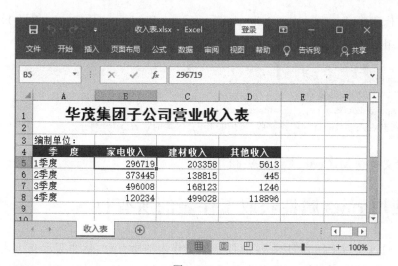

图　032-1

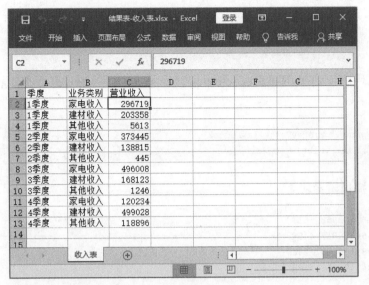

图　032-2

A368.py 文件的 Python 代码如下：

```
import openpyxl
myBook = openpyxl.load_workbook('收入表.xlsx')
mySheet = myBook['收入表']
myNewBook = openpyxl.Workbook()
myNewSheet = myNewBook.active
myNewSheet.title = '收入表'
myNewSheet.append(['季度','业务类别','营业收入'])
myRange1 = mySheet['A'][4:]
myRange2 = mySheet.iter_rows(min_col = 2,min_row = 5)
for myQuarter,myRow in list(map(lambda x,y:[x,y],myRange1,myRange2)):
    for myType,myAmount in list(map(lambda x,y:[x,y],mySheet['4'][1:],myRow)):
        myNewSheet.append([myQuarter.value, myType.value, myAmount.value])
myNewBook.save('结果表 - 收入表.xlsx')
```

在上面这段代码中，list(map(lambda x,y:[x,y],mySheet['4'][1:],myRow))表示以映射方式将两个列表重新组成一个列表，请看下面这个简单的例子：

```
myHeader = ['家电收入','建材收入','其他收入']
myRow = [ 296719,203358,5613]
print(list(map(lambda x,y:[x,y],myHeader,myRow)))
#输出：[['家电收入',296719],['建材收入',203358],['其他收入',5613]]
```

此案例的源文件是 MyCode\A368\A368.py。

033　使用 rows 属性获取工作表的所有行

观看视频

此案例主要通过使用工作表的 rows 属性获取工作表的所有行，从而实现在工作表中按行读取和修改多个单元格的数据。当运行此案例的 Python 代码（A029.py 文件）之后，在"收入表.xlsx"文件的收入表中将把所有收入数据乘以 10000，代码运行前后的效果分别如图 033-1 和图 033-2 所示。

图　033-1

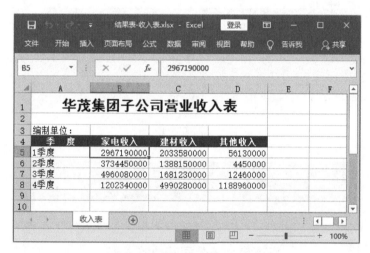

图　033-2

A029.py 文件的 Python 代码如下：

```python
import openpyxl
myBook = openpyxl.load_workbook('收入表.xlsx')
#获取收入表(myBook.active)的行(myRows)
myRows = myBook.active.rows
#循环 myRows 的 5、6、7、8 行(myRow)
for myRow in list(myRows)[4:8]:
    #循环行(myRow)的 B、C、D 列的单元格(myCell)
    for myCell in myRow[1:4]:
        #如果单元格(myCell)不为空
        if myCell.value is not None:
            #则将单元格(myCell)的数据乘以 10000
            myCell.value *= 10000
myBook.save('结果表 - 收入表.xlsx')
```

在上面这段代码中，myRows＝myBook.active.rows 表示按行获取 myBook.active(活动工作表)的所有行。

此案例的源文件是 MyCode\A029\A029.py。

观看视频

034　使用 iter_rows()方法指定数据范围

此案例主要通过在 Worksheet 的 iter_rows()方法中设置 min_row、min_col、max_row、max_col 等参数，从而实现比工作表的 rows 属性更强大的数据范围指定功能。当运行此案例的 Python 代码（A031.py 文件）之后，将计算"收入表.xlsx"文件的收入表的各季度的收入合计，代码运行前后的效果分别如图 034-1 和图 034-2 所示。

图　034-1

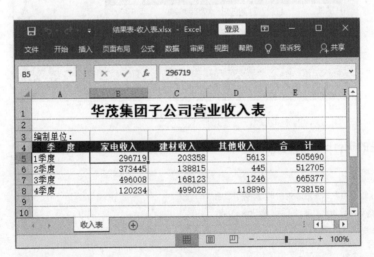

图　034-2

A031.py 文件的 Python 代码如下：

```python
import openpyxl
myBook = openpyxl.load_workbook('收入表.xlsx')
mySheet = myBook.active
# 指定收入表(mySheet)的数据范围(myRange)，即 B5～D8
myRange = mySheet.iter_rows(min_row = 5, min_col = 2, max_row = 8, max_col = 4)
myRowIndex = 5
# 循环数据范围(myRange)的行(myRow)
for myRow in myRange:
```

```
 #对行(myRow)的单元格数据求和(myRowSum)
 myRowSum = sum([myCell.value for myCell in myRow])
 mySheet.cell(myRowIndex,5).value = myRowSum
 myRowIndex += 1
myBook.save('结果表-收入表.xlsx')
```

在上面这段代码中,myRange = mySheet.iter_rows(min_row = 5,min_col = 2,max_row = 8,max_col = 4)表示在工作表(mySheet)中设置数据按行操作的范围,即在工作表(mySheet)中指定 B5~D8 的所有单元格。该方法支持指定部分参数,其他参数按照默认值处理,例如,如果设置 myRange = mySheet.iter_rows(min_row = 5,min_col = 2),则表示在工作表(mySheet)中指定 B5 单元格到最后一个单元格之间的所有单元格;如果设置 myRange = mySheet.iter_rows(max_row = 8,max_col = 4),则表示在工作表(mySheet)中指定第一个单元格到 D8 单元格之间的所有单元格。

此案例的源文件是 MyCode\A031\A031.py。

035　使用起止行号获取指定范围的行

观看视频

此案例主要通过使用起止行号获取指定范围的行,从而实现在工作表中按行对单元格的数据求和。当运行此案例的 Python 代码(A039.py 文件)之后,将按行计算"收入表.xlsx"文件的收入表的各季度的收入合计,代码运行前后的效果分别如图 035-1 和图 035-2 所示。

图　035-1

图　035-2

A039.py 文件的 Python 代码如下：

```
import openpyxl
myBook = openpyxl.load_workbook('收入表.xlsx')
mySheet = myBook.active
# 获取收入表(mySheet)第 5 行～第 8 行(myRows)
myRows = mySheet['5':'8']
myRowIndex = 5
for myRow in myRows:
    # 对行(myRow)的 B 列、C 列、D 列单元格的数据求和(myRowSum)
    myRowSum = sum(myCell.value for myCell in myRow[1:4])
    # 在行(myRow)的第 5 列单元格写入求和数据(myRowSum)
    mySheet.cell(myRowIndex,5).value = myRowSum
    myRowIndex += 1
myBook.save('结果表 – 收入表.xlsx')
```

在上面这段代码中，myRows＝mySheet['5':'8']表示收入表(mySheet)的第 5 行～第 8 行的所有行，5 表示起始行号，8 表示终止行号，该代码也可以写成：myRows＝mySheet ['5:8']，两者完全等价。

此案例的源文件是 MyCode\A039\A039.py。

观看视频

036　根据行号获取该行的所有单元格

此案例主要通过根据指定的行号获取该行的所有单元格，从而实现在工作表中按行对单元格的数据求和。当运行此案例的 Python 代码（A037.py 文件）之后，将按行计算"收入表.xlsx"文件的收入表的各季度的收入合计，代码运行前后的效果分别如图 036-1 和图 036-2 所示。

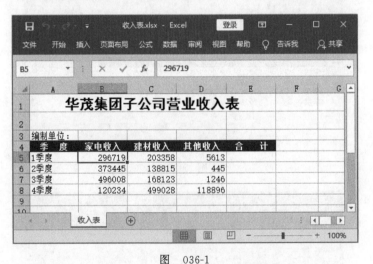

图　036-1

A037.py 文件的 Python 代码如下：

```
import openpyxl
myBook = openpyxl.load_workbook('收入表.xlsx')
mySheet = myBook.active
# 对第 5 行的 B、C、D 列(即 2、3、4 列)单元格的数据求和,并在合计列的单元格中写入合计
mySheet['E5'] = sum([myCell.value for myCell in mySheet[5][1:4]])
mySheet['E6'] = sum([myCell.value for myCell in mySheet[6][1:4]])
```

图　036-2

```
mySheet['E7'] = sum([myCell.value for myCell in mySheet[7][1:4]])
mySheet['E8'] = sum([myCell.value for myCell in mySheet[8][1:4]])
myBook.save('结果表 - 收入表.xlsx')
```

在上面这段代码中,mySheet['E5']=sum([myCell.value for myCell in mySheet[5][1:4]])表示对收入表(mySheet)第5行的 B、C、D 列单元格的数据求和,mySheet[5]表示收入表(mySheet)第5行的所有单元格,mySheet[5][1:4]表示以(列表的)切片方式获取收入表(mySheet)第5行的 B、C、D列的单元格。myCell.value 表示单元格(myCell)的值(数据)。

此案例的源文件是 MyCode\A037\A037.py。

037　根据起止行号隐藏指定范围的行

观看视频

此案例主要通过在 Worksheet 的 row_dimensions.group()方法中设置 hidden 参数值为 True,从而实现根据起止行号在工作表中隐藏指定范围的多个行。当运行此案例的 Python 代码(A375.py 文件)之后,将在"员工表.xlsx"文件的员工表中隐藏第7行~第12行的所有行,代码运行前后的效果分别如图 037-1 和图 037-2 所示。单击图 037-2 中粗线框圈出的按钮,则可以展开被隐藏的行。

图　037-1

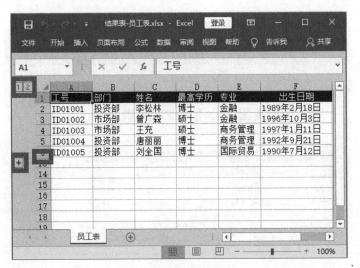

图　037-2

A375.py 文件的 Python 代码如下:

```
import openpyxl
myBook = openpyxl.load_workbook('员工表.xlsx')
mySheet = myBook.active
#隐藏员工表(mySheet)的第 7 行～第 12 行
mySheet.row_dimensions.group(7,12,hidden = True)
myBook.save('结果表 - 员工表.xlsx')
```

在上面这段代码中,mySheet.row_dimensions.group(7,12,hidden＝True)的参数 7 表示隐藏的起始行号,参数 12 表示隐藏的终止行号,参数 hidden＝True 表示执行隐藏操作。

此案例的源文件是 MyCode\A375\A375.py。

观看视频

038　自定义工作表指定行的高度

此案例主要通过使用指定的数字设置行(mySheet.row_dimensions[6])的 height 属性,从而实现在工作表中自定义指定行的高度。当运行此案例的 Python 代码(A120.py 文件)之后,"收入表.xlsx"文件中收入表的第 6 行的高度将发生变化,代码运行前后的效果分别如图 038-1 和图 038-2 所示。

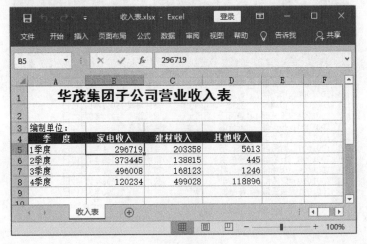

图　038-1

图　038-2

A120.py 文件的 Python 代码如下：

```
import openpyxl
myBook = openpyxl.load_workbook('收入表.xlsx')
mySheet = myBook.active
＃自定义收入表(mySheet)的第 6 行的高度
mySheet.row_dimensions[6].height = 30
myBook.save('结果表－收入表.xlsx')
```

在上面这段代码中，mySheet.row_dimensions[6].height＝30 表示设置收入表(mySheet)第 6 行的高度为 30；如果设置 mySheet.row_dimensions[7].height＝30，则表示设置收入表(mySheet)第 7 行的高度为 30。

此案例的源文件是 MyCode\A120\A120.py。

039　使用交错颜色设置行的背景

观看视频

此案例主要通过在 openpyxl.worksheet.table.TableStyleInfo()方法中自定义 name 参数值并设置 showRowStripes 参数值为 True，从而实现在工作表中使用交错颜色设置行的背景颜色。当运行此案例的 Python 代码(A471.py 文件)之后，如果设置 name 参数值为 TableStyleMedium8 且设置 showRowStripes 参数值为 True，则"员工表.xlsx"文件的员工表的所有行的交错颜色背景如图 039-1 所示；如果设置 name 参数值为 TableStyleMedium13 且设置 showRowStripes 参数值为 True，则"员工表.xlsx"文件的员工表的所有行的交错颜色背景效果如图 039-2 所示。

A471.py 文件的 Python 代码如下：

```
import openpyxl
myBook = openpyxl.load_workbook('员工表.xlsx')
mySheet = myBook.active
＃根据指定的范围创建表格 myTable
myTable = openpyxl.worksheet.table.Table(displayName = "myTable", ref = "A1:F12")
＃根据预置的样式以行交错风格创建表格样式 myStyle
myStyle = openpyxl.worksheet.table.TableStyleInfo(name = "TableStyleMedium13",
                                                  showRowStripes = True)
```

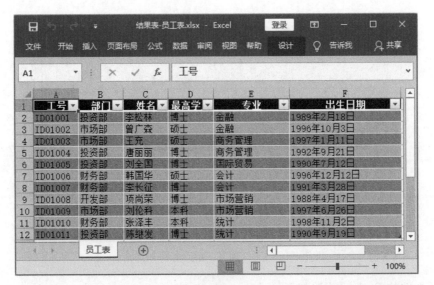

图　039-1

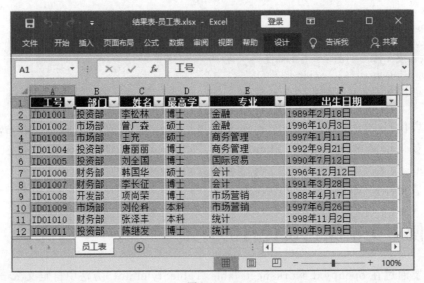

图　039-2

```
# 在表格中应用新建的表格样式 myStyle
myTable.tableStyleInfo = myStyle
# 在员工表(mySheet)中应用新建表格(样式)myTable
mySheet.add_table(myTable)
myBook.save('结果表 - 员工表.xlsx')
```

　　在上面这段代码中，myStyle = openpyxl. worksheet. table. TableStyleInfo（name = "TableStyleMedium13"，showRowStripes = True）表示以交错风格在表格的行中应用预置的 TableStyleMedium13 样式，name 参数值表示预置的样式名称，如 TableStyleMedium1、TableStyleMedium2、TableStyleMedium3 等，showRowStripes = True 表示以行交错风格应用预置的表格样式。

　　此案例的源文件是 MyCode\A471\A471. py。

040 根据特定要求对每行数据求和

观看视频

此案例主要通过使用 sum()函数累加每行多个单元格的数据，并在数据之和达到 10000 时自动停止累加(break 关键字)，从而实现在工作表中根据特定的要求对每行的多个(不确定的)单元格数据求和(即获取每位员工的累计收入金额在哪个月份达到 10000)。当运行此案例的 Python 代码(A315. py 文件)之后，将根据指定的要求对“收入表. xlsx”文件中收入表的每行的多个单元格数据求和。图 040-1 所示的收入表是每位员工全年所有月份的收入明细(在代码运行之前)，图 040-2 所示的收入表是每位员工的收入达到 10000 时的月份和累计金额(在代码运行之后)。

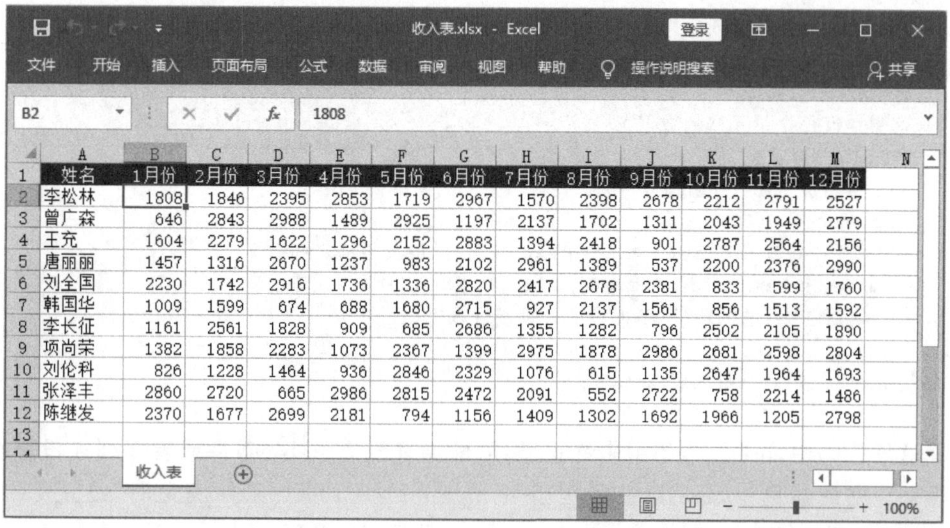

姓名	1月份	2月份	3月份	4月份	5月份	6月份	7月份	8月份	9月份	10月份	11月份	12月份
李松林	1808	1846	2395	2853	1719	2967	1570	2398	2678	2212	2791	2527
曾广森	646	2843	2988	1489	2925	1197	2137	1702	1311	2043	1949	2779
王充	1604	2279	1622	1296	2152	2883	1394	2418	901	2787	2564	2156
唐丽丽	1457	1316	2670	1237	983	2102	2961	1389	537	2200	2376	2990
刘全国	2230	1742	2916	1736	1336	2820	2417	2678	2381	833	599	1760
韩国华	1009	1599	674	688	1680	2715	927	2137	1561	856	1513	1592
李长征	1161	2561	1828	909	685	2686	1355	1282	796	2502	2105	1890
项尚荣	1382	1858	2283	1073	2367	1399	2975	1878	2986	2681	2598	2804
刘伦科	826	1228	1464	936	2846	2329	1076	615	1135	2647	1964	1693
张泽丰	2860	2720	665	2986	2815	2472	2091	552	2722	758	2214	1486
陈继发	2370	1677	2699	2181	794	1156	1409	1302	1692	1966	1205	2798

图 040-1

姓名	月份	金额
李松林	5月份	10621
曾广森	5月份	10891
王充	6月份	11836
唐丽丽	7月份	12726
刘全国	6月份	12780
韩国华	8月份	11429
李长征	7月份	11185
项尚荣	6月份	10362
刘伦科	7月份	10705
张泽丰	5月份	12046
陈继发	6月份	10877

图 040-2

A315. py 文件的 Python 代码如下：

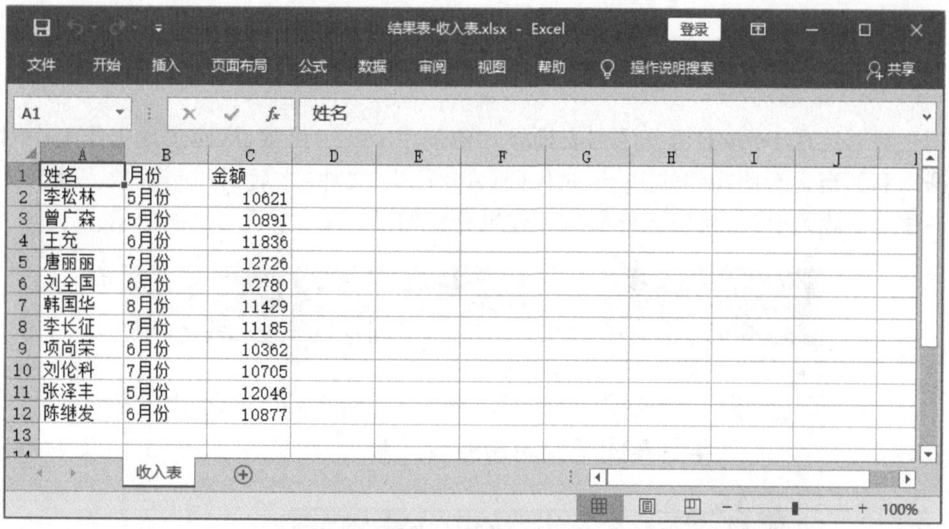

```
import openpyxl
myBook = openpyxl.load_workbook('收入表.xlsx',data_only = True)
```

```
mySheet = myBook.active
# 按行获取收入表(mySheet)的单元格数据(myValues)
myValues = list(mySheet.values)
# 创建空白的工作簿和工作表(即空白的新收入表)
myNewBook = openpyxl.Workbook()
myNewSheet = myNewBook.active
myNewSheet.title = '收入表'
myNewSheet.append(['姓名','月份','金额'])
# 从 myValues 的第 2 行开始逐行循环(到最后一行)
for myRow in myValues[1:]:
    mySum = 0
    myMonth = 0
    # 从行的第 2 列开始逐列循环
    for myCell in myRow[1:]:
        myMonth += 1
        # 累加行每个单元格的数据
        mySum += myCell
        # 如果累加之和大于或等于 10000
        if mySum >= 10000:
            # 则在新收入表(myNewSheet)中添加姓名、月份及累加之和
            myNewSheet.append([myRow[0],str(myMonth) + '月份',mySum])
            # 并跳出行的循环(即停止累加),直接进入下一循环
            break
myNewBook.save('结果表 - 收入表.xlsx')
```

在上面这段代码中,break 语句用来终止循环,即循环没有 False 条件或者序列还没被全部完成,停止执行循环。在此案例中,break 主要用于 if mySum >= 10000 条件满足时,终止 for myCell in myRow[1:],直接进入 for myRow in myValues[1:]的下一个循环。

此案例的源文件是 MyCode\A315\A315.py。

观看视频

041 使用列表推导式对多行数据求和

此案例主要通过在 Python 语言的列表推导式中使用 sum()函数,从而实现工作表中对指定范围的多行数据求和。当运行此案例的 Python 代码(A027.py 文件)之后,将计算"收入表.xlsx"文件中收入表的各季度的收入合计,代码运行前后的效果分别如图 041-1 和图 041-2 所示。

图 041-1

图　041-2

A027.py 文件的 Python 代码如下：

```
import openpyxl
myBook = openpyxl.load_workbook('收入表.xlsx')
mySheet = myBook.worksheets[0]
# 设置收入表(mySheet)的数据范围(myRange)
myRange = mySheet['A1':'D8']
# 使用列表推导式对 myRange 的行数据求和
myValues = [sum([myCell.value for myCell in myRow[1:]]) for myRow in myRange[4:]]
myRowIndex = 5
for myValue in myValues:
    # 在合计列的单元格中写入求和数据(即每个季度的收入合计)
    mySheet.cell(myRowIndex,5).value = myValue
    myRowIndex += 1
myBook.save('结果表 - 收入表.xlsx')
```

在上面这段代码中，myValues＝[sum([myCell.value for myCell in myRow[1:]]) for myRow in myRange[4:]]是一个列表推导式，其中，for myRow in myRange[4:]表示从数据范围(myRange)的第 5 行开始循环每行(myRow)；for myCell in myRow[1:]表示从该行(myRow)的第 2 列开始循环每个单元格(myCell)；sum([myCell.value for myCell in myRow[1:]])表示累加该行每个单元格（排除第 1 个）的数据。

此案例的源文件是 MyCode\A027\A027.py。

042　使用插入行方法制作工资条

此案例主要通过使用 Worksheet 的 insert_rows()方法和 cell()方法，从而实现根据工资表为每位员工制作工资条。当运行此案例的 Python 代码（A303.py 文件）之后，将根据"工资表.xlsx"文件的工资表为每位员工制作工资条，即在每位员工（每行）之前分别添加 1 行表头和 1 行空白，代码运行前后的效果分别如图 042-1 和图 042-2 所示。

A303.py 文件的 Python 代码如下：

```
import openpyxl
myBook = openpyxl.load_workbook('工资表.xlsx',data_only = True)
```

图　042-1

图　042-2

```
mySheet = myBook['工资表']
#采用倒循环方式循环每行,mySheet.max_row表示最后一行,2表示终止行是第2行
for myRow in range(mySheet.max_row,2,-1):
    #添加空白行,以便于为每位员工的工资条添加表头
    mySheet.insert_rows(myRow)
    for myCol in range(1,8):
        #在空白行中写入表头,myRow和myCol分别表示行号和列号
        mySheet.cell(myRow,myCol,mySheet.cell(1,myCol).value)
    #添加空白行,以便于裁剪工资条
    mySheet.insert_rows(myRow)
myBook.save('结果表-工资表.xlsx')
```

在上面这段代码中,for myRow in range(mySheet. max_row,2,－1)表示采用倒循环方式(步长是－1)循环每行,mySheet. max_row 表示最后一行(起始行),2 表示终止行是第 2 行。由于每执行一次插入行操作 mySheet. insert_rows(myRow),mySheet. max_row 都会发生变化,因此采用倒循环方式。mySheet. cell(myRow,myCol,mySheet. cell(1,myCol). value)表示为每位员工的工资条添加表头,外层的 mySheet. cell()方法用于向空白行的指定单元格写入表头数据,里层的 mySheet. cell()方法(即 mySheet. cell(1,myCol). value)用于读取第 1 行表头的指定单元格的数据。

此案例的源文件是 MyCode\A303\A303. py。

043　在指定位置连续删除多行数据

观看视频

此案例主要通过使用 Worksheet 的 delete_rows()方法,从而实现在工作表中从指定位置开始向后连续删除多行数据。当运行此案例的 Python 代码(A012. py 文件)之后,将从"收入表. xlsx"文件的收入表的第 6 行开始,连续删除 2 行数据(即删除第 6 行和第 7 行),代码运行前后的效果分别如图 043-1 和图 043-2 所示。

图　043-1

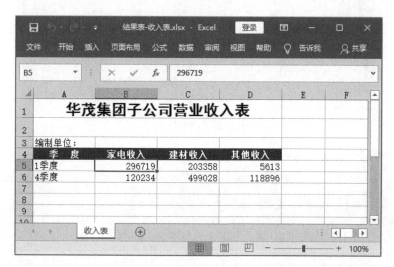

图　043-2

A012.py 文件的 Python 代码如下：

```
import openpyxl
myBook = openpyxl.load_workbook('收入表.xlsx')
mySheet = myBook.active
# 从收入表(mySheet)的第 6 行开始,连续删除 2 行数据
mySheet.delete_rows(6,2)
myBook.save('结果表 - 收入表.xlsx')
```

在上面这段代码中，mySheet.delete_rows(6,2)表示从收入表(mySheet)的第 6 行开始，连续删除 2 行数据。delete_rows()方法的第 1 个参数表示删除的起始位置，第 2 个参数表示删除的行数。如果仅删除 1 行，如第 6 行，则可以写成 mySheet.delete_rows(6)。

此案例的源文件是 MyCode\A012\A012.py。

观看视频

044　使用集合随机删除一行数据

此案例主要通过使用 Python 语言的集合的随机特性和 pop()方法，从而实现在工作表中随机删除一行数据。当运行此案例的 Python 代码（A353.py 文件）之后，将从"成绩表.xlsx"文件的成绩表中随机删除一行数据，代码运行前后的效果分别如图 044-1 和图 044-2 所示。

	A	B	C	D	E	F	G
1	姓名	操作系统	数据结构	逻辑电路	离散数学	软件工程	
2	周勇	100	86	80	95	96	
3	赵国庆	96	69	59	85	99	
4	陈金辉	63	89	62	55	54	
5	张华	60	71	83	60	80	
6	张平凡	99	89	71	76	76	
7	谭庆明	100	52	78	81	85	
8	何以光	54	75	78	97	58	
9	周海涛	86	98	87	77	76	
10	左永功	97	63	72	62	61	
11	王志宏	76	71	65	64	63	
12	李松	55	88	84	50	58	
13	何群	61	72	95	64	94	
14	张明财	96	96	64	73	73	
15	汤小华	98	73	51	75	99	
16	王彬	87	50	61	89	77	
17	蒋长江	65	82	71	52	62	

图　044-1

A353.py 文件的 Python 代码如下：

```
import openpyxl
myBook = openpyxl.load_workbook('成绩表.xlsx')
mySheet = myBook.active
# 根据成绩表(mySheet)的单元格数据(第 1 行除外)创建集合(mySet)
mySet = set(list(mySheet.values)[1:])
# 从集合(mySet)中随机删除一个成员(此例为行)
mySet.pop()
```

图 044-2

```
# 删除成绩表(mySheet)的行(第1行除外)
while mySheet.max_row > 1:
        mySheet.delete_rows(2)
# 根据随机删除成员(行)之后的集合(mySet)重新添加成绩表(mySheet)的数据
for myRow in mySet:
     mySheet.append(myRow)
myBook.save('结果表 - 成绩表.xlsx')
```

在上面这段代码中,mySet.pop()表示从集合(mySet)中随机移除一个成员,例如:

```
mySet = {'北京','上海','天津','重庆'}
mySet.pop() # 随机移除一个成员(每次结果可能都不相同)
print(mySet) # 输出可能是: {'上海','重庆','北京'}
```

此案例的源文件是 MyCode\A353\A353.py。

045 根据指定条件删除多行数据

此案例主要通过在循环中指定删除条件,并使用 Worksheet 的 delete_rows()方法,从而实现在工作表中删除符合条件的多行数据。当运行此案例的 Python 代码(A300.py 文件)之后,将从"成绩表.xlsx"文件的成绩表中删除总分(每行 B、C、D、E、F 列的合计)小于 400 分的学生(行),代码运行前后的效果分别如图 045-1 和图 045-2 所示。

A300.py 文件的 Python 代码如下:

```
import openpyxl
myBook = openpyxl.load_workbook('成绩表.xlsx')
mySheet = myBook.active
# 由于每执行一次 mySheet.delete_rows(myRow),
```

观看视频

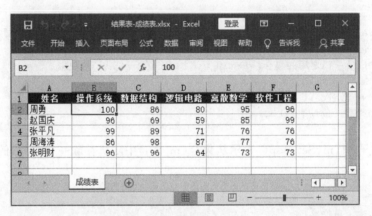

图 045-1

图 045-2

```
#mySheet.max_row 会发生变化,因此采用倒循环,
#mySheet.max_row 表示起始行号,1 表示结束行号,-1 表示步长(即倒循环)
for myRow in range(mySheet.max_row,1,-1):
    #print(mySheet.max_row)
    #对每行的 B、C、D、E、F 列数据求和
    myRowSum = sum([myCell.value for myCell in mySheet[myRow][1:6]])
    #如果合计小于 400,则删除行
    if myRowSum < 400:
        mySheet.delete_rows(myRow)
myBook.save('结果表 - 成绩表.xlsx')
```

在上面这段代码中,for myRow in range(mySheet. max_row,1,-1)表示此循环从 mySheet. max_row 开始,到第 1 行结束,每循环一次,myRow 就会减 1。mySheet[myRow][1:6]表示此行的求和运算从第 2 列(B 列)开始,到 F 列结束。mySheet. delete_rows(myRow)表示从工作表 mySheet 中删除行(myRow)。

观看视频

此案例的源文件是 MyCode\A300\A300.py。

046　在工作表中删除所有重复的行

此案例主要通过使用 Python 语言的列表脚本操作符(关键字 not in),从而实现在工作表中删除所有重复的行。当运行此案例的 Python 代码(A331.py 文件)之后,将在"员工表.xlsx"文件的员工表中删除所有内容重复的行,代码运行前后的效果分别如图 046-1 和图 046-2 所示。

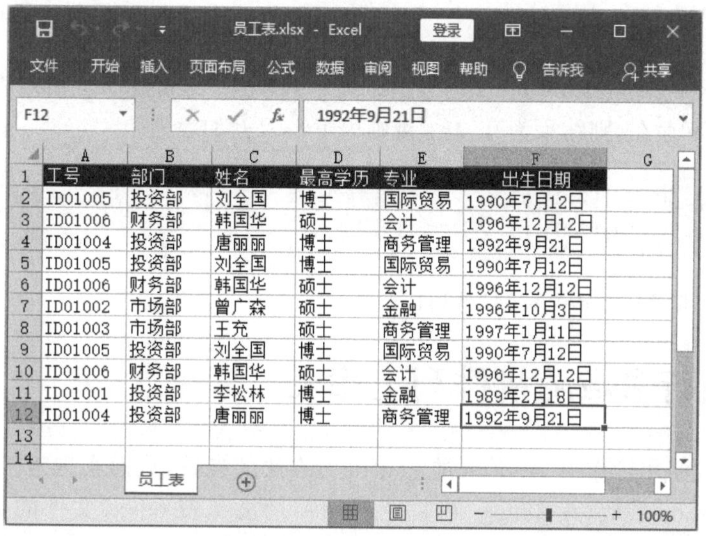

图　046-1

图　046-2

A331.py 文件的 Python 代码如下:

```python
import openpyxl
myBook = openpyxl.load_workbook('员工表.xlsx',data_only = True)
mySheet = myBook.active
# 按行获取员工表(mySheet)的单元格数据(第 1 行除外)
myRows = list(mySheet.values)[1:]
# 删除员工表(mySheet)的行(第 1 行除外)
while mySheet.max_row > 1:
    mySheet.delete_rows(2)
```

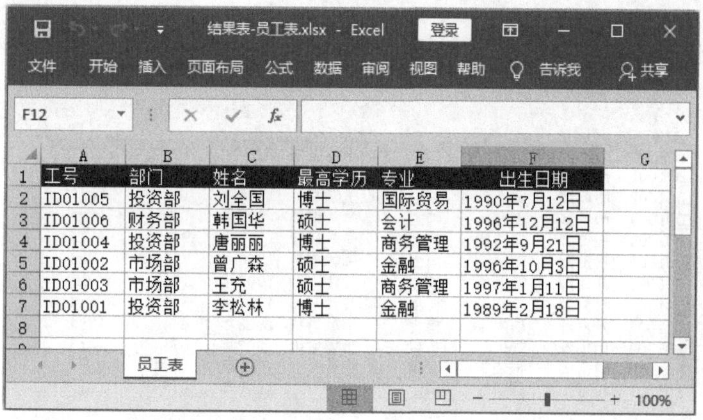

```
myList = [ ]
for myRow in myRows:
    ♯ 如果在列表(myList)中不存在行(myRow)
    if myRow not in myList:
        ♯ 则在列表(myList)中添加行(myRow)
        myList.append(myRow)
♯ 在员工表(mySheet)中添加不重复的行(myRow)
for myRow in myList:
    mySheet.append(myRow)
myBook.save('结果表 - 员工表.xlsx')
```

在上面这段代码中，if myRow not in myList 表示判断某行(myRow)在列表(myList)中是否存在(是否重复)，如果不存在，则结果为 True；否则为 False，例如：

```
print([1,2] not in [[1,2],[2,3],[3,4]]) ♯ 结果为 False
print([1,3] not in [[1,2],[2,3],[3,4]]) ♯ 结果为 True
```

此案例的源文件是 MyCode\A331\A331.py。

观看视频

047　使用行参数随机排列工作表

此案例主要通过使用行作为 random 的 shuffle() 方法的参数，从而实现对工作表行的随机排列。当运行此案例的 Python 代码(A328.py 文件)之后，将对"员工表.xlsx"文件的员工表的所有行进行随机排列，代码运行前后的效果分别如图 047-1 和图 047-2 所示。

	A	B	C	D	E	F	G	H	I
1	工号	部门	姓名	最高学历	专业	出生年份	出生月份	出生日	
2	ID01001	投资部	李松林	博士	金融	1989年	2月	18日	
3	ID01002	市场部	曾广森	硕士	金融	1996年	10月	3日	
4	ID01003	市场部	王充	硕士	商务管理	1997年	1月	11日	
5	ID01004	投资部	唐丽丽	博士	商务管理	1992年	9月	21日	
6	ID01005	投资部	刘全国	博士	国际贸易	1990年	7月	12日	
7	ID01006	财务部	韩国华	硕士	会计	1996年	12月	12日	
8	ID01007	财务部	李长征	博士	会计	1991年	3月	28日	
9	ID01008	开发部	项尚荣	博士	市场营销	1988年	4月	17日	
10	ID01009	市场部	刘伦科	本科	市场营销	1997年	6月	26日	
11	ID01010	财务部	张泽丰	本科	统计	1998年	11月	2日	
12	ID01011	投资部	陈继发	博士	统计	1990年	9月	19日	

图　047-1

A328.py 文件的 Python 代码如下：

```
import openpyxl
import random
myBook = openpyxl.load_workbook('员工表.xlsx',data_only = True)
mySheet = myBook.active
♯ 按行获取员工表(mySheet)所有单元格的数据(第 1 行除外)
myValues = list(mySheet.values)[1:]
```

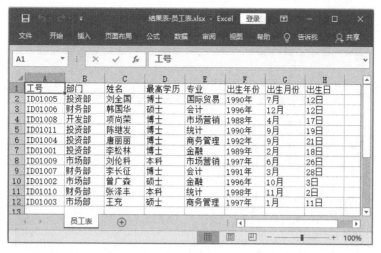

图　047-2

```
myNewBook = openpyxl.Workbook()
myNewSheet = myNewBook.active
myNewSheet.title = '员工表'
myNewSheet.append(['工号','部门','姓名','最高学历',
                   '专业','出生年份','出生月份','出生日'])
#随机排列行
random.shuffle(myValues)
#在新员工表(myNewSheet)中添加经过随机排列的行
for myRow in myValues:
    myNewSheet.append(myRow)
myNewBook.save('结果表-员工表.xlsx')
```

在上面这段代码中,random. shuffle(myValues)表示对所有行(myValues)进行随机排列,myValues表示员工表的所有行(第1行除外)。关于random. shuffle()方法是如何进行随机排列的,请看下面这个简单的例子:

```
myList = [20,16,10,5]
random.shuffle(myList)
#每执行一次 random.shuffle(myList),顺序都可能不同
print(myList)    #随机排列的可能结果:[16,5,10,20]
```

注意:使用random. shuffle()方法需要添加 import random。
此案例的源文件是 MyCode\A328\A328. py。

048　倒序排列工作表的所有数据

观看视频

此案例主要通过使用Python语言的列表的 reverse()方法,从而实现对工作表行的倒序排列。当运行此案例的 Python 代码(A330.py 文件)之后,将对"员工表. xlsx"文件的员工表的所有行进行倒序排列,代码运行前后的效果分别如图 048-1 和图 048-2 所示。
A330. py 文件的 Python 代码如下:

```
import openpyxl
myBook = openpyxl.load_workbook('员工表.xlsx',data_only = True)
```

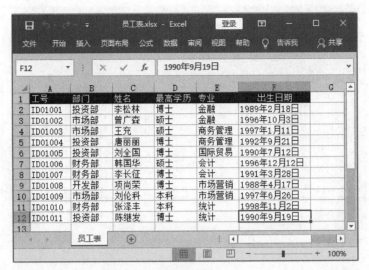

图　048-1

图　048-2

```
mySheet = myBook.active
# 按行获取员工表(mySheet)的单元格数据(第1行除外)
myRows = list(mySheet.values)[1:]
myNewBook = openpyxl.Workbook()
myNewSheet = myNewBook.active
myNewSheet.title = '员工表'
myNewSheet.append(['工号','部门','姓名','最高学历','专业','出生日期'])
# 在myRows中倒序排列所有的行
myRows.reverse()
for myRow in myRows:
    # 在新员工表(myNewSheet)中添加经过倒序排列的行
    myNewSheet.append(myRow)
myNewBook.save('结果表-员工表.xlsx')
```

　　在上面这段代码中，myRows.reverse()表示倒序排列列表(myRows)的所有成员，reverse()方法没有返回值，倒序排列结果就在列表(myRows)中。当然，也可以使用 myRows[::-1]代替

myRows. reverse(),实现完全相同的倒序排列功能,代码如下:

```
import openpyxl
myBook = openpyxl.load_workbook('员工表.xlsx',data_only = True)
mySheet = myBook.active
#按行获取员工表(mySheet)的单元格数据(第1行除外)
myRows = list(mySheet.values)[1:]
myNewBook = openpyxl.Workbook()
myNewSheet = myNewBook.active
myNewSheet.title = '员工表'
myNewSheet.append(['工号','部门','姓名','最高学历','专业','出生日期'])
for myRow in myRows[::-1]:
    #在新员工表(myNewSheet)中添加经过倒序排列的行
    myNewSheet.append(myRow)
myNewBook.save('结果表-员工表.xlsx')
```

此案例的源文件是 MyCode\A330\A330.py。

049　根据首列数据升序排列工作表

观看视频

此案例主要通过使用 Python 语言的 sorted() 函数的默认操作方式,从而实现根据首列数据对工作表的行进行升序排列。当运行此案例的 Python 代码(A306.py 文件)之后,将按照首列(录取院校)对"录取表.xlsx"文件的录取表的所有行进行分类,代码运行前后的效果分别如图 049-1 和图 049-2 所示。

图　049-1

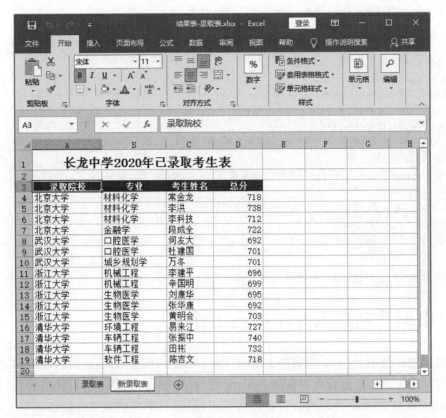

图 049-2

A306.py 文件的 Python 代码如下：

```python
import openpyxl
# 读取"录取表.xlsx"文件
myBook = openpyxl.load_workbook('录取表.xlsx')
mySheet = myBook['录取表']
# 按行获取录取表(mySheet)的单元格数据(myRange)
myRange = list(mySheet.values)
# 根据录取表(mySheet)创建(复制)新录取表(myNewSheet)
myNewSheet = myBook.copy_worksheet(mySheet)
myNewSheet.title = '新录取表'
# 删除新录取表(myNewSheet)第3行之后的行(即删除所有考生)
while myNewSheet.max_row > 3:
    myNewSheet.delete_rows(4)
# 从 myRange 的第4行开始,先分类再循环,
# 然后在新录取表(myNewSheet)中添加经过分类的考生
for myRow in sorted(myRange[3:]):
    myNewSheet.append(myRow)
# 保存工作簿(myBook),即保存"结果表 - 录取表.xlsx"文件
myBook.save('结果表 - 录取表.xlsx ')
```

在上面这段代码中,sorted(myRange[3:])表示对指定范围(myRange[3:])的首列数据进行升序排列。需要注意的是：sorted(iterable)函数的参数 iterable 必须是一个迭代对象。

此案例的源文件是 MyCode\A306\A306.py。

观看视频

050　根据指定列数据升序排列工作表

　　此案例主要通过在 Python 语言的 sorted() 函数中设置 key 参数值为指定列,从而实现根据指定列对工作表的行进行升序排列。当运行此案例的 Python 代码(A307.py 文件)之后,将根据总分列对"录取表.xlsx"文件的录取表的所有行进行升序排列,代码运行前后的效果分别如图 050-1 和图 050-2 所示。

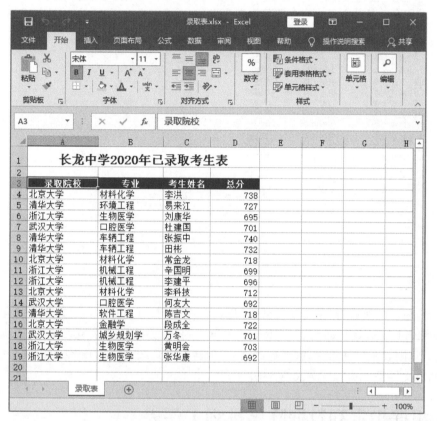

图　050-1

　　A307.py 文件的 Python 代码如下:

```
import openpyxl
myBook = openpyxl.load_workbook('录取表.xlsx')
mySheet = myBook['录取表']
myRange = list(mySheet.values)
myNewSheet = myBook.copy_worksheet(mySheet)
myNewSheet.title = '新录取表'
while myNewSheet.max_row > 3:
    myNewSheet.delete_rows(4)
# 从 myRange 的第 4 行开始,先根据总分列对行进行升序排列,然后再循环
for myRow in sorted(myRange[3:],key = lambda x:x[3]):
    # 在新录取表(myNewSheet)中添加经过升序排列的考生
    myNewSheet.append(myRow)
myBook.save('结果表 - 录取表.xlsx')
```

　　在上面这段代码中,sorted(myRange[3:],key＝lambda x:x[3])表示根据第 4 列的数据对指定

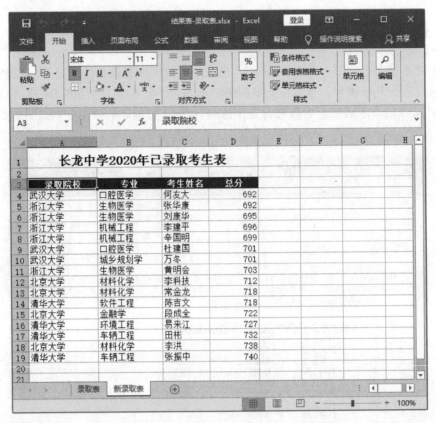

图   050-2

范围（myRange[3:]）的所有行（从第 4 行开始）进行升序排列。lambda x：x[3]是一个匿名函数，在此案例中的 key＝lambda x：x[3]即代表 myRange 的第 4 列（总分列），如果 sorted（myRange[3:]，key＝lambda x：x[2]），则表示根据第 3 列（考生姓名列）的数据对录取表进行升序排列，其余以此类推。

此案例的源文件是 MyCode\A307\A307.py。

观看视频

051　根据指定列数据降序排列工作表

此案例主要通过在 Python 语言的 sorted（）函数中设置 key 参数值为指定列，并且指定 reverse 参数值为 True，从而实现根据指定列对工作表的行进行降序排列。当运行此案例的 Python 代码（A308.py 文件）之后，将根据总分列对"录取表.xlsx"文件的录取表的所有行进行降序排列，代码运行前后的效果分别如图 051-1 和图 051-2 所示。

A308.py 文件的 Python 代码如下：

```
import openpyxl
myBook = openpyxl.load_workbook('录取表.xlsx')
mySheet = myBook['录取表']
myRange = list(mySheet.values)
myNewSheet = myBook.copy_worksheet(mySheet)
myNewSheet.title = '新录取表'
while myNewSheet.max_row > 3:
        myNewSheet.delete_rows(4)
# 从 myRange 的第 4 行开始,先根据总分列进行降序排列,然后再循环
```

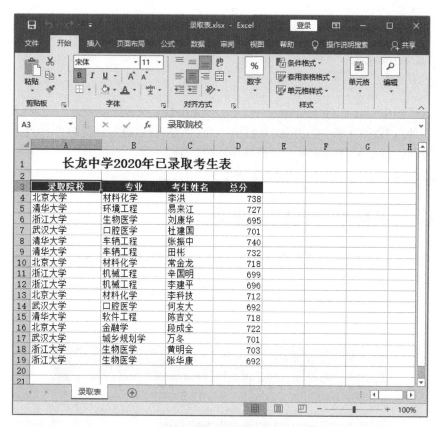

图 051-1

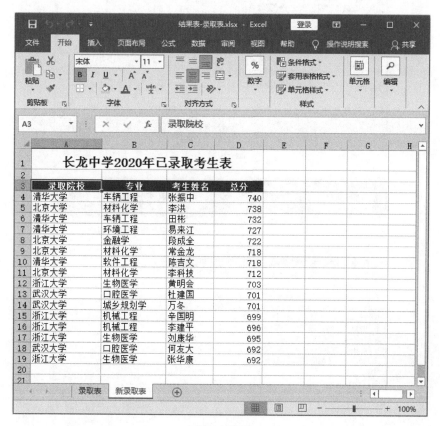

图 051-2

```
for myRow in sorted(myRange[3:],key = lambda x:x[3],reverse = True):
    # 在新录取表(myNewSheet)中添加经过降序排列的考生
    myNewSheet.append(myRow)
myBook.save('结果表 – 录取表.xlsx')
```

在上面这段代码中,sorted(myRange[3:],key=lambda x:x[3],reverse=True)表示对指定范围(myRange[3:])的所有行(从第 4 行开始)根据第 4 列(总分列)的数据进行降序排列。reverse＝True表示进行降序排列,reverse＝False表示进行升序排列。

此案例的源文件是 MyCode\A308\A308.py。

052　根据字符串长度倒序排列工作表

此案例主要通过在 Python 语言的列表的 sort()方法中指定 key 参数值为 len,从而实现根据字符串长度对工作表进行倒序排列。当运行此案例的 Python 代码(A360.py 文件)之后,将根据"新书订购表.xlsx"文件的新书订购表的书名长度进行倒序排列,代码运行前后的效果分别如图 052-1 和图 052-2 所示。

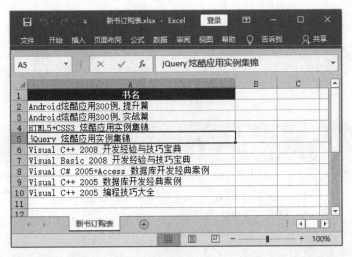

图　052-1

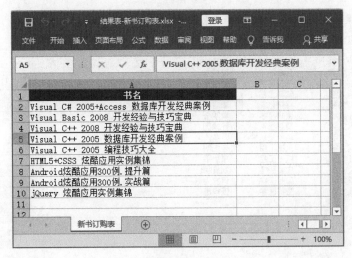

图　052-2

A360.py 文件的 Python 代码如下：

```
import openpyxl
myBook = openpyxl.load_workbook('新书订购表.xlsx')
mySheet = myBook['新书订购表']
#按行获取新书订购表(mySheet)的单元格数据(第1行除外)
myRows = list(mySheet.values)[1:]
myList = []
for myRow in myRows:
    myList += [myRow[0]]
#根据书名的长度进行倒序排列
myList.sort(key = len, reverse = True)
#在新书订购表(mySheet)中删除所有的行(第1行除外)
while mySheet.max_row > 1:
    mySheet.delete_rows(2)
#在新书订购表(mySheet)中添加倒序排列的书名
for myRow in myList:
    mySheet.append([myRow])
myBook.save('结果表 - 新书订购表.xlsx')
```

在上面这段代码中，myList.sort(key＝len，reverse＝True)表示根据 myList 列表成员的字符串长度进行倒序排列。请看下面这个简单的例子：

```
myList = ['北京','海拉尔','乌兰察布','武汉','佳木斯']
myList.sort(key = len, reverse = True)
print(myList) #输出：['乌兰察布','海拉尔','佳木斯','北京','武汉']
```

此案例的源文件是 MyCode\A360\A360.py。

053　使用集合实现随机排列工作表

观看视频

此案例主要通过使用 Python 语言的集合的无序特性，从而实现对工作表行的随机排列。当运行此案例的 Python 代码（A348.py 文件）之后，将对"员工表.xlsx"文件的员工表的所有行进行随机排列，代码运行前后的效果分别如图 053-1 和图 053-2 所示。

图　053-1

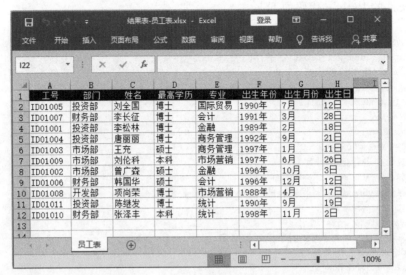

图　053-2

A348.py 文件的 Python 代码如下：

```
import openpyxl
myBook = openpyxl.load_workbook('员工表.xlsx',data_only = True)
mySheet = myBook.active
#按行获取员工表(mySheet)的单元格数据(第1行除外)
myValues = list(mySheet.values)[1:]
#根据 myValues 创建 mySet 集合,此时自动随机排列所有行
mySet = set(myValues)
#删除员工表(mySheet)的行(第1行除外)
while mySheet.max_row > 1:
    mySheet.delete_rows(2)
#在员工表(mySheet)中添加经过随机排列的行(mySet)
for myRow in mySet:
    mySheet.append(myRow)
myBook.save('结果表 - 员工表.xlsx')
```

在上面这段代码中，mySet＝set(myValues)表示根据员工表的所有行创建集合，在 Python 中，集合是无序的且不重复元素（成员）。因此每次运行此代码时，或者说每次执行 mySet＝set(myValues)时，在 mySet 中的成员（即员工表的每个员工）的排列顺序均不相同。

此案例的源文件是 MyCode\A348\A348.py。

观看视频

054　根据间隔行数正序筛选所有行

此案例主要通过使用列表切片 myRows[::2]，从而实现在工作表中根据指定的间隔行数正序筛选所有行。当运行此案例的 Python 代码（A332.py 文件）之后，将在"员工表.xlsx"文件的员工表中每间隔1行、正序筛选所有行，代码运行前后的效果分别如图 054-1 和图 054-2 所示。

A332.py 文件的 Python 代码如下：

```
import openpyxl
myBook = openpyxl.load_workbook('员工表.xlsx',data_only = True)
mySheet = myBook.active
```

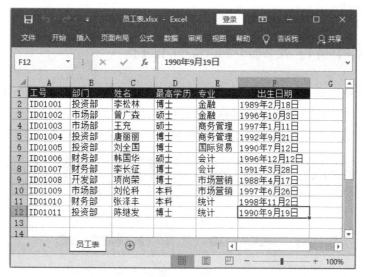

图　054-1

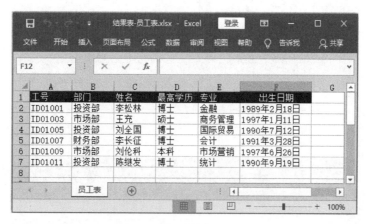

图　054-2

```
#按行获取员工表(mySheet)的单元格数据(第1行除外)
myRows = list(mySheet.values)[1:]
#在员工表(mySheet)中删除所有行(第1行除外)
while mySheet.max_row > 1:
    mySheet.delete_rows(2)
#从myRows的第1行开始,根据间隔行数(1行)正序筛选所有行
for myRow in myRows[::2]:
    #在员工表(mySheet)中添加正序筛选的行
    mySheet.append(myRow)
myBook.save('结果表 - 员工表.xlsx')
```

在上面这段代码中,myRows[::2]表示从myRows的第1行开始,根据间隔行数(1行)正序筛选所有行。myRows[::1]表示筛选没有效果;myRows[::3]则表示在myRows中从第1行开始,根据间隔行数(2行)正序筛选所有行,以此类推。例如:

```
myRows = ['京','津','沪','渝','川','湘','滇','皖','桂','苏','浙','鄂']
print(myRows[::3]) #输出: ['京','渝','滇','苏']
```

此案例的源文件是 MyCode\A332\A332.py。

观看视频

055　根据间隔行数倒序筛选所有行

此案例主要通过使用列表切片 myRows[::-2]，从而实现在工作表中根据指定的间隔行数倒序筛选所有行。当运行此案例的 Python 代码(A333.py 文件)之后，将在“员工表.xlsx”文件的员工表中每间隔 1 行倒序筛选所有行，代码运行前后的效果分别如图 055-1 和图 055-2 所示。

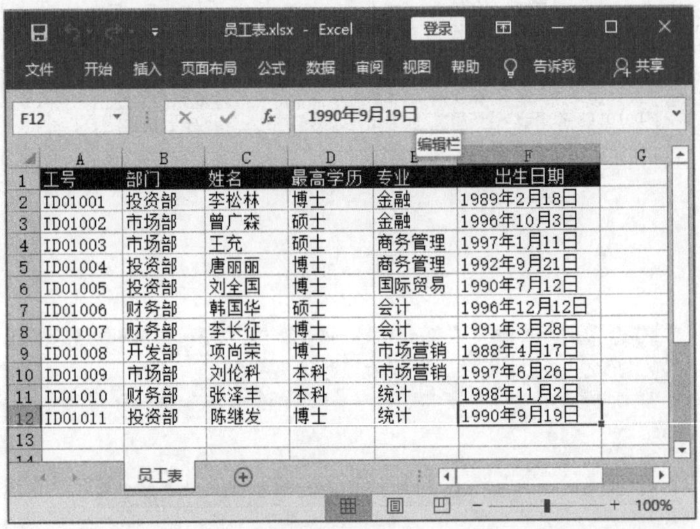

工号	部门	姓名	最高学历	专业	出生日期
ID01001	投资部	李松林	博士	金融	1989年2月18日
ID01002	市场部	曾广森	硕士	金融	1996年10月3日
ID01003	市场部	王充	硕士	商务管理	1997年1月11日
ID01004	投资部	唐丽丽	博士	商务管理	1992年9月21日
ID01005	投资部	刘全国	博士	国际贸易	1990年7月12日
ID01006	财务部	韩国华	硕士	会计	1996年12月12日
ID01007	财务部	李长征	博士	会计	1991年3月28日
ID01008	开发部	项尚荣	博士	市场营销	1988年4月17日
ID01009	市场部	刘伦科	本科	市场营销	1997年6月26日
ID01010	财务部	张泽丰	本科	统计	1998年11月2日
ID01011	投资部	陈继发	博士	统计	1990年9月19日

图　055-1

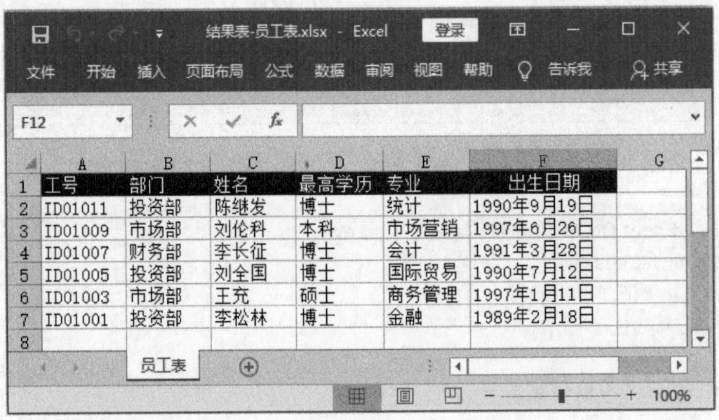

工号	部门	姓名	最高学历	专业	出生日期
ID01011	投资部	陈继发	博士	统计	1990年9月19日
ID01009	市场部	刘伦科	本科	市场营销	1997年6月26日
ID01007	财务部	李长征	博士	会计	1991年3月28日
ID01005	投资部	刘全国	博士	国际贸易	1990年7月12日
ID01003	市场部	王充	硕士	商务管理	1997年1月11日
ID01001	投资部	李松林	博士	金融	1989年2月18日

图　055-2

A333.py 文件的 Python 代码如下：

```
import openpyxl
myBook = openpyxl.load_workbook('员工表.xlsx',data_only = True)
mySheet = myBook.active
#按行获取员工表(mySheet)的单元格数据(第 1 行除外)
myRows = list(mySheet.values)[1:]
#在员工表(mySheet)中删除所有行(第 1 行除外)
while mySheet.max_row > 1:
      mySheet.delete_rows(2)
```

```
#在myRows中从倒数第1行开始,根据间隔行数(1行)倒序筛选所有行
for myRow in myRows[::-2]:
      #在员工表(mySheet)中添加倒序筛选的行
    mySheet.append(myRow)
myBook.save('结果表-员工表.xlsx')
```

在上面这段代码中,myRows[::-2]表示在 myRows 中从倒数第 1 行开始,根据间隔行数(1
行)倒序筛选所有行。myRows[::-1]则表示仅有倒序排列效果,没有筛选效果;myRows[::-3]则
表示在 myRows 中从倒数第 1 行开始,根据间隔行数(2 行)倒序筛选所有行,以此类推。例如:

```
myRows = ['京','津','沪','渝','川','湘','滇','皖','桂','苏','浙','鄂']
print(myRows[::-3]) #输出: ['鄂','桂','湘','沪']
```

此案例的源文件是 MyCode\A333\A333.py。

056　使用 max()函数筛选最大值所在的行

观看视频

此案例主要通过使用 Python 语言的 max()函数和 zip()函数,从而实现在工作表中筛选某列的
最大值所在的行。当运行此案例的 Python 代码(A359.py 文件)之后,将从"新书表.xlsx"文件的新
书表中筛选售价最高的图书,代码运行前后的效果分别如图 056-1 和图 056-2 所示。

书名	售价
Android炫酷应用300例	99.80
Bootstrap响应式Web开发	342.00
HTML5+CSS3炫酷应用实例集锦	149.00
Web前端工程师修炼之道	199.00
HTML5+CSS3网页布局任务教程	39.00
HTML5与CSS网页设计基础	118.00
jQuery炫酷应用实例集锦	99.00
Visual Basic 2008开发经验与技巧宝典	78.00
利用Python进行数据分析	119.00
Visual C++编程技巧精选500例	49.00
Python高手修炼之道	79.00
OpenGL编程指南	139.00

图　056-1

A359.py 文件的 Python 代码如下:

```
import openpyxl
myBook = openpyxl.load_workbook('新书表.xlsx',data_only = True)
mySheet = myBook.active
#按行获取新书表(mySheet)的单元格数据(第 1 行除外)
myRows = list(mySheet.values)[1:]
myDict = {}
for myRow in myRows:
    #根据每行(myRow)的书名(myRow[0])和售价(myRow[1])创建字典
```

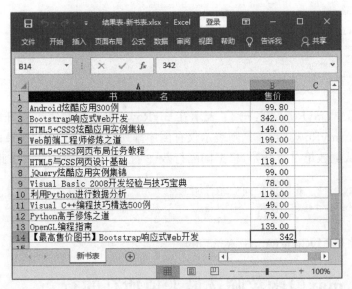

图   056-2

```
    myDict[myRow[0]] = myRow[1]
    #获取在字典(myDict)中售价(myDict.values())最高的图书
    myMax = max(zip(myDict.values(),myDict.keys()))
    mySheet.append(['【最高售价图书】' + myMax[1],myMax[0]])
    myBook.save('结果表 - 新书表.xlsx')
```

在上面这段代码中，myMax＝max(zip(myDict.values()，myDict.keys()))的 myDict.values()表示 myDict 字典的所有键值，myDict.keys()表示 myDict 字典的所有键名，zip()函数用于将可迭代的对象作为参数，将对象中对应的元素打包成元组，然后返回由这些元组组成的列表，max(myParam)函数用于获取给定参数的最大值，参数可以为序列，请看下面这个简单的代码：

```
    print(list(zip([1,2,3],['A','B','C'])))           #输出：[(1,'A'), (2,'B'), (3,'C')]
    print(max(list(zip([1,2,3],['A','B','C']))))       #输出：(3,'C')
    print(max(zip([1,2,3],['A','B','C'])))             #输出：(3,'C')
```

此案例的源文件是 MyCode\A359\A359.py。

观看视频

057   使用关键字筛选符合条件的行

此案例主要通过使用 Python 语言的 not in 关键字判断某个字符串('ABC')是否存在某个子字符串('AB')，从而实现在工作表中筛选符合条件的行。当运行此案例的 Python 代码(A318.py 文件)之后，将从"员工表.xlsx"文件的员工表中查询所有家庭地址包含"江北县"的员工，代码运行前后的效果分别如图 057-1 和图 057-2 所示。

A318.py 文件的 Python 代码如下：

```
import openpyxl
myBook = openpyxl.load_workbook('员工表.xlsx',data_only = True)
mySheet = myBook.active
#由于每执行一次 mySheet.delete_rows(myRow),
```

图 057-1

图 057-2

```
#mySheet.max_row 会发生变化,因此采用倒循环,
#mySheet.max_row 表示起始行号,1 表示结束行号,-1 表示步长
for myRow in range(mySheet.max_row,1,-1):
    #如果在(家庭地址)单元格中未包含"江北县",
    if '江北县' not in mySheet[myRow][2].value:
        #则删除该员工(行),剩下的员工(行)则是筛选结果
        mySheet.delete_rows(myRow)
myBook.save('结果表-员工表.xlsx')
```

在上面这段代码中,if '江北县' not in mySheet[myRow][2].value 表示判断在 mySheet[myRow][2].value(家庭地址)中是否存在"江北县",如果不存在,则为 True,否则为 False。if '江北县' not in mySheet[myRow][2].value 也可以写成 if not '江北县' in mySheet[myRow][2].value。

此案例的源文件是 MyCode\A318\A318.py。

058 使用列表设置条件对行进行筛选

此案例主要通过在 Python 语言的列表中设置多个筛选条件,并使用关键字 in,从而实现在工作表中根据指定的多个条件筛选行。当运行此案例的 Python 代码(A337.py 文件)之后,将在"销量排

观看视频

行表.xlsx"文件的销量排行表中筛选出版社是"清华大学出版社""中国水利水电出版社"的图书,代码运行前后的效果分别如图 058-1 和图 058-2 所示。

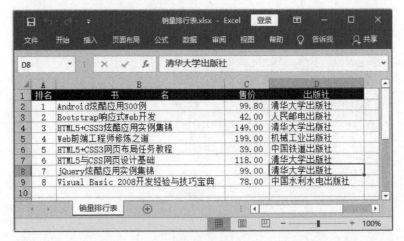

图   058-1

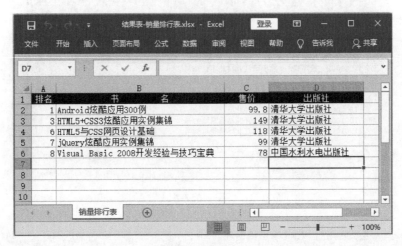

图   058-2

A337.py 文件的 Python 代码如下:

```python
import openpyxl
myBook = openpyxl.load_workbook('销量排行表.xlsx',data_only = True)
mySheet = myBook.active
# 按行获取销量排行表(mySheet)的单元格数据(第 1 行除外)
myRows = list(mySheet.values)[1:]
# 在销量排行表(mySheet)中删除所有行(第 1 行除外)
while mySheet.max_row > 1:
    mySheet.delete_rows(2)
myList = ['清华大学出版社','中国水利水电出版社']
for myRow in myRows:
    # 如果出版社名字(myRow[3])在 myList 中
    if myRow[3] in myList:
        # 则在销量排行表(mySheet)中添加此图书(myRow)
        mySheet.append(myRow)
myBook.save('结果表 - 销量排行表.xlsx')
```

在上面这段代码中,if myRow[3] in myList 的 in 是 Python 的成员运算符(或者说关键字),它表示判断 myRow[3](如"清华大学出版社")在 myList 列表['清华大学出版社','中国水利水电出版社']中是否存在。如果存在。则该 if 语句返回 True,否则返回 False。

此案例的源文件是 MyCode\A337\A337.py。

059 使用或运算组合条件对行进行筛选

观看视频

此案例主要通过使用 Python 语言的或运算符(or)组合多个条件,从而实现在工作表中根据指定的多个条件筛选行。当运行此案例的 Python 代码(A336.py 文件)之后,将在"销量排行表.xlsx"文件的销量排行表中筛选"售价"大于 100 或者是"清华大学出版社"出版的图书,代码运行前后的效果分别如图 059-1 和图 059-2 所示。

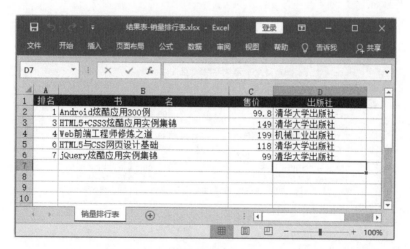

图 059-1

图 059-2

A336.py 文件的 Python 代码如下:

```
import openpyxl
myBook = openpyxl.load_workbook('销量排行表.xlsx',data_only = True)
mySheet = myBook.active
# 按行获取销量排行表(mySheet)的单元格数据(第 1 行除外)
```

```
myRows = list(mySheet.values)[1:]
#在销量排行表(mySheet)中删除所有的行(第1行除外)
while mySheet.max_row > 1:
      mySheet.delete_rows(2)
for myRow in myRows:
    #如果售价大于100,或者出版社含有"清华大学出版社"
    if myRow[2]> 100 or '清华大学出版社' in myRow[3]:
       #则在销量排行表(mySheet)中添加此图书(myRow)
       mySheet.append(myRow)
myBook.save('结果表 - 销量排行表.xlsx')
```

在上面这段代码中，if myRow[2]> 100 or '清华大学出版社' in myRow[3]是一个条件判断语句，该条件判断语句由子条件(myRow[2]> 100)和子条件('清华大学出版社' in myRow[3])组成。在这两个子条件中，只要有一个子条件为 True，则整个条件语句就为 True；如果两个子条件均为 False，则整个条件语句才为 False。如果有三个以及更多的子条件，则可以写成：if ('实例集锦' in myRow[1]) or (myRow[2]> 100) or ('清华大学出版社' in myRow[3])，即如果该书(myRow)的书名(myRow[1])含有"实例集锦"，或者售价(myRow[2])大于 100，或者出版社(myRow[3])含有"清华大学出版社"。

此案例的源文件是 MyCode\A336\A336.py。

观看视频

060 使用与运算组合条件对行进行筛选

此案例主要通过使用 Python 语言的与运算符(and)组合多个条件，从而实现在工作表中根据指定的多个条件筛选行。当运行此案例的 Python 代码(A335.py 文件)之后，将在"销量排行表.xlsx"文件的销量排行表中筛选"售价"大于 100，且由"清华大学出版社"出版的图书，代码运行前后的效果分别如图 060-1 和图 060-2 所示。

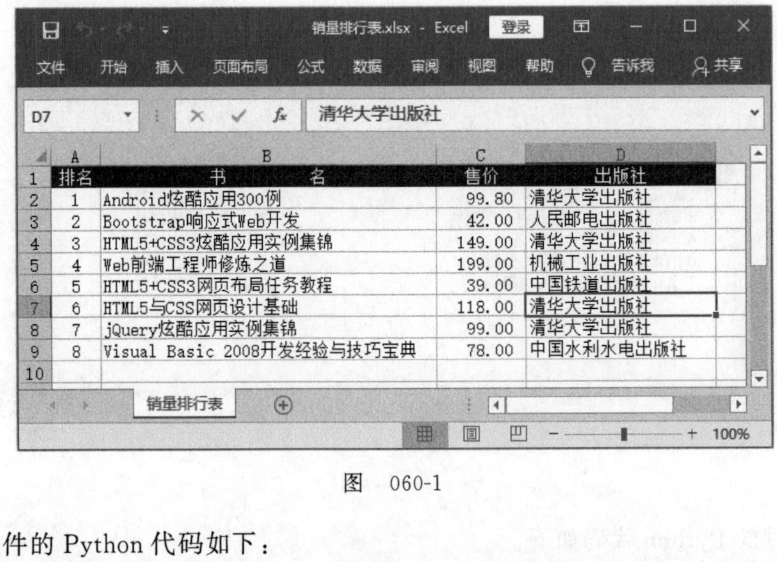

排名	书名	售价	出版社
1	Android炫酷应用300例	99.80	清华大学出版社
2	Bootstrap响应式Web开发	42.00	人民邮电出版社
3	HTML5+CSS3炫酷应用实例集锦	149.00	清华大学出版社
4	Web前端工程师修炼之道	199.00	机械工业出版社
5	HTML5+CSS3网页布局任务教程	39.00	中国铁道出版社
6	HTML5与CSS网页设计基础	118.00	清华大学出版社
7	jQuery炫酷应用实例集锦	99.00	清华大学出版社
8	Visual Basic 2008开发经验与技巧宝典	78.00	中国水利水电出版社

图 060-1

A335.py 文件的 Python 代码如下：

```
import openpyxl
myBook = openpyxl.load_workbook('销量排行表.xlsx',data_only = True)
mySheet = myBook.active
```

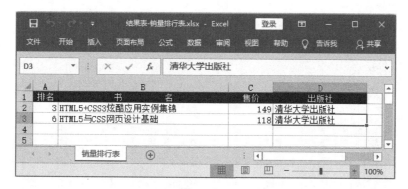

图　060-2

```
#按行获取销量排行表(mySheet)的单元格数据(第1行除外)
myRows = list(mySheet.values)[1:]
#在销量排行表(mySheet)中删除所有行(第1行除外)
while mySheet.max_row > 1:
        mySheet.delete_rows(2)
for myRow in myRows:
        #如果售价大于100,且出版社含有"清华大学出版社"
        if myRow[2] > 100 and '清华大学出版社' in myRow[3]:
                #则在销量排行表(mySheet)中添加此图书(myRow)
                mySheet.append(myRow)
myBook.save('结果表 - 销量排行表.xlsx')
```

在上面这段代码中,if myRow[2] > 100 and '清华大学出版社' in myRow[3]是一个条件判断语句,该条件判断语句由子条件(myRow[2] > 100)和子条件('清华大学出版社' in myRow[3])组成。只有当这两个子条件同时为 True 时,整个条件语句才为 True;任何一个子条件为 False,或者两个子条件均为 False,则整个条件语句必为 False。if myRow[2] > 100 and '清华大学出版社' in myRow[3]也可以写成:if (myRow[2] > 100) and ('清华大学出版社' in myRow[3])。如果有三个以及更多的子条件,则可以写成:if ('实例集锦' in myRow[1]) and (myRow[2] > 100) and ('清华大学出版社' in myRow[3]),即如果该书(myRow)的书名(myRow[1])含有"实例集锦",且售价(myRow[2])大于100,且出版社(myRow[3])含有"清华大学出版社"。

此案例的源文件是 MyCode\A335\A335.py。

061　使用集合对行进行随机筛选

观看视频

此案例主要通过使用 Python 语言的集合的随机特性和 pop()方法,从而实现随机筛选工作表的行。当运行此案例的 Python 代码(A354.py 文件)之后,将从"员工表.xlsx"文件的员工表中随机筛选 6 行数据,代码运行前后的效果分别如图 061-1 和图 061-2 所示。

A354.py 文件的 Python 代码如下:

```
import openpyxl
myBook = openpyxl.load_workbook('员工表.xlsx', data_only = True)
mySheet = myBook.active
#根据员工表(mySheet)的单元格数据(第1行除外)创建集合(mySet)
mySet = set(list(mySheet.values)[1:])
#删除员工表(mySheet)的行(第1行除外)
```

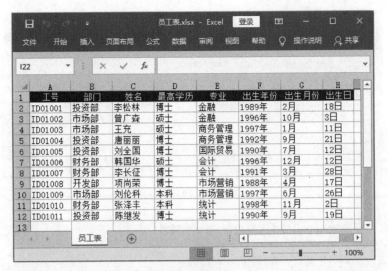

图　061-1

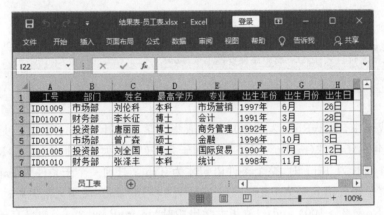

图　061-2

```
while mySheet.max_row > 1:
        mySheet.delete_rows(2)
♯在员工表(mySheet)中随机筛选6行数据
for myRow in range(6):
    mySheet.append(mySet.pop())
myBook.save('结果表 - 员工表.xlsx')
```

在上面这段代码中,mySet.pop()表示从 mySet 集合中随机移除一个成员,例如:

```
mySet = {'北京','上海','天津','重庆'}
print(mySet.pop())  ♯输出可能(因为移除是随机的)是:上海
```

此案例的源文件是 MyCode\A354\A354.py。

观看视频

062　使用交集方法筛选多个工作表的行

此案例主要通过使用集合的 intersection()方法,从而实现在三(多)个工作表中筛选相同的行。

当运行此案例的 Python 代码(A349.py 文件)之后,将在"运动员表.xlsx"文件的三个工作表(乒乓球赛、足球赛、篮球赛)中筛选同时参加这三种比赛的运动员,参加乒乓球赛的运动员如图 062-1 所示,参加足球赛的运动员如图 062-2 所示,参加篮球赛的运动员如图 062-3 所示,同时参加三种比赛的运动员如图 062-4 所示。

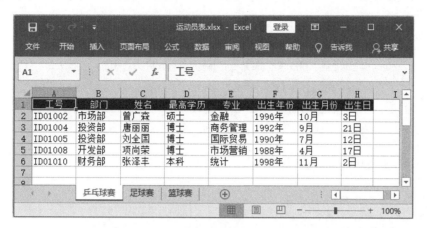

图　062-1

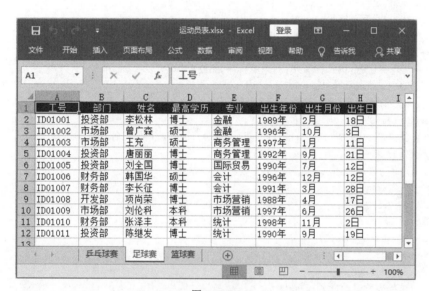

图　062-2

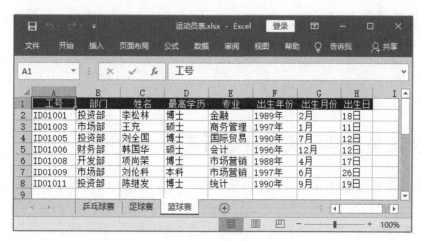

图　062-3

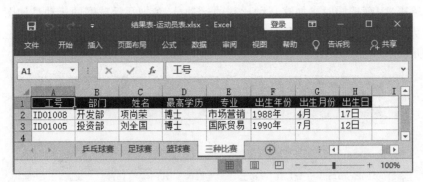

图　062-4

A349.py 文件的 Python 代码如下：

```python
import openpyxl
myBook = openpyxl.load_workbook('运动员表.xlsx',data_only = True)
mySheet1 = myBook['篮球赛']
mySheet2 = myBook['足球赛']
mySheet3 = myBook['乒乓球赛']
♯根据篮球赛工作表的行(第 1 行除外)创建集合(mySet1)
mySet1 = set(list(mySheet1.values)[1:])
♯根据足球赛工作表的行(第 1 行除外)创建集合(mySet2)
mySet2 = set(list(mySheet2.values)[1:])
♯根据乒乓球赛工作表的行(第 1 行除外)创建集合(mySet3)
mySet3 = set(list(mySheet3.values)[1:])
♯获取三个集合(mySet1、mySet2、mySet3)的交集(mySet4),即筛选参加三种比赛的运动员
mySet4 = mySet1.intersection(mySet2,mySet3)
♯根据交集(mySet4)创建参加三种比赛的工作表(mySheet4)
mySheet4 = myBook.copy_worksheet(mySheet1)
mySheet4.title = '三种比赛'
while mySheet4.max_row > 1:
    mySheet4.delete_rows(2)
for myRow in mySet4:
    mySheet4.append(myRow)
myBook.save('结果表 - 运动员表.xlsx')
```

在上面这段代码中，mySet4 = mySet1. intersection（mySet2，mySet3）表示 mySet1、mySet2、mySet3 三个集合的交集（mySet4），可以在 intersection()方法中添加多个参数，以实现获取多个集合的交集，例如：mySet9 = mySet1. intersection（mySet2，mySet3，mySet4，mySet5，mySet6，mySet7，mySet8）等。

此案例的源文件是 MyCode\A349\A349.py。

观看视频

063　使用集合推导式对行进行筛选

此案例主要通过使用 Python 语言的集合推导式，从而实现在工作表中筛选符合条件的行。当运行此案例的 Python 代码（A358.py 文件）之后，将在"城市排名表.xlsx"文件的城市排名表的城市列中筛选包含"广州"的行，代码运行前后的效果分别如图 063-1 和图 063-2 所示。

A358.py 文件的 Python 代码如下：

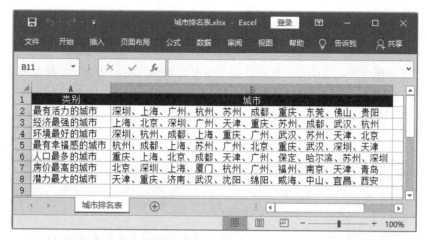

图　063-1

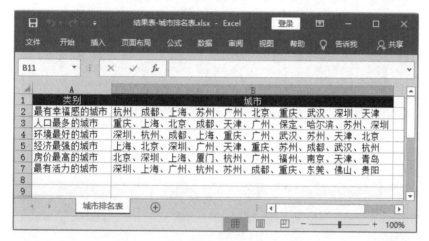

图　063-2

```python
import openpyxl
myBook = openpyxl.load_workbook('城市排名表.xlsx',data_only = True)
mySheet = myBook.active
# 按行获取城市排名表(mySheet)的单元格数据(第1行除外)
myRows = list(mySheet.values)[1:]
# 使用集合推导式在myRows中筛选包含"广州"的行(mySet)
mySet = {myRow for myRow in myRows if '广州' in myRow[1]}
# 在城市排名表(mySheet)中删除所有行(第1行除外)
while mySheet.max_row > 1:
        mySheet.delete_rows(2)
# 将筛选结果(mySet)重新写入城市排名表(mySheet)
for myRow in mySet:
    mySheet.append(myRow)
myBook.save('结果表 - 城市排名表.xlsx')
```

　　在上面这段代码中,mySet＝{myRow for myRow in myRows if '广州' in myRow[1]}这个集合推导式表示：循环列表(myRows)的每行(myRow),如果该行(myRow)的城市列(myRow[1])包含"广州",则将该行(myRow)添加到新建的集合(mySet)中。

　　此案例的源文件是 MyCode\A358\A358.py。

064 使用集合在多行多列中筛选数据

　　此案例主要通过使用 Python 语言的集合的不重复特性和 add() 方法，从而实现在工作表的多行多列中筛选不重复的数据。当运行此案例的 Python 代码（A362.py 文件）之后，将从"五百强企业表.xlsx"文件的五百强企业表中筛选所有（不重复的）公司名称，代码运行前后的效果分别如图 064-1 和图 064-2 所示。

图　064-1

图　064-2

　　A362.py 文件的 Python 代码如下：

```
import openpyxl
myBook = openpyxl.load_workbook('五百强企业表.xlsx',data_only = True)
mySheet = myBook['五百强企业表']
# 按行获取五百强企业表(mySheet)的单元格数据(第 1 行除外)
myRows = list(mySheet.values)[1:]
```

```
#创建空集合(mySet)
mySet = set()
#循环五百强企业表(myRows)的行(myRow)
for myRow in myRows:
    #循环行(myRow)的公司名称(第1列单元格除外)
    for myName in myRow[1:]:
        #在集合(mySet)中添加所有的公司名称(自动删除重复的公司)
        mySet.add(myName)
#在工作簿(myBook)中创建新工作表(myNewSheet)
myNewSheet = myBook.create_sheet('所有公司表')
for myName in mySet:
    #在新工作表(myNewSheet)中添加不重复的公司名称(myName)
    myNewSheet.append([myName])
myBook.save('结果表 - 五百强企业表.xlsx')
```

在上面这段代码中,mySet.add(myName)表示在 mySet 集合中添加公司名称(myName),如果在五百强企业表(mySheet)中有相同的公司名称,则在 mySet 集合中只保留一个。

此案例的源文件是 MyCode\A362\A362.py。

065　使用 columns 获取工作表的所有列

观看视频

此案例主要通过使用工作表的 columns 属性获取工作表的所有列,并累加每列的多个单元格数据,从而实现按列对指定范围的单元格数据求和。当运行此案例的 Python 代码(A030.py 文件)之后,将按列(按照收入类别)对"收入表.xlsx"文件的收入表的各类收入求和,代码运行前后的效果分别如图 065-1 和图 065-2 所示。

图　065-1

A030.py 文件的 Python 代码如下:

```
import openpyxl
myBook = openpyxl.load_workbook('收入表.xlsx')
#获取收入表(myBook.active)的所有列(myColumns)
myColumns = myBook.active.columns
myColIndex = 2
```

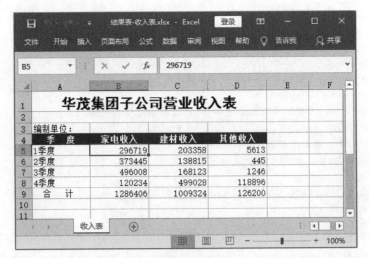

图　065-2

```
# 循环收入表(myColumns)的 B、C、D 列(myCol)
for myCol in list(myColumns)[1:4]:
    myColSum = 0
    # 循环列(myCol)的 5、6、7、8 行的 4 个单元格
    for myCell in myCol[4:8]:
        # 对 4 个单元格数据求和
        myColSum += myCell.value
    # 将求和数据(myColSum)写入合计单元格
    myBook.active.cell(9,myColIndex).value = myColSum;
    myColIndex += 1
myBook.save('结果表 - 收入表.xlsx')
```

在上面这段代码中，myColumns＝myBook.active.columns 表示收入表(myBook.active)的所有列(myColumns)。

此案例的源文件是 MyCode\A030\A030.py。

观看视频

066　使用 iter_cols()方法指定数据范围

此案例主要通过在 Worksheet 的 iter_cols()方法中设置 min_row、min_col、max_row、max_col 等参数，从而实现在工作表中获取指定范围的数据。当运行此案例的 Python 代码（A032.py 文件）之后，将按列计算"收入表.xlsx"文件的收入表的各类收入合计，代码运行前后的效果分别如图 066-1 和图 066-2 所示。

A032.py 文件的 Python 代码如下：

```
import openpyxl
myBook = openpyxl.load_workbook('收入表.xlsx')
mySheet = myBook.active
# 指定在收入表(mySheet)中按列操作单元格的数据范围(myRange)
myRange = mySheet.iter_cols(min_row = 5,min_col = 2,max_row = 8,max_col = 4)
myNewRow = ['合计']
# 循环收入表(myRange)的 B、C、D 列(myCol)
for myCol in myRange:
```

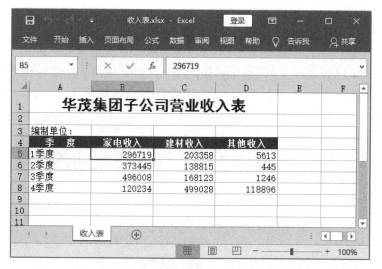

图　066-1

图　066-2

```
    # 按列(myCol)对单元格数据求和
    myColSum = sum([myCell.value for myCell in myCol])
    myNewRow.append(myColSum)
# 直接在收入表(mySheet)的末尾添加一行(分类收入)合计
mySheet.append(myNewRow)
myBook.save('结果表 - 收入表.xlsx')
```

在上面这段代码中，myRange＝mySheet.iter_cols(min_row＝5, min_col＝2, max_row＝8, max_col＝4)
表示在收入表(mySheet)中设置按列操作的数据范围，即指定 B5～D8 的所有列。该方法支持指定部
分参数，其他参数按照默认值处理，例如：如果 myRange＝mySheet.iter_cols(min_row＝5, min_
col＝2)，则表示在收入表(mySheet)中指定 B5 到最后一个单元格之间的所有单元格；如果 myRange＝
mySheet.iter_cols(max_row＝8, max_col＝4)，则表示在收入表(mySheet)中指定第一个单元格到 D8
单元格之间的所有单元格。

此案例的源文件是 MyCode\A032\A032.py。

067   使用行列起止编号指定数据范围

此案例主要通过使用 mySheet['B5':'D8']的格式,从而实现在工作表中根据行列起止编号指定数据范围。当运行此案例的 Python 代码(A022.py 文件)之后,将计算"收入表.xlsx"文件的收入表的每行(每个季度)的收入合计,代码运行前后的效果分别如图 067-1 和图 067-2 所示。

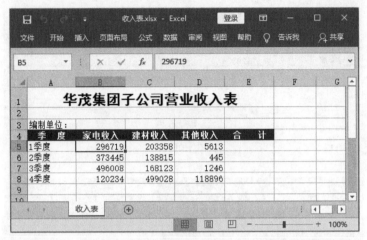

图   067-1

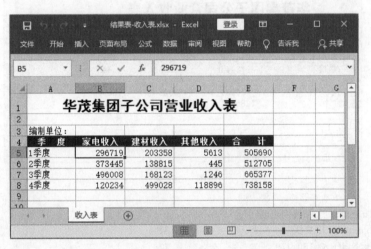

图   067-2

A022.py 文件的 Python 代码如下:

```
import openpyxl
myBook = openpyxl.load_workbook('收入表.xlsx')
mySheet = myBook.worksheets[0]
myRowIndex = 0
#按行循环收入表(mySheet)的['B5':'D8']范围的所有行(myRow)
for myRow in mySheet['B5':'D8']:
    myRowSum = 0
    myRowIndex += 1
    #循环行(myRow)的单元格(myCell)
    for myCell in myRow:
```

```
 ♯累加各个单元格(myCell)的数据
    myRowSum += myCell.value
 ♯在行(myRow)的最后一个单元格中写入合计
    mySheet.cell(myRowIndex + 4,5).value = myRowSum
myBook.save('结果表 - 收入表.xlsx')
```

在上面这段代码中,for myRow in mySheet['B5'：'D8']表示按行循环 mySheet['B5'：'D8']范围的所有行,B5 表示起始单元格,D8 表示终止单元格,mySheet['B5'：'D8']也可以写成 mySheet['B5：D8']。for myCell in myRow 表示循环行(myRow)的每个单元格(myCell)。myRowSum + = myCell.value 表示累加该行多个单元格的值,即求合计。

此案例的源文件是 MyCode\A022\A022.py。

068　使用起止列号获取指定范围的列

观看视频

此案例主要通过根据起止列号在工作表中获取指定范围的列,从而实现按列对单元格的数据求和。当运行此案例的 Python 代码(A038.py 文件)之后,将按列计算“收入表.xlsx”文件的收入表的各个类别的收入合计,代码运行前后的效果分别如图 068-1 和图 068-2 所示。

图　068-1

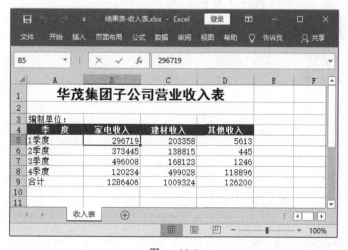

图　068-2

A038.py 文件的 Python 代码如下：

```
import openpyxl
myBook = openpyxl.load_workbook('收入表.xlsx')
mySheet = myBook.active
# 获取收入表(mySheet)的 B、C、D 列
myRange = mySheet['B':'D']
myColIndex = 2
# 循环收入表(myRange)的 B、C、D 列(myCol)
for myCol in myRange:
    # 计算列(myCol)的第5、6、7、8行的单元格数据合计
    myColSum = sum(myCell.value for myCell in myCol[4:8])
    # 在列(myCol)的第9行的单元格中写入合计数据(myColSum)
    mySheet.cell(9, myColIndex).value = myColSum
    myColIndex += 1
mySheet['A9'] = '合计'
myBook.save('结果表 - 收入表.xlsx')
```

在上面这段代码中，myRange＝mySheet['B'：'D']表示收入表（mySheet）的 B 列～D 列的所有列，B 表示起始列号，D 表示终止列号，该代码也可以写成 myRange＝mySheet ['B：D']，两者完全等价。

此案例的源文件是 MyCode\A038\A038.py。

观看视频

069　根据列号获取该列的所有单元格

此案例主要通过根据指定的列号获取列的所有单元格，从而实现按列对单元格的数据求和。当运行此案例的 Python 代码（A036.py 文件）之后，将按列计算"收入表.xlsx"文件的收入表的各个类别的收入合计，代码运行前后的效果分别如图 069-1 和图 069-2 所示。

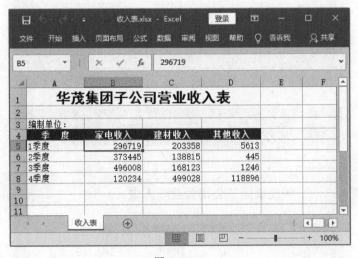

图　069-1

A036.py 文件的 Python 代码如下：

```
import openpyxl
myBook = openpyxl.load_workbook('收入表.xlsx')
```

图　069-2

```
mySheet = myBook.active
#对收入表(mySheet)的 D 列的第 5、6、7、8 行数据求和
myColDSum = sum([myCell.value for myCell in mySheet['D'][4:]])
#对收入表(mySheet)的 C 列的第 5、6、7、8 行数据求和
myColCSum = sum([myCell.value for myCell in mySheet['C'][4:]])
#对收入表(mySheet)的 B 列的第 5、6、7、8 行数据求和
myColBSum = sum([myCell.value for myCell in mySheet['B'][4:]])
#在收入表(mySheet)的 D 列、C 列、B 列的第 9 行中写入合计金额
mySheet['D9'] = myColDSum
mySheet['C9'] = myColCSum
mySheet['B9'] = myColBSum
mySheet['A9'] = '合计'
myBook.save('结果表 - 收入表.xlsx')
```

在上面这段代码中,myColDSum＝sum([myCell.value for myCell in mySheet['D'][4:]])表示对收入表(mySheet)D 列的第 4 行之后的所有单元格数据求和,mySheet['D']表示收入表(mySheet)的 D 列,mySheet['D'][4:]表示以切片方式获取 D 列的第 4 行之后(从第 5 行开始)的所有单元格。mySheet['D9']＝myColDSum 表示在收入表(mySheet)的 D9 单元格中写入合计数据(myColDSum)。

此案例的源文件是 MyCode\A036\A036.py。

070　根据起止列号隐藏指定范围的列

观看视频

此案例主要通过在 Worksheet 的 column_dimensions.group()方法中设置 hidden 参数值为 True,从而实现在工作表中根据指定的起止列号隐藏指定范围的多个列。当运行此案例的 Python 代码(A374.py 文件)之后,将在"员工表.xlsx"文件的员工表中隐藏 D 列、E 列、F 列,代码运行前后的效果分别如图 070-1 和图 070-2 所示。单击图 070-2 中粗线框圈出的按钮,则可以展开隐藏的列。

A374.py 文件的 Python 代码如下:

```
import openpyxl
myBook = openpyxl.load_workbook('员工表.xlsx')
```

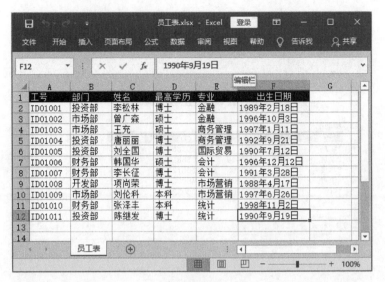

图　070-1

图　070-2

```
mySheet = myBook.active
# 隐藏员工表(mySheet)的 D列、E列、F列
mySheet.column_dimensions.group('D','F', hidden = True)
myBook.save('结果表－员工表.xlsx')
```

　　在上面这段代码中，mySheet.column_dimensions.group('D','F', hidden＝True)的参数'D'表示隐藏的起始列号，参数'F'表示隐藏的终止列号，hidden＝True 表示执行隐藏操作。

　　此案例的源文件是 MyCode\A374\A374.py。

071　冻结指定单元格之前的行和列

观看视频

　　此案例主要通过设置工作表的 freeze_panes 属性为指定的单元格，从而实现在工作表中冻结指定单元格上边（和左边）的行（和列）。当运行此案例的 Python 代码（A369.py 文件）之后，将在"员工表.xlsx"文件的员工表中冻结指定的 D2 单元格上边(和左边)的行(和列),即员工表的第 1 行是不随垂直滚动条的滚动而滚动的,如图 071-1 所示,员工表的第 A、B、C 列是不随水平滚动条的滚动而滚动的,如图 071-2 所示。

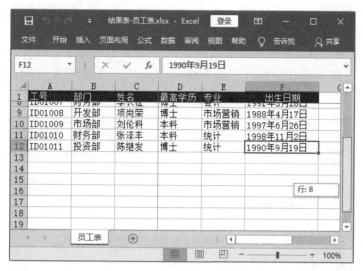

图　071-1

图　071-2

A369.py 文件的 Python 代码如下:

```
import openpyxl
myBook = openpyxl.load_workbook('员工表.xlsx')
mySheet = myBook.active
#冻结员工表(mySheet)的 D 列左边和第 2 行上边的所有行和列
mySheet.freeze_panes = 'D2'
myBook.save('结果表 - 员工表.xlsx')
```

在上面这段代码中,mySheet.freeze_panes = 'D2'表示冻结员工表(mySheet)的 D 列左边的所有列和第 2 行上边的所有行。

此案例的源文件是 MyCode\A369\A369.py。

观看视频

072   将数字列号转换为字母列号

此案例主要通过使用 openpyxl.utils.get_column_letter()方法，从而实现将工作表的数字列号转换为字母列号。当运行此案例的 Python 代码（A314.py 文件）之后，将清空"收入表.xlsx"文件的收入表的偶数列数据，即首先通过数字筛选偶数列，然后将偶数列的数字列号转换为字母列号，最后再以 mySheet['D6'] = '' 的形式清空偶数列的数据，代码运行前后的效果分别如图 072-1 和图 072-2 所示。

图   072-1

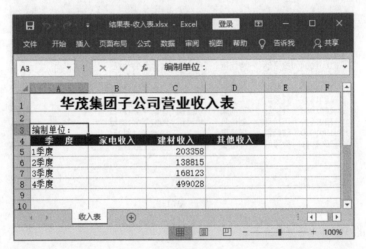

图   072-2

A314.py 文件的 Python 代码如下：

```
import openpyxl
myBook = openpyxl.load_workbook('收入表.xlsx')
mySheet = myBook.active
#循环收入表(mySheet)的 1~4 列
for myCol in range(1,5):
    #如果 myCol 是偶数
    if myCol % 2 == 0:
```

```
#将数字列号转换为字母列号
myColLetter = openpyxl.utils.get_column_letter(myCol)
#循环偶数列的5~8行
for myRow in range(5,9):
        #清空偶数列的5~8行的所有单元格数据,如mySheet['D6'] = ''
        mySheet[myColLetter + str(myRow)] = ''
myBook.save('结果表-收入表.xlsx')
```

在上面这段代码中,myColLetter＝openpyxl. utils. get_column_letter(myCol)表示将数字列号(myCol)转换为字母列号(myColLetter)。mySheet［myColLetter＋str(myRow)］表示收入表(mySheet)的某个单元格,如果是mySheet[myColLetter＋myRow],则将出错,即字母和数字不能拼接(＋),必须使用str(myRow)将数字myRow转换为字符串。如果openpyxl. utils. cell. get_column_letter(29)或openpyxl.utils.get_column_letter(29),则表示AC列。

此案例的源文件是MyCode\A314\A314. py。

073　将字母列号转换为数字列号

此案例主要通过使用openpyxl. utils. column_index_from_string()方法,从而实现将工作表的字母列号转换为数字列号。当运行此案例的Python代码(A313. py文件)之后,将首先把“收入表.xlsx”文件的收入表的B列转换为第2列,然后使用delete_cols(myCol,1)方法删除B列,代码运行前后的效果分别如图073-1和图073-2所示。

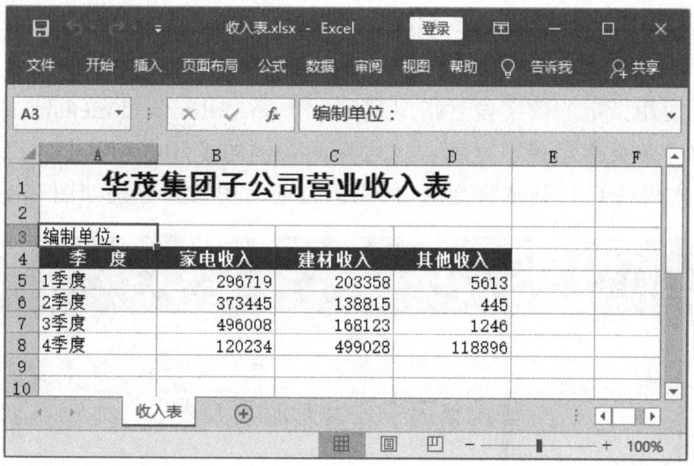

图　073-1

A313. py文件的Python代码如下:

```
import openpyxl
myBook = openpyxl.load_workbook('收入表.xlsx')
mySheet = myBook.active
myCol = openpyxl.utils.column_index_from_string('B')
# print(myCol)
#删除收入表(mySheet)的第2列
mySheet.delete_cols(myCol,1)
myBook.save('结果表-收入表.xlsx')
```

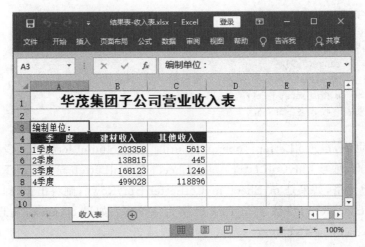

图　073-2

在上面这段代码中，myCol＝openpyxl.utils.column_index_from_string('B')表示将列号 B 转换为列号 2，然后使用 mySheet.delete_cols(myCol,1)方法删除 B 列，即使用 mySheet.delete_cols(2,1)方法删除 B 列。如果直接使用 mySheet.delete_cols('B',1)方法删除 B 列，将会报错。如果 openpyxl.utils.cell.column_index_from_string('AC')或 openpyxl.utils.column_index_from_string('AC')，则表示 29 列。

此案例的源文件是 MyCode\A313\A313.py。

观看视频

074　自定义工作表指定列的宽度

此案例主要通过使用指定的数字设置指定列（mySheet.column_dimensions['C']）的 width 属性，从而实现在工作表中自定义指定列的宽度。当运行此案例的 Python 代码（A121.py 文件）之后，"收入表.xlsx"文件的收入表的 C 列列宽将变窄，代码运行前后的效果分别如图 074-1 和图 074-2 所示。

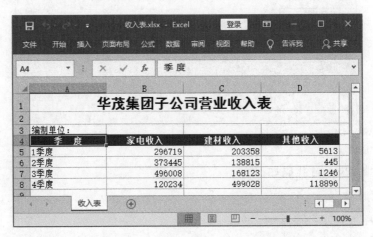

图　074-1

A121.py 文件的 Python 代码如下：

```python
import openpyxl
myBook = openpyxl.load_workbook('收入表.xlsx')
mySheet = myBook.active
```

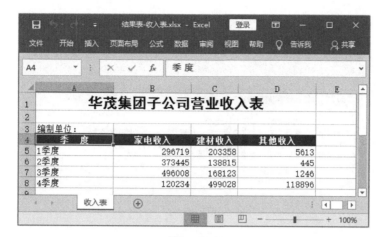

图　074-2

```
#设置收入表(mySheet)C列的宽度为10
mySheet.column_dimensions['C'].width = 10
myBook.save('结果表 - 收入表.xlsx')
```

在上面这段代码中,mySheet. column_dimensions['C']. width＝10 表示设置收入表(mySheet)C
列的宽度为10。

此案例的源文件是 MyCode\A121\A121. py。

075　根据字符串的最大长度设置列宽

观看视频

此案例主要通过使用列(mySheet. column_dimensions['B'])的 width 属性和 Python 语言的 len()函
数、max()函数等,从而实现在(工作表的某个)列中根据(所有单元格的)字符串的最大长度设置列
宽。当运行此案例的 Python 代码(A322. py 文件)之后,将根据"高校汇总表. xlsx"文件高校汇总表
高校列的所有单元格字符串的最大长度设置高校列的列宽,代码运行前后的效果分别如图 075-1 和
图 075-2 所示。

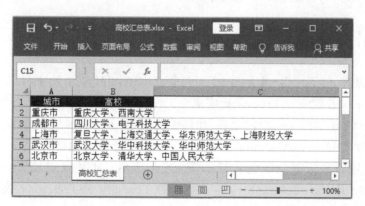

图　075-1

A322. py 文件的 Python 代码如下:

```
import openpyxl
myBook = openpyxl.load_workbook('高校汇总表.xlsx',data_only = True)
```

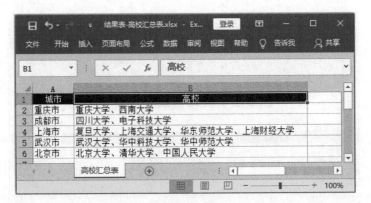

图　075-2

```
mySheet = myBook.active
myList = [0]
#从高校汇总表(mySheet)的第2行开始逐行循环(到最后一行)
for myRow in list(mySheet.rows)[1:]:
        #在列表(myList)中添加高校列的单元格的字符串长度
    myList.append(len(myRow[1].value))
#在列表(myList)中获取最大的字符串长度，即最大列宽
myMaxWidth = max(myList)
#根据最大列宽设置高校汇总表(mySheet)的高校列(B列)的宽度
mySheet.column_dimensions['B'].width = myMaxWidth * 2
myBook.save('结果表–高校汇总表.xlsx')
```

在上面这段代码中，len(myRow[1].value)表示字符串(myRow[1].value)长度，例如：myLen＝len('重庆大学、西南大学')，则 myLen＝9。myMaxWidth＝max(myList)表示在列表(myList)中查找最大值，例如：myMaxWidth＝max([0,9,11,25,18,16])，则 myMaxWidth＝25。mySheet.column_dimensions['B'].width＝myMaxWidth * 2 表示设置高校汇总表(mySheet)B 列的宽度为 myMaxWidth * 2。

此案例的源文件是 MyCode\A322\A322.py。

076　使用交错颜色设置列的背景

观看视频

此案例主要通过在 openpyxl.worksheet.table.TableStyleInfo()方法中自定义 name 参数值且设置 showColumnStripes 参数值为 True，从而实现在工作表中使用交错颜色设置所有列的背景。当运行此案例的 Python 代码(A472.py 文件)之后，如果设置 openpyxl.worksheet.table.TableStyleInfo()方法的 name 参数值为 TableStyleMedium8 且 showColumnStripes 参数值为 True，则"员工表.xlsx"文件的员工表的所有列的交错背景颜色效果如图 076-1 所示；如果设置该方法的 name 参数值为 TableStyleMedium13 且 showColumnStripes 参数值为 True，则"员工表.xlsx"文件的员工表的所有列的交错背景颜色效果如图 076-2 所示。

A472.py 文件的 Python 代码如下：

```
import openpyxl
myBook = openpyxl.load_workbook('员工表.xlsx')
mySheet = myBook.active
```

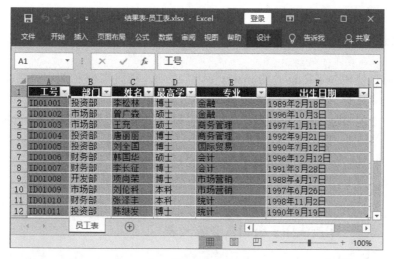

图 076-1

图 076-2

```
#根据指定的范围(A1~F12)创建 myTable
myTable = openpyxl.worksheet.table.Table(displayName = "myTable", ref = "A1:F12")
#以交错列背景颜色的预置样式创建 myStyle
myStyle = openpyxl.worksheet.table.TableStyleInfo(name = "TableStyleMedium13",
                                                showColumnStripes = True)
#在新建表格(myTable)中应用新建的样式(myStyle)
myTable.tableStyleInfo = myStyle
#在员工表(mySheet)中应用新建表格(myTable)
mySheet.add_table(myTable)
myBook.save('结果表 - 员工表.xlsx')
```

在上面这段代码中，myStyle = openpyxl. worksheet. table. TableStyleInfo（name ＝
"TableStyleMedium13"，showColumnStripes＝True）表示以交错列背景颜色的风格在工作表中应用
预置的 TableStyleMedium13 样式，name 参数值表示预置的样式名称，如 TableStyleMedium1、
TableStyleMedium2、TableStyleMedium3 等，showColumnStripes＝True 表示以交错列风格应用预
置的表格样式。

此案例的源文件是 MyCode\A472\A472.py。

观看视频

077 在指定位置插入多个空白列

此案例主要通过使用 Worksheet 的 insert_cols() 方法，从而实现在工作表的指定（列）位置之前插入多个空白列。当运行此案例的 Python 代码（A013.py 文件）之后，在"收入表.xlsx"文件的收入表的第 4 列（D 列）之前将插入 2 个空白列，代码运行前后的效果分别如图 077-1 和图 077-2 所示。

图　077-1

图　077-2

A013.py 文件的 Python 代码如下：

```
import openpyxl
myBook = openpyxl.load_workbook('收入表.xlsx')
mySheet = myBook.active
# 在收入表(mySheet)的第 4 列之前插入 2 个空白列
mySheet.insert_cols(4,2)
myBook.save('结果表 - 收入表.xlsx')
```

在上面这段代码中，mySheet.insert_cols(4,2) 表示在收入表（mySheet）的第 4 列之前插入 2 个空白列，insert_cols() 方法的第 1 个参数表示插入位置，第 2 个参数表示插入空白列的数量。如果仅

观看视频

需要在收入表(mySheet)的第 4 列之前插入 1 列,也可以写成 mySheet. insert_cols(4)。

此案例的源文件是 MyCode\A013\A013.py。

078　在指定位置连续删除多列数据

此案例主要通过使用 Worksheet 的 delete_cols()方法,从而实现从工作表的指定(列)位置开始向后(向右)连续删除多列数据。当运行此案例的 Python 代码(A014.py 文件)之后,将从"收入表.xlsx"文件的收入表的第 2 列开始,向后(向右)连续删除 3 列(即删除 B 列、C 列、D 列)数据,代码运行前后的效果分别如图 078-1 和图 078-2 所示。

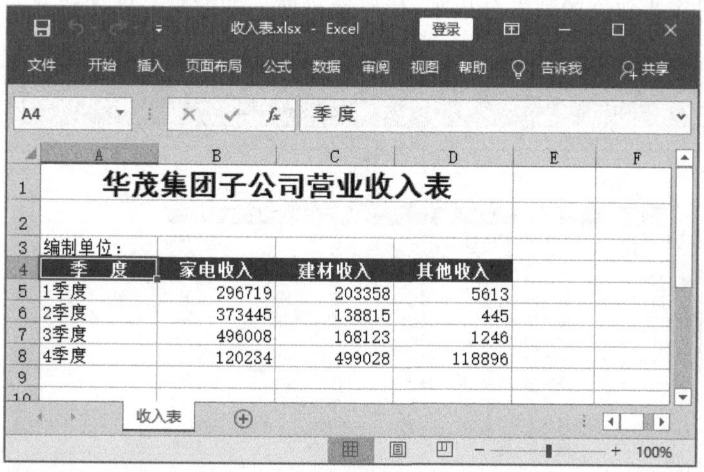

图　078-1

图　078-2

A014.py 文件的 Python 代码如下:

```
import openpyxl
myBook = openpyxl.load_workbook('收入表.xlsx')
mySheet = myBook.active
# 从收入表(mySheet)的第 2 列开始,连续删除 3 列数据
mySheet.delete_cols(2,3)
myBook.save('结果表 - 收入表.xlsx')
```

在上面这段代码中，mySheet.delete_cols(2,3)表示从收入表(mySheet)的第2列开始，连续删除3列数据，delete_cols()方法的第1个参数表示起始位置，第2个参数表示删除的列数。如果仅删除1列，如第2列，则可以写成mySheet.delete_cols(2)。

此案例的源文件是MyCode\A014\A014.py。

观看视频

079 使用切片方法将一列拆分为两列

此案例主要通过使用Python语言的字符串的切片方法，从而实现在工作表中将一列的数据拆分为两列的数据。当运行此案例的Python代码(A316.py文件)之后，将从"员工表.xlsx"文件的员工表的姓名列中把部门作为独立的列拆分出来，代码运行前后的效果分别如图079-1和图079-2所示。

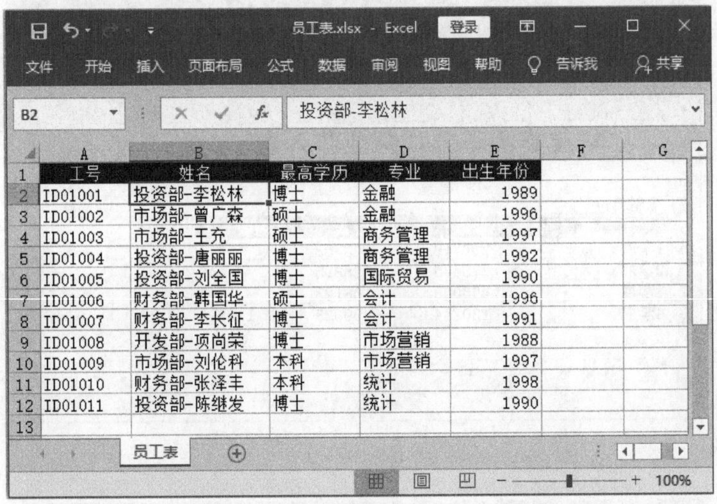

工号	姓名	最高学历	专业	出生年份
ID01001	投资部-李松林	博士	金融	1989
ID01002	市场部-曾广森	硕士	金融	1996
ID01003	市场部-王充	硕士	商务管理	1997
ID01004	投资部-唐丽丽	博士	商务管理	1992
ID01005	投资部-刘全国	博士	国际贸易	1990
ID01006	财务部-韩国华	硕士	会计	1996
ID01007	财务部-李长征	博士	会计	1991
ID01008	开发部-项尚荣	博士	市场营销	1988
ID01009	市场部-刘伦科	本科	市场营销	1997
ID01010	财务部-张泽丰	本科	统计	1998
ID01011	投资部-陈继发	博士	统计	1990

图 079-1

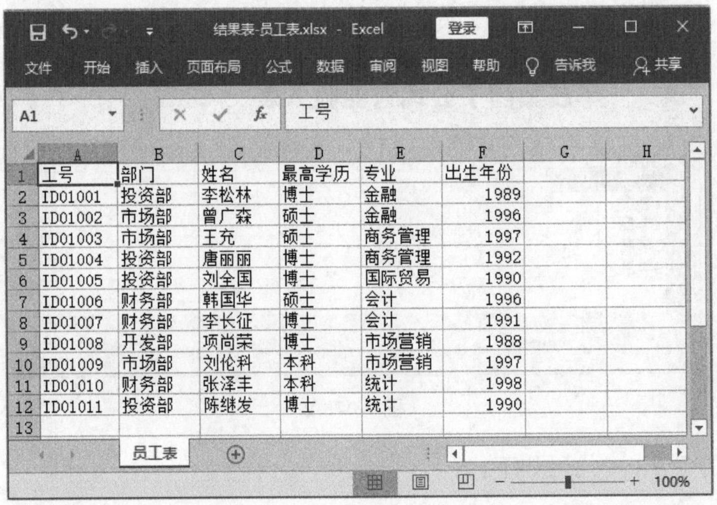

工号	部门	姓名	最高学历	专业	出生年份
ID01001	投资部	李松林	博士	金融	1989
ID01002	市场部	曾广森	硕士	金融	1996
ID01003	市场部	王充	硕士	商务管理	1997
ID01004	投资部	唐丽丽	博士	商务管理	1992
ID01005	投资部	刘全国	博士	国际贸易	1990
ID01006	财务部	韩国华	硕士	会计	1996
ID01007	财务部	李长征	博士	会计	1991
ID01008	开发部	项尚荣	博士	市场营销	1988
ID01009	市场部	刘伦科	本科	市场营销	1997
ID01010	财务部	张泽丰	本科	统计	1998
ID01011	投资部	陈继发	博士	统计	1990

图 079-2

A316.py文件的Python代码如下：

```
import openpyxl
myBook = openpyxl.load_workbook('员工表.xlsx',data_only = True)
```

```
mySheet = myBook.active
# 按行获取员工表(mySheet)的单元格数据(myValues)
myValues = list(mySheet.values)
myNewBook = openpyxl.Workbook()
myNewSheet = myNewBook.active
myNewSheet.title = '员工表'
myNewSheet.append(['工号','部门','姓名','最高学历','专业','出生年份'])
# 从 myValues 的第 2 行开始逐行循环(到最后一行)
for myRow in myValues[1:]:
    # 创建列表(myList),用于拼接每行各列的单元格数据
    myList = []
    # 拼接每行(myRow)第 1 列的数据
    myList += [myRow[0]]
    # 拼接每行(myRow)第 2 列的部分数据,如"投资部 - 李松林"的"投资部"
    myList += [myRow[1][:3]]
    # 拼接每行(myRow)第 2 列的部分数据,如"投资部 - 李松林"的"李松林"
    myList += [myRow[1][4:]]
    # 拼接每行(myRow)第 3 列及后面列的所有数据
    myList += myRow[2:]
    myNewSheet.append(myList)
myNewBook.save('结果表 - 员工表.xlsx')
```

在上面这段代码中,myList＋＝[myRow[1][:3]]表示拼接每行的部门,它完全等效于 myList＋＝[myRow[1][0:3]],myRow[1][0:3]表示字符串(myRow[1])的第 0 个字符到第 2 个字符之间的所有字符,如"投资部-李松林"的"投资部"。注意:在此案例中,如果将 myList＋＝[myRow[1][0:3]]写成 myList＋＝myRow[1][0:3],将会报错。myList＋＝[myRow[1][4:]]表示拼接每行的姓名,myRow[1][4:]表示字符串(myRow[1])的第 4 个字符到字符串结束之间的所有字符,如"投资部-李松林"的"李松林"。

此案例的源文件是 MyCode\A316\A316.py。

080　根据指定字符将一列拆分为两列

此案例主要通过使用 Python 语言的字符串的 partition()方法,从而实现在工作表中根据指定字符('-')将一列的数据拆分为两列的数据。当运行此案例的 Python 代码(A324.py 文件)之后,将在"员工表.xlsx"文件的员工表中把姓名列拆分为部门列和姓名列,代码运行前后的效果分别如图 080-1 和图 080-2 所示。

观看视频

A324.py 文件的 Python 代码如下:

```
import openpyxl
myBook = openpyxl.load_workbook('员工表.xlsx',data_only = True)
mySheet = myBook.active
# 按行获取员工表(mySheet)的单元格数据(myValues)
myValues = list(mySheet.values)
myNewBook = openpyxl.Workbook()
myNewSheet = myNewBook.active
myNewSheet.title = '员工表'
myNewSheet.append(['工号','部门','姓名','最高学历','专业','出生年份'])
# 从 myValues 的第 2 行开始逐行循环(到最后一行)
for myRow in myValues[1:]:
```

图　080-1

图　080-2

```
#创建列表(myList),用于拼接每行各列的单元格数据
myList = [ ]
#拼接每行(myRow)第1列的数据
myList += [myRow[0]]
#根据'-'字符将每行(myRow)第2列的数据拆分为包含三个成员的列表(myParts)
myParts = list(myRow[1].partition('-'))
#删除列表(myParts)的第二个成员,即删除'-'字符
del myParts[1]
#拼接拆分之后的部门和姓名(即列表(myParts)剩下的两个成员)
myList += myParts
#拼接每行(myRow)第3列及后面列的所有数据
myList += myRow[2:]
myNewSheet.append(myList)
myNewBook.save('结果表-员工表.xlsx')
```

在上面这段代码中,myRow[1].partition('-')表示使用字符'-'(也可以是其他字符)拆分字符串(myRow[1]),如 list('投资部-李松林'.partition('-'))的拆分结果是:['投资部','-','李松林']。需要

注意的是：partition()方法只能将一个字符串拆分为三部分,例如,list('上海分公司-投资部-李松林'.partition('-'))的拆分结果是：['上海分公司','-','投资部-李松林'],而不是：['上海分公司','-','投资部','-','李松林']。

此案例的源文件是 MyCode\A324\A324.py。

081　根据指定字符将一列拆分为多列

观看视频

此案例主要通过在 while 循环中多次使用 Python 语言的字符串的 partition()方法,从而实现在工作表中将包含多个指定字符('-')的一列拆分为多列。当运行此案例的 Python 代码(A325.py 文件)之后,将把"员工表.xlsx"文件的员工表的姓名列拆分为分公司列、部门列、组名列、姓名列,代码运行前后的效果分别如图 081-1 和图 081-2 所示。

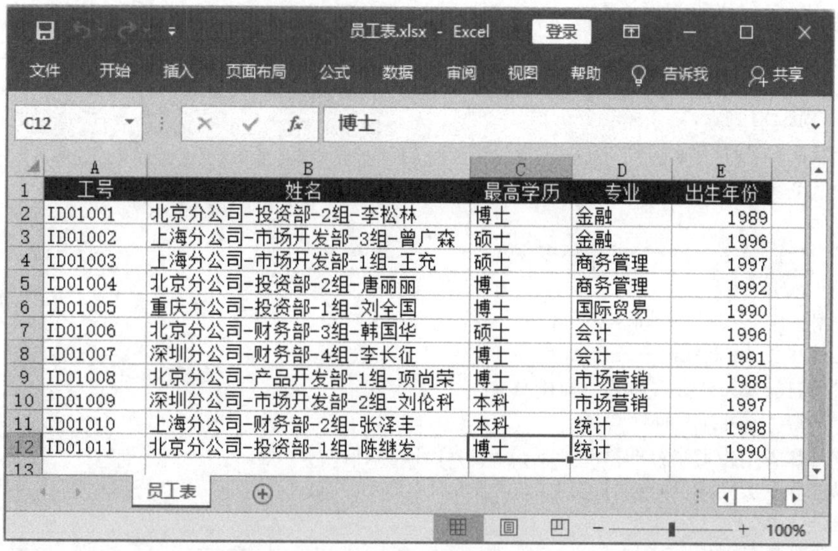

	A	B	C	D	E
1	工号	姓名	最高学历	专业	出生年份
2	ID01001	北京分公司-投资部-2组-李松林	博士	金融	1989
3	ID01002	上海分公司-市场开发部-3组-曾广森	硕士	金融	1996
4	ID01003	上海分公司-市场开发部-1组-王充	硕士	商务管理	1997
5	ID01004	北京分公司-投资部-2组-唐丽丽	博士	商务管理	1992
6	ID01005	重庆分公司-投资部-1组-刘全国	博士	国际贸易	1990
7	ID01006	北京分公司-财务部-3组-韩国华	硕士	会计	1996
8	ID01007	深圳分公司-财务部-4组-李长征	博士	会计	1991
9	ID01008	北京分公司-产品开发部-1组-项尚荣	博士	市场营销	1988
10	ID01009	深圳分公司-市场开发部-2组-刘伦科	本科	市场营销	1997
11	ID01010	上海分公司-财务部-2组-张泽丰	本科	统计	1998
12	ID01011	北京分公司-投资部-1组-陈继发	博士	统计	1990

图　081-1

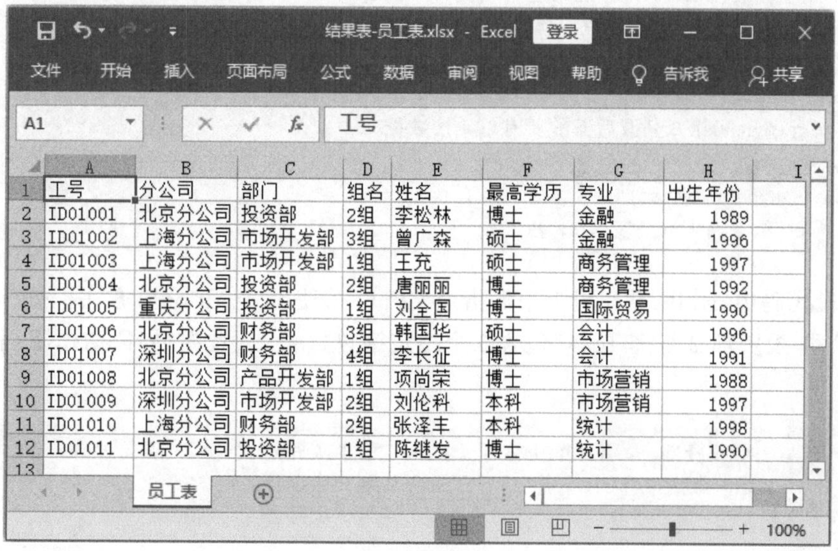

	A	B	C	D	E	F	G	H
1	工号	分公司	部门	组名	姓名	最高学历	专业	出生年份
2	ID01001	北京分公司	投资部	2组	李松林	博士	金融	1989
3	ID01002	上海分公司	市场开发部	3组	曾广森	硕士	金融	1996
4	ID01003	上海分公司	市场开发部	1组	王充	硕士	商务管理	1997
5	ID01004	北京分公司	投资部	2组	唐丽丽	博士	商务管理	1992
6	ID01005	重庆分公司	投资部	1组	刘全国	博士	国际贸易	1990
7	ID01006	北京分公司	财务部	3组	韩国华	硕士	会计	1996
8	ID01007	深圳分公司	财务部	4组	李长征	博士	会计	1991
9	ID01008	北京分公司	产品开发部	1组	项尚荣	博士	市场营销	1988
10	ID01009	深圳分公司	市场开发部	2组	刘伦科	本科	市场营销	1997
11	ID01010	上海分公司	财务部	2组	张泽丰	本科	统计	1998
12	ID01011	北京分公司	投资部	1组	陈继发	博士	统计	1990

图　081-2

A325.py 文件的 Python 代码如下：

```python
import openpyxl
myBook = openpyxl.load_workbook('员工表.xlsx',data_only = True)
mySheet = myBook.active
# 按行获取员工表(mySheet)的单元格数据(myValues)
myValues = list(mySheet.values)
myNewBook = openpyxl.Workbook()
myNewSheet = myNewBook.active
myNewSheet.title = '员工表'
myNewSheet.append(['工号','分公司','部门','组名','姓名','最高学历','专业','出生年份'])
# 从 myValues 的第 2 行开始逐行循环(到最后一行)
for myRow in myValues[1:]:
    myList = []
    # 拼接每行(myRow)第 1 列单元格的数据
    myList += [myRow[0]]
    # 获取每行(myRow)第 2 列单元格的数据(即将要拆分的字符串)
    myStr = myRow[1]
    # 统计字符'-'的个数
    myMax = myStr.count('-')
    myCount = 1
    # 有多少个指定字符('-')就循环多少次
    while myCount <= myMax:
        # 根据指定字符('-')将字符串(myStr)拆分为三个成员
        myParts = list(myStr.partition('-'))
        # 在列表(myList)中添加第一个成员
        myList += [myParts[0]]
        # 将包含多个指定字符的第三个成员 myParts[2]赋值给 myStr,
        # 以进行下次循环(即再次拆分)
        myStr = myParts[2]
        # 如果是最后一次循环
        if myCount == myMax:
            # 则在列表(myList)中添加第三个成员 myParts[2]
            myList += [myParts[2]]
        # 累计循环次数
        myCount += 1
    # 拼接每行(myRow)第 3 列及后面的所有单元格数据
    myList += myRow[2:]
    myNewSheet.append(myList)
myNewBook.save('结果表 - 员工表.xlsx')
```

在上面这段代码中，while 循环用于根据指定字符('-')使用 partition()方法拆分字符串，例如，字符串"北京分公司-投资部-2 组-李松林"包含 3 个指定字符('-')，因此要循环 3 次，下面是每次的拆分结果：

```
['北京分公司','-','投资部 - 2 组 - 李松林']      # 第 1 次拆分
['投资部','-','2 组 - 李松林']                   # 第 2 次拆分
['2 组','-','李松林']                            # 第 3 次拆分
```

此案例的源文件是 MyCode\A325\A325.py。

082 根据不同字符将一列拆分为多列

观看视频

此案例主要通过使用Python语言的字符串的find()方法，从而实现在工作表中根据指定的不同字符(如'年'、'月'、'日'等)将一列的数据(如'1989年2月18日')拆分到多(三)列中。当运行此案例的Python代码(A320.py文件)之后，将把“员工表.xlsx”文件的员工表的出生日期列拆分为出生年份列、出生月份列、出生日列，代码运行前后的效果分别如图082-1和图082-2所示。

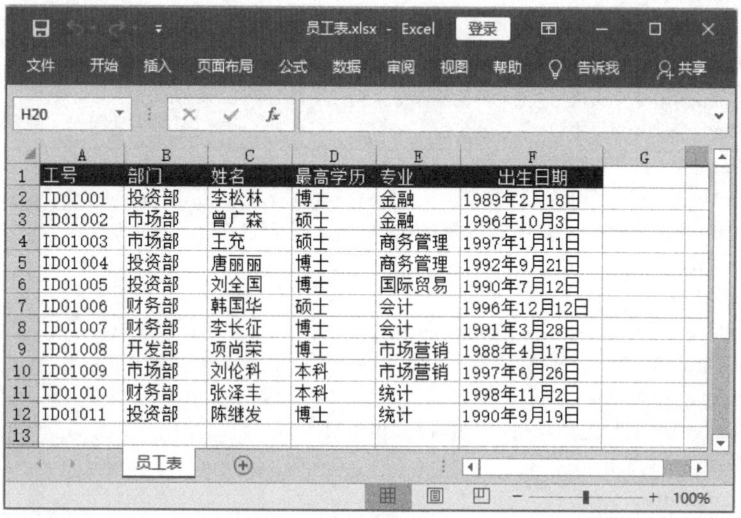

工号	部门	姓名	最高学历	专业	出生日期
ID01001	投资部	李松林	博士	金融	1989年2月18日
ID01002	市场部	曾广森	硕士	金融	1996年10月3日
ID01003	市场部	王充	硕士	商务管理	1997年1月11日
ID01004	投资部	唐丽丽	博士	商务管理	1992年9月21日
ID01005	投资部	刘全国	博士	国际贸易	1990年7月12日
ID01006	财务部	韩国华	硕士	会计	1996年12月12日
ID01007	财务部	李长征	博士	会计	1991年3月28日
ID01008	开发部	项尚荣	博士	市场营销	1988年4月17日
ID01009	市场部	刘伦科	本科	市场营销	1997年6月26日
ID01010	财务部	张泽丰	本科	统计	1998年11月2日
ID01011	投资部	陈继发	博士	统计	1990年9月19日

图 082-1

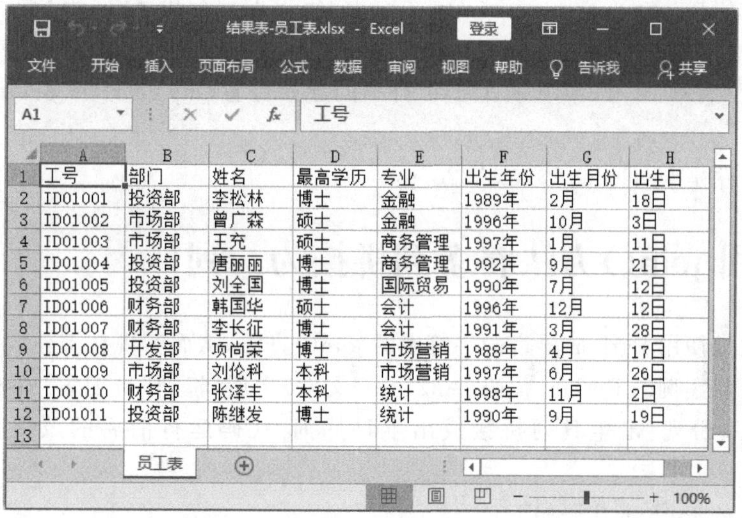

工号	部门	姓名	最高学历	专业	出生年份	出生月份	出生日
ID01001	投资部	李松林	博士	金融	1989年	2月	18日
ID01002	市场部	曾广森	硕士	金融	1996年	10月	3日
ID01003	市场部	王充	硕士	商务管理	1997年	1月	11日
ID01004	投资部	唐丽丽	博士	商务管理	1992年	9月	21日
ID01005	投资部	刘全国	博士	国际贸易	1990年	7月	12日
ID01006	财务部	韩国华	硕士	会计	1996年	12月	12日
ID01007	财务部	李长征	博士	会计	1991年	3月	28日
ID01008	开发部	项尚荣	博士	市场营销	1988年	4月	17日
ID01009	市场部	刘伦科	本科	市场营销	1997年	6月	26日
ID01010	财务部	张泽丰	本科	统计	1998年	11月	2日
ID01011	投资部	陈继发	博士	统计	1990年	9月	19日

图 082-2

A320.py文件的Python代码如下：

```
import openpyxl
myBook = openpyxl.load_workbook('员工表.xlsx',data_only = True)
mySheet = myBook.active
#按行获取员工表(mySheet)的单元格数据(myValues)
myValues = list(mySheet.values)
```

```
myNewBook = openpyxl.Workbook()
myNewSheet = myNewBook.active
myNewSheet.title = '员工表'
myNewSheet.append(['工号','部门','姓名','最高学历', '专业','出生年份','出生月份','出生日'])
#从myValues的第2行开始逐行循环(到最后一行)
for myRow in myValues[1:]:
    myList = [ ]
    #拼接每行(myRow)第1列~第5列的单元格数据
    myList += myRow[0:5]
    #获取每行(myRow)第6列(出生日期列)的单元格数据
    myDate = myRow[5]
    #查询字符'年'在出生日期字符串(如'1989年2月18日')的位置(索引)
    myYearPos = myDate.find('年')
    #获取年份字符串(如'1989年')
    myYear = myDate[0:myYearPos + 1]
    #查询字符'月'在出生日期字符串的位置(索引)
    myMonthPos = myDate.find('月')
    #获取月份字符串(如'2月')
    myMonth = myDate[myYearPos + 1:myMonthPos + 1]
    #获取出生日字符串(如'18日')
    myDay = myDate[myMonthPos + 1:]
    #在列表(myList)中添加出生年份、出生月份、出生日
    myList += [myYear,myMonth,myDay]
    myNewSheet.append(myList)
myNewBook.save('结果表 - 员工表.xlsx')
```

在上面这段代码中，myYearPos＝myDate.find('年')表示查找字符'年'在字符串myDate（如'1989年2月18日'）的索引位置。myYear＝myDate[0:myYearPos＋1]表示根据索引位置在字符串myDate中获取子字符串myYear，0表示子字符串的起始位置，myYearPos表示子字符串的结束位置，如'1989年'。

此案例的源文件是MyCode\A320\A320.py。

观看视频

083　使用join()方法将多列拼接为一列

此案例主要通过使用Python语言的字符串的join()方法，从而实现在工作表中将多列（数据）拼接为一列。当运行此案例的Python代码（A321.py文件）之后，将把"员工表.xlsx"文件的员工表的出生年份列、出生月份列、出生日列拼接成出生日期列，代码运行前后的效果分别如图083-1和图083-2所示。

A321.py文件的Python代码如下：

```
import openpyxl
myBook = openpyxl.load_workbook('员工表.xlsx',data_only = True)
mySheet = myBook.active
#按行获取员工表(mySheet)的单元格数据(myValues)
myValues = list(mySheet.values)
myNewBook = openpyxl.Workbook()
myNewSheet = myNewBook.active
myNewSheet.title = '员工表'
```

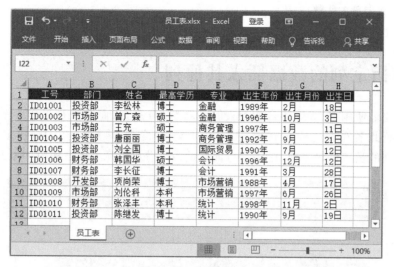

图　083-1

图　083-2

```
myNewSheet.append(['工号','部门','姓名','最高学历','专业','出生日期'])
#从myValues的第2行开始逐行循环(到最后一行)
for myRow in myValues[1:]:
    myList = []
    #拼接每行(myRow)第1列～第5列的单元格数据
    myList += myRow[0:5]
    myConnector = ''
    #将出生年份列、出生月份列、出生日列拼接成出生日期列
    myDate = myConnector.join(myRow[5:8])
    myList += [myDate]
    myNewSheet.append(myList)
myNewBook.save('结果表-员工表.xlsx')
```

在上面这段代码中，myDate＝myConnector.join(myRow[5:8])表示将出生年份列、出生月份列、出生日列的数据拼接成出生日期列，即，如果设置 myDate＝myConnector.join(['1989年','2月','18日'])，则 myDate＝'1989年2月18日'；如果设置 myDate＝'♥'.join(['1989年','2月','18日'])，

则 myDate='1989 年♥2 月♥18 日'。

此案例的源文件是 MyCode\A321\A321.py。

观看视频

084 将指定列的数据插入其他列

此案例主要通过使用 Python 语言的列表的 insert()方法，从而实现在工作表中将某列的数据插入其他列。当运行此案例的 Python 代码（A326.py 文件）之后，将把“员工表.xlsx”文件的员工表的组名列插入姓名列的员工姓名之前，代码运行前后的效果分别如图 084-1 和图 084-2 所示。

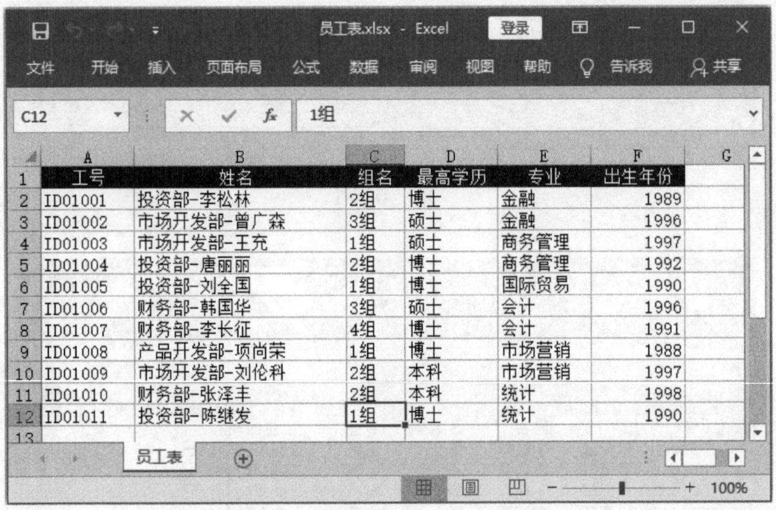

工号	姓名	组名	最高学历	专业	出生年份
ID01001	投资部-李松林	2组	博士	金融	1989
ID01002	市场开发部-曾广森	3组	硕士	金融	1996
ID01003	市场开发部-王充	1组	硕士	商务管理	1997
ID01004	投资部-唐丽丽	2组	博士	商务管理	1992
ID01005	投资部-刘全国	1组	博士	国际贸易	1990
ID01006	财务部-韩国华	3组	硕士	会计	1996
ID01007	财务部-李长征	4组	博士	会计	1991
ID01008	产品开发部-项尚荣	1组	博士	市场营销	1988
ID01009	市场开发部-刘伦科	2组	本科	市场营销	1997
ID01010	财务部-张泽丰	2组	本科	统计	1998
ID01011	投资部-陈继发	1组	博士	统计	1990

图 084-1

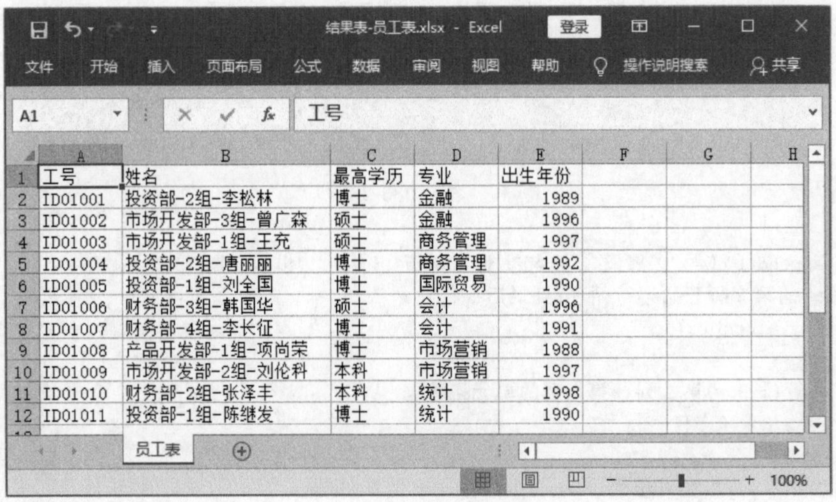

工号	姓名	最高学历	专业	出生年份
ID01001	投资部-2组-李松林	博士	金融	1989
ID01002	市场开发部-3组-曾广森	硕士	金融	1996
ID01003	市场开发部-1组-王充	硕士	商务管理	1997
ID01004	投资部-2组-唐丽丽	博士	商务管理	1992
ID01005	投资部-1组-刘全国	博士	国际贸易	1990
ID01006	财务部-3组-韩国华	硕士	会计	1996
ID01007	财务部-4组-李长征	博士	会计	1991
ID01008	产品开发部-1组-项尚荣	博士	市场营销	1988
ID01009	市场开发部-2组-刘伦科	本科	市场营销	1997
ID01010	财务部-2组-张泽丰	本科	统计	1998
ID01011	投资部-1组-陈继发	博士	统计	1990

图 084-2

A326.py 文件的 Python 代码如下：

```
import openpyxl
myBook = openpyxl.load_workbook('员工表.xlsx',data_only = True)
mySheet = myBook.active
#按行获取员工表(mySheet)的单元格数据(myValues)
```

```
myValues = list(mySheet.values)
myNewBook = openpyxl.Workbook()
myNewSheet = myNewBook.active
myNewSheet.title = '员工表'
myNewSheet.append(['工号','姓名','最高学历','专业','出生年份'])
♯从 myValues 的第 2 行开始逐行循环(到最后一行)
for myRow in myValues[1:]:
    myList = [ ]
    ♯拼接每行(myRow)的第 1 列的单元格数据
    myList += [myRow[0]]
    ♯根据字符('-')将第 2 列的单元格数据拆分为包含三个成员的列表(myParts)
    myParts = list(myRow[1].partition('-'))
    ♯在列表(myParts)的指定位置插入行(myRow)的第 3 列的单元格数据
    myParts.insert(2,myRow[2]+'-')
    ♯将列表(myParts)的所有成员组合成一个新字符串(myNewParts)
    myNewParts = ''.join(myParts)
    ♯将新字符串(myNewParts)添加到列表(myList)中
    myList += [myNewParts]
    ♯拼接每行(myRow)的第 4 列及后面的所有单元格数据
    myList += myRow[3:]
    myNewSheet.append(myList)
myNewBook.save('结果表-员工表.xlsx')
```

在上面这段代码中,myParts.insert(2,myRow[2]+'-')表示在 myParts 列表的第 3 个成员之前插入 myRow[2]+'-',insert()方法的第 1 个参数表示插入位置,第 2 个参数表示插入的数据。例如,如果 myParts=['投资部','-','李松林'],则 myParts.insert(2,'2 组'+'-')执行之后的 myParts 是['投资部','-','2 组-','李松林']。

此案例的源文件是 MyCode\A326\A326.py。

085　使用 zip()函数实现按列对数据求和

观看视频

此案例主要通过使用 Python 语言的 zip()函数和 sum()函数,从而实现在工作表中按列对单元格的数据求和。当运行此案例的 Python 代码(A028.py 文件)之后,将按列计算"收入表.xlsx"文件的收入表的各个类别的收入合计,代码运行前后的效果分别如图 085-1 和图 085-2 所示。

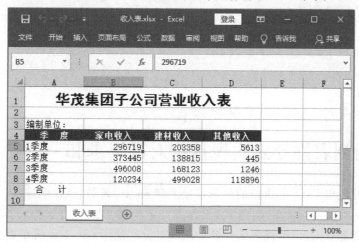

图　085-1

图 085-2

A028.py 文件的 Python 代码如下：

```
import openpyxl
myBook = openpyxl.load_workbook('收入表.xlsx')
#按行获取收入表(myBook.worksheets[0])的单元格数据
myRows = list(myBook.worksheets[0].values)
#实现行列数据交换,即行转换成列,列转换成行
myCols = list(zip( * list(myRows[4:8])))[1:4]
myIndex = 2
for myCol in myCols:
    #对行数据求和,即对列数据求和
    myColSum = sum(myCol)
    myBook.worksheets[0].cell(9, myIndex).value = myColSum
    myIndex += 1
myBook.save('结果表 - 收入表.xlsx')
```

在上面这段代码中，myCols＝list(zip(* list(myRows[4:8])))[1:4]表示进行行列数据转换，即行转换成列，列转换成行。关于 zip()函数是如何进行行列转换的，请看下面这个简单的例子：

```
myRows = [[1,2,3],[4,5,6],[7,8,9]]
print(list(zip( * myRows)))
```

输出结果为：

```
[(1,4,7),(2,5,8),(3,6,9)]
```

此案例的源文件是 MyCode\A028\A028.py。

086 使用列表推导式实现按列对数据求和

观看视频

此案例主要通过使用 Python 语言的列表推导式和 sum()函数，从而实现在工作表中按列对单元格的数据求和。当运行此案例的 Python 代码（A357.py 文件）之后，将按列计算"收入表.xlsx"文件的收入表的各个类别的收入合计，代码运行前后的效果分别如图 086-1 和图 086-2 所示。

A357.py 文件的 Python 代码如下：

图 086-1

图 086-2

```
import openpyxl
myBook = openpyxl.load_workbook('收入表.xlsx')
mySheet = myBook.worksheets[0]
#获取收入表(mySheet)第5~8行的所有单元格数据(myList)
myList = list(mySheet.values)[4:8]
#获取第1列(家电收入列)B5~B8的所有单元格数据(myListC1)
myListC1 = [myList[i][1] for i in range(len(myList))]
#对第1列(家电收入列)的单元格数据求和,并将合计写入最后一行的单元格
mySheet.cell(9,2).value = sum(myListC1)
#获取第2列(建材收入列)C5~C8的所有单元格数据(myListC2)
myListC2 = [myList[i][2] for i in range(len(myList))]
mySheet.cell(9,3).value = sum(myListC2)
#获取第3列(其他收入列)D5~D8的所有单元格数据(myListC3)
myListC3 = [myList[i][3] for i in range(len(myList))]
mySheet.cell(9,4).value = sum(myListC3)
myBook.save('结果表 – 收入表.xlsx')
```

在上面这段代码中,myListC1＝[myList[i][1] for i in range(len(myList))]这个列表推导式表示根据 cell(5,2)、cell(6,2)、cell(7,2)、cell(8,2)这四个单元格的数据创建 myListC1 列表,请看下面

这个简单的例子：

```
myList = [[1,2,3],[4,5,6],[7,8,9]]
myListC1 = [myList[i][0] for i in range(len(myList))]
print(myListC1)  #输出: [1,4,7]
```

其余以此类推。

此案例的源文件是 MyCode\A357\A357.py。

观看视频

087 使用列表推导式实现对多列数据求和

此案例主要通过使用 Python 语言的列表推导式和 sum() 函数，从而实现按列对工作表的多列数据求和。当运行此案例的 Python 代码（A370.py 文件）之后，将按列计算"收入表.xlsx"文件的收入表的各个类别的收入合计，代码运行前后的效果分别如图 087-1 和图 087-2 所示。

图　087-1

图　087-2

A370.py 文件的 Python 代码如下：

```python
import openpyxl
myBook = openpyxl.load_workbook('收入表.xlsx')
mySheet = myBook['收入表']
# 表示从第 2 列(B 列)开始
myIndex = 2
# 循环收入表(mySheet)的 B、C、D 列(A 列除外)
for myColumn in list(mySheet.columns)[1:]:
    # 累加列(myColumn)的第 5～8 行的单元格数据
    mySum = sum([myCell.value for myCell in myColumn[4:8]])
    # 在单元格 cell(9,myIndex)中写入合计(mySum)
    mySheet.cell(9,myIndex).value = mySum
    myIndex += 1
myBook.save('结果表 - 收入表.xlsx')
```

在上面这段代码中，mySum＝sum([myCell.value for myCell in myColumn[4:8]])是一个列表推导式，表示对某列的第 5～8 行的单元格数据求和。

此案例的源文件是 MyCode\A370\A370.py。

088　使用列表推导式获取列的最大值

观看视频

此案例主要通过在 Python 语言的列表推导式中使用 max()函数，从而实现在工作表中获取每列的最大值。当运行此案例的 Python 代码(A033.py 文件)之后，将获取"收入表.xlsx"文件的收入表的各个类别(收入)的最大值，代码运行前后的效果分别如图 088-1 和图 088-2 所示。

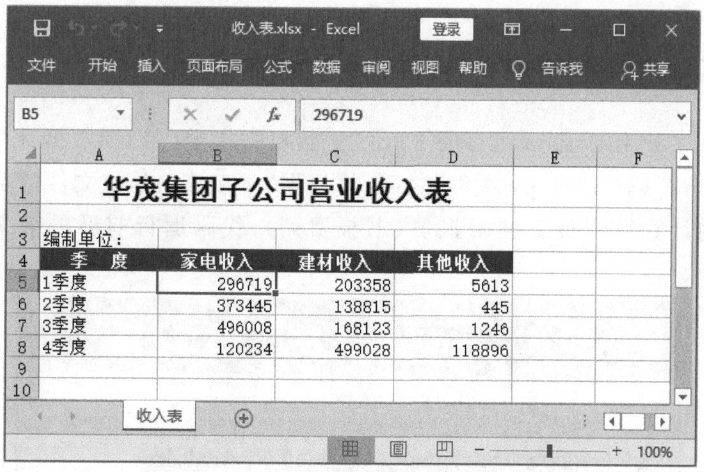

季　度	家电收入	建材收入	其他收入
1季度	296719	203358	5613
2季度	373445	138815	445
3季度	496008	168123	1246
4季度	120234	499028	118896

图　088-1

A033.py 文件的 Python 代码如下：

```python
import openpyxl
myBook = openpyxl.load_workbook('收入表.xlsx')
mySheet = myBook.active
# 指定按列操作单元格的数据范围(B5:D8)
myRange = mySheet.iter_cols(min_row = 5,min_col = 2)
myMax = ['最大值']
```

图　088-2

```
#使用列表推导式获取每列的最大值
myMax += [max([myCell.value for myCell in myCol]) for myCol in myRange]
#直接在收入表的末尾添加最大值(行)
mySheet.append(myMax)
myBook.save('结果表 - 收入表.xlsx')
```

在上面这段代码中，[max([myCell.value for myCell in myCol]) for myCol in myRange]是一个列表推导式，该列表推导式表示循环数据范围(myRange)的每列(myCol)，然后循环每列(myCol)的每个单元格，从而在每列(myCol)的所有单元格(myCell)中获取最大值。

此案例的源文件是 MyCode\A033\A033.py。

观看视频

089　根据单列数据计算其他列数据

此案例主要实现了使用 Python 语言的 map()函数根据指定(单)列数据计算其他列的数据。当运行此案例的 Python 代码(A364.py 文件)之后，将根据"员工表.xlsx"文件的员工表的基本工资列的数据和 2%的比例计算每位员工的书报费(书报费列)，代码运行前后的效果分别如图 089-1 和图 089-2 所示。

图　089-1

图　089-2

A364.py 文件的 Python 代码如下：

```
import openpyxl
myBook = openpyxl.load_workbook('员工表.xlsx')
#根据员工表的基本工资列的数据,按照2%的比例计算书报费
myList = list(map(lambda myCell:myCell.value * 0.02,
            list(myBook.active.columns)[4][1:]))
#在员工表的书报费列添加计算结果
myIndex = 0
for myCell in list(myBook.active.columns)[5][1:]:
    myCell.value = myList[myIndex]
    myIndex += 1
myBook.save('结果表 - 员工表.xlsx')
```

在上面这段代码中，myList = list(map(lambda myCell：myCell.value * 0.02,list(myBook.active.columns)[4][1:]))的 list(myBook.active.columns)[4][1:]表示员工表 E2～E12 的所有单元格(myCell)，lambda myCell：myCell.value * 0.02 表示将员工表 E2～E12 的每个单元格的数据均乘以 2%，结果保存在 myList 中，请看下面这个简单的例子：

```
myList = list(map(lambda myValue: myValue * 0.02,
    [15000,12500,12000,16000,15500,13000,15000,16800,10000,10800,16000]))
#输出:
#[300.0,250.0,240.0,320.0,310.0,260.0,300.0,336.0,200.0,216.0,320.0]
print(myList)
```

此案例的源文件是 MyCode\A364\A364.py。

090　根据多列数据计算其他列数据

此案例主要通过使用多个 Python 语言的列表设置 map()函数的参数，从而实现在工作表中根据指定的多列数据计算其他列的数据。当运行此案例的 Python 代码(A365.py 文件)之后，将根据"员工表.xlsx"文件的员工表的基本工资列和书报费列的数据计算每位员工的应发工资列的数据(应发

观看视频

工资），代码运行前后的效果分别如图 090-1 和图 090-2 所示。

图　090-1

图　090-2

A365.py 文件的 Python 代码如下：

```python
import openpyxl
myBook = openpyxl.load_workbook('员工表.xlsx')
#根据基本工资列和书报费列的数据,计算应发工资列的数据
myList = list(map(lambda myCell3,myCell4:myCell3.value + myCell4.value,
                  list(myBook.active.columns)[3][1:],
                  list(myBook.active.columns)[4][1:]))
#在员工表的应发工资列添加应发工资计算结果
myIndex = 0
for myCell in list(myBook.active.columns)[5][1:]:
    myCell.value = myList[myIndex]
    myIndex += 1
myBook.save('结果表 – 员工表.xlsx')
```

在上面这段代码中，myList = list(map(lambda myCell3,myCell4:myCell3.value + myCell4.value,list(myBook.active.columns)[3][1:], list(myBook.active.columns)[4][1:])) 的 list (myBook.active.columns)[3][1:] 表示员工表 D2～D9 的所有单元格（myCell3），list（myBook.active.columns)[4][1:] 表示员工表 E2～E9 的所有单元格（myCell4），lambda myCell3,myCell4：

myCell3. value＋ myCell4. value 表示将员工表 D2～D9 的每个单元格的数据与对应的 E2～E9 的每个单元格的数据相加，结果保存在 myList 中，请看下面这个简单的例子：

```
myList = list(map(lambda myCell3,myCell4:myCell3 + myCell4,
          [15000,12500,12000,16000,15500,13000,15000,16800],
          [300,250,240,320,310,260,300,336]))
print(myList) #输出：[15300,12750,12240,16320,15810,13260,15300,17136]
```

此案例的源文件是 MyCode\A365\A365.py。

091　使用字典推导式交换两列的数据

观看视频

此案例主要通过使用 Python 语言的字典推导式，从而实现在工作表中交换两列的数据。当运行此案例的 Python 代码（A356.py 文件）之后，将交换"各省简称表.xlsx"文件的各省简称表的省份列和简称列，代码运行前后的效果分别如图 091-1 和图 091-2 所示。

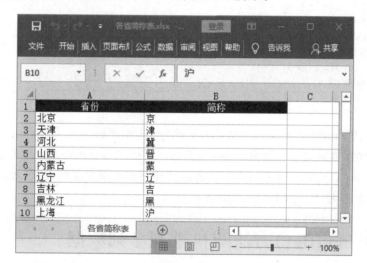

图　091-1

图　091-2

A356.py 文件的 Python 代码如下:

```python
import openpyxl
myBook = openpyxl.load_workbook('各省简称表.xlsx',data_only = True)
mySheet = myBook.active
myNewBook = openpyxl.Workbook()
myNewSheet = myNewBook.active
myNewSheet.title = '各省简称表'
myNewSheet.append(['简称','省份'])
#按行获取各省简称表(mySheet)的单元格数据(第1行除外)
myRows = list(mySheet.values)[1:]
myDict = {}
for myRow in myRows:
    #如果在字典(myDict)中存在某省份,则直接在某省份中添加 myRow[1]
    if myRow[0] in myDict.keys():
        myDict[myRow[0]] += myRow[1]
    #否则创建新省份
    else:
        myDict[myRow[0]] = myRow[1]
#交换键名和键值(即交换省份和简称)
myDictSwap = {myValue:myKey for myKey, myValue in myDict.items()}
#循环交换键名和键值之后的字典(myDictSwap)
for myKey,myValue in myDictSwap.items():
    myNewSheet.append([myKey,myValue])
myNewBook.save('结果表 - 各省简称表.xlsx')
```

在上面这段代码中,myDictSwap = {myValue:myKey for myKey, myValue in myDict. items()}表示使用字典推导式交换字典的键名和键值;myDictSwap = {myKey:myValue}是创建字典的标准格式;for myKey, myValue in myDictSwap. items()表示循环字典的每个成员(键名和键值)。

此案例的源文件是 MyCode\A356\A356. py。

观看视频

092　使用 shuffle()方法随机排列多列数据

此案例主要通过使用工作表的列作为 random 的 shuffle()方法的参数,从而实现随机排列工作表的列。当运行此案例的 Python 代码(A329. py 文件)之后,将对"录取表.xlsx"文件的录取表的多列数据进行随机排列,代码运行前后的效果分别如图 092-1 和图 092-2 所示。

A	B	C	D	E	F	G	H	I
年份	清华大学	北京大学	浙江大学	武汉大学	中山大学	四川大学	南京大学	
2011	9	11	11	14	15	11	12	
2012	7	8	11	10	14	19	17	
2013	7	5	12	19	17	11	19	
2014	8	9	11	16	12	17	20	
2015	7	3	17	14	10	10	13	
2016	5	12	12	13	17	17	18	
2017	12	11	10	17	11	10	17	
2018	3	4	11	12	15	14	17	
2019	13	7	20	12	19	15	13	
2020	10	9	11	20	11	19	16	

图　092-1

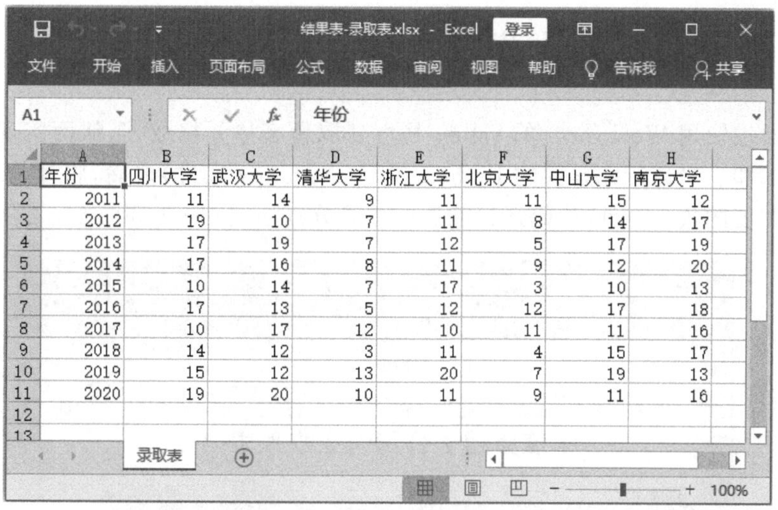

图　092-2

A329.py 文件的 Python 代码如下：

```python
import openpyxl
import random
myBook = openpyxl.load_workbook('录取表.xlsx',data_only = True)
mySheet = myBook.active
myNewBook = openpyxl.Workbook()
myNewSheet = myNewBook.active
myNewSheet.title = '录取表'
# 在新工作表(录取表)中添加第 1 列(年份列),该列不参与随机排列
myRowIndex = 1
for myCell in list(mySheet.columns)[0]:
    myNewSheet.cell(myRowIndex,1).value = myCell.value;
    myRowIndex += 1
# 获取录取表(mySheet)的所有列(第 1 列除外)
myCols = list(mySheet.columns)[1:]
# 随机排列录取表的所有列(第 1 列除外)
random.shuffle(myCols)
# 输出随机排列结果
myColIndex = 2
for myCol in myCols:
    myRowIndex = 1
    for myCell in myCol:
        myNewSheet.cell(myRowIndex,myColIndex).value = myCell.value;
        myRowIndex += 1
    myColIndex += 1
myNewBook.save('结果表 - 录取表.xlsx')
```

在上面这段代码中,random.shuffle(myCols)表示对 myCols 的多列数据进行随机排列,myCols 表示录取表的所有列(第 1 列除外)。注意：shuffle()方法是没有返回值的,随机排列结果就是该方法传入的参数,即随机排序是直接在传入参数中进行的。此外,shuffle()方法是不能直接访问的,需要导入 random,然后通过 random 静态对象调用该方法,即需要在代码开始部分添加 import random。

此案例的源文件是 MyCode\A329\A329.py。

093   使用 values 属性获取所有单元格数据

此案例主要通过使用 Worksheet 的 values 属性获取所有单元格数据，从而实现在工作表中按行对单元格的数据求和。当运行此案例的 Python 代码（A025.py 文件）之后，将计算"收入表.xlsx"文件的收入表的各季度的收入合计，代码运行前后的效果分别如图 093-1 和图 093-2 所示。

图   093-1

图   093-2

A025.py 文件的 Python 代码如下：

```python
import openpyxl
myBook = openpyxl.load_workbook('收入表.xlsx')
# myRows = list(myBook['收入表'].values)
# 获取收入表(myBook.worksheets[0])的单元格数据(myRows)
myRows = list(myBook.worksheets[0].values)
myRowIndex = 4
# 从 myRows 的第 5 行开始循环(到最后一行)
while myRowIndex < len(myRows):
        # 对每行的[1:4](第 2～4 列)的单元格数据求和
```

```
    myRowSum = sum(myRows[myRowIndex][1:4])
    #将求和结果写入合计列
    myBook.worksheets[0].cell(myRowIndex + 1,5).value = myRowSum
    myRowIndex += 1
myBook.save('结果表 - 收入表.xlsx')
```

在上面这段代码中,myRows = list(myBook.worksheets[0].values)表示按行获取收入表(myBook.worksheets[0])的所有单元格数据。myRowSum = sum(myRows[myRowIndex][1:4])表示对每行的[1:4](第2～4列)的单元格数据求和,即忽略该行第1列的单元格数据。

此案例的源文件是 MyCode\A025\A025.py。

094　使用 value 属性读写指定单元格数据

观看视频

此案例主要通过使用单元格的 value 属性,从而实现在工作表中读取和修改指定单元格的数据。当运行此案例的 Python 代码(A020.py 文件)之后,将把"利润表.xlsx"文件的 1 季度利润表的所有金额乘以 10000,代码运行前后的效果分别如图 094-1 和图 094-2 所示。

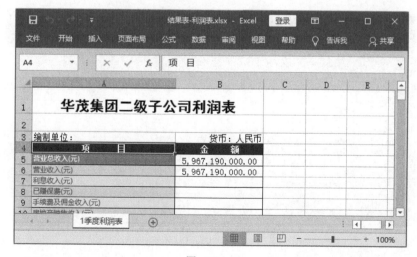

图　094-1

图　094-2

A020.py 文件的 Python 代码如下:

```python
import openpyxl
myBook = openpyxl.load_workbook('利润表.xlsx')
mySheet = myBook['1 季度利润表']
#循环 1 季度利润表的第 5～44 行
for i in range(5,45):
    #将每行的第 1 列的"(万元)"修改为"(元)"
    myValue = mySheet.cell(i,1).value
    myValue = myValue[0:-4] + '(元)'
    mySheet.cell(i,1).value = myValue
    #将每行的第 2 列的金额乘以 10000
    myValue = mySheet.cell(i,2).value
    if(myValue is not None):
        myValue = myValue * 10000
        mySheet.cell(i,2).value = myValue
myBook.save('结果表 - 利润表.xlsx')
```

在上面这段代码中,myValue=mySheet.cell(i,1).value 表示读取指定单元格的数据,cell(row,col)方法的第 1 个参数表示行号,第 2 个参数表示列号,在此案例中,mySheet.cell(5,1).value 表示读取数据为"营业总收入(万元)"。myValue[0:-4]表示去掉 myValue 的倒数 4 个字符,如果 myValue 表示"营业总收入(万元)",则 myValue[0:-4]表示"营业总收入"。if(myValue is not None)条件表达式表示如果 myValue 不是 None(此案例表示如果单元格的数据不是空白),则执行 if 冒号后面的代码,即金额 * 10000。

此案例的源文件是 MyCode\A020\A020.py。

095 使用 cell()方法在单元格中写入数据

观看视频

此案例主要通过使用嵌套的 for 循环和 Worksheet 的 cell()方法,从而实现在工作表的单元格中写入九九乘法表。当运行此案例的 Python 代码(A035.py 文件)之后,将新建一个 Excel 文件(结果表-九九乘法表.xlsx),并在该 Excel 文件的九九表的单元格中写入九九乘法口诀,代码运行后的效果如图 095-1 所示。

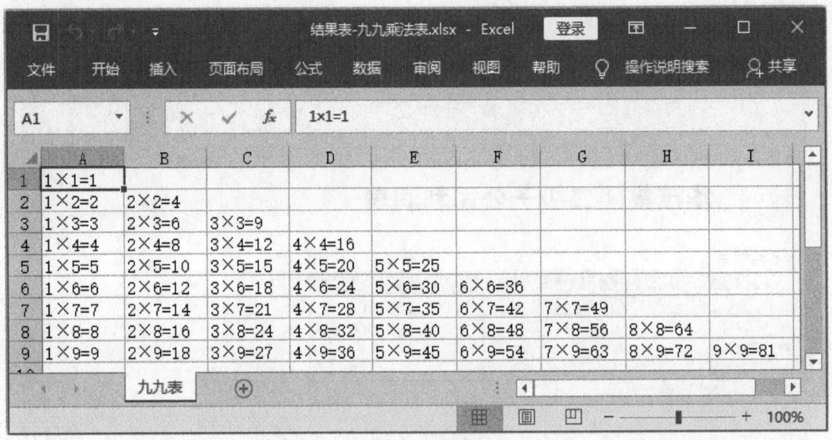

图 095-1

A035.py 文件的 Python 代码如下：

```
import openpyxl
myBook = openpyxl.Workbook()
mySheet = myBook.active
mySheet.title = '九九表'
#表示从 1 循环到 9
for x in range(1,10):
    #表示从 1 循环到 x
    for y in range(1,x + 1):
        #在单元格中写入口诀数据
        mySheet.cell(x,y,'%d×%d=%d'%(y,x,x*y))
myBook.save('结果表 - 九九乘法表.xlsx')
```

在上面这段代码中，mySheet. cell(x,y,'%d×%d＝%d'%(y,x,x * y))表示在 cell(x,y)单元格中写入'%d×%d=%d'%(y,x,x * y)，cell()方法的第 1 个参数表示单元格的行号，第 2 个参数表示单元格的列号，第 3 个参数表示单元格的数据；它完全等效于 mySheet. cell(x, y). value＝'%d×%d＝%d'%(y,x,x * y)。此外，使用下面的列表推导式也能实现相同的效果，代码如下：

```
import openpyxl
myBook = openpyxl.Workbook()
mySheet = myBook.active
mySheet.title = '九九表'
for myRow in [['%d×%d=%d'%(y,x,x*y) for y in range(1,x + 1)] for x in range(1,10)]:
    mySheet.append(myRow)
myBook.save('结果表 - 九九乘法表.xlsx')
```

此案例的源文件是 MyCode\A035\A035. py。

096　在每行的末尾单元格中写入数据

观看视频

此案例主要通过使用负数(－1)作为索引，从而实现在工作表的行的最后一个单元格中根据条件写入数据。当运行此案例的 Python 代码(A235. py 文件)之后，将在"成绩表.xlsx"文件中计算成绩表的每个学生各科成绩的总分。如果总分大于 400，则在该行的最后一个单元格中写入"一等奖学金"；如果总分大于 350，则在该行的最后一个单元格中写入"二等奖学金"；否则在该行的最后一个单元格中写入"三等奖学金"，代码运行前后的效果分别如图 096-1 和图 096-2 所示。

A235. py 文件的 Python 代码如下：

```
import openpyxl
myBook = openpyxl.load_workbook('成绩表.xlsx')
mySheet = myBook.active
myRange = mySheet.iter_rows(min_row = 5,min_col = 1)
for myRow in myRange:
    #对每个学生(myRow)的 B～F 列数据求和
    myRowSum = sum([myCell.value for myCell in myRow][1:6])
    #myRow[ -1]表示该行的最后一个单元格,myRow[ -2]表示该行倒数第二个单元格
    if myRowSum > 400:
        myRow[ -1].value = '一等奖学金'
    elif myRowSum > 350:
```

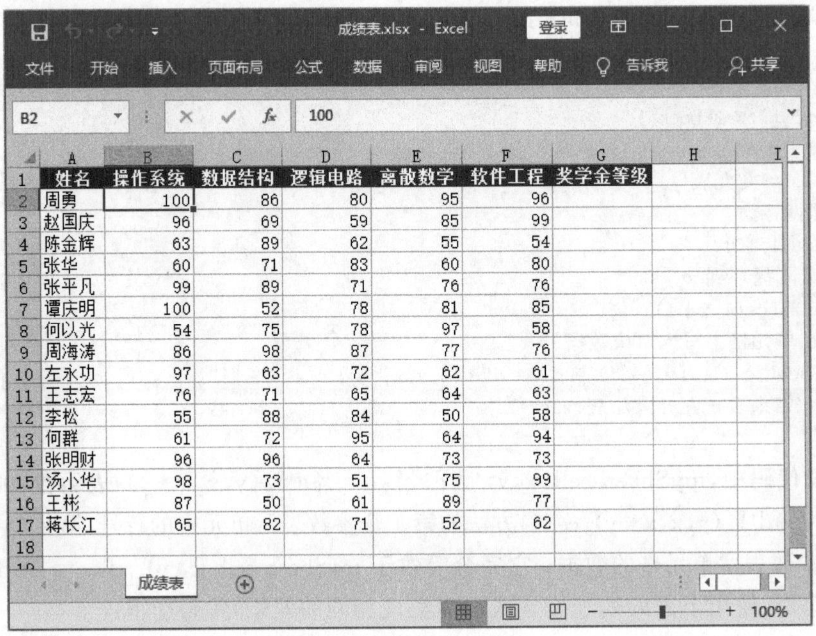

图   096-1

图   096-2

```
        myRow[-1].value = '二等奖学金'
    else:
        myRow[-1].value = '三等奖学金'
myBook.save('结果表 - 成绩表.xlsx')
```

在上面这段代码中,myRow[−1].value = '一等奖学金'表示在行(myRow)的最后一个单元格中写入"一等奖学金",如果 myRow[−2].value = '一等奖学金',则表示在行(myRow)的倒数第二个单元格中写入"一等奖学金",以此类推。

此案例的源文件是 MyCode\A235\A235.py。

观看视频

097 在单元格中写入计算平均值公式

此案例主要通过在单元格中写入计算平均值的公式,从而实现在工作表中按列计算多个单元格的平均值。当运行此案例的 Python 代码(A061.py 文件)之后,将根据计算平均值的公式在"收入表.xlsx"文件的收入表的最后一行添加各类收入的季度平均值,代码运行前后的效果分别如图 097-1 和图 097-2 所示。

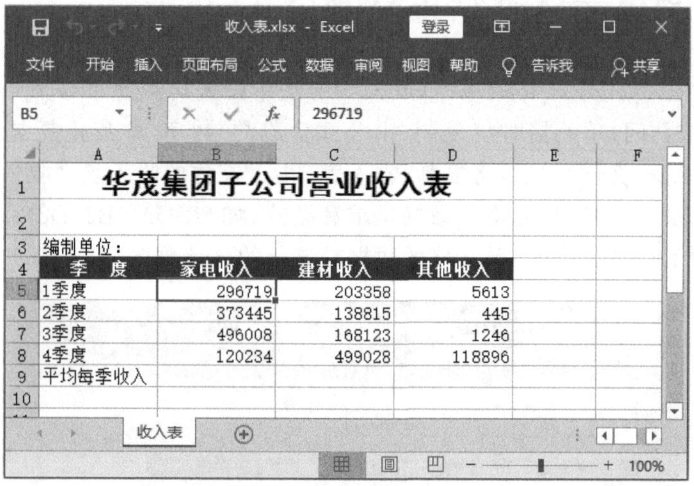

图 097-1

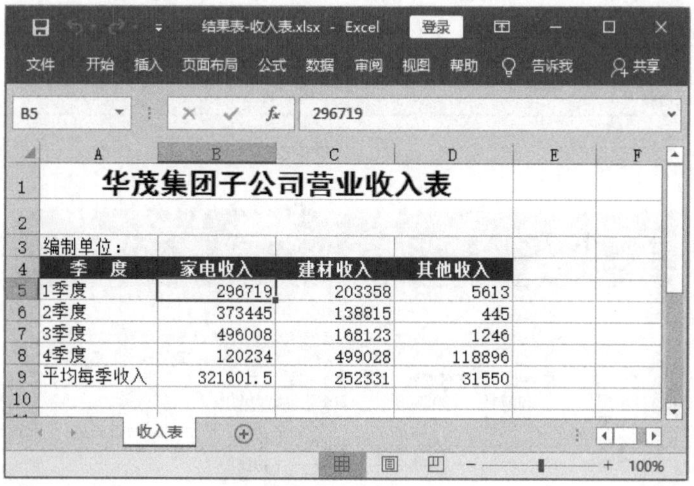

图 097-2

A061.py 文件的 Python 代码如下:

```python
import openpyxl
myBook = openpyxl.load_workbook('收入表.xlsx')
mySheet = myBook.active
mySheet['B9'] = ' = Average(B5:B8)'
mySheet['C9'] = ' = Average(C5:C8)'
mySheet['D9'] = ' = Average(D5:D8)'
myBook.save('结果表 - 收入表.xlsx')
```

在上面这段代码中，mySheet['B9']='=Average(B5:B8)'表示在收入表（mySheet）的 B9 单元格中写入计算公式'=Average(B5:B8)'，以计算 B5～B8 的所有单元格数据的平均值。mySheet['B9']='=Sum(B5:B8)'则表示计算 B5～B8 的所有单元格数据的合计；mySheet['B9']='=Max(B5:B8)'则表示获取 B5～B8 的所有单元格数据的最大值；mySheet['B9']='=Min(B5:B8)'则表示获取 B5～B8 的所有单元格数据的最小值。

此案例的源文件是 MyCode\A061\A061.py。

观看视频

098　在复制单元格时禁止复制公式

此案例主要通过在 openpyxl.load_workbook()方法中设置其参数 data_only=True，从而实现在工作表中复制（获取或访问）单元格时仅复制（由公式生成的）数字，即禁止复制公式。当运行此案例的 Python 代码（A026.py 文件）之后，将复制"收入表.xlsx"文件的收入表，"收入表.xlsx"文件的收入表在复制之前的 E2、E3、E4、E5 单元格的数据是求和公式（如=SUM(B2:D2)），如图 098-1 所示；该收入表在复制之后的 E2、E3、E4、E5 单元格的数据是该行的合计数据（如 505690），如图 098-2 所示。

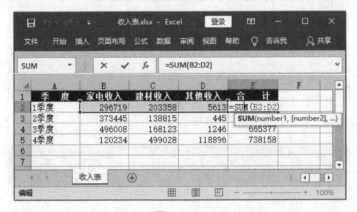

图　098-1

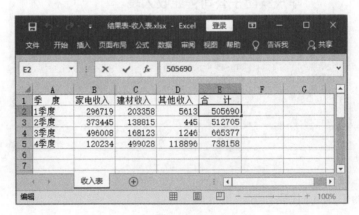

图　098-2

A026.py 文件的 Python 代码如下：

```
import openpyxl
# myBook = openpyxl.load_workbook('收入表.xlsx')
myBook = openpyxl.load_workbook('收入表.xlsx',data_only = True)
mySheet = myBook.active
```

```
    myRows = mySheet.rows
    #新建工作簿(myNewBook),在保存之后即为新的 Excel 文件
    myNewBook = openpyxl.Workbook()
    myNewSheet = myNewBook.active
    myNewSheet.title = '收入表'
    #循环收入表的行(myRow)
    for myRow in myRows:
        myList = []
        #循环行(myRow)的单元格
        for myCell in myRow:
            myList += [myCell.value]
        #在新工作簿的收入表(myNewSheet)中添加行(数据)
        myNewSheet.append(myList)
    myNewBook.save('结果表 - 收入表.xlsx')
```

在上面这段代码中,myBook＝openpyxl.load_workbook('收入表.xlsx',data_only＝True)表示在工作簿的工作表中,如果单元格包含公式,则只能访问该公式的计算结果。在此案例中,如果没有设置 data_only＝True,则在新工作簿中复制的收入表的 E2、E3、E4、E5 单元格的内容将是求和公式。使用行数据测试效果相同,代码如下:

```
import openpyxl
# myBook = openpyxl.load_workbook('收入表.xlsx')
myBook = openpyxl.load_workbook('收入表.xlsx',data_only = True)
mySheet = myBook.active
myValues = list(mySheet.values)
#新建工作簿,在保存之后即为新的 Excel 文件
myNewBook = openpyxl.Workbook()
myNewSheet = myNewBook.active
myNewSheet.title = '收入表'
for myRow in myValues:
    #在新收入表(myNewSheet)添加行(数据)
    myNewSheet.append(myRow)
myNewBook.save('结果表 - 收入表.xlsx')
```

此案例的源文件是 MyCode\A026\A026.py。

099　在单元格中自定义货币格式

观看视频

此案例主要通过设置单元格的 number_format 属性值为"￥#,##0.00",从而实现在工作表中以人民币格式自定义单元格的数据格式。当运行此案例的 Python 代码(A124.py 文件)之后,"收入表.xlsx"文件的收入表的 B5～D8 的所有单元格数据将以人民币格式显示,代码运行前后的效果分别如图 099-1 和图 099-2 所示。

A124.py 文件的 Python 代码如下:

```
import openpyxl
myBook = openpyxl.load_workbook('收入表.xlsx')
mySheet = myBook.active
#循环收入表(mySheet)D5～D8 的行(myRow)
for myRow in mySheet['B5:D8']:
```

图   099-1

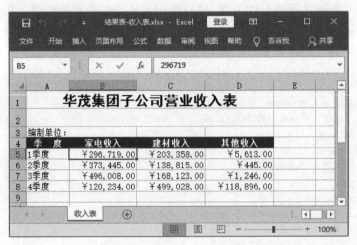

图   099-2

```
#循环行(myRow)的单元格(myCell)
for myCell in myRow:
    #设置单元格(myCell)的数据格式为人民币格式
    myCell.number_format = '￥#,##0.00'
myBook.save('结果表 - 收入表.xlsx')
```

在上面这段代码中,myCell.number_format＝'￥#,##0.00'表示使用人民币格式化单元格(myCell)的数据,myCell.number_format＝'$#,##0.00'则表示使用美元格式格式化单元格(myCell)的数据。

此案例的源文件是 MyCode\A124\A124.py。

100　在单元格中自定义日期格式

观看视频

此案例主要通过设置单元格的 number_format 属性值为"YYYY 年 MM 月 DD 日",从而实现在工作表中自定义单元格的日期格式。当运行此案例的 Python 代码(A125.py 文件)之后,"成员表.xlsx"文件的成员表 B5～C8 的所有单元格的日期数据将以自定义格式显示,代码运行前后的效果分别如图 100-1 和图 100-2 所示。

图　100-1

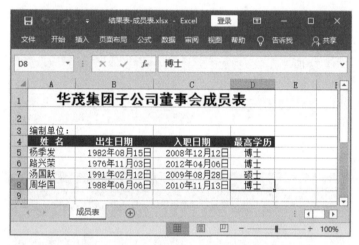

图　100-2

A125.py 文件的 Python 代码如下：

```python
import openpyxl
myBook = openpyxl.load_workbook('成员表.xlsx')
mySheet = myBook.active
#循环成员表(mySheet)B5～C8 的行(myRow)
for myRow in mySheet['B5:C8']:
    #循环行(myRow)的单元格(myCell)
    for myCell in myRow:
        #设置单元格(myCell)的日期格式
        myCell.number_format = 'YYYY 年 MM 月 DD 日'
myBook.save('结果表 – 成员表.xlsx')
```

在上面这段代码中，myCell.number_format＝'YYYY 年 MM 月 DD 日'表示单元格(myCell)的日期以 4 位年份、2 位月份、2 位天数的格式显示；myCell.number_format＝'YYYY 年 M 月 D 日'表示单元格(myCell)的日期(1982/8/15)将显示为 1982 年 8 月 15 日，而不是 1982 年 08 月 15 日；myCell.number_format＝'YYYY 年 MMM 月 DD 日'，则表示单元格(myCell)的日期(1982/8/15)将显示为 1982 年 Aug 月 15 日，即月份以英文名称的前三个字母显示。

此案例的源文件是 MyCode\A125\A125.py。

观看视频

101　在单元格中自定义时间格式

此案例主要通过设置单元格的 number_format 属性值为"HH 时 MM 分 SS 秒"，从而实现在工作表中自定义单元格的时间格式。当运行此案例的 Python 代码（A126.py 文件）之后，"考试时间表.xlsx"文件的考试时间表 B5～C8 的所有单元格的时间将以自定义格式显示，代码运行前后的效果分别如图 101-1 和图 101-2 所示。

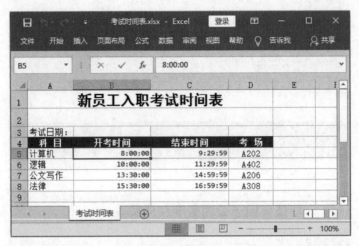

图　101-1

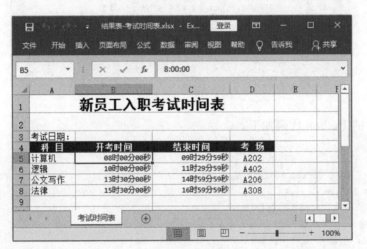

图　101-2

A126.py 文件的 Python 代码如下：

```python
import openpyxl
myBook = openpyxl.load_workbook('考试时间表.xlsx')
mySheet = myBook.active
#循环考试时间表(mySheet)B5～C8 的行(myRow)
for myRow in mySheet['B5:C8']:
    #循环行(myRow)的单元格(myCell)
    for myCell in myRow:
        #设置单元格(myCell)的时间格式
```

```
    myCell.number_format = 'HH 时 MM 分 SS 秒'
myBook.save('结果表 – 考试时间表.xlsx')
```

在上面这段代码中,myCell.number_format＝'HH 时 MM 分 SS 秒'表示时间以 2 位小时数、2 位分钟数、2 位秒数的格式显示;myCell.number_format＝'H 时 M 分 S 秒',则表示 9:29:59 将显示为 9 时 29 分 59 秒,而不是 09 时 29 分 59 秒。

此案例的源文件是 MyCode\A126\A126.py。

102　在单元格的数据上添加删除线

观看视频

此案例主要通过在 openpyxl.styles.Font()方法中设置 strike 参数值为 True,并使用该方法创建的自定义字体设置单元格的 font 属性,从而实现在单元格的数据上添加删除线。当运行此案例的 Python 代码(A107.py 文件)之后,"收入表.xlsx"文件的收入表 D5～D8 的所有单元格数据都将添加删除线,代码运行前后的效果分别如图 102-1 和图 102-2 所示。

图　102-1

图　102-2

A107.py 文件的 Python 代码如下：

```
import openpyxl
myBook = openpyxl.load_workbook('收入表.xlsx')
mySheet = myBook.active
#自定义删除线字体(myFont)
myFont = openpyxl.styles.Font(strike = True)
#循环收入表(mySheet)D5～D8 单元格(myCell)
for myCell in mySheet['D'][4:8]:
    #使用删除线字体(myFont)设置单元格(myCell)的 font 属性
    myCell.font = myFont
myBook.save('结果表 - 收入表.xlsx')
```

在上面这段代码中，myFont＝openpyxl.styles.Font(strike＝True)表示创建带删除线的自定义字体(myFont)。myCell.font＝myFont 表示单元格(myCell)的数据采用自定义字体(myFont)。

此案例的源文件是 MyCode\A107\A107.py。

观看视频

103　在单元格的数据上添加双下画线

此案例主要通过在 openpyxl.styles.Font()方法中设置 underline 参数值为 double，并使用该方法创建的自定义字体设置单元格的 font 属性，从而实现在单元格的数据上添加双下画线。当运行此案例的 Python 代码(A109.py 文件)之后，"收入表.xlsx"文件的收入表 D5～D8 的所有单元格数据都将添加双下画线，代码运行前后的效果分别如图 103-1 和图 103-2 所示。

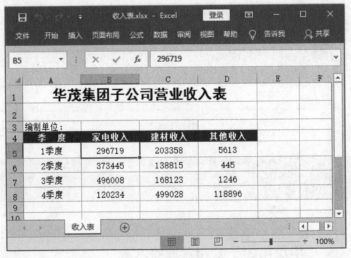

图　103-1

A109.py 文件的 Python 代码如下：

```
import openpyxl
myBook = openpyxl.load_workbook('收入表.xlsx')
mySheet = myBook.active
#自定义双下画线字体(myFont)
myFont = openpyxl.styles.Font(underline = "double")
#循环收入表(mySheet)D5～D8 单元格(myCell)
for myCell in mySheet['D'][4:8]:
```

图　103-2

```
#使用双下画线字体(myFont)设置单元格(myCell)的font属性
    myCell.font = myFont
myBook.save('结果表 - 收入表.xlsx')
```

在上面这段代码中,myFont＝openpyxl.styles.Font(underline＝"double")表示创建带双下画线的自定义字体(myFont),如果 myFont＝openpyxl.styles.Font(underline＝ "single"),则表示创建带单下画线的自定义字体(myFont)。myCell.font＝myFont 表示单元格(myCell)的数据采用自定义字体(myFont)。

此案例的源文件是 MyCode\A109\A109.py。

104　自定义在单元格中的文本颜色

观看视频

此案例主要通过在 openpyxl.styles.Font()方法中设置 color 参数值为 FF0000,并使用该方法创建的自定义字体设置单元格的 font 属性,从而实现自定义在单元格中的文本颜色。当运行此案例的Python 代码(A110.py 文件)之后,"收入表.xlsx"文件的收入表 B5～D8 的所有单元格数据都将显示为红色,代码运行前后的效果分别如图 104-1 和图 104-2 所示。

图　104-1

红色字体

图　104-2

A110.py 文件的 Python 代码如下：

```
import openpyxl
myBook = openpyxl.load_workbook('收入表.xlsx')

mySheet = myBook.active
#自定义红色字体(myFont)
myFont = openpyxl.styles.Font(color = 'FF0000')
#循环收入表(mySheet)B5～D8 的单元格(myCell)
for myRow in mySheet['B5:D8']:
        for myCell in myRow:
                #使用自定义红色字体(myFont)设置单元格(myCell)的 font 属性
                myCell.font = myFont
myBook.save('结果表－收入表.xlsx')
```

在上面这段代码中，myFont＝openpyxl.styles.Font(color＝'FF0000')表示创建红色的自定义字体(myFont)，如果 myFont＝openpyxl.styles.Font(color＝'00FF00')，则表示创建绿色的自定义字体(myFont)。myCell.font＝myFont 表示单元格(myCell)的数据采用自定义字体(myFont)。

此案例的源文件是 MyCode\A110\A110.py。

观看视频

105　根据多个参数创建自定义字体

此案例主要通过在 openpyxl.styles.Font()方法中同时设置多个参数创建自定义字体，并使用该方法创建的自定义字体设置单元格的 font 属性，从而使单元格的内容呈现自定义样式。当运行此案例的 Python 代码(A100.py 文件)之后，将以自定义的隶书字体呈现"收入表.xlsx"文件的收入表的 A1 单元格的内容，代码运行前后的效果分别如图 105-1 和图 105-2 所示。

A100.py 文件的 Python 代码如下：

```
import openpyxl
myBook = openpyxl.load_workbook('收入表.xlsx')
mySheet = myBook.active
#根据指定参数创建自定义字体(myFont)
```

图 105-1

图 105-2

```
myFont = openpyxl.styles.Font(name = '隶书', size = 18,
                    bold = True, italic = True, color = '0000FF')
♯使用自定义字体(myFont)设置 A1 单元格的 font 属性
mySheet['A1'].font = myFont
myBook.save('结果表 - 收入表.xlsx')
```

在上面这段代码中,myFont = openpyxl. styles. Font(name = '隶书', size=18, bold=True , italic= True, color= '0000FF')表示根据指定的多个参数创建自定义字体(myFont),name= '隶书'表示字体类型是"隶书",size=18 表示字体大小,bold=True 表示使用粗体字,italic= True 表示使用斜体字,color= '0000FF'表示字体颜色是蓝色。mySheet['A1']. font=myFont 表示在 A1 单元格中采用自定义字体(myFont)。

此案例的源文件是 MyCode\A100\A100.py。

106　在单元格中实现垂直居中内容

此案例主要通过在 openpyxl. styles. Alignment()方法中设置 vertical 参数值为 center,并使用该方法创建的对齐样式设置单元格的 alignment 属性,从而实现在垂直方向上居中显示单元格的内容。

观看视频

当运行此案例的 Python 代码(A101.py 文件)之后,"收入表.xlsx"文件的收入表 A1 单元格的内容将在垂直方向上居中显示,代码运行前后的效果分别如图 106-1 和图 106-2 所示。

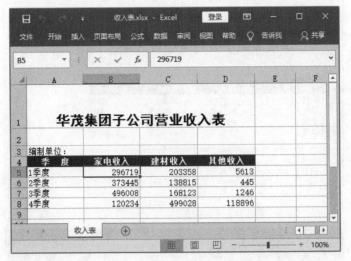

图　106-1

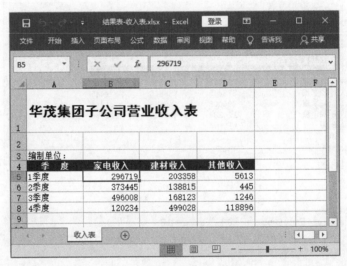

图　106-2

A101.py 文件的 Python 代码如下:

```
import openpyxl
myBook = openpyxl.load_workbook('收入表.xlsx')
mySheet = myBook.active
# 根据指定参数(vertical = 'center')创建垂直对齐样式(myAlignment)
myAlignment = openpyxl.styles.Alignment(vertical = 'center')
# 使用垂直对齐样式(myAlignment)设置 A1 单元格的 alignment 属性
mySheet['A1'].alignment = myAlignment
myBook.save('结果表 - 收入表.xlsx')
```

在上面这段代码中,myAlignment=openpyxl.styles.Alignment(vertical = 'center')表示创建在垂直方向上居中对齐的自定义样式(myAlignment); 如果 myAlignment = openpyxl. styles. Alignment(vertical = 'top'),则表示创建在垂直方向上与顶部对齐的自定义样式(myAlignment); 如

果 myAlignment＝openpyxl.styles.Alignment(vertical＝'bottom'),则表示创建在垂直方向上与底部对齐的自定义样式(myAlignment)。mySheet['A1'].alignment＝ myAlignment 表示使用自定义对齐样式(myAlignment)设置 A1 单元格的 alignment 属性。

此案例的源文件是 MyCode\A101\A101.py。

107　在单元格中实现靠右对齐内容

此案例主要通过在 openpyxl.styles.Alignment()方法中设置 horizontal 参数值为 right,并使用该方法创建的对齐样式设置单元格的 alignment 属性,从而实现在水平方向上靠右对齐单元格的内容。当运行此案例的 Python 代码(A102.py 文件)之后,"收入表.xlsx"文件的收入表 A1 单元格的内容将在水平方向上靠右对齐,代码运行前后的效果分别如图 107-1 和图 107-2 所示。

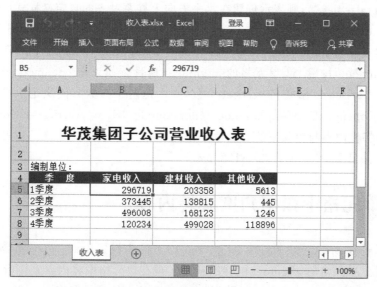

图　107-1

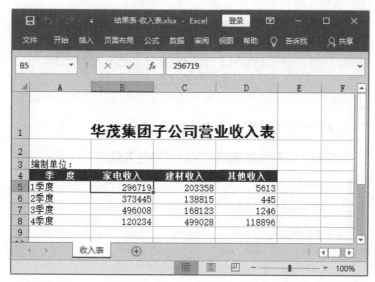

图　107-2

A102.py 文件的 Python 代码如下：

```
import openpyxl
myBook = openpyxl.load_workbook('收入表.xlsx')
mySheet = myBook.active
#根据指定参数(horizontal = 'right')自定义水平对齐样式(myAlignment)
myAlignment = openpyxl.styles.Alignment(horizontal = 'right')
#使用自定义水平对齐样式(myAlignment)设置 A1 单元格的 alignment 属性
mySheet['A1'].alignment = myAlignment
myBook.save('结果表 - 收入表.xlsx')
```

在上面这段代码中，myAlignment＝openpyxl. styles. Alignment(horizontal＝'right')表示创建在水平方向上靠右对齐的自定义样式（myAlignment）；如果 myAlignment ＝ openpyxl. styles. Alignment(horizontal＝'left')，则表示创建在水平方向上靠左对齐的自定义样式（myAlignment）；如果 myAlignment＝openpyxl. styles. Alignment (horizontal＝ 'center')，则表示创建在水平方向上居中对齐的自定义样式（myAlignment）。mySheet['A1']. alignment＝myAlignment 表示使用自定义对齐样式（myAlignment）设置 A1 单元格的 alignment 属性。如果在 openpyxl. styles. Alignment() 方法中同时设置了 horizontal 参数和 vertical 参数，则由这两个参数共同决定水平和垂直对齐样式，如 myAlignment＝ openpyxl. styles. Alignment(horizontal＝'right', vertical＝ 'top')，则该自定义样式（myAlignment）将使内容与单元格的右上角对齐。

此案例的源文件是 MyCode\A102\A102.py。

观看视频

108　在单元格中根据角度旋转内容

此案例主要通过在 openpyxl. styles. Alignment() 方法中设置 text_rotation 参数，并使用该方法创建的对齐样式设置单元格的 alignment 属性，从而实现在单元格中将内容旋转指定的角度。当运行此案例的 Python 代码（A103. py 文件）之后，"排名表.xlsx"文件的排名表 C4～D6 的所有单元格数据将逆时针旋转 15°，代码运行前后的效果分别如图 108-1 和图 108-2 所示。

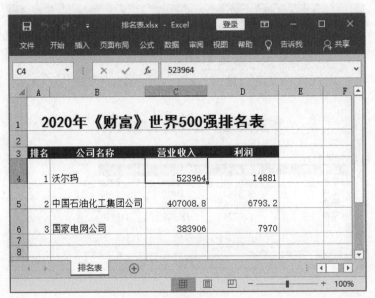

图　108-1

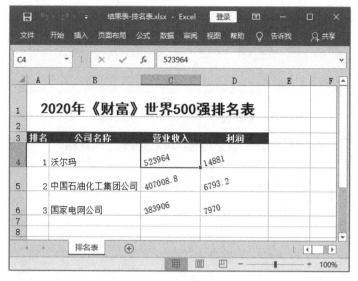

图　108-2

A103.py 文件的 Python 代码如下：

```python
import openpyxl
myBook = openpyxl.load_workbook('排名表.xlsx')
mySheet = myBook.active
#创建逆时针旋转15°的自定义样式(myAlignment)
myAlignment = openpyxl.styles.Alignment(text_rotation = 15)
#循环排名表(mySheet)C4～D6 的行(myRow)
for myRow in mySheet['C4:D6']:
    #循环行(myRow)的单元格(myCell)
    for myCell in myRow:
        #使用自定义样式(myAlignment)设置单元格(myCell)的 alignment 属性
        myCell.alignment = myAlignment
myBook.save('结果表 - 排名表.xlsx')
```

在上面这段代码中，myAlignment＝openpyxl.styles.Alignment(text_rotation＝15)表示创建逆时针旋转 15°的自定义样式(myAlignment)，参数 text_rotation 表示逆时针旋转的角度，范围为 0～180°。myCell.alignment＝myAlignment 表示使用自定义样式(myAlignment)设置单元格(myCell)的 alignment 属性。

此案例的源文件是 MyCode\A103\A103.py。

109　在单元格中自动换行超长内容

观看视频

此案例主要通过在 openpyxl.styles.Alignment()方法中设置 wrap_text 参数值为 True，并使用该方法创建的对齐样式设置单元格的 alignment 属性，从而实现在单元格的内容超长时自动换行。当运行此案例的 Python 代码(A104.py 文件)之后，"排名表.xlsx"文件的排名表 A4～D6 的所有单元格在内容超长时将自动换行，代码运行前后的效果分别如图 109-1 和图 109-2 所示。

A104.py 文件的 Python 代码如下：

```python
import openpyxl
myBook = openpyxl.load_workbook('排名表.xlsx')
mySheet = myBook.active
```

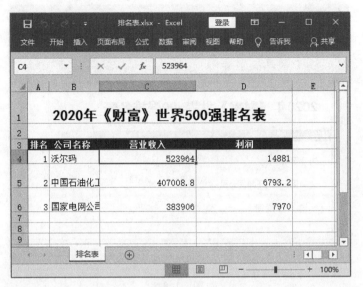

图　109-1

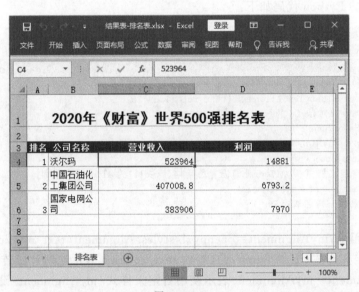

图　109-2

```
＃创建在内容超长时自动换行的自定义样式(myAlignment)
myAlignment = openpyxl.styles.Alignment(wrap_text = True)
＃循环排名表(mySheet)A4～D6 的行(myRow)
for myRow in mySheet['A4:D6']:
    ＃循环行(myRow)的单元格(myCell)
    for myCell in myRow:
        ＃使用自定义样式(myAlignment)设置单元格(myCell)的 alignment 属性
        myCell.alignment = myAlignment
myBook.save('结果表 - 排名表.xlsx')
```

在上面这段代码中，myAlignment＝openpyxl. styles. Alignment(wrap_text＝True)表示创建在内容超长时自动换行的自定义样式(myAlignment)，myCell. alignment＝ myAlignment 表示使用自定义样式(myAlignment)设置单元格(myCell)的 alignment 属性。

此案例的源文件是 MyCode\A104\A104. py。

观看视频

110 使用指定颜色设置单元格的背景

此案例主要通过在 openpyxl.styles.PatternFill()方法的参数中设置 fill_type 参数值为 solid,设置 fgColor 参数值为指定的颜色,并使用该方法创建的填充样式设置单元格的 fill 属性,从而实现使用指定的颜色设置单元格的背景颜色。当运行此案例的 Python 代码(A106.py 文件)之后,"收入表.xlsx"文件的收入表 A5~D8 的所有单元格背景呈现为青色,代码运行前后的效果分别如图 110-1 和图 110-2 所示。

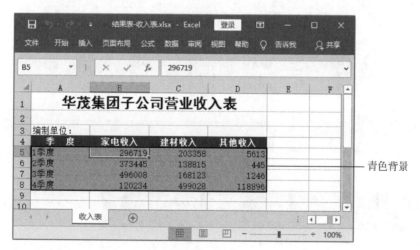

图 110-1

图 110-2

A106.py 文件的 Python 代码如下:

```python
import openpyxl
myBook = openpyxl.load_workbook('收入表.xlsx')
mySheet = myBook.active
# 自定义青色(纯色)填充样式(myPatternFill)
myPatternFill = openpyxl.styles.PatternFill(fill_type = 'solid',fgColor = '00FFFF')
# 循环收入表(mySheet)A5~D8 的行(myRow)
for myRow in mySheet['A5:D8']:
```

```
            ♯循环行(myRow)的单元格(myCell)
        for myCell in myRow:
                ♯使用自定义填充样式(myPatternFill)设置单元格(myCell)的 fill 属性
                myCell.fill = myPatternFill
myBook.save('结果表 - 收入表.xlsx')
```

在上面这段代码中，myPatternFill＝openpyxl. styles. PatternFill(fill_type＝ 'solid',fgColor＝ '00FFFF')表示创建青色填充样式(myPatternFill)，参数 fill_type＝'solid'表示填充样式为纯色，参数 fgColor＝'00FFFF'表示填充颜色为青色。myCell. fill＝ myPatternFill 表示使用自定义填充样式(myPatternFill)设置单元格(myCell)的 fill 属性。

此案例的源文件是 MyCode\A106\A106. py。

111 使用渐变色设置单元格的背景

观看视频

此案例主要通过在 openpyxl. styles. GradientFill()方法的参数中设置渐变色的起始颜色和结束颜色，并使用该方法创建的填充样式设置单元格的 fill 属性，从而使单元格的背景颜色呈现渐变色。当运行此案例的 Python 代码(A108. py 文件)之后，"收入表. xlsx"文件的收入表 A5～D8 的所有单元格的背景颜色在水平方向上呈现为由红到绿的渐变色，代码运行前后的效果分别如图 111-1 和图 111-2 所示。

图　111-1

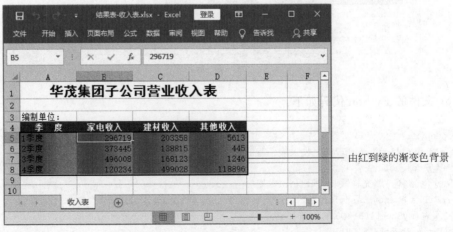

图　111-2

A108.py 文件的 Python 代码如下：

```
import openpyxl
myBook = openpyxl.load_workbook('收入表.xlsx')
mySheet = myBook.active
# 自定义渐变色填充样式(myGradientFill)
myGradientFill = openpyxl.styles.GradientFill(stop = ('FF0000','00FF00'))
# 循环收入表(mySheet)A5~D8 的行(myRow)
for myRow in mySheet['A5:D8']:
    # 循环行(myRow)的单元格(myCell)
    for myCell in myRow:
        # 使用渐变色填充样式(myGradientFill)设置单元格(myCell)的 fill 属性
        myCell.fill = myGradientFill
myBook.save('结果表 - 收入表.xlsx')
```

在上面这段代码中，myGradientFill＝openpyxl.styles.GradientFill(stop＝('FF0000', '00FF00'))表示根据指定的参数创建起始颜色为红色、结束颜色为绿色的渐变色填充样式(myGradientFill)；如果myGradientFill＝openpyxl.styles.GradientFill(stop＝ ('FF0000','00FF00','0000FF'))，则表示创建起始颜色为红色、中间颜色为绿色、结束颜色为蓝色的渐变色填充样式(myGradientFill)。myCell.fill＝myGradientFill 表示使用自定义渐变色填充样式(myGradientFill)设置单元格(myCell)的 fill 属性。

此案例的源文件是 MyCode\A108\A108.py。

112　使用网格线设置单元格的背景

观看视频

此案例主要通过在 openpyxl.styles.PatternFill( )方法的参数中设置 fill_type 参数值为 lightGrid，设置 fgColor 参数值为指定的颜色，并使用该方法创建的填充样式设置单元格的 fill 属性，从而实现使用指定颜色的正网格线设置单元格的背景。当运行此案例的 Python 代码(A390.py 文件)之后，"收入表.xlsx"文件的收入表 A5~D8 的所有单元格的背景呈现为绿色的正网格线，代码运行前后的效果分别如图 112-1 和图 112-2 所示。

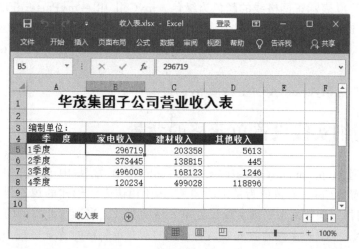

图　112-1

A390.py 文件的 Python 代码如下：

```
import openpyxl
myBook = openpyxl.load_workbook('收入表.xlsx')
```

图　112-2

```
mySheet = myBook.active
# 自定义绿色正网格线填充样式(myPatternFill)
myPatternFill = openpyxl.styles.PatternFill(fill_type = 'lightGrid',
                                            fgColor = '00FF00')
# 循环收入表(mySheet)A5～D8 的行(myRow)
for myRow in mySheet['A5:D8']:
    # 循环行(myRow)的单元格(myCell)
    for myCell in myRow:
        # 使用自定义填充样式(myPatternFill)设置单元格(myCell)的 fill 属性
        myCell.fill = myPatternFill
myBook.save('结果表 - 收入表.xlsx')
```

在上面这段代码中，myPatternFill＝openpyxl. styles. PatternFill（fill_type＝ 'lightGrid'，fgColor＝'00FF00'）表示创建绿色的正网格线填充样式，参数 fill_type＝ 'lightGrid'表示填充样式为正网格线，参数 fgColor＝'00FF00'表示正网格线的颜色为绿色。myCell. fill＝myPatternFill 表示使用自定义填充样式（myPatternFill）设置单元格（myCell）的 fill 属性。如果需要斜网格线填充样式，则应该设置 fill_type＝'darkGrid'，即 myPatternFill＝openpyxl. styles. PatternFill（fill_type＝'darkGrid'，fgColor＝'00FF00'）。

此案例的源文件是 MyCode\A390\A390. py。

观看视频

113　使用细实线设置单元格的背景

此 案 例 主 要 通 过 在 openpyxl. styles. PatternFill（）方 法 中 设 置 fill＿type 参数值为lightHorizontal，设置 fgColor 参数值为指定的颜色，并使用该方法创建的填充样式设置单元格的 fill属性，从而实现使用指定颜色的水平细实线设置单元格的背景。当运行此案例的 Python 代码（A391.py 文件）之后，"收入表. xlsx"文件的收入表 A5～D8 的所有单元格的背景呈现为青色的水平细实线，代码运行前后的效果分别如图 113-1 和图 113-2 所示。

A391. py 文件的 Python 代码如下：

```
import openpyxl
myBook = openpyxl.load_workbook('收入表.xlsx')
mySheet = myBook.active
```

图　113-1

图　113-2

青色水平细实线背景

```
#自定义青色的水平细实线填充样式(myPatternFill)
myPatternFill = openpyxl.styles.PatternFill(fill_type = 'lightHorizontal',
                                            fgColor = '97ffff')
#循环收入表(mySheet)A5～D8 的行(myRow)
for myRow in mySheet['A5:D8']:
    #循环行(myRow)的单元格(myCell)
    for myCell in myRow:
        #使用自定义填充样式(myPatternFill)设置单元格(myCell)的 fill 属性
        myCell.fill = myPatternFill
myBook.save('结果表 – 收入表.xlsx')
```

在上面这段代码中，myPatternFill＝openpyxl.styles.PatternFill(fill_type＝ 'lightHorizontal'，fgColor＝'97ffff')表示创建青色的水平细实线填充样式，参数 fill_type＝ 'lightHorizontal'表示填充样式为水平细实线，参数 fgColor＝'97ffff' 表示水平细实线的颜色为青色。myCell.fill＝myPatternFill 表示使用自定义填充样式(myPatternFill)设置单元格(myCell)的 fill 属性。如果设置 fill_type＝'darkHorizontal'，则填充效果为水平粗实线；如果设置 fill_type＝'lightVertical'，则填充效果为垂直细实线；如果设置 fill_type＝ 'darkVertical'，则填充效果为垂直粗实线。

此案例的源文件是 MyCode\A391\A391.py。

观看视频

114 使用斜纹线设置单元格的背景

此案例主要通过在 openpyxl. styles. PatternFill()方法中设置 fill_type 参数值为 lightDown，同时设置 fgColor 参数值为指定的颜色，并使用该方法创建的填充样式设置单元格的 fill 属性，从而实现使用指定颜色的左细斜纹线设置单元格的背景。当运行此案例的 Python 代码（A392. py 文件）之后，"收入表. xlsx"文件的收入表 A5～D8 的所有单元格的背景呈现为青色左细斜纹线，代码运行前后的效果分别如图 114-1 和图 114-2 所示。

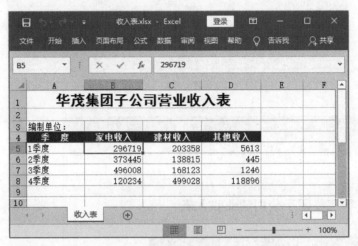

图 114-1

图 114-2

A392. py 文件的 Python 代码如下：

```
import openpyxl
myBook = openpyxl.load_workbook('收入表.xlsx')
mySheet = myBook.active
＃自定义青色的左细斜纹线填充样式(myPatternFill)
myPatternFill = openpyxl.styles.PatternFill(fill_type = 'lightDown',
                                            fgColor = '97ffff')
＃循环收入表(mySheet)A5～D8 的行(myRow)
```

```
for myRow in mySheet['A5:D8']:
    #循环行(myRow)的单元格(myCell)
    for myCell in myRow:
        #使用自定义填充样式(myPatternFill)设置单元格(myCell)的 fill 属性
        myCell.fill = myPatternFill
myBook.save('结果表 - 收入表.xlsx')
```

在上面这段代码中，myPatternFill = openpyxl. styles. PatternFill(fill_type = 'lightDown'，fgColor＝'97ffff')表示创建青色的左细斜纹线填充样式，参数 fill_type= 'lightDown'表示填充样式为左细斜纹线，参数 fgColor＝'97ffff'表示左细斜纹线的颜色为青色。myCell. fill＝myPatternFill 表示使用自定义填充样式(myPatternFill)设置单元格(myCell)的 fill 属性。如果设置 fill_type =
'darkDown'，则填充效果为左粗斜纹线；如果设置 fill_type＝'lightUp'，则填充效果为右细斜纹线；如果设置 fill_type＝'darkUp'，则填充效果为右粗斜纹线。

此案例的源文件是 MyCode\A392\A392. py。

115 使用粗实线设置单元格的边框

观看视频

此案例主要通过使用 openpyxl. styles. Side()方法和 openpyxl. styles. Border()方法创建自定义边框，并将单元格的 border 属性设置为该自定义边框，从而实现自定义单元格边框的线条样式和颜色。当运行此案例的 Python 代码(A105. py 文件)之后，"收入表. xlsx"文件的收入表 A5～D8 的所有单元格的边框呈现为红色的粗实线，代码运行前后的效果分别如图 115-1 和图 115-2 所示。

图 115-1

A105. py 文件的 Python 代码如下：

```
import openpyxl
myBook = openpyxl.load_workbook('收入表.xlsx')
mySheet = myBook.active
#设置自定义边框线(mySide)为红色的粗实线
mySide = openpyxl.styles.Side(style = 'thick',color = 'FF0000')
#在自定义边框(myBorder)的上、下、左、右四条边上应用自定义边框线
myBorder = openpyxl.styles.Border(left = mySide,right = mySide,
                                  top = mySide,bottom = mySide)
```

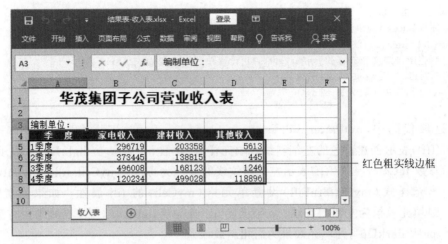

图 115-2

```
#循环收入表(mySheet)A5～D8 的行(myRow)
for myRow in mySheet['A5:D8']:
        #循环行(myRow)的单元格(myCell)
        for myCell in myRow:
                #使用自定义边框(myBorder)设置单元格(myCell)的 border 属性
                myCell.border = myBorder
myBook.save('结果表 - 收入表.xlsx')
```

在上面这段代码中，mySide＝openpyxl. styles. Side(style＝'thick'，color＝'FF0000')表示使用红色的粗实线创建边框线(mySide)，如果 mySide＝openpyxl. styles. Side(style＝'thin'，color＝'00FF00')，则表示使用绿色的细实线创建边框线(mySide)；style＝'thick'参数表示边框线样式，包括double、mediumDashDotDot、slantDashDot、dashDotDot、dotted、hair、mediumDashed、dashed、dashDot、thin、medium、mediumDashDot、thick 等。myBorder＝openpyxl. styles. Border（left＝mySide，right＝mySide，top＝mySide，bottom＝mySide)表示使用自定义边框线(mySide)设置自定义边框(myBorder)的上、下、左、右四条边，可以仅设置部分参数，未设置的参数则呈现为开口状态，例如，如果设置 myBorder＝openpyxl. styles. Border(right＝mySide，top＝mySide，bottom＝mySide)，则自定义边框(myBorder)的左侧将无边框线，呈现为开口。myCell. border＝ myBorder 表示使用自定义边框(myBorder)设置单元格(myCell)的 border 属性。

此案例的源文件是 MyCode\A105\A105. py。

116 使用预置表格样式设置单元格

观看视频

此案例主要通过在 openpyxl. worksheet. table. TableStyleInfo()方法中自定义 name 参数值，从而实现使用预置的表格样式自定义工作表的单元格样式。当运行此案例的 Python 代码(A470. py 文件)之后，如果设置 name 参数值为 TableStyleMedium8，则"员工表. xlsx"文件的员工表的单元格样式如图 116-1 所示；如果设置 name 参数值为 TableStyleMedium13，则"员工表. xlsx"文件的员工表的单元格样式如图 116-2 所示。

A470. py 文件的 Python 代码如下：

```
import openpyxl
myBook = openpyxl.load_workbook('员工表.xlsx')
```

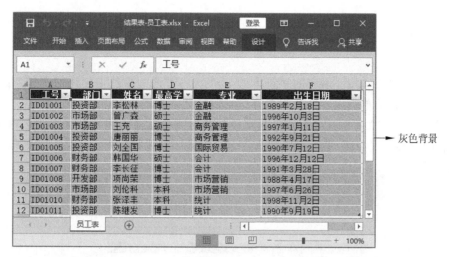

图　116-1

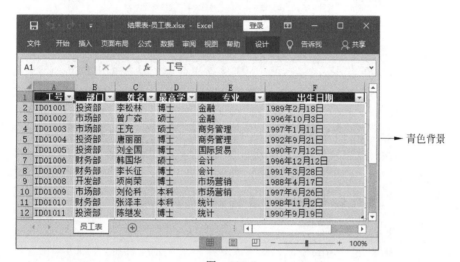

图　116-2

```
mySheet = myBook.active
# 根据指定的范围(A1～F12)创建(myTable)
myTable = openpyxl.worksheet.table.Table(displayName = "myTable", ref = "A1:F12")
# 根据预置的样式(TableStyleMedium8)创建表格样式(myStyle)
myStyle = openpyxl.worksheet.table.TableStyleInfo(name = "TableStyleMedium8")
# myStyle = openpyxl.worksheet.table.TableStyleInfo(name = "TableStyleMedium13")
# 在表格(myTable)中应用新建的表格样式(myStyle)
myTable.tableStyleInfo = myStyle
# 在工作表(mySheet)中应用自定义的表格(myTable)
mySheet.add_table(myTable)
myBook.save('结果表 - 员工表.xlsx')
```

在上面这段代码中，myStyle = openpyxl.worksheet.table.TableStyleInfo（name = "TableStyleMedium8"）表示使用预置的样式（TableStyleMedium8）创建表格样式（myStyle），参数 name 表示预置的样式名称，如 TableStyleMedium1、TableStyleMedium2、TableStyleMedium3；TableStyleLight1、TableStyleLight2、TableStyleLight3；TableStyleDark1、TableStyleDark2、TableStyleDark3 等。

此案例的源文件是 MyCode\A470\A470.py。

117　在单元格中将单行内容拆为多行

　　此案例主要通过在 Python 语言的字符串的 replace() 方法的参数中使用回车符'\r\n'替换字符'、',从而实现将单元格的单行内容拆分为多行。当运行此案例的 Python 代码(A323.py 文件)之后,将把"高校汇总表.xlsx"文件的高校汇总表的高校列的所有单元格的内容根据高校名称拆分为多行,代码运行前后的效果分别如图 117-1 和图 117-2 所示。

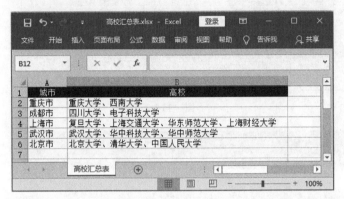

图　117-1

图　117-2

　　A323.py 文件的 Python 代码如下:

```python
import openpyxl
myBook = openpyxl.load_workbook('高校汇总表.xlsx')
mySheet = myBook.active
# 从高校汇总表(mySheet)的第 2 行开始逐行循环(到最后一行)
for myRow in list(mySheet.rows)[1:]:
    # 获取每行(myRow)的高校列的单元格数据(myOldValue)
    myOldValue = str(myRow[1].value)
    # 在单元格数据(myOldValue)中使用回车符'\r\n'替换字符'、'
```

```
    myRow[1].value = myOldValue.replace('、', '\r\n')
myBook.save('结果表 - 高校汇总表.xlsx')
```

在上面这段代码中,myRow[1].value＝myOldValue.replace('、','\r\n')表示使用回车符'\r\n'替换字符'、',但是仅此不够,在此之前还应该在"高校汇总表.xlsx"中执行下列操作。

(1)右击 B 列,在弹出的菜单中选择"设置单元格格式"命令,如图 117-3 所示,然后将弹出"设置单元格格式"对话框。

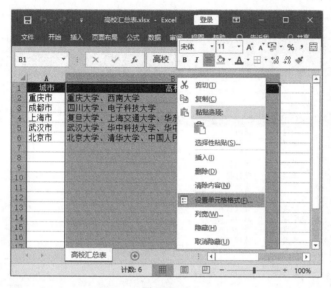

图　117-3

(2)在"设置单元格格式"对话框中,切换到"对齐"标签页,然后勾选"自动换行"复选项,如图 117-4 所示,再单击"确定"按钮即可。

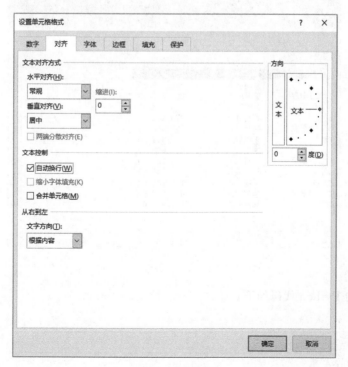

图　117-4

此案例的源文件是 MyCode\A323\A323.py。

118 根据指定的参数合并多个单元格

此案例主要通过在 Worksheet 的 merge_cells()方法中设置范围参数,从而实现在工作表中合并指定范围的多个单元格。当运行此案例的 Python 代码(A122.py 文件)之后,在"收入表.xlsx"文件的收入表的季度列中将合并相同季度的单元格,代码运行前后的效果分别如图 118-1 和图 118-2 所示。

图　118-1

图　118-2

A122.py 文件的 Python 代码如下:

```
import openpyxl
myBook = openpyxl.load_workbook('收入表.xlsx')
mySheet = myBook['收入表']
```

```
mySheet.merge_cells("A2:A4")
mySheet.merge_cells("A5:A7")
mySheet.merge_cells("A8:A10")
mySheet.merge_cells("A11:A13")
myBook.save('结果表 - 收入表.xlsx')
```

在上面这段代码中,mySheet. merge_cells("A2:A4")表示合并收入表(mySheet)A2~A4 的所有单元格,该代码也可以写成:mySheet. merge_cells(start_row=2, start_column=1, end_row=4, end_column=1)。

此案例的源文件是 MyCode\A122\A122. py。

119 将合并单元格拆分为多个单元格

观看视频

此案例主要通过在 Worksheet 的 unmerge_cells()方法中设置范围参数,从而实现将工作表的合并单元格拆分为多个单元格。当运行此案例的 Python 代码(A123. py 文件)之后,将把"收入表.xlsx"文件的收入表的季度列的合并单元格拆分为多个单元格,代码运行前后的效果分别如图 119-1 和图 119-2 所示。

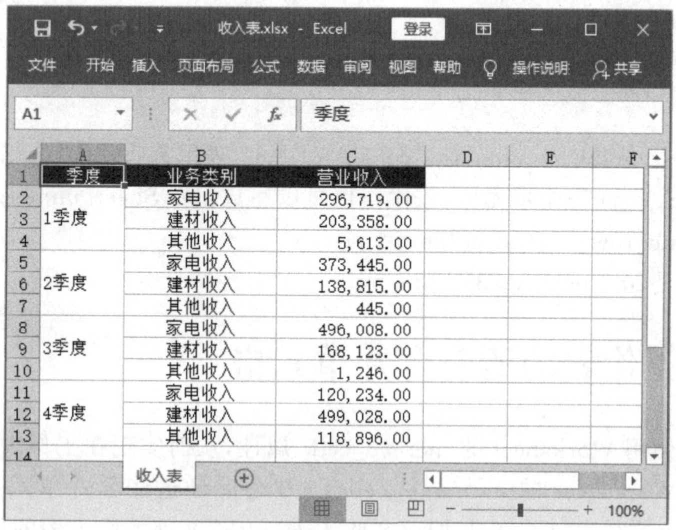

图 119-1

A123. py 文件的 Python 代码如下:

```
import openpyxl
myBook = openpyxl.load_workbook('收入表.xlsx')
mySheet = myBook.active
mySheet.unmerge_cells('A2:A4')
mySheet['A3'] = mySheet['A2'].value
mySheet['A4'] = mySheet['A2'].value
mySheet.unmerge_cells('A5:A7')
mySheet['A6'] = mySheet['A5'].value
mySheet['A7'] = mySheet['A5'].value
mySheet.unmerge_cells('A8:A10')
mySheet['A9'] = mySheet['A8'].value
```

图　119-2

```
mySheet['A10'] = mySheet['A8'].value
mySheet.unmerge_cells('A11:A13')
mySheet['A12'] = mySheet['A11'].value
mySheet['A13'] = mySheet['A11'].value
myBook.save('结果表 - 收入表.xlsx')
```

在上面这段代码中，mySheet.unmerge_cells('A2：A4')表示将收入表（mySheet）的 A2～A4 的合并单元格拆分为 A2、A3、A4 三个单元格，该代码也可以写成：mySheet.unmerge_ cells(start_row＝2，start_column＝1，end_row＝4，end_column＝1)。

此案例的源文件是 MyCode\A123\A123.py。

120　拆分工作表的所有合并单元格

观看视频

此案例主要通过使用 Worksheet 的 merged_cells 属性，从而实现在工作表中查询（获取）所有的合并单元格，并使用 Worksheet 的 unmerge_cells()方法拆分这些合并单元格。当运行此案例的 Python 代码（A372.py 文件）之后，将自动拆分"收入表.xlsx"文件的收入表的所有合并单元格，代码运行前后的效果分别如图 120-1 和图 120-2 所示。

A372.py 文件的 Python 代码如下：

```
import openpyxl
myBook = openpyxl.load_workbook('收入表.xlsx')
mySheet = myBook.active
myList = []
for myCells in mySheet.merged_cells:
    myList.append(str(myCells))
for myCells in myList:
    mySheet.unmerge_cells(myCells)
myBook.save('结果表 - 收入表.xlsx')
```

在上面这段代码中，mySheet.merged_cells 表示收入表（mySheet）的所有合并单元格。在此案例中，mySheet.merged_cells 的输出结果（print(mySheet.merged_cells)）是：A2：A4 A5：A7 A8：A10 A11：A13，

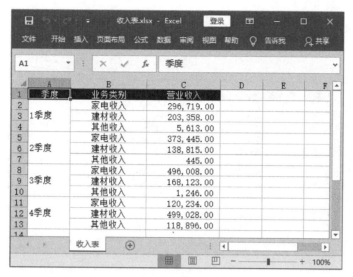

图　120-1

图　120-2

因此当使用 mySheet. unmerge_cells（myCells）方法拆分合并单元格时，myCells 这个合并单元格参数也必须符合这一格式。

此案例的源文件是 MyCode\A372\A372. py。

121　清除工作表的所有合并单元格

此案例主要通过使用 Worksheet 的 merged_cells. ranges. clear（）方法，从而实现在工作表中清除（拆分）所有的合并单元格。当运行此案例的 Python 代码（A373. py 文件）之后，将自动拆分"收入表. xlsx"文件的收入表的所有合并单元格，代码运行前后的效果分别如图 121-1 和图 121-2 所示。

A373. py 文件的 Python 代码如下：

观看视频

```
import openpyxl
myBook = openpyxl.load_workbook('收入表.xlsx')
```

图   121-1

图   121-2

```
mySheet = myBook.active
mySheet.merged_cells.ranges.clear()
myBook.save('结果表 - 收入表.xlsx')
```

在上面这段代码中，mySheet.merged_cells.ranges.clear()表示清除收入表（mySheet）的所有合并单元格，相当于使用 unmerge_cells()方法逐个拆分合并单元格。

此案例的源文件是 MyCode\A373\A373.py。

观看视频

122   在单元格中添加过滤器过滤数据

此案例主要通过使用 Worksheet 的 auto_filter.ref 和 auto_filter.add_filter_ column 属性，从而实现在单元格中添加过滤器过滤数据。当运行此案例的 Python 代码（A473.py 文件）之后，将在"员工表.xlsx"文件的员工表的"最高学历"单元格的右端添加过滤器，单击该过滤器，则弹出过滤配置页面,在该页面中默认设置为仅过滤"博士"(可以多选),如图 122-1 所示,然后单击"确定"按钮退出过滤配置,此时将在员工表中显示最高学历为博士的所有员工,如图 122-2 所示。

图　122-1

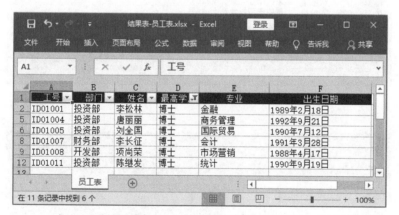

图　122-2

A473.py 文件的 Python 代码如下:

```python
import openpyxl
myBook = openpyxl.load_workbook('员工表.xlsx')
mySheet = myBook.active
#在员工表(mySheet)中设置过滤范围(A1~D12)
mySheet.auto_filter.ref = "A1:D12"
#表示在员工表(mySheet)的第 4 列中默认过滤"博士"
mySheet.auto_filter.add_filter_column(3,["博士"])
myBook.save('结果表 - 员工表.xlsx')
```

观看视频

在上面这段代码中，mySheet. auto_filter. ref＝"A1:D12"表示在员工表(mySheet)中设置自动过滤的操作范围(A1～D12)。mySheet. auto_filter. add_filter_column(3,["博士"])表示在员工表(mySheet)中默认的过滤条件，即在过滤配置窗口中勾选的复选框，可以设置多个过滤条件，如mySheet. auto_filter. add_filter_column(3,["博士","硕士"])。

此案例的源文件是 MyCode\A473\A473. py。

123 在多个单元格中替换指定的内容

此案例主要通过使用 Python 语言的字符串的 replace()方法，从而实现批量替换在工作表的多个单元格中的指定内容。当运行此案例的 Python 代码(A317. py 文件)之后，将在"员工表. xlsx"文件的员工表的所有单元格中把"巴县"替换为"巴南区"、把"江北县"替换为"渝北区"，代码运行前后的效果分别如图 123-1 和图 123-2 所示。

图   123-1

图   123-2

A317.py 文件的 Python 代码如下：

```
import openpyxl
myBook = openpyxl.load_workbook('员工表.xlsx',data_only = True)
mySheet = myBook.active
# 从员工表(mySheet)的第2行开始逐行循环(到最后一行)
for myRow in list(mySheet.rows)[1:]:
    for myCell in myRow:
        # 在单元格(myCell)中使用'巴南区'替换'巴县'
        myCell.value = myCell.value.replace('巴县','巴南区')
        # 在单元格(myCell)中使用'渝北区'替换'江北县'
        myCell.value = myCell.value.replace('江北县','渝北区')
myBook.save('结果表 – 员工表.xlsx')
```

在上面这段代码中，myCell.value.replace('巴县','巴南区')表示使用'巴南区'替换在 myCell.value 这个字符串中的'巴县'，注意：这个替换操作并不改变单元格的内容（因为替换之后的结果在该方法的返回值中），必须使用代码 myCell.value＝myCell.value.replace('巴县','巴南区')，才能使替换结果在单元格中生效。str.replace()方法的语法格式如下：

```
str.replace(old, new[,max])
```

其中，参数 old 表示替换之前的旧字符串；参数 new 表示替换之后的新字符串；参数 max 表示替换不超过 max 次，该参数可选。该方法返回的字符串是把 old(旧字符串)替换成 new(新字符串)，如果指定第三个参数 max，则替换不超过 max 次。

此案例的源文件是 MyCode\A317\A317.py。

124　在多个单元格中删除指定的内容

观看视频

此案例主要通过使用 Python 语言的 del 关键字，从而实现在多个单元格中按照条件删除指定的内容。当运行此案例的 Python 代码(A327.py 文件)之后，将在"员工表.xlsx"文件的员工表的姓名列的所有单元格中删除分公司和组名，代码运行前后的效果分别如图 124-1 和图 124-2 所示。

工号	姓名	最高学历	专业	出生年份
ID01001	北京分公司-投资部-2组-李松林	博士	金融	1989
ID01002	上海分公司-市场开发部-3组-曾广森	硕士	金融	1996
ID01003	上海分公司-市场开发部-1组-王充	硕士	商务管理	1997
ID01004	北京分公司-投资部-2组-唐丽丽	博士	商务管理	1992
ID01005	重庆分公司-投资部-1组-刘全国	博士	国际贸易	1990
ID01006	北京分公司-财务部-3组-韩国华	硕士	会计	1996
ID01007	深圳分公司-财务部-4组-李长征	博士	会计	1991
ID01008	北京分公司-产品开发部-1组-项尚荣	博士	市场营销	1988
ID01009	深圳分公司-市场开发部-2组-刘伦科	本科	市场营销	1997
ID01010	上海分公司-财务部-2组-张泽丰	本科	统计	1998
ID01011	北京分公司-投资部-1组-陈继发	博士	统计	1990

图　124-1

图 124-2

A327.py 文件的 Python 代码如下：

```python
import openpyxl
myBook = openpyxl.load_workbook('员工表.xlsx',data_only = True)
mySheet = myBook.active
#从员工表(mySheet)的第2行开始逐行循环(到最后一行)
for myRow in list(mySheet.rows)[1:]:
    myList = []
    #获取行(myRow)的第2列(姓名列)的字符串(即将要拆分的字符串)
    myStr = myRow[1].value
    #在字符串(myStr)中统计字符('-')的个数
    myMax = myStr.count('-')
    myCount = 1
    #有多少个字符('-')就循环多少次
    while myCount <= myMax:
        #根据字符('-')将字符串(myStr)拆分为三个成员
        myParts = list(myStr.partition('-'))
        #在列表(myList)中添加第1个成员
        myList += [myParts[0]]
        #将包含多个字符('-')的第3个成员赋值给字符串(myStr),以再次拆分
        myStr = myParts[2]
        #如果是最后一次循环
        if myCount == myMax:
            #则在列表(myList)中添加第3个成员
            myList += [myParts[2]]
        #累计循环次数
        myCount += 1
    #删除列表(myList)的第1个成员,即删除分公司
    del myList[0]
    #删除列表(myList)的第3个成员,即删除组名
    del myList[1]
    #使用字符('-')将列表(myList)的所有剩余成员连接成字符串
    myRow[1].value = '-'.join(myList)
myBook.save('结果表-员工表.xlsx')
```

在上面这段代码中，del myList[0]表示删除(原始)myList 的第 1 个成员，del myList[1]表示删除(原始)myList 的第 3 个成员，因为当连续执行这种删除操作时，myList 将动态发生变化，例如：

```
myList = ['北京分公司','投资部','2 组','李松林']
del myList[0]
del myList[1]
```

在执行之后，myList 为['投资部','李松林']，而不是['2 组','李松林']。因为当执行 del myList[1]时，由于已经执行了 del myList[0]，myList 已经动态改变为['投资部','2 组','李松林']。

此案例的源文件是 MyCode\A327\A327. py。

125 统计相同内容在单元格中的次数

观看视频

此案例主要通过使用 Python 语言的集合和列表的 count()方法，从而实现统计相同内容在单元格中的出现次数。当运行此案例的 Python 代码(A351. py 文件)之后，将在"世界五百强表. xlsx"文件的世界五百强表中统计各个公司的出现次数，代码运行前后的效果分别如图 125-1 和图 125-2 所示。

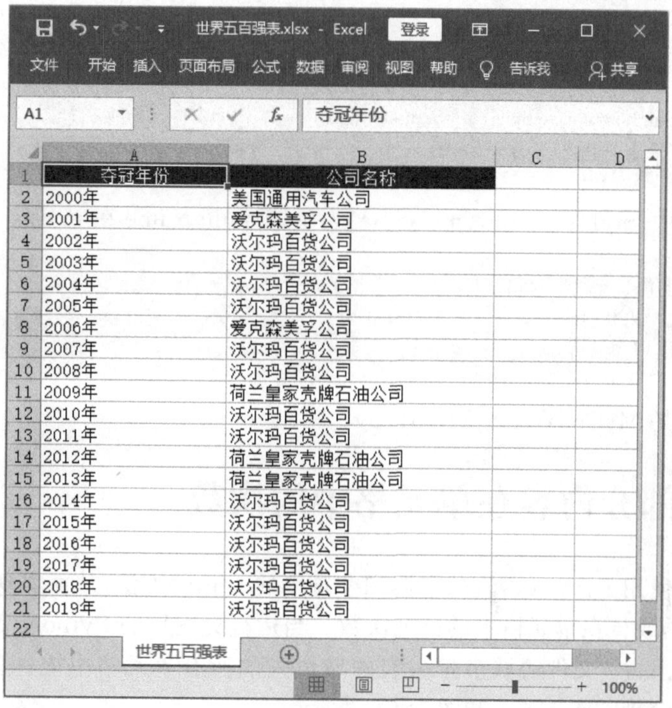

夺冠年份	公司名称
2000年	美国通用汽车公司
2001年	爱克森美孚公司
2002年	沃尔玛百货公司
2003年	沃尔玛百货公司
2004年	沃尔玛百货公司
2005年	沃尔玛百货公司
2006年	爱克森美孚公司
2007年	沃尔玛百货公司
2008年	沃尔玛百货公司
2009年	荷兰皇家壳牌石油公司
2010年	沃尔玛百货公司
2011年	沃尔玛百货公司
2012年	荷兰皇家壳牌石油公司
2013年	荷兰皇家壳牌石油公司
2014年	沃尔玛百货公司
2015年	沃尔玛百货公司
2016年	沃尔玛百货公司
2017年	沃尔玛百货公司
2018年	沃尔玛百货公司
2019年	沃尔玛百货公司

图 125-1

A351. py 文件的 Python 代码如下：

```
import openpyxl
myBook = openpyxl.load_workbook('世界五百强表.xlsx',data_only = True)
mySheet = myBook.active
myNewBook = openpyxl.Workbook()
myNewSheet = myNewBook.active
myNewSheet.title = '世界五百强表'
```

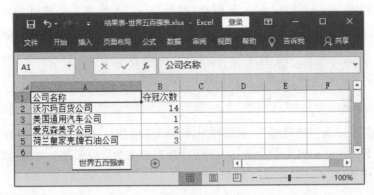

图　125-2

```
myNewSheet.append(['公司名称','夺冠次数'])
#按行获取世界五百强表(mySheet)的单元格数据(第1行除外)
myRows = list(mySheet.values)[1:]
myList = []
for myRow in myRows:
    myList.append(myRow[1])
#根据列表(myList)创建集合(mySet),即通过集合(mySet)删除列表(myList)重复的公司名称
mySet = set(myList)
for myName in mySet:
    #统计 myName(每个公司)在列表(myList)中的出现次数
    myNewSheet.append([myName,myList.count(myName)])
myNewBook.save('结果表－世界五百强表.xlsx')
```

在上面这段代码中，myList. count(myName)表示统计 myName 在 myList 中的出现次数，例如：

```
myList = ['北京','上海','深圳','北京','上海','北京']
print(myList.count('北京'))          #输出：3
print(myList.count('上海'))          #输出：2
```

此案例的源文件是 MyCode\A351\A351. py。

观看视频

126　统计部分内容在单元格中的次数

此案例主要通过使用 Python 语言的字典和字符串的 split()方法，从而实现将单元格的内容拆分成列表，并统计列表的成员在单元格中的出现次数。当运行此案例的 Python 代码（A350. py 文件）之后，将在"城市排名表. xlsx"文件的城市排名表的城市列的所有单元格中统计各个城市的出现次数，代码运行前后的效果分别如图 126-1 和图 126-2 所示。

A350. py 文件的 Python 代码如下：

```
import openpyxl
myBook = openpyxl.load_workbook('城市排名表.xlsx',data_only = True)
mySheet = myBook.active
#按行获取城市排名表(mySheet)的单元格数据(第1行除外)
myRows = list(mySheet.values)[1:]
myList = []
for myRow in myRows:
    myList += str(myRow[1]).split('、')
```

图 126-1

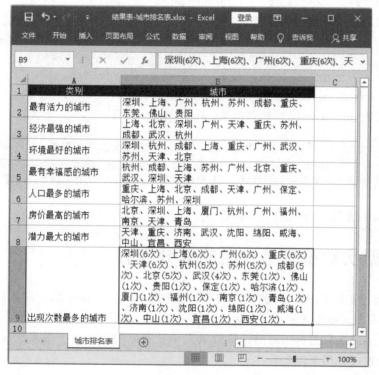

图 126-2

```python
myDict = {}
for myName in myList:
    # 如果在字典(myDict)的键名中已经存在某城市(myName),则对应的键值增加1
    if myName in myDict.keys():
        myDict[myName] += 1
    # 否则在字典(myDict)中直接设置 myDict[myName] = 1
    else:
```

```
        myDict[myName] = 1
    #创建列表(myNewList)
    myNewList = []
    for myName,myIndex in zip(myDict.keys(),myDict.values()):
        #将字典(myDict)的键名设置为子列表的myName,键值设置为子列表的myIndex
        myNewList += [[myName,myIndex]]
    #print(myNewList)
    #根据myNewList的子列表(成员)的myIndex进行降序排列myNewList
    mySortList = sorted(myNewList,key = lambda x:x[1],reverse = True)
    #print(mySortList)
    myCellValue = ''
    #将列表(myNewList)的成员拼接为字符串
    for myName in mySortList:
        myCellValue += str(myName[0]) + '(' + str(myName[1]) + '次)' + '、'
    #在城市排名表(mySheet)的最后一行添加结果[出现次数最多的城市]
    mySheet.append(['出现次数最多的城市',myCellValue])
    myBook.save('结果表 - 城市排名表.xlsx')
```

在上面这段代码中，for myName,myIndex in zip(myDict.keys(),myDict.values())表示根据字典(myDict)的键名(keys)和键值(values)创建列表，结果(myNewList)如下：

```
[['深圳',6],['上海',6],['广州',6],['杭州',5],['苏州',5],['成都',5],['重庆', 6],['东莞',1],['佛山',1],
['贵阳',1],['北京',5],['天津',6],['武汉',4],['保定', 1],['哈尔滨',1],['厦门',1],['福州',1],['南京',1],
['青岛',1],['济南',1],['沈阳', 1],['绵阳',1],['威海',1],['中山',1],['宜昌',1],['西安',1]]
```

mySortList = sorted(myNewList,key = lambda x:x[1],reverse = True)表示根据城市名字的出现次数降序排列列表(myNewList)，排列结果(mySortList)如下：

```
[['深圳',6],['上海',6],['广州',6],['重庆',6],['天津',6],['杭州',5],['苏州', 5],['成都',5],['北京',5],
['武汉',4],['东莞',1],['佛山',1],['贵阳',1],['保定', 1],['哈尔滨',1],['厦门',1],['福州',1],['南京',1],
['青岛',1],['济南',1],['沈阳', 1],['绵阳',1],['威海',1],['中山',1],['宜昌',1],['西安',1]]
```

此案例的源文件是 MyCode\A350\A350.py。

127 根据次数重复单元格的部分内容

观看视频

此案例主要通过使用 Python 语言的字符串的乘法(＊)运算，根据指定次数重复指定的字符串(★号)，从而实现在单元格中批量重复指定的内容。当运行此案例的 Python 代码(A319.py 文件)之后，将在"员工表.xlsx"文件的员工表的工资等级列中把数字替换为对应数量的★号，代码运行前后的效果分别如图 127-1 和图 127-2 所示。

A319.py 文件的 Python 代码如下：

```
import openpyxl
myBook = openpyxl.load_workbook('员工表.xlsx',data_only = True)
mySheet = myBook.active
for myRow in range(mySheet.max_row,1, - 1):
    #获取员工的工资等级(myRank)
    myRank = mySheet[myRow][6].value
    myMark = '★'
    #使用星号个数代表员工的工资等级(myRank)
```

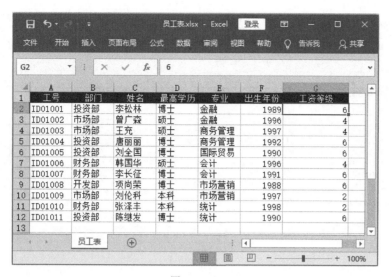

	A	B	C	D	E	F	G
1	工号	部门	姓名	最高学历	专业	出生年份	工资等级
2	ID01001	投资部	李松林	博士	金融	1989	6
3	ID01002	市场部	曾广森	硕士	金融	1996	4
4	ID01003	市场部	王充	硕士	商务管理	1997	4
5	ID01004	投资部	唐丽丽	博士	商务管理	1992	6
6	ID01005	投资部	刘全国	博士	国际贸易	1990	6
7	ID01006	财务部	韩国华	硕士	会计	1996	4
8	ID01007	财务部	李长征	博士	会计	1991	6
9	ID01008	开发部	项尚荣	博士	市场营销	1988	6
10	ID01009	市场部	刘伦科	本科	市场营销	1997	2
11	ID01010	财务部	张泽丰	本科	统计	1998	2
12	ID01011	投资部	陈继发	博士	统计	1990	6

图 127-1

	A	B	C	D	E	F	G
1	工号	部门	姓名	最高学历	专业	出生年份	工资等级
2	ID01001	投资部	李松林	博士	金融	1989	★★★★★★
3	ID01002	市场部	曾广森	硕士	金融	1996	★★★★
4	ID01003	市场部	王充	硕士	商务管理	1997	★★★★
5	ID01004	投资部	唐丽丽	博士	商务管理	1992	★★★★★★
6	ID01005	投资部	刘全国	博士	国际贸易	1990	★★★★★★
7	ID01006	财务部	韩国华	硕士	会计	1996	★★★★
8	ID01007	财务部	李长征	博士	会计	1991	★★★★★★
9	ID01008	开发部	项尚荣	博士	市场营销	1988	★★★★★★
10	ID01009	市场部	刘伦科	本科	市场营销	1997	★★
11	ID01010	财务部	张泽丰	本科	统计	1998	★★
12	ID01011	投资部	陈继发	博士	统计	1990	★★★★★★

图 127-2

```
    mySheet[myRow][6].value = myMark * myRank
myBook.save('结果表-员工表.xlsx')
```

在上面这段代码中，mySheet[myRow][6].value＝myMark * myRank 的 myMark * myRank 表示根据 myRank 代表的数字(次数)重复 myMark 代表的字符串('★')，例如，print('luobin' * 3)的输出结果为：luobinluobinluobin，即 luobin 被重复了 3 次。

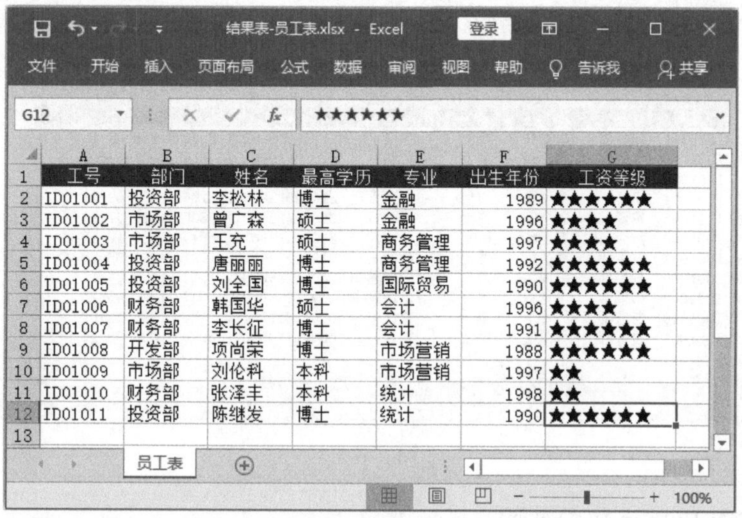

此案例的源文件是 MyCode\A319\A319.py。

128 解析在单元格中的身份证日期信息

观看视频

此案例主要通过创建自定义函数 myFunc()，从而实现在单元格中根据身份证号码解析出生日期。当运行此案例的 Python 代码(A363.py 文件)之后，将根据“员工表.xlsx”文件的员工表的身份证号码解析员工的出生日期，并添加到出生日期列，代码运行前后的效果分别如图 128-1 和图 128-2 所示。

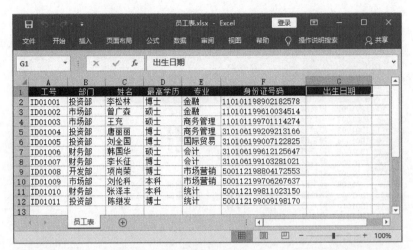

图　128-1

图　128-2

A363.py 文件的 Python 代码如下:

```python
# 自定义函数解析身份证号码的出生日期
def myFunc(myID):
    myList = [myID[x:y] for x,y in((6,10),(10,12),(12,14))]
    myDate = ' - '.join(myList)
    return myDate
import openpyxl
myBook = openpyxl.load_workbook('员工表.xlsx',data_only = True)
mySheet = myBook.active
# 获取员工表(mySheet)的行(第 1 行除外)
myRows = list(mySheet.rows)[1:]
for myRow in myRows:
    # 在行(myRow)中获取身份证号码(myID)
    myID = myRow[5].value
    # 解析在身份证号码(myID)中的出生日期,
    # 并将结果设置为出生日期列的单元格数据(myRow[6].value)
    myRow[6].value = myFunc(myID)
myBook.save('结果表 - 员工表.xlsx')
```

在上面这段代码中,myList＝[myID[x:y] for x,y in((6,10),(10,12),(12,14))]表示提取myID 的第 6～9 位(出生年份,注意:索引是从 0 开始),第 10、11 位(出生月份),第 12、13 位(出生日期),例如,如果 myID 是 110101198902182578,则出生年份是 1989 年,出生月份是 02 月,出生日期是 18 日。

此案例的源文件是 MyCode\A363\A363.py。

129　使用集合比较单元格的无序内容

观看视频

此案例主要通过使用 Python 语言集合的无重复、无顺序特性,从而实现比较两个集合的成员(单元格的无序内容)是否相同(相等)。当运行此案例的 Python 代码(A352.py 文件)之后,如果在“竞猜表.xlsx”文件的竞猜表的发送选手编号列的所有选手编号在{'20 号','25 号','27 号','33 号','38 号'}集合中且个数相同,则在竞猜表的全部猜对列标注“√”符号,否则标注“×”符号,代码运行前后的效果分别如图 129-1 和图 129-2 所示。

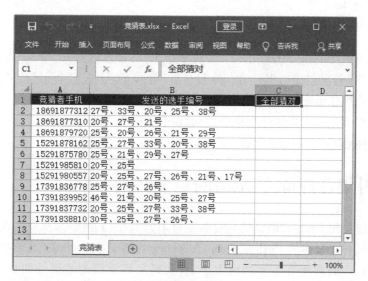

图　129-1

图　129-2

A352.py 文件的 Python 代码如下：

```
import openpyxl
myBook = openpyxl.load_workbook('竞猜表.xlsx', data_only = True)
mySheet = myBook.active
# 获取竞猜表(myBook.active)的行(第1行除外)
myRows = list(myBook.active.rows)[1:]
for myRow in myRows:
    # 获取该行发送的选手编号列的单元格数据(myRow[1].value)
    myStr = myRow[1].value
    # 如果发送的选手编号在{'20号','25号','27号','33号','38号'}集合中
    if set(myStr.split('、')) == {'20号','25号','27号','33号','38号'}:
        # 则在全部猜对列中标注'√'
        myRow[2].value = '√'
    else:
        # 否则在全部猜对列中标注'×'
        myRow[2].value = '×'
myBook.save('结果表 - 竞猜表.xlsx')
```

在上面这段代码中，set(myStr.split('、'))表示根据"、"符号拆分 myStr，并创建集合，例如，根据"20号、27号、21号"字符串创建的集合为{'20号','27号','21号'}。"=="是集合的比较运算符，如果"=="左右两端的集合相等，则该表达式为 True，否则为 False，例如，{'20号','27号','21号'}=={'21号','20号','27号'}是等价的两个集合，因此该表达式为 True。

此案例的源文件是 MyCode\A352\A352.py。

130 使用集合删除单元格的重复内容

观看视频

此案例主要通过使用 Python 语言的集合和字符串的 split() 方法等，从而实现在单元格中删除重复的部分内容。当运行此案例的 Python 代码（A344.py 文件）之后，将在"城市排名表.xlsx"文件的城市排名表的城市列中删除所有重复的城市名字，代码运行前后的效果分别如图 130-1 和图 130-2 所示。

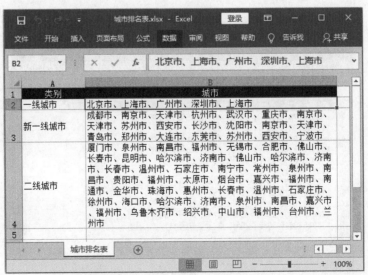

图　130-1

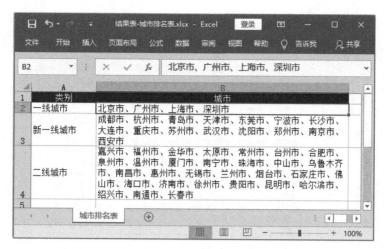

图　130-2

A344.py 文件的 Python 代码如下：

```
import openpyxl
myBook = openpyxl.load_workbook('城市排名表.xlsx')
mySheet = myBook.active
♯获取城市排名表(mySheet)的行(第1行除外)
myRows = list(mySheet.rows)[1:]
for myRow in myRows:
    ♯根据'、'符号将城市列(myRow[1])的城市名字拆分为列表(myList)
    myList = myRow[1].value.split('、')
    ♯根据列表(myList)创建集合(mySet),此时自动删除重复的城市名字
    mySet = set(myList)
    ♯使用'、'符号将集合(mySet)的所有成员连接成字符串,
    ♯并设置为城市列的单元格数据(即无重复的城市名字)
    myRow[1].value = '、'.join(mySet)
myBook.save('结果表－城市排名表.xlsx')
```

在上面这段代码中,mySet＝set(myList)表示根据列表(myList)创建集合(mySet),此时自动删除重复的城市名字,也可以使用 mySet＝set()首先创建空集合,然后使用 mySet.update(myList)将列表(myList)的数据添加到集合(mySet)。集合的重要特性就是无重复的成员,并且没有顺序。

此案例的源文件是 MyCode\A344\A344.py。

131　使用列表删除单元格的重复内容

观看视频

此案例主要通过使用 Python 语言的列表脚本操作符 not in 和字符串的 split()方法等,从而实现在单元格中删除重复的内容。当运行此案例的 Python 代码(A334.py 文件)之后,将在"城市排名表.xlsx"文件城市排名表的城市列中删除所有重复的城市名字,代码运行前后的效果分别如图 131-1 和图 131-2 所示。

A334.py 文件的 Python 代码如下：

```
import openpyxl
myBook = openpyxl.load_workbook('城市排名表.xlsx')
mySheet = myBook.active
```

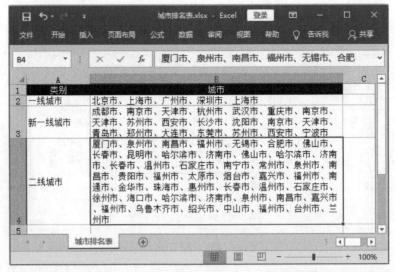

图 131-1

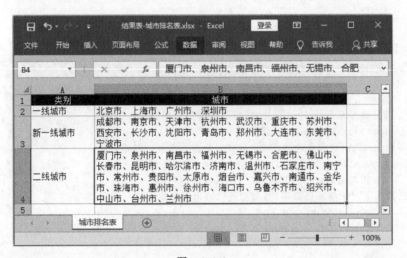

图 131-2

```
#获取城市排名表(mySheet)的行(第1行除外)
myRows = list(mySheet.rows)[1:]
#循环城市排名表(myRows)的行(myRow)
for myRow in myRows:
    myList = []
    #根据'、'符号将每行的城市列(myRow[1])的城市名字拆分为列表(myNames)
    myNames = myRow[1].value.split('、')
    #循环列表(myNames)的城市名字(myName)
    for myName in myNames:
        #如果在列表(myList)中没有城市名字(myName)
        if myName not in myList:
            #则在列表(myList)中添加城市名字(myName)
            myList.append(myName)
    #使用'、'符号将列表(myList)的成员(城市名字)连接成字符串,
    #并设置为城市列的单元格数据(即无重复的城市名字)
    myRow[1].value = '、'.join(myList)
myBook.save('结果表 - 城市排名表.xlsx')
```

在上面这段代码中,myNames＝myRow[1].value.split('、')表示根据'、'符号将 myRow[1].value 的内容拆分为列表,例如:

```
myString = '北京市、上海市、广州市、深圳市、上海市'
myList = myString.split('、')
print(myList)   ＃输出: ['北京市','上海市','广州市','深圳市','上海市']
```

myName not in myList 表示判断 myName 在 myList 中是否存在,如果不存在,结果为 True,否则为 False,例如:

```
myList = ['北京市','上海市','广州市','深圳市']
print('大连市' not in myList)   ＃输出: True
print('上海市' not in myList)   ＃输出: False
```

myRow[1].value＝'、'.join(myList)表示使用'、'符号将 myList 的各个成员拼接成字符串,例如:

```
myList = ['北京市','上海市','广州市','深圳市']
print('、'.join(myList))   ＃输出: 北京市、上海市、广州市、深圳市
```

此案例的源文件是 MyCode\A334\A334.py。

132　使用字典对单元格数据分类求和

观看视频

此案例主要通过使用 Python 语言的字典,从而实现对工作表中多个单元格的数据分类求和。当运行此案例的 Python 代码(A355.py 文件)之后,将按照公司名称计算"收入表.xlsx"文件收入表的每个公司的合计金额,代码运行前后的效果分别如图 132-1 和图 132-2 所示。

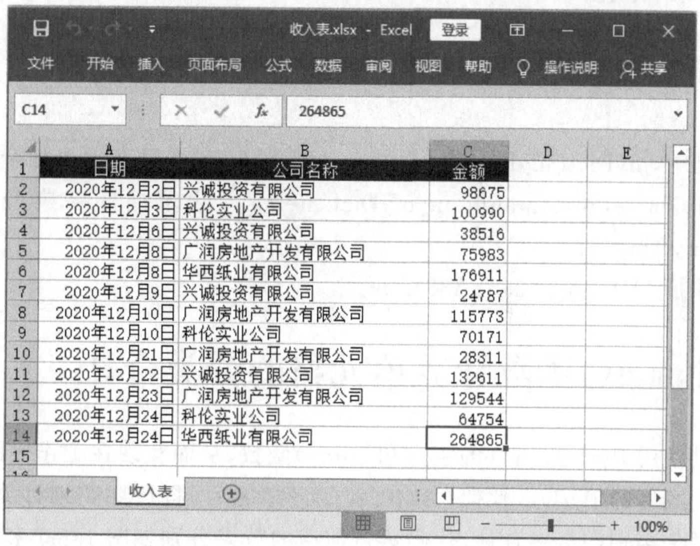

日期	公司名称	金额
2020年12月2日	兴诚投资有限公司	98675
2020年12月3日	科伦实业公司	100990
2020年12月6日	兴诚投资有限公司	38516
2020年12月8日	广润房地产开发有限公司	75983
2020年12月8日	华西纸业有限公司	176911
2020年12月9日	兴诚投资有限公司	24787
2020年12月10日	广润房地产开发有限公司	115773
2020年12月10日	科伦实业公司	70171
2020年12月21日	广润房地产开发有限公司	28311
2020年12月22日	兴诚投资有限公司	132611
2020年12月23日	广润房地产开发有限公司	129544
2020年12月24日	科伦实业公司	64754
2020年12月24日	华西纸业有限公司	264865

图　132-1

A355.py 文件的 Python 代码如下:

```
import openpyxl
myBook = openpyxl.load_workbook('收入表.xlsx',data_only = True)
```

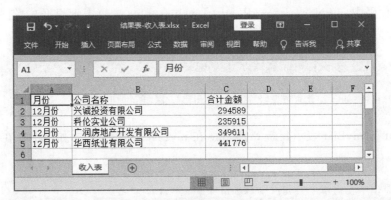

图　132-2

```
mySheet = myBook.active
myNewBook = openpyxl.Workbook()
myNewSheet = myNewBook.active
myNewSheet.title = '收入表'
myNewSheet.append(['月份','公司名称','合计金额'])
# 按行获取收入表(mySheet)的单元格数据(第1行除外)
myRows = list(mySheet.values)[1:]
myDict = {}
for myRow in myRows:
    # 如果在字典(myDict)中存在某公司,则直接在某公司中累加金额
    if myRow[1] in myDict.keys():
        myDict[myRow[1]] += myRow[2]
    # 否则创建新公司
    else:
        myDict[myRow[1]] = myRow[2]
# 循环字典(myDict)的成员(公司)
for myName,myAmount in myDict.items():
    myNewSheet.append(['12 月份',myName,myAmount])
myNewBook.save('结果表 - 收入表.xlsx')
```

在上面这段代码中,myDict[myRow[1]] += myRow[2]在这里表示累加金额,并将累加结果保存在键值中。for myName,myAmount in myDict.items()表示循环字典(myDict)的每个键名(myName)和键值(myAmount)。

此案例的源文件是 MyCode\A355\A355.py。

观看视频

133　使用 sum()函数计算单元格的分类合计

此案例主要通过使用 Python 语言的字典和 sum()函数,从而实现在工作表的多个单元格中计算分类合计。当运行此案例的 Python 代码(A340.py 文件)之后,将按照类别计算"管理费用表.xlsx"文件中管理费用表每个类别的金额合计,代码运行前后的效果分别如图 133-1 和图 133-2 所示。

A340.py 文件的 Python 代码如下:

```
import openpyxl
myBook = openpyxl.load_workbook('管理费用表.xlsx',data_only = True)
mySheet = myBook.active
myNewBook = openpyxl.Workbook()
```

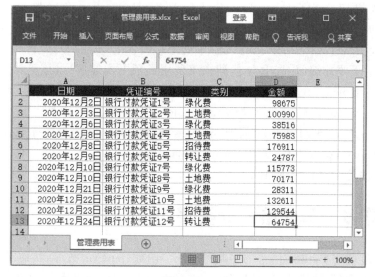

图　133-1

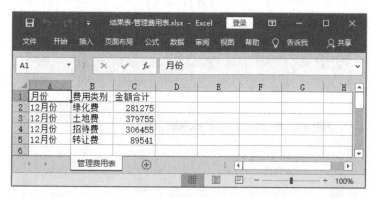

图　133-2

```
myNewSheet = myNewBook.active
myNewSheet.title = '管理费用表'
myNewSheet.append(['月份','费用类别','金额合计'])
#按行获取管理费用表(mySheet)的单元格数据(第1行除外)
myRows = list(mySheet.values)[1:]
myDict = {}
for myRow in myRows:
    #如果在字典(myDict)中存在某费用类别,则直接在某费用类别中添加[myRow]
    if myRow[2] in myDict.keys():
        myDict[myRow[2]] += [myRow]
    #否则创建新费用类别
    else:
        myDict[myRow[2]] = [myRow]
#在字典(myDict)中循环每个成员(费用类别)
for myType in myDict.keys():
    #对某费用类别的所有金额求和,并添加到金额合计表中
    mySum = sum([myRow[3] for myRow in myDict[myType]])
    myNewSheet.append(['12 月份',myType,mySum])
myNewBook.save('结果表 - 管理费用表.xlsx')
```

在上面这段代码中，myDict[myRow[2]]＋＝[myRow]表示在字典(myDict)的某个键名(myRow[2])下添加一个新键值[myRow]，即在某个费用类别中直接添加该行(该笔费用)。myDict[myRow[2]]＝[myRow]表示在字典(myDict)中创建新键(myRow[2])，即新建一个费用类别，并在该新键(myRow[2])下添加键值[myRow]，即在该费用类别下添加该行(该笔费用)。mySum＝sum([myRow[3] for myRow in myDict[myType]])表示对该费用类别的所有金额(myRow[3])求和，注意：mySum＝sum([myRow[3] for myRow in myDict[myType]])不能写为 mySum＝sum(myRow[3] for myRow in myDict[myType])；同理，myNewSheet.append(['12月份',myType,mySum])也不能写为 myNewSheet.append('12月份',myType,mySum)。

此案例的源文件是 MyCode\A340\A340.py。

观看视频

134　计算多个单元格的分类平均值

此案例主要通过使用 Python 语言的字典和 sum()函数、len()函数等，从而实现在工作表的多个单元格中计算每个类别(每种股票)的平均值(日成交均价)。当运行此案例的 Python 代码(A341.py文件)之后，将按照股票名称计算"股价表.xlsx"文件股价表的每种股票的日成交均价，代码运行前后的效果分别如图 134-1 和图 134-2 所示。

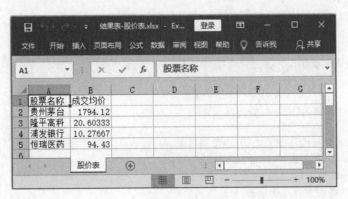

图　134-1

图　134-2

A341.py 文件的 Python 代码如下：

```python
import openpyxl
myBook = openpyxl.load_workbook('股价表.xlsx',data_only = True)
mySheet = myBook.active
myNewBook = openpyxl.Workbook()
myNewSheet = myNewBook.active
myNewSheet.title = '股价表'
myNewSheet.append(['股票名称','成交均价'])
＃按行获取股价表(mySheet)的单元格数据(第1行除外)
myRows = list(mySheet.values)[1:]
myDict = {}
for myRow in myRows:
    ＃如果在字典中存在某股票(myRow[1]),则直接在某股票中添加[myRow]
    if myRow[1] in myDict.keys():
        myDict[myRow[1]] += [myRow]
    ＃否则创建新股票
    else:
        myDict[myRow[1]] = [myRow]
＃循环字典(myDict)的成员(股票)
for myStock in myDict.keys():
    ＃计算股票的日成交均价,并添加到新表中
    myPrice = sum([myRow[2] for myRow in myDict[myStock]])/len(myDict[myStock])
    myNewSheet.append([myStock,myPrice])
myNewBook.save('结果表 - 股价表.xlsx')
```

在上面这段代码中，myDict[myRow[1]]＋＝[myRow]表示在字典(myDict)的某个键名(myRow[1])下添加一个新键值[myRow]，即在某股票中直接添加该行(某日的收盘价)。myDict[myRow[1]]＝[myRow]表示在字典(myDict)中创建新键(myRow[1])，即新建一种股票，并在该新键(myRow[1])下添加键值([myRow])，即在该股票下添加该行(某日的收盘价)。sum([myRow[2] for myRow in myDict[myStock]])表示对某股票的所有收盘价(myRow[2])求和，len(myDict[myStock])表示计算 myDict[myStock]的成员数量，即该股票有多少个成交日，两者相除即为日成交均价。

此案例的源文件是 MyCode\A341\A341.py。

135　在多个单元格中分类筛选最大值

观看视频

此案例主要通过使用 Python 语言的字典和 sorted()函数，从而实现在多个单元格中分类筛选最大值。当运行此案例的 Python 代码(A338.py 文件)之后，将在"销量排行表.xlsx"文件的销量排行表中筛选每个出版社售价最高的图书，代码运行前后的效果分别如图 135-1 和图 135-2 所示。

A338.py 文件的 Python 代码如下：

```python
import openpyxl
myBook = openpyxl.load_workbook('销量排行表.xlsx',data_only = True)
mySheet = myBook.active
＃按行获取销量排行表(mySheet)的单元格数据(第1行除外)
myRows = list(mySheet.values)[1:]
myDict = {}
＃在销量排行表(mySheet)中删除所有的行(第1行除外)
```

图 135-1

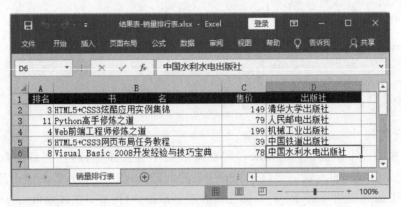

图 135-2

```
while mySheet.max_row > 1:
    mySheet.delete_rows(2)
for myRow in myRows:
    # 如果在字典(myDict)中存在某出版社(myRow[3]),则直接在某出版社中添加[myRow]
    if myRow[3] in myDict.keys():
        myDict[myRow[3]] += [myRow]
    # 否则创建新出版社
    else:
        myDict[myRow[3]] = [myRow]
# 循环字典(myDict)的出版社(myPress)
for myPress in myDict.keys():
    # 根据售价(x[2])对出版社(myPress)的图书进行升序排序
    myRows = sorted(myDict[myPress], key = lambda x: x[2])
    # 获取售价最高的图书(即排序之后的最后一本图书)
    mySheet.append(myRows[-1])
myBook.save('结果表 - 销量排行表.xlsx')
```

在上面这段代码中,myDict[myRow[3]] += [myRow]表示在字典(myDict)的某个键名(myRow[3])下添加一个新键值([myRow])。myDict[myRow[3]] = [myRow]表示在字典(myDict)中创建新键(myRow[3]),并在该新键(myRow[3])下添加键值([myRow])。myRows=

sorted（myDict[myPress]，key＝lambdax：x[2]）表示根据 myDict[myPress]的售价列（x[2]）对 myDict[myPress]进行升序排序。myRows[－1]表示在升序排序之后的最后一个成员，即获取该出版社出版的售价最高的图书。

此案例的源文件是 MyCode\A338\A338.py。

136　在多个单元格中分类筛选最小值

此案例主要通过使用 Python 语言的字典和 sorted()函数，从而实现在多个单元格中分类筛选最小值。当运行此案例的 Python 代码（A339.py 文件）之后，将在"销量排行表.xlsx"文件的销量排行表中筛选每个出版社售价最低的图书，代码运行前后的效果分别如图 136-1 和图 136-2 所示。

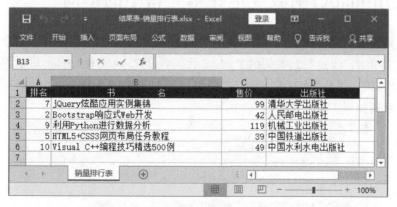

图　136-1

图　136-2

A339.py 文件的 Python 代码如下：

```
import openpyxl
myBook = openpyxl.load_workbook('销量排行表.xlsx',data_only = True)
mySheet = myBook.active
# 按行获取销量排行表(mySheet)的单元格数据(第 1 行除外)
myRows = list(mySheet.values)[1:]
```

```
myDict = {}
#在销量排行表(mySheet)中删除所有行(第1行除外)
while mySheet.max_row > 1:
    mySheet.delete_rows(2)
for myRow in myRows:
    #如果在字典(myDict)中存在某出版社(myRow[3]),则直接在某出版社中添加[myRow]
    if myRow[3] in myDict.keys():
        myDict[myRow[3]] += [myRow]
    #否则创建新出版社
    else:
        myDict[myRow[3]] = [myRow]
#循环字典(myDict)的出版社(myPress)
for myPress in myDict.keys():
    #根据售价对某出版社(myPress)的图书进行降序排序
    myRows = sorted(myDict[myPress],key = lambda x: x[2],reverse = True)
    #获取售价最低的图书(即经过降序排序之后的最后一本图书)
    mySheet.append(myRows[-1])
myBook.save('结果表-销量排行表.xlsx')
```

在上面这段代码中，myDict[myRow[3]]＋＝[myRow]表示在字典（myDict）的某个键名（myRow[3]）下添加一个新键值[myRow]。myDict[myRow[3]]＝[myRow]表示在字典（myDict）中创建新键（myRow[3]），并在该新键（myRow[3]）下添加键值（[myRow]）。myRows＝sorted（myDict[myPress],key＝lambdax: x[2],reverse＝True）表示根据myDict[myPress]的售价列（x[2]）对myDict[myPress]进行排序，reverse＝True参数表示进行降序排序，如果在sorted（）函数中没有设置此参数，或者reverse＝False，则sorted（）函数执行升序排序。myRows[-1]表示在降序排序之后的最后一个成员，即获取该出版社出版的售价最低的图书。

此案例的源文件是MyCode\A339\A339.py。

137　使用map()函数规范在单元格中的单词

观看视频

此案例主要实现了使用Python语言的map()函数按照大写首字母且小写其余字母的规则规范在单元格中的英文单词。当运行此案例的Python代码（A367.py文件）之后，将根据大写首字母且小写其余字母的规则，统一规范"员工表.xlsx"文件员工表的英文名字列的所有单词（英文名字），代码运行前后的效果分别如图137-1和图137-2所示。

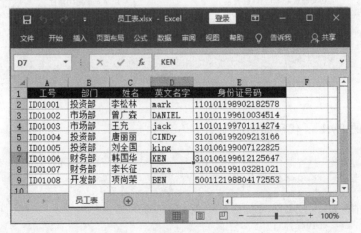

图　137-1

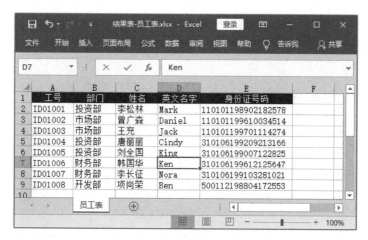

图　137-2

A367.py 文件的 Python 代码如下：

```
import openpyxl
myBook = openpyxl.load_workbook('员工表.xlsx')
♯按照大写首字母且小写其余字母的规则规范员工表的英文名字列的单词
myList = list(map(lambda myCell:
                myCell.value[0:1].upper() + myCell.value[1:].lower(),
                list(myBook.active.columns)[3][1:]))
myIndex = 0
for myCell in list(myBook.active.columns)[3][1:]:
    myCell.value = myList[myIndex]
    myIndex += 1
myBook.save('结果表 - 员工表.xlsx')
```

在上面这段代码中，myList＝list(map(lambda myCell：myCell. value[0:1]. upper()＋myCell. value[1:]. lower()，list(myBook. active. columns)[3][1:]))的 list(myBook. active. columns)[3][1:]表示员工表(myBook. active)的 D2 到 D9 之间(英文名字列)的所有单元格(myCell)，myCell. value[0:1]. upper()表示大写英文名字(myCell. value)的首字母，myCell. value [1:]. lower()表示小写英文名字(myCell. value)除首字母以外的其余字母，结果保存在 myList 中，请看下面这个简单的例子：

```
myList = list(map(lambda myName: myName[0:1].upper() + myName[1:].lower(),
              ['mark', 'DANIEL', 'jack', 'CINDy', 'king', 'KEN', 'nora', 'BEN']))
♯输出：['Mark', 'Daniel', 'Jack', 'Cindy', 'King', 'Ken', 'Nora', 'Ben']
print(myList)
```

此案例的源文件是 MyCode\A367\A367.py。

138　在包含空白的单元格中使用 map()函数

观看视频

此案例主要通过使用自定义函数 myFunc()设置 Python 语言的 map()函数的参数，从而实现计算工作表的多(两)列(在列中有空白的单元格)数据。当运行此案例的 Python 代码(A366.py 文件)之后，将根据"员工表.xlsx"文件员工表的基本工资列和书报费列(空白单元格的值视为0)的数据计算每位员工的应发工资，代码运行前后的效果分别如图 138-1 和图 138-2 所示。

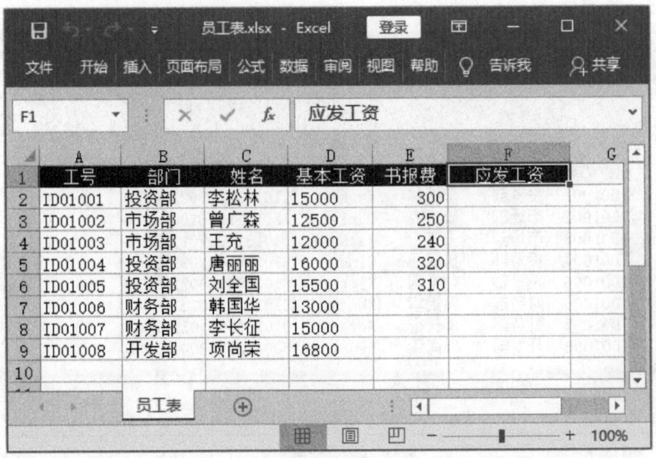

图　138-1

图　138-2

A366.py 文件的 Python 代码如下：

```
#创建自定义函数计算两列之和
def myFunc(x,y):
    if x.value is None:
        x.value = 0
    if y.value is None:
        y.value = 0
    return x.value + y.value
import openpyxl
myBook = openpyxl.load_workbook('员工表.xlsx')
#根据基本工资列和书报费列的数据,计算应发工资列的数据
myList = list(map(myFunc,list(myBook.active.columns)[3][1:],
                        list(myBook.active.columns)[4][1:]))
#在员工表(myBook.active)的应发工资列添加应发工资计算结果
myIndex = 0
for myCell in list(myBook.active.columns)[5][1:]:
    myCell.value = myList[myIndex]
    myIndex += 1
myBook.save('结果表－员工表.xlsx')
```

在上面这段代码中,myList＝list(map(myFunc,list(myBook.active.columns)[3][1:],list(myBook.active.columns)[4][1:]))的 list(myBook.active.columns)[3][1:]表示员工表(myBook.active)的 D2 到 D9 之间的所有单元格,list(myBook.active.columns)[4][1:]表示员工表(myBook.active)的 E2 到 E9 之间的所有单元格,自定义函数 myFunc()用于计算 D 列和 E 列的数据之和。实际测试表明,如果 D 列和 E 列的(有数字的)单元格个数不一致,则以单元格个数最小的列为基准计算两列之和,请看下面这个简单的例子:

```
myListD = [15000,12500,12000,16000,15500,13000,15000,16800]
myListE = [300,250,240,320,310]
myList = list(map(lambda D,E:D + E,myListD,myListE))
print(myList) ＃输出:[15300,12750,12240,16320,15810]
```

从输出结果可以看出:myListD 列表的 13000,15000,16800 未参与计算,因此在这种情况下,则应该使用此案例的自定义函数处理两个列表不一致的部分(即此案例的 if 语句部分)。

此案例的源文件是 MyCode\A366\A366.py。

139　在指定的单元格中添加批注

观看视频

此案例主要通过使用 openpyxl.comments.Comment()方法,从而实现在指定的单元格中添加自定义批注。当运行此案例的 Python 代码(A371.py 文件)之后,在"员工表.xlsx"文件的员工表中将为姓名列的每个员工添加批注(显示该员工的英文名)。如果使用鼠标选择(或悬浮)C3 单元格,则显示包含英文名 Daniel 的批注,如图 139-1 所示;如果使用鼠标选择(或悬浮)C7 单元格,则显示包含英文名 Ken 的批注,如图 139-2 所示;使用鼠标选择(或悬浮)C 列的其他单元格将实现类似的效果。

图　139-1

A371.py 文件的 Python 代码如下:

```
import openpyxl
myBook = openpyxl.load_workbook('员工表.xlsx')
mySheet = myBook.active
myNames = ['Mark','Daniel','Jack','Cindy','King','Ken','Nora','Ben']
myRow = 2
for myName in myNames:
    ＃创建批注
```

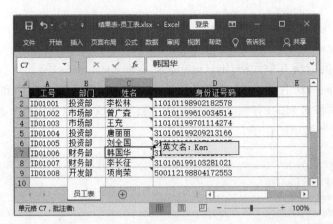

图 139-2

```
myComment = openpyxl.comments.Comment('英文名：' + myName, '')
myComment.height = 24
#在指定的单元格(mySheet['C' + str(myRow)])上设置批注(myComment)
mySheet['C' + str(myRow)].comment = myComment
myRow += 1
myBook.save('结果表 - 员工表.xlsx')
```

在上面这段代码中，mySheet['C'+str(myRow)].comment=myComment 表示为指定的单元格
(mySheet['C'+str(myRow)])设置批注(myComment)，如果 mySheet['C'+myRow].comment=
myComment，将报错。

此案例的源文件是 MyCode\A371\A371.py。

观看视频

140 在指定的单元格中添加图像

此案例主要通过使用 Worksheet 的 add_image()方法，从而实现在工作表的指定单元格中添加图像。
当运行此案例的 Python 代码(A376.py 文件)之后，在"新书订购表.xlsx"文件的新书订购表的 A5 和 B5
单元格中将添加两本图书的封面图像，代码运行前后的效果分别如图 140-1 和图 140-2 所示。

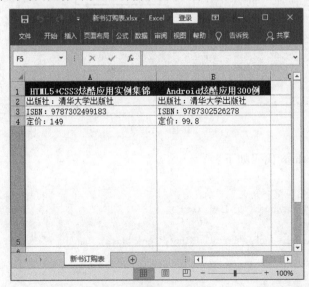

图 140-1

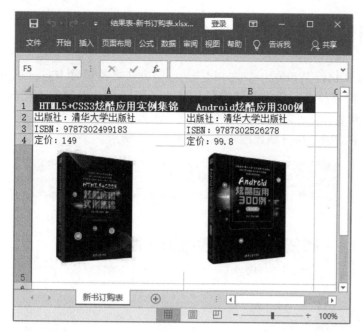

图　140-2

A376.py 文件的 Python 代码如下：

```
import openpyxl
myBook = openpyxl.load_workbook('新书订购表.xlsx')
mySheet = myBook.active
＃根据指定的图像文件创建 myImage1 图像
myImage1 = openpyxl.drawing.image.Image('images\myImage1.jpg')
＃在 A5 单元格中添加 myImage1 图像
mySheet.add_image(myImage1,'A5')
myImage2 = openpyxl.drawing.image.Image('images\myImage2.jpg')
mySheet.add_image(myImage2,'B5')
myBook.save('结果表－新书订购表.xlsx')
```

在上面这段代码中，mySheet.add_image(myImage1,'A5')表示在新书订购表(mySheet)的 A5 单元格中添加图像(myImage1)。myImage1 = openpyxl.drawing.image.Image('images\myImage1.jpg')表示根据 images\myImage1.jpg 图像文件创建 myImage1 图像。此外需要注意的是：如果在使用 openpyxl.drawing.image.Image 之后无法保存图像，则极有可能是没有在 Python 中安装 Pillow(图像处理库)，因此需要执行下列操作。

(1) 按下组合键 Win＋R 调出运行窗口，输入 cmd 弹出命令窗口。

(2) 输入 pip install Pillow 执行安装，安装需要几分钟，完成之后有安装成功提示。当然，必须确保网络畅通。

在安装完成后，使用 from PIL import Image 就可以调用 pillow 库的对象了。例如：

```
from PIL import Image
myImage2 = Image.open('images/myImage2.jpg')
myImage2.rotate(45).show()
```

此案例的源文件是 MyCode\A376\A376.py。

141 将图像缩放之后添加到单元格

此案例主要通过在执行 Worksheet 的 add_image()方法之前设置 Image 的 width 属性和 height 属性,从而实现将图像缩放之后添加到指定的单元格。当运行此案例的 Python 代码（A378.py 文件）之后,在"新书订购表.xlsx"文件的新书订购表的 A5 和 B5 单元格中将添加一大一小两本图书的封面图像,代码运行前后的效果分别如图 141-1 和图 141-2 所示。

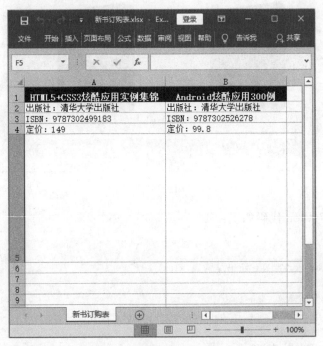

图 141-1

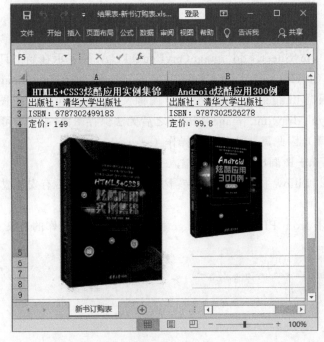

图 141-2

A378.py 文件的 Python 代码如下：

```
import openpyxl
myBook = openpyxl.load_workbook('新书订购表.xlsx')
mySheet = myBook.active
#根据指定的图像文件创建图像(myImage1)
myImage1 = openpyxl.drawing.image.Image('images\myImage1.jpg')
#自定义图像(myImage1)的宽度和高度
myImage1.width = 290
myImage1.height = 290
#在新书订购表(mySheet)的 A5 单元格中添加图像(myImage1)
mySheet.add_image(myImage1,'A5')
myImage2 = openpyxl.drawing.image.Image('images\myImage2.jpg')
mySheet.add_image(myImage2,'B5')
myBook.save('结果表 - 新书订购表.xlsx')
```

在上面这段代码中，myImage1. width＝290 表示设置图像（myImage1）的宽度，myImage1. height＝290 表示设置图像（myImage1）的高度，这两行代码也可以写成：myImage1. width, myImage1. height＝290,290。一般情况下，如果图像（myImage1）的新宽度和新高度大于旧宽度和旧高度，则放大图像；如果图像（myImage1）的新宽度和新高度小于旧宽度和旧高度，则缩小图像。

此案例的源文件是 MyCode\A378\A378.py。

142　将图像旋转之后添加到单元格

观看视频

此案例主要通过使用 Image 的 rotate()方法和 Worksheet 的 add_image()方法，从而实现按照指定的角度旋转图像并将其添加到指定的单元格。当运行此案例的 Python 代码（A379.py 文件）之后，在"新书订购表.xlsx"文件的新书订购表的 B5 单元格中将添加旋转 90 度的图书封面图像，代码运行前后的效果分别如图 142-1 和图 142-2 所示。

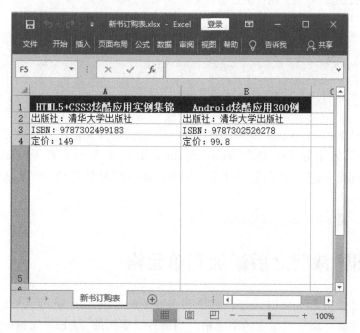

图　142-1

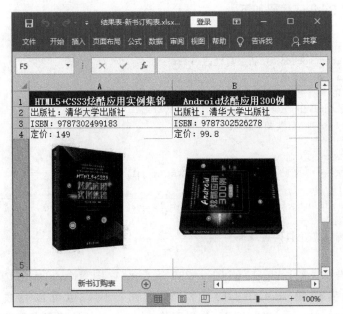

图　142-2

A379.py文件的Python代码如下：

```python
import openpyxl
from PIL import Image
myBook = openpyxl.load_workbook('新书订购表.xlsx')
mySheet = myBook.active
myImage1 = openpyxl.drawing.image.Image('images/myImage1.jpg')
mySheet.add_image(myImage1,'A5')
#根据指定的图像文件创建图像(myImage2)
myImage2 = Image.open('images/myImage2.jpg')
#将图像(myImage2)旋转90度并保存在temp目录中
myImage2.rotate(90).save('temp/myImage2.jpg')
#根据temp/myImage2.jpg这个旋转之后的图像(文件)创建图像(myImage2Rotate)
myImage2Rotate = openpyxl.drawing.image.Image('temp/myImage2.jpg')
#在新书订购表(mySheet)的B5单元格中添加旋转90度的图像(myImage2Rotate)
mySheet.add_image(myImage2Rotate,'B5')
myBook.save('结果表－新书订购表.xlsx')
```

在上面这段代码中，myImage2.rotate(90).save('temp/myImage2.jpg')表示将图像(myImage2)逆时针旋转90度之后另存为图像文件(temp/myImage2.jpg)，如果设置myImage2.rotate(－90).save('temp/myImage2.jpg')，则表示将图像(myImage2)顺时针旋转90度之后另存为图像文件(temp/myImage2.jpg)。

此案例的源文件是MyCode\A379\A379.py。

143　将图像裁剪之后添加到单元格

观看视频

此案例主要通过使用Image的crop()方法和Worksheet的add_image()方法，从而实现按照指定的参数裁剪图像并将其添加到指定的单元格。当运行此案例的Python代码(A380.py文件)之后，在"新书订购表.xlsx"文件的新书订购表的B5单元格中将添加裁剪之后的图书封面图像，代码运行前后的效果分别如图143-1和图143-2所示。

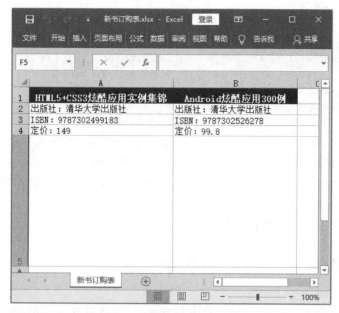

图　143-1

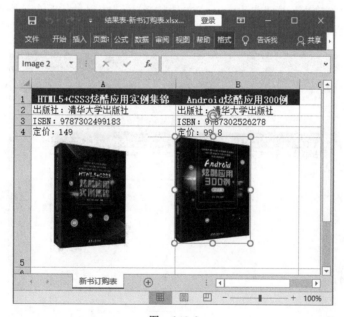

图　143-2

A380.py 文件的 Python 代码如下：

```
import openpyxl
from PIL import Image
myBook = openpyxl.load_workbook('新书订购表.xlsx')
mySheet = myBook.active
myImage1 = openpyxl.drawing.image.Image('images/myImage1.jpg')
mySheet.add_image(myImage1,'A5')
# 根据指定的图像文件创建图像(myImage2)
```

```
myImage2 = Image.open('images/myImage2.jpg')
# 根据指定的参数裁剪图像(myImage2)，并将裁剪结果保存在 temp 目录中
myImage2.crop((39,11,167,188)).save('temp/myImage2.jpg')
# 根据 temp/myImage2.jpg 这个裁剪之后的图像(文件)创建图像(myNewImage2)
myNewImage2 = openpyxl.drawing.image.Image('temp/myImage2.jpg')
# 在新书订购表(mySheet)的 B5 单元格中添加裁剪之后的图像(myNewImage2)
mySheet.add_image(myNewImage2,'B5')
myBook.save('结果表 - 新书订购表.xlsx')
```

在上面这段代码中，myImage2.crop((39,11,167,188)).save('temp/myImage2.jpg')表示根据指定的参数裁剪(抠取)图像(myImage2)，并将其另存为新图像文件(temp/myImage2. jpg)，其中，39 表示新图像左上角的 x 坐标，11 表示新图像左上角的 y 坐标，167 表示新图像右下角的 x 坐标，188 表示新图像右下角的 y 坐标。

此案例的源文件是 MyCode\A380\A380.py。

观看视频

144　将图像拼接之后添加到单元格

此案例主要通过使用 Image 的 crop()方法和 paste()方法以及 Worksheet 的 add_image()方法等，从而实现将裁剪之后的多个图像拼接在一起并添加到指定的单元格。当运行此案例的 Python 代码(A381.py 文件)之后，在"新书订购表.xlsx"文件的新书订购表的 B5 单元格中将添加拼接形成的多个图书封面图像，代码运行前后的效果分别如图 144-1 和图 144-2 所示。

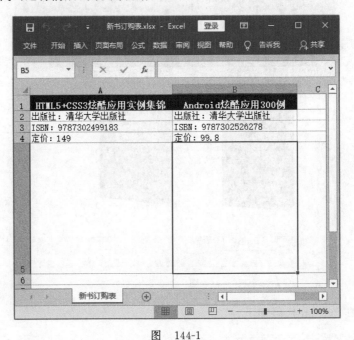

图　144-1

A381.py 文件的 Python 代码如下：

```
import openpyxl
from PIL import Image
myBook = openpyxl.load_workbook('新书订购表.xlsx')
mySheet = myBook.active
```

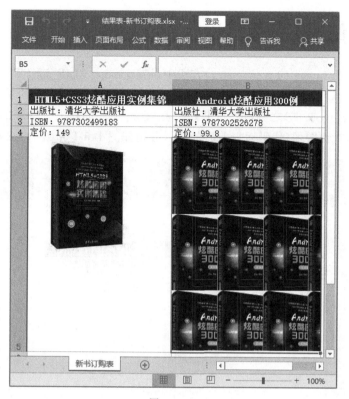

图　144-2

```
myImage1 = openpyxl.drawing.image.Image('images/myImage1.jpg')
mySheet.add_image(myImage1,'A5')
# 根据指定的图像文件创建图像(myImage2)
myImage2 = Image.open('images/myImage2.jpg')
# 根据指定参数通过裁剪和粘贴操作拼接图像(myImage2),并将结果保存在 temp 目录中
myCropedImage = myImage2.crop((39,11,167,188))
myCropWidth,myCropHeight = myCropedImage.size
# 创建空白的新图像(myNewImage)
myNewImage = Image.new('RGB',(256,354),'white')
myNewWidth,myNewHeight = myNewImage.size
for myLeft in range(0,myNewWidth,myCropWidth-50):
    for myTop in range(0,myNewHeight,myCropHeight-50):
        myNewImage.paste(myCropedImage,(myLeft,myTop))
myNewImage.save('temp/myImage2.jpg')
# 根据 temp/myImage2.jpg 这个拼接之后的图像(文件)创建图像(myNewImage2)
myNewImage2 = openpyxl.drawing.image.Image('temp/myImage2.jpg')
# 在新书订购表(mySheet)的 B5 单元格中添加拼接之后的图像(myNewImage2)
mySheet.column_dimensions['B'].width = 32        # 修改 B 列的宽度
mySheet.row_dimensions[5].height = 268           # 修改第 5 行的高度
mySheet.add_image(myNewImage2,'B5')
myBook.save('结果表 - 新书订购表.xlsx')
```

在上面这段代码中,myNewImage.paste(myCropedImage,(myLeft,myTop))表示在图像(myNewImage)的(myLeft,myTop)位置粘贴图像(myCropedImage)。

此案例的源文件是 MyCode\A381\A381.py。

145　将图像水平镜像后添加到单元格

此案例主要通过在 Image 的 transpose()方法中设置 Image.FLIP_LEFT_RIGHT 参数，并使用 Worksheet 的 add_image()方法，从而实现将图像水平镜像之后添加到指定的单元格。当运行此案例的 Python 代码（A382.py 文件）之后，在"新书订购表.xlsx"文件的新书订购表的 B5 单元格中将添加一个水平镜像的图书封面图像，代码运行前后的效果分别如图 145-1 和图 145-2 所示。

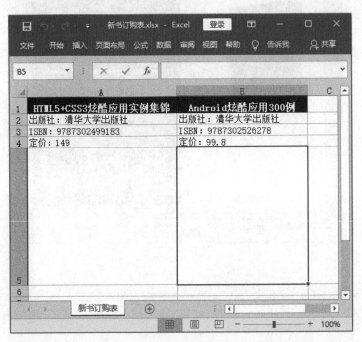

图　145-1

图　145-2

A382.py 文件的 Python 代码如下：

```python
import openpyxl
from PIL import Image
myBook = openpyxl.load_workbook('新书订购表.xlsx')
mySheet = myBook.active
myImage1 = openpyxl.drawing.image.Image('images/myImage1.jpg')
mySheet.add_image(myImage1,'A5')
#根据指定的图像文件创建图像(myImage2)
myImage2 = Image.open('images/myImage2.jpg')
#根据指定参数水平镜像图像(myImage2),并将结果保存在temp目录中
myImage2.transpose(Image.FLIP_LEFT_RIGHT).save('temp/myImage2.jpg')
#根据temp/myImage2.jpg这个水平镜像之后的图像(文件)创建图像(myNewImage2)
myNewImage2 = openpyxl.drawing.image.Image('temp/myImage2.jpg')
#在新书订购表(mySheet)的B5单元格中添加水平镜像之后的图像(myNewImage2)
mySheet.add_image(myNewImage2,'B5')
myBook.save('结果表-新书订购表.xlsx')
```

在上面这段代码中，myImage2.transpose(Image.FLIP_LEFT_RIGHT).save('temp/myImage2.jpg')表示水平镜像(Image.FLIP_LEFT_RIGHT)图像(myImage2)，然后在temp目录中将其保存为myImage2.jpg文件。

此案例的源文件是 MyCode\A382\A382.py。

146　将图像垂直镜像后添加到单元格

观看视频

此案例主要通过在Image的transpose()方法中设置Image.FLIP_TOP_BOTTOM参数，并使用Worksheet的add_image()方法，从而实现将图像垂直镜像之后添加到指定的单元格。当运行此案例的 Python 代码(A383.py文件)之后，在"新书订购表.xlsx"文件的新书订购表的B5单元格中将添加一个垂直镜像的图书封面图像，代码运行前后的效果分别如图146-1和图146-2所示。

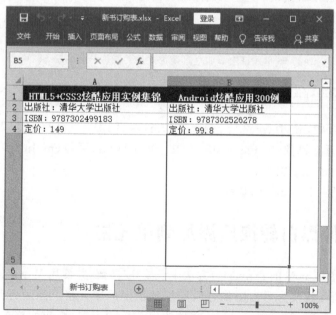

图　146-1

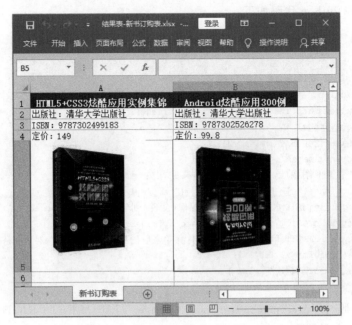

图   146-2

A383.py 文件的 Python 代码如下：

```
import openpyxl
from PIL import Image
myBook = openpyxl.load_workbook('新书订购表.xlsx')
mySheet = myBook.active
myImage1 = openpyxl.drawing.image.Image('images/myImage1.jpg')
mySheet.add_image(myImage1,'A5')
# 根据指定的图像文件创建图像(myImage2)
myImage2 = Image.open('images/myImage2.jpg')
# 根据指定参数垂直镜像图像(myImage2),并将结果保存在 temp 目录中
myImage2.transpose(Image.FLIP_TOP_BOTTOM).save('temp/myImage2.jpg')
# 根据 temp/myImage2.jpg 这个垂直镜像之后的图像(文件)创建图像(myNewImage2)
myNewImage2 = openpyxl.drawing.image.Image('temp/myImage2.jpg')
# 在新书订购表(mySheet)的 B5 单元格中添加垂直镜像之后的图像(myNewImage2)
mySheet.add_image(myNewImage2,'B5')
myBook.save('结果表 - 新书订购表.xlsx')
```

在上面这段代码中，myImage2. transpose（Image. FLIP _ TOP _ BOTTOM）. save（'temp/myImage2.jpg'）表示垂直镜像（Image.FLIP_TOP_BOTTOM）图像（myImage2），然后在 temp 目录中将其保存为 myImage2.jpg 文件。

此案例的源文件是 MyCode\A383\A383. py。

147   将图像黑白转换后添加到单元格

观看视频

此案例主要通过在 Image 的 convert()方法中设置'L'参数，并使用 Worksheet 的 add_image()方法，从而实现将彩色图像转换为黑白图像之后添加到指定的单元格。当运行此案例的 Python 代码（A388. py 文件）之后，在"生鲜订购表. xlsx"文件的生鲜订购表的 B5 单元格中将添加一个黑白效果的农产品图像，代码运行前后的效果分别如图 147-1 和图 147-2 所示。

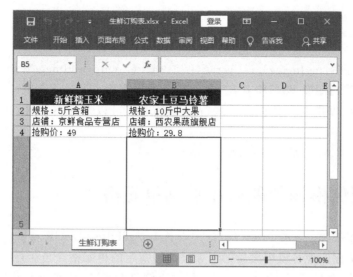

图　147-1

图　147-2

A388.py 文件的 Python 代码如下：

```python
import openpyxl
from PIL import Image
from PIL import ImageEnhance
myBook = openpyxl.load_workbook('生鲜订购表.xlsx')
mySheet = myBook.active
myImage1 = openpyxl.drawing.image.Image('images/myImage1.jpg')
mySheet.add_image(myImage1,'A5')
# 根据指定的图像文件创建图像(myImage2)
myImage2 = Image.open('images/myImage2.jpg')
# 将彩色图像转换成黑白图像,并将结果保存在 temp 目录中
myImage2.convert('L').save('temp/myImage2.jpg')
# 根据 temp/myImage2.jpg 这个黑白图像(文件)创建图像(myNewImage2)
myNewImage2 = openpyxl.drawing.image.Image('temp/myImage2.jpg')
# 在生鲜订购表(mySheet)的 B5 单元格中添加黑白图像(myNewImage2)
```

```
mySheet.add_image(myNewImage2,'B5')
myBook.save('结果表－生鲜订购表.xlsx')
```

在上面这段代码中，myImage2. convert('L'). save('temp/myImage2. jpg')表示将彩色图像
（myImage2）转换为黑白图像，然后将其在 temp 目录中保存为 myImage2. jpg 文件。convert()方法
接受一个 mode 参数，以指定一种色彩模式，mode 的取值可以是如下几种：1、L、P、RGB、RGBA、
CMYK、YCbCr、I、F。

此案例的源文件是 MyCode\A388\A388. py。

148 将图像模糊处理后添加到单元格

此案例主要通过在 Image 的 filter()方法中设置 ImageFilter. BLUR 参数，并使用 Worksheet 的
add_image()方法，从而实现将模糊之后的图像添加到指定的单元格。当运行此案例的 Python 代码
（A389. py 文件）之后，在"生鲜订购表. xlsx"文件的生鲜订购表的 B5 单元格中将添加一个模糊的农
产品图像，代码运行前后的效果分别如图 148-1 和图 148-2 所示。

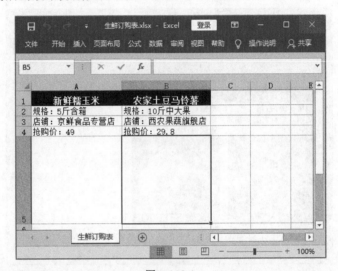

图 148-1

图 148-2

A389.py 文件的 Python 代码如下：

```
import openpyxl
from PIL import Image,ImageFilter
myBook = openpyxl.load_workbook('生鲜订购表.xlsx')
mySheet = myBook.active
myImage1 = openpyxl.drawing.image.Image('images/myImage1.jpg')
mySheet.add_image(myImage1,'A5')
#根据指定的图像文件创建图像(myImage2)
myImage2 = Image.open('images/myImage2.jpg')
#模糊图像,并将结果保存在 temp 目录中
myImage2.filter(ImageFilter.BLUR).save('temp/myImage2.jpg')
#根据 temp/myImage2.jpg 这个模糊图像(文件)创建图像(myNewImage2)
myNewImage2 = openpyxl.drawing.image.Image('temp/myImage2.jpg')
#在生鲜订购表(mySheet)的 B5 单元格中添加模糊图像(myNewImage2)
mySheet.add_image(myNewImage2,'B5')
myBook.save('结果表 - 生鲜订购表.xlsx')
```

在上面这段代码中，myImage2.filter(ImageFilter.BLUR).save('temp/myImage2.jpg')表示模糊图像(myImage2)，然后在 temp 目录中将其保存为 myImage2.jpg 文件。filter()方法的参数支持下列几种过滤功能：ImageFilter.GaussianBlur（高斯模糊）、ImageFilter. BLUR（普通模糊）、ImageFilter.EDGE_ENHANCE（边缘增强）、ImageFilter.FIND_EDGES（查找边缘）、ImageFilter.EMBOSS（浮雕特效）、ImageFilter.CONTOUR（轮廓特效）、ImageFilter. SHARPEN（锐化特效）、ImageFilter.SMOOTH（平滑特效）、ImageFilter.DETAIL（细节增强特效）。

此案例的源文件是 MyCode\A389\A389.py。

149　调整图像对比度并添加到单元格

观看视频

此案例主要通过使用 ImageEnhance 的 Contrast()方法和 Worksheet 的 add_image()方法，从而实现调整图像的对比度并将其添加到指定的单元格。当运行此案例的 Python 代码（A384.py 文件）之后，在"生鲜订购表.xlsx"文件的生鲜订购表的 B5 单元格中将添加一个对比度增强的农产品图像，代码运行前后的效果分别如图 149-1 和图 149-2 所示。

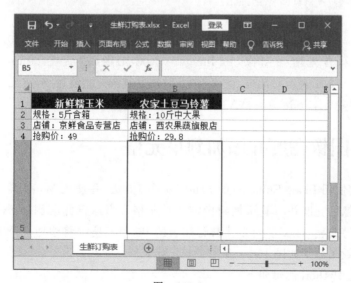

图　149-1

图 149-2

A384.py 文件的 Python 代码如下：

```
import openpyxl
from PIL import Image
from PIL import ImageEnhance
myBook = openpyxl.load_workbook('生鲜订购表.xlsx')
mySheet = myBook.active
myImage1 = openpyxl.drawing.image.Image('images/myImage1.jpg')
mySheet.add_image(myImage1,'A5')
#根据指定的图像文件创建图像(myImage2)
myImage2 = Image.open('images/myImage2.jpg')
#根据指定参数(10.1)调整图像(myImage2)的对比度,并将结果保存在 temp 目录中
ImageEnhance.Contrast(myImage2).enhance(10.1).save('temp/myImage2.jpg')
#根据 temp/myImage2.jpg 这个对比度改变之后的图像(文件)创建图像(myNewImage2)
myNewImage2 = openpyxl.drawing.image.Image('temp/myImage2.jpg')
#在生鲜订购表(mySheet)的 B5 单元格中添加对比度改变之后的图像(myNewImage2)
mySheet.add_image(myNewImage2,'B5')
myBook.save('结果表-生鲜订购表.xlsx')
```

在上面这段代码中，ImageEnhance.Contrast（myImage2）.enhance（10.1）.save（'temp / myImage2.jpg'）表示首先增强图像（myImage2）的对比度，然后在 temp 目录中将其保存为 myImage2.jpg 文件。10.1 表示对比度，此值越大，对比度越强；此值越小，对比度越弱。

此案例的源文件是 MyCode\A384\A384.py。

150 调整图像亮度并添加到单元格

观看视频

此案例主要通过使用 ImageEnhance 的 Brightness()方法，并使用 Worksheet 的 add_image()方法，从而实现调整图像的亮度并将其添加到指定的单元格。当运行此案例的 Python 代码（A385.py 文件）之后，在"生鲜订购表.xlsx"文件的生鲜订购表的 B5 单元格中将添加一个亮度增强的农产品图像，代码运行前后的效果分别如图 150-1 和图 150-2 所示。

A385.py 文件的 Python 代码如下：

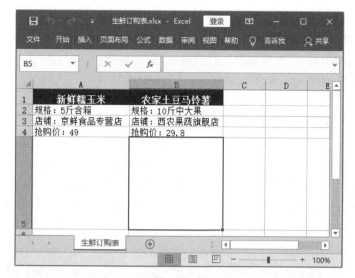

图 150-1

图 150-2

```python
import openpyxl
from PIL import Image
from PIL import ImageEnhance
myBook = openpyxl.load_workbook('生鲜订购表.xlsx')
mySheet = myBook.active
myImage1 = openpyxl.drawing.image.Image('images/myImage1.jpg')
mySheet.add_image(myImage1,'A5')
#根据指定的图像文件创建图像(myImage2)
myImage2 = Image.open('images/myImage2.jpg')
#根据指定参数(2.5)调整图像(myImage2)的亮度,并将结果保存在 temp 目录中
ImageEnhance.Brightness(myImage2).enhance(2.5).save('temp/myImage2.jpg')
#根据 temp/myImage2.jpg 这个亮度改变之后的图像(文件)创建图像(myNewImage2)
myNewImage2 = openpyxl.drawing.image.Image('temp/myImage2.jpg')
#在生鲜订购表(mySheet)的 B5 单元格中添加亮度改变之后的图像(myNewImage2)
mySheet.add_image(myNewImage2,'B5')
myBook.save('结果表 - 生鲜订购表.xlsx')
```

在上面这段代码中，ImageEnhance. Brightness（myImage2）. enhance（2. 5）. save（'temp /myImage2. jpg'）表示首先增强图像（myImage2）的亮度，然后在 temp 目录中将其保存为 myImage2. jpg文件。2. 5 表示亮度，此值越大，亮度越高；此值越小，亮度越低。

此案例的源文件是 MyCode\A385\A385. py。

观看视频

151　调整图像色度并添加到单元格

此案例主要通过使用 ImageEnhance 的 Color()方法，并使用 Worksheet 的 add_image()方法，从而实现调整图像的色度并将其添加到指定的单元格。当运行此案例的 Python 代码（A386. py 文件）之后，在"生鲜订购表. xlsx"文件的生鲜订购表的 B5 单元格中将添加一个色度增强的农产品图像，代码运行前后的效果分别如图 151-1 和图 151-2 所示。

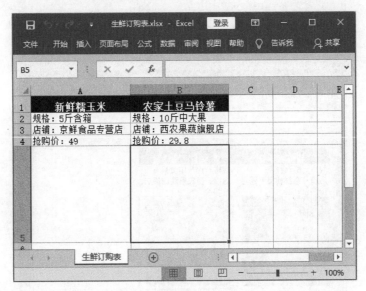

图　151-1

图　151-2

A386.py 文件的 Python 代码如下：

```
import openpyxl
from PIL import Image
from PIL import ImageEnhance
myBook = openpyxl.load_workbook('生鲜订购表.xlsx')
mySheet = myBook.active
myImage1 = openpyxl.drawing.image.Image('images/myImage1.jpg')
mySheet.add_image(myImage1,'A5')
# 根据指定的图像文件创建图像(myImage2)
myImage2 = Image.open('images/myImage2.jpg')
# 根据指定参数(3.5)调整图像(myImage2)的色度,并将结果保存在 temp 目录中
ImageEnhance.Color(myImage2).enhance(3.5).save('temp/myImage2.jpg')
# 根据 temp/myImage2.jpg 这个色度改变之后的图像(文件)创建图像(myNewImage2)
myNewImage2 = openpyxl.drawing.image.Image('temp/myImage2.jpg')
# 在生鲜订购表(mySheet)的 B5 单元格中添加色度改变之后的图像(myNewImage2)
mySheet.add_image(myNewImage2,'B5')
myBook.save('结果表 - 生鲜订购表.xlsx')
```

在上面这段代码中,ImageEnhance.Color(myImage2).enhance(3.5).save('temp /myImage2.jpg')表示首先增强图像(myImage2)的色度,然后在 temp 目录中将其保存为 myImage2.jpg 文件。3.5 表示色度,此值越大,颜色越浓;此值越小,颜色越淡。

此案例的源文件是 MyCode\A386\A386.py。

152　调整图像锐度并添加到单元格

观看视频

此案例主要通过使用 ImageEnhance 的 Sharpness()方法,并使用 Worksheet 的 add_image()方法,从而实现调整图像的锐度并将其添加到指定的单元格。当运行此案例的 Python 代码(A387.py 文件)之后,在"生鲜订购表.xlsx"文件的生鲜订购表的 B5 单元格中将添加一个锐度增强的农产品图像,代码运行前后的效果分别如图 152-1 和图 152-2 所示。

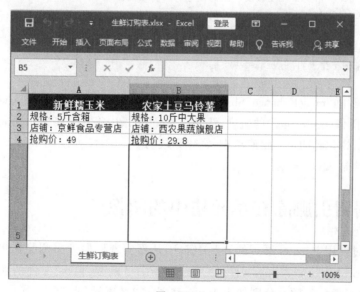

图　152-1

图　152-2

A387.py 文件的 Python 代码如下：

```python
import openpyxl
from PIL import Image
from PIL import ImageEnhance
myBook = openpyxl.load_workbook('生鲜订购表.xlsx')
mySheet = myBook.active
myImage1 = openpyxl.drawing.image.Image('images/myImage1.jpg')
mySheet.add_image(myImage1,'A5')
#根据指定的图像文件创建图像(myImage2)
myImage2 = Image.open('images/myImage2.jpg')
#根据指定参数(13.0)调整图像(myImage2)的锐度,并将结果保存在 temp 目录中
ImageEnhance.Sharpness(myImage2).enhance(13.0).save('temp/myImage2.jpg')
#根据 temp/myImage2.jpg 这个锐度改变之后的图像(文件)创建图像(myNewImage2)
myNewImage2 = openpyxl.drawing.image.Image('temp/myImage2.jpg')
#在生鲜订购表(mySheet)的 B5 单元格中添加锐度改变之后的图像(myNewImage2)
mySheet.add_image(myNewImage2,'B5')
myBook.save('结果表 - 生鲜订购表.xlsx')
```

在上面这段代码中，ImageEnhance. Sharpness（myImage2）. enhance（13.0）. save（'temp /myImage2 .jpg'）表示首先增强图像（myImage2）的锐度，然后在 temp 目录中将其保存为 myImage2.jpg 文件。13.0 表示锐度，此值越大，锐化越明显；此值越小，锐化则较弱。

此案例的源文件是 MyCode\A387\A387.py。

153　根据索引删除在单元格中的图像

观看视频

此案例主要通过使用 Python 语言的 del 关键字，从而实现根据索引删除在单元格中的图像。当运行此案例的 Python 代码（A377.py 文件）之后，在"新书订购表.xlsx"文件的新书订购表中将删除第二幅图像，代码运行前后的效果分别如图 153-1 和图 153-2 所示。

A377.py 文件的 Python 代码如下：

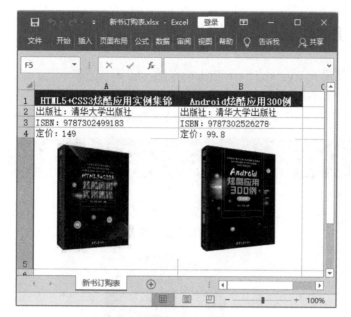

图 153-1

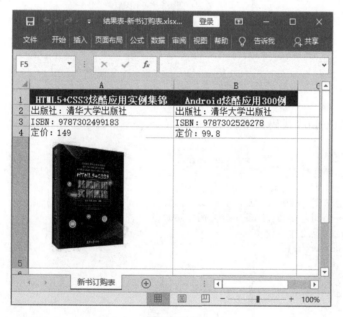

图 153-2

```
import openpyxl
myBook = openpyxl.load_workbook('新书订购表.xlsx')
mySheet = myBook.active
#根据指定的索引删除在新书订购表中的图像
del mySheet._images[1]
myBook.save('结果表－新书订购表.xlsx')
```

在上面这段代码中,del mySheet._images[1]表示删除新书订购表(mySheet)的第二幅图像,如果设置 del mySheet._images[0],则删除新书订购表(mySheet)的第一幅图像。

此案例的源文件是 MyCode\A377\A377.py。

观看视频

154 创建工作表及关联的饼图

此案例主要通过使用 openpyxl. chart. PieChart 的 add_data()和 set_categories()方法,从而实现根据列表数据在新建的 Excel 文件中创建工作表和关联的饼图。当运行此案例的 Python 代码(A393.py 文件)之后,将新建"员工表.xlsx"文件并在其中创建员工表及其关联的饼图,如图 154-1 所示。

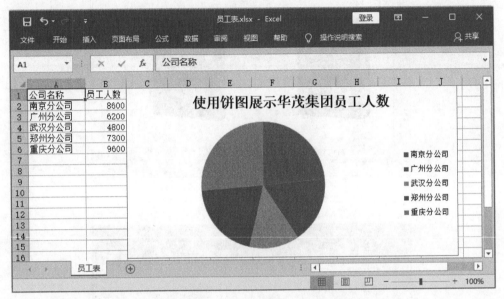

图 154-1

A393. py 文件的 Python 代码如下:

```
import openpyxl
# 初始化列表(myData)的数据
myData = [['公司名称','员工人数'],['南京分公司',8600],
          ['广州分公司',6200],['武汉分公司',4800],
          ['郑州分公司',7300],['重庆分公司',9600]]
# 创建工作簿(myBook)及工作表(mySheet)
myBook = openpyxl.Workbook()
mySheet = myBook.active
mySheet.title = "员工表"
for myRow in myData:
    mySheet.append(myRow)
# 创建饼图(myPieChart)
myPieChart = openpyxl.chart.PieChart()
# 根据员工表(mySheet)的 B2:B6 范围的单元格数据设置饼图(myPieChart)的切片大小
myPieChart.add_data(openpyxl.chart.Reference(mySheet,min_col = 2,
                                        min_row = 2,max_row = 6))
# 根据员工表(mySheet)的 A2:A6 范围的单元格数据设置饼图(myPieChart)的图例数据
myPieChart.set_categories(openpyxl.chart.Reference(mySheet,min_col = 1,
                                        min_row = 2,max_row = 6))

# 设置饼图(myPieChart)的标题
myPieChart.title = "使用饼图展示华茂集团员工人数"
# 将饼图(myPieChart)添加到员工表(mySheet)的 C1 单元格
mySheet.add_chart(myPieChart, "C1")
myBook.save("员工表.xlsx")
```

在上面这段代码中，myPieChart＝openpyxl. chart. PieChart（）表示创建饼图（myPieChart）。myPieChart. add_data(openpyxl. chart. Reference(mySheet,min_col＝2,min _row＝2,max_row＝6))表示根据员工表（mySheet）B2～B6 的单元格数据设置饼图（myPieChart）各个切片（组成部分）的大小。myPieChart. set_categories(openpyxl. chart. Reference(mySheet,min_col＝1,min_row＝2,max_row＝6))表示根据员工表（mySheet）A2～A6 的单元格数据设置饼图（myPieChart）的图例数据。mySheet. add_chart(myPieChart，"C1")表示将饼图（myPieChart）添加到员工表（mySheet）的 C1 单元格。

此案例的源文件是 MyCode\A393\A393. py。

155　根据工作表数据创建饼图

此案例主要通过使用 openpyxl. chart. PieChart 的 add_data()和 set_categories()方法，从而实现根据工作表的数据创建饼图。当运行此案例的 Python 代码（A394. py 文件）之后，在"员工表. xlsx"文件中将根据员工表的员工人数创建饼图，代码运行前后的效果分别如图 155-1 和图 155-2 所示。

图　155-1

图　155-2

A394.py 文件的 Python 代码如下：

```python
import openpyxl
myBook = openpyxl.load_workbook('员工表.xlsx')
mySheet = myBook.active
# 创建饼图(myPieChart)
myPieChart = openpyxl.chart.PieChart()
# 根据员工表(mySheet)B4~B8 的单元格数据设置饼图(myPieChart)的切片大小
myPieChart.add_data(openpyxl.chart.Reference(mySheet, min_col = 2,
                                             min_row = 4, max_row = 8))
# 根据员工表(mySheet)的 A4:A8 范围的单元格数据设置饼图(myPieChart)的图例数据
myPieChart.set_categories(openpyxl.chart.Reference(mySheet, min_col = 1,
                                                   min_row = 4, max_row = 8))
# 设置饼图(myPieChart)的标题
myPieChart.title = "使用饼图展示华茂集团员工人数"
# 将饼图(myPieChart)添加到员工表(mySheet)的 C1 单元格
mySheet.add_chart(myPieChart, "C1")
myBook.save('结果表－员工表.xlsx')
```

在上面这段代码中，myPieChart＝openpyxl.chart.PieChart()表示创建一个饼图(myPieChart)。myPieChart.add_data(openpyxl.chart.Reference(mySheet, min_col＝2, min_row＝4, max_row＝8))表示根据员工表(mySheet)的 B4~B8 的单元格数据('员工表'！＄B＄4：＄B＄8)设置饼图(myPieChart)各个切片的大小，因此该代码也可以写成：myPieChart.add_data(r'员工表'！＄B＄4：＄B＄8')。myPieChart.set_categories(openpyxl.chart.Reference(mySheet, min_col＝1, min_row＝4, max_row＝8))表示根据员工表(mySheet)A4~A8 的单元格数据('员工表'！＄A＄4：＄A＄8)设置饼图(myPieChart)的图例数据，因此该代码也可以写成：myPieChart.set_categories(r'员工表'！＄A＄4：＄A＄8)。mySheet.add_chart(myPieChart, "C1")表示将饼图(myPieChart)添加到员工表(mySheet)的 C1 单元格。

此案例的源文件是 MyCode\A394\A394.py。

156　自定义饼图及图例的宽度

观看视频

此案例主要通过使用指定的数字设置饼图的 width 属性，从而实现自定义饼图及图例的宽度。当运行此案例的 Python 代码(A421.py 文件)之后，如果设置 width 属性值为 8，则在"员工表.xlsx"文件中根据员工表的员工人数创建的饼图及图例的效果如图 156-1 所示；如果设置 width 属性值为 12，则在"员工表.xlsx"文件中根据员工表的员工人数创建的饼图及图例的效果如图 156-2 所示。

A421.py 文件的 Python 代码如下：

```python
import openpyxl
myBook = openpyxl.load_workbook('员工表.xlsx')
mySheet = myBook.active
myPieChart = openpyxl.chart.PieChart()
myPieChart.add_data(openpyxl.chart.Reference(mySheet, min_col = 2,
                                             min_row = 4, max_row = 8))
myPieChart.set_categories(openpyxl.chart.Reference(mySheet, min_col = 1,
                                                   min_row = 4, max_row = 8))
myPieChart.title = "华茂集团员工分布图"
# 设置饼图的宽度
```

图　156-1

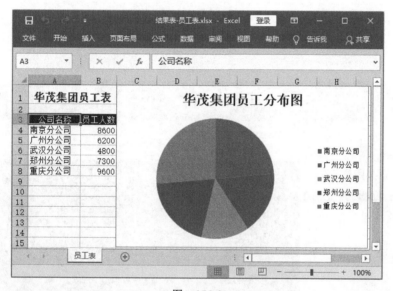

图　156-2

```
myPieChart.width = 8
#myPieChart.width = 12
mySheet.add_chart(myPieChart,"C1")
myBook.save('结果表－员工表.xlsx')
```

在上面这段代码中，myPieChart.width＝8 表示设置饼图（myPieChart）的宽度。同理，也可以使用 myPieChart.height 设置饼图（myPieChart）的高度，如 myPieChart.height＝4。

此案例的源文件是 MyCode\A421\A421.py。

157　自定义饼图及图例的样式

此案例主要通过预置的样式数字设置饼图的 style 属性，从而实现自定义饼图及图例的样式。当运行此案例的 Python 代码（A435.py 文件）之后，如果设置 style 属性值为 15，则在"员工表.xlsx"文

观看视频

件中根据员工表的员工人数创建的饼图及图例的效果如图 157-1 所示；如果设置 style 属性值为 43，则在"员工表.xlsx"文件中根据员工表的员工人数创建的饼图及图例的效果如图 157-2 所示。

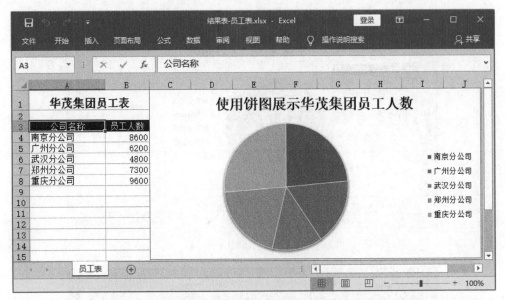

图　157-1

图　157-2

A435.py 文件的 Python 代码如下：

```python
import openpyxl
myBook = openpyxl.load_workbook('员工表.xlsx')
mySheet = myBook.active
myPieChart = openpyxl.chart.PieChart()
myPieChart.add_data(openpyxl.chart.Reference(mySheet, min_col = 2,
                                 min_row = 4, max_row = 8))
myPieChart.set_categories(openpyxl.chart.Reference(mySheet, min_col = 1,
                                 min_row = 4, max_row = 8))
```

```
#设置饼图的样式(1~48)
myPieChart.style = 43
#myPieChart.style = 15
myPieChart.title = "使用饼图展示华茂集团员工人数"
mySheet.add_chart(myPieChart,"C1")
myBook.save('结果表－员工表.xlsx')
```

在上面这段代码中,myPieChart.style＝43 表示根据预置样式(43)设置饼图(myPieChart)的样式,style 属性的取值范围为 1~48。

此案例的源文件是 MyCode\A435\A435.py。

158　自定义饼图的图例位置

观看视频

此案例主要通过使用指定的数字设置图例的 position 属性,从而实现自定义饼图的图例位置。当运行此案例的 Python 代码(A420.py 文件)之后,在"员工表.xlsx"文件中根据员工表的员工人数创建的饼图图例将绘制在饼图的底部,如图 158-1 所示。

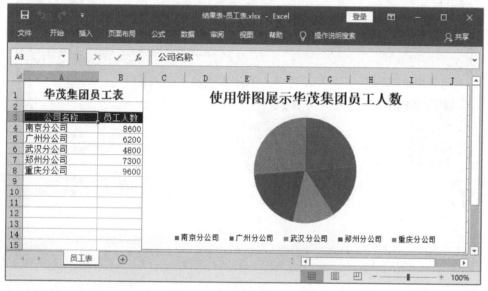

图　158-1

A420.py 文件的 Python 代码如下:

```
import openpyxl
myBook = openpyxl.load_workbook('员工表.xlsx')
mySheet = myBook.active
myPieChart = openpyxl.chart.PieChart()
myPieChart.add_data(openpyxl.chart.Reference(mySheet,min_col = 2,
                                              min_row = 4,max_row = 8))
myPieChart.set_categories(openpyxl.chart.Reference(mySheet,min_col = 1,
                                                   min_row = 4,max_row = 8))
myPieChart.title = "使用饼图展示华茂集团员工人数"
#在饼图底部绘制图例
myPieChart.legend.position = 'b'
mySheet.add_chart(myPieChart,"C1")
myBook.save('结果表－员工表.xlsx')
```

在上面这段代码中，myPieChart. legend. position＝'b'表示在饼图（myPieChart）的底部绘制图例；如果 myPieChart. legend. position＝'t'，则在饼图（myPieChart）的顶部绘制图例；如果 myPieChart. legend. position＝'l'，则在饼图（myPieChart）的左端绘制图例；如果 myPieChart. legend. position＝'r'，则在饼图（myPieChart）的右端绘制图例；如果 myPieChart. legend. position＝'tr'，则在饼图（myPieChart）的右上角绘制图例。

此案例的源文件是 MyCode\A420\A420. py。

观看视频

159　自定义饼图（本身）的大小

此案例主要通过使用指定的数字设置 openpyxl. chart. layout. ManualLayout（）方法的 h 参数和 w 参数，从而实现自定义饼图（本身）的大小。当运行此案例的 Python 代码（A422. py 文件）之后，如果设置 ManualLayout（）方法的 h 参数值为 0.49、w 参数值为 0.49，则在"员工表. xlsx"文件中根据员工表的员工人数创建的饼图效果如图 159-1 所示；如果设置 ManualLayout（）方法的 h 参数值为 0.99、w 参数值为 0.99，则在"员工表. xlsx"文件中根据员工表的员工人数创建的饼图效果如图 159-2 所示。

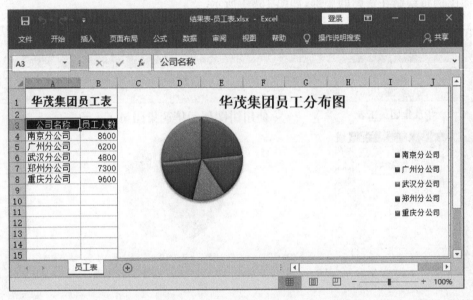

图　159-1

A422. py 文件的 Python 代码如下：

```
import openpyxl
myBook = openpyxl.load_workbook('员工表.xlsx')
mySheet = myBook.active
myPieChart = openpyxl.chart.PieChart()
myPieChart.add_data(openpyxl.chart.Reference(mySheet,min_col = 2,
                                 min_row = 4,max_row = 8))
myPieChart.set_categories(openpyxl.chart.Reference(mySheet,min_col = 1,
                                 min_row = 4,max_row = 8))

# 设置饼图的样式
myPieChart.style = 26
myPieChart.title = "华茂集团员工分布图"
# 自定义饼图的大小
myPieChart.layout = openpyxl.chart.layout.Layout(
```

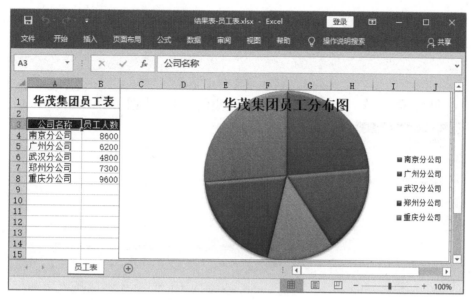

图 159-2

```
                openpyxl.chart.layout.ManualLayout(h = 0.99,w = 0.99))
# myPieChart.layout = openpyxl.chart.layout.Layout(
#                openpyxl.chart.layout.ManualLayout(h = 0.49,w = 0.49))
mySheet.add_chart(myPieChart,"C1")
myBook.save('结果表 - 员工表.xlsx')
```

在上面这段代码中,myPieChart.layout = openpyxl.chart.layout.Layout(openpyxl.chart.layout.ManualLayout(h=0.99,w=0.99))表示自定义饼图(myPieChart)的大小,openpyxl.chart.layout.ManualLayout()方法的主要作用是自定义饼图的布局,但是如果在该方法中仅设置了 h 参数和 w 参数,则其作用仅限于自定义饼图的大小。

此案例的源文件是 MyCode\A422\A422.py。

160 自定义饼图(本身)的位置

观看视频

此案例主要通过在 openpyxl.chart.layout.ManualLayout()方法中为 x 参数和 y 参数设置不同的值,从而实现自定义饼图在 x 轴和 y 轴的位置。当运行此案例的 Python 代码(A423.py 文件)之后,如果设置 ManualLayout()方法的 x 参数值为-0.8,y 参数值为 0.01,则在"员工表.xlsx"文件中根据员工表的员工人数创建的饼图将显示在左端,如图 160-1 所示;如果设置 ManualLayout()方法的 x 参数值为 0.8,y 参数值为 0.01,则在"员工表.xlsx"文件中根据员工表的员工人数创建的饼图将显示在右端,如图 160-2 所示。

A423.py 文件的 Python 代码如下:

```
import openpyxl
myBook = openpyxl.load_workbook('员工表.xlsx')
mySheet = myBook.active
myPieChart = openpyxl.chart.PieChart()
myPieChart.add_data(openpyxl.chart.Reference(mySheet,min_col = 2,
                                    min_row = 4,max_row = 8))
```

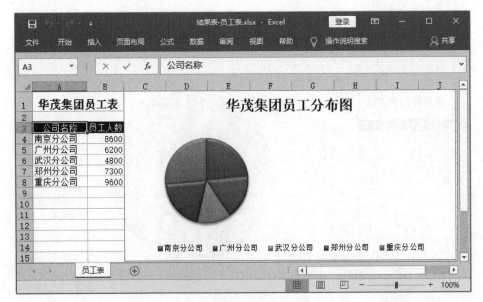

图　160-1

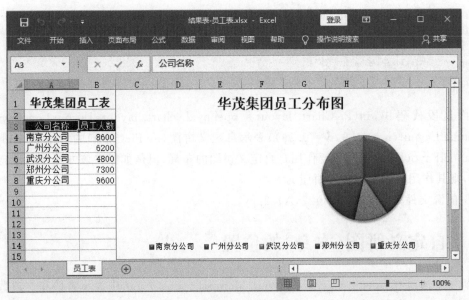

图　160-2

```
myPieChart.set_categories(openpyxl.chart.Reference(mySheet,min_col = 1,
                                                    min_row = 4,max_row = 8))

myPieChart.style = 26
myPieChart.title = "华茂集团员工分布图"
myPieChart.legend.position = 'b'
#自定义饼图的大小和位置
myPieChart.layout = openpyxl.chart.layout.Layout(
            openpyxl.chart.layout.ManualLayout(h = 0.5,w = 0.5,x = - 0.8,y = 0.01))
# myPieChart.layout = openpyxl.chart.layout.Layout(
#            openpyxl.chart.layout.ManualLayout(h = 0.5,w = 0.5,x = 0.8,y = 0.01))
mySheet.add_chart(myPieChart,"C1")
myBook.save('结果表 - 员工表.xlsx')
```

在上面这段代码中，myPieChart. layout = openpyxl. chart. layout. Layout（openpyxl. chart. layout. ManualLayout（h＝0.5，w＝0.5，x＝-0.8，y＝0.01））表示自定义饼图（myPieChart）的位置和大小，其中，h 参数表示饼图的高度；w 参数表示饼图的宽度；x 参数表示饼图在 x 轴的位置；y 参数表示饼图在 y 轴的位置。

此案例的源文件是 MyCode\A423\A423. py。

161　自定义饼图切片的填充颜色

此案例主要通过使用指定颜色设置饼图各个切片的 solidFill 属性，从而实现自定义饼图各个切片的填充颜色。当运行此案例的 Python 代码（A441. py 文件）之后，在"员工表. xlsx"文件中根据员工表的员工人数创建的饼图将以指定的颜色填充饼图的各个切片，如图 161-1 所示；如果未设置饼图各个切片的 solidFill 属性，则在"员工表. xlsx"文件中根据员工表的员工人数创建的饼图将以默认颜色填充饼图的各个切片，如图 161-2 所示。

图　161-1

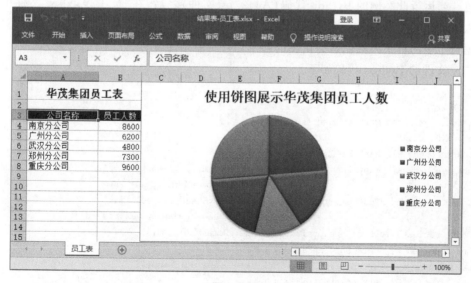

图　161-2

A441.py 文件的 Python 代码如下：

```
import openpyxl
myBook = openpyxl.load_workbook('员工表.xlsx')
mySheet = myBook.active
myPieChart = openpyxl.chart.PieChart()
myPieChart.add_data(openpyxl.chart.Reference(mySheet,min_col = 2,
                                             min_row = 4,max_row = 8))
myPieChart.set_categories(openpyxl.chart.Reference(mySheet,min_col = 1,
                                                   min_row = 4,max_row = 8))

myPieChart.style = 26
♯自定义饼图各个切片的填充颜色
mySlices = [openpyxl.chart.series.DataPoint(idx = i) for i in range(5)]
myPieChart.series[0].data_points = mySlices
mySlices[0].graphicalProperties.solidFill = "FF0000"  ♯红色
mySlices[1].graphicalProperties.solidFill = "00FF00"  ♯绿色
mySlices[2].graphicalProperties.solidFill = "0000FF"  ♯蓝色
mySlices[3].graphicalProperties.solidFill = "000000"  ♯黑色
mySlices[4].graphicalProperties.solidFill = "00FFFF"  ♯青色
myPieChart.title = "使用饼图展示华茂集团员工人数"
mySheet.add_chart(myPieChart,"C1")
myBook.save('结果表 - 员工表.xlsx')
```

在上面这段代码中，mySlices＝[openpyxl.chart.series.DataPoint(idx＝i) for i in range(5)]表示创建切片列表(mySlices)。myPieChart.series[0].data_points＝mySlices 表示使用切片列表(mySlices)设置饼图(myPieChart)的各个数据点(切片)。mySlices[0].graphicalProperties.solidFill＝"FF0000"表示设置第一个切片的填充颜色为红色。

此案例的源文件是 MyCode\A441\A441.py。

观看视频

162　在饼图切片中不设置填充颜色

此案例主要通过设置饼图各个切片的 noFill 属性值为 True，从而实现在饼图中不设置各个切片的填充颜色。当运行此案例的 Python 代码(A442.py 文件)之后，在"员工表.xlsx"文件中根据员工表的员工人数创建的饼图的各个切片将无填充颜色，如图 162-1 所示；默认情况下，在"员工表.xlsx"文件中根据员工表的员工人数创建的饼图的各个切片将有填充颜色，如图 162-2 所示。

A442.py 文件的 Python 代码如下：

```
import openpyxl
myBook = openpyxl.load_workbook('员工表.xlsx')
mySheet = myBook.active
myPieChart = openpyxl.chart.PieChart()
myPieChart.add_data(openpyxl.chart.Reference(mySheet,min_col = 2,
                                             min_row = 4,max_row = 8))
myPieChart.set_categories(openpyxl.chart.Reference(mySheet,min_col = 1,
                                                   min_row = 4,max_row = 8))
myPieChart.series[0].dLbls = openpyxl.chart.label.DataLabelList()
myPieChart.series[0].dLbls.showCatName = True
mySlices = [openpyxl.chart.series.DataPoint(idx = i) for i in range(5)]
myPieChart.series[0].data_points = mySlices
```

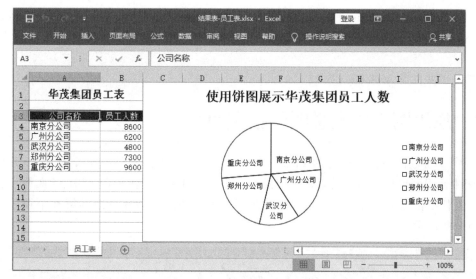

图 162-1

图 162-2

```
#设置第 1 个切片(mySlices[0])无填充颜色
mySlices[0].graphicalProperties.noFill = True
#设置第 1 个切片(mySlices[0])的边线颜色为黑色
mySlices[0].graphicalProperties.line.solidFill = "000000"
mySlices[1].graphicalProperties.noFill = True
mySlices[1].graphicalProperties.line.solidFill = "000000"
mySlices[2].graphicalProperties.noFill = True
mySlices[2].graphicalProperties.line.solidFill = "000000"
mySlices[3].graphicalProperties.noFill = True
mySlices[3].graphicalProperties.line.solidFill = "000000"
mySlices[4].graphicalProperties.noFill = True
mySlices[4].graphicalProperties.line.solidFill = "000000"
myPieChart.title = "使用饼图展示华茂集团员工人数"
mySheet.add_chart(myPieChart,"C1")
myBook.save('结果表 - 员工表.xlsx')
```

在上面这段代码中，mySlices[0]. graphicalProperties. noFill＝True 表示设置第 1 个切片无填充颜色。mySlices[0]. graphicalProperties. line. solidFill＝"000000"表示设置第 1 个切片的边线颜色为黑色。

此案例的源文件是 MyCode\A442\A442.py。

观看视频

163　使用网格填充饼图的指定切片

此案例主要通过使用饼图标记的 PatternFillProperties()方法和饼图切片的 pattFill 属性，从而实现在饼图中使用网格填充指定的切片。当运行此案例的 Python 代码（A448.py 文件）之后，在"员工表. xlsx"文件中根据员工表的员工人数创建的饼图将使用网格填充饼图的第 2 个切片（广州分公司），如图 163-1 所示。

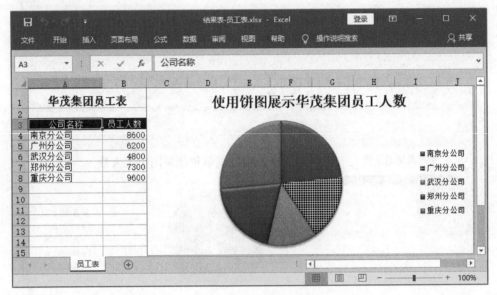

图　163-1

A448.py 文件的 Python 代码如下：

```
import openpyxl
myBook = openpyxl.load_workbook('员工表.xlsx')
mySheet = myBook.active
myPieChart = openpyxl.chart.PieChart()
myPieChart.add_data(openpyxl.chart.Reference(mySheet, min_col = 2,
                                             min_row = 4, max_row = 8))
myPieChart.set_categories(openpyxl.chart.Reference(mySheet, min_col = 1,
                                             min_row = 4, max_row = 8))
myPieChart.style = 26
＃创建网格填充样式(myPattern)
myPattern = openpyxl.chart.marker.PatternFillProperties(prst = "smGrid")
＃设置网格填充样式(myPattern)的前景色为白色
myPattern.foreground = openpyxl.chart.marker.ColorChoice(prstClr = "white")
＃设置网格填充样式(myPattern)的背景色为黑色
myPattern.background = openpyxl.chart.marker.ColorChoice(prstClr = "black")
＃使用网格填充样式(myPattern)作为饼图(myPieChart)所有切片的填充样式
＃myPieChart.series[0].graphicalProperties.pattFill = myPattern
```

```
mySlice2 = openpyxl.chart.marker.DataPoint(idx = 1)
♯使用网格填充样式(myPattern)作为饼图(myPieChart)第2个切片的填充样式
mySlice2.graphicalProperties.pattFill = myPattern
myPieChart.series[0].dPt.append(mySlice2)
myPieChart.title = "使用饼图展示华茂集团员工人数"
mySheet.add_chart(myPieChart,"C1")
myBook.save('结果表-员工表.xlsx')
```

在上面这段代码中，myPattern = openpyxl.chart.marker.PatternFillProperties（prst = "smGrid"）表示创建网格填充样式(myPattern)。mySlice2.graphicalProperties.pattFill＝myPattern 表示使用网格填充样式(myPattern)填充第2个切片(mySlice2)。myPieChart.series[0].dPt.append (mySlice2)表示在饼图(myPieChart)中添加第2个切片。

此案例的源文件是 MyCode\A448\A448.py。

164　在饼图的切片上显示百分比

观看视频

此案例主要通过设置饼图的 showPercent 属性值为 True，从而实现在饼图的各个切片上显示各个切片所占的百分比数字。当运行此案例的 Python 代码(A433.py 文件)之后，在"员工表.xlsx"文件中根据员工表的员工人数创建的饼图的各个切片上将显示各个切片所占的百分比数字，如图 164-1 所示。

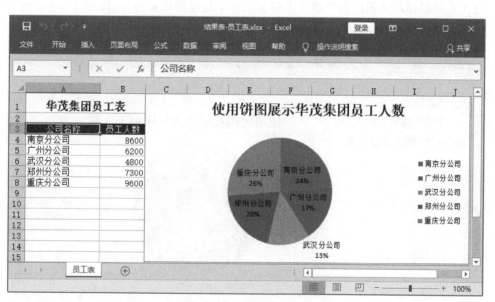

图　164-1

A433.py 文件的 Python 代码如下：

```
import openpyxl
myBook = openpyxl.load_workbook('员工表.xlsx')
mySheet = myBook.active
myPieChart = openpyxl.chart.PieChart()
myPieChart.add_data(openpyxl.chart.Reference(mySheet,min_col = 2,
                                             min_row = 4,max_row = 8))
myPieChart.set_categories(openpyxl.chart.Reference(mySheet,min_col = 1,
```

```
                                            min_row = 4,max_row = 8))
myPieChart.series[0].dLbls = openpyxl.chart.label.DataLabelList()
# 在饼图(myPieChart)的切片上显示标签
myPieChart.series[0].dLbls.showCatName = True
# 在饼图(myPieChart)的切片上显示百分比
myPieChart.series[0].dLbls.showPercent = True
myPieChart.title = "使用饼图展示华茂集团员工人数"
mySheet.add_chart(myPieChart,"C1")
myBook.save('结果表-员工表.xlsx')
```

在上面这段代码中，myPieChart.series[0].dLbls.showCatName = True 表示允许在饼图（myPieChart）的各个切片上显示各个切片所代表的标签，该标签通常是在 set_categories()方法中设置的类别。myPieChart.series[0].dLbls.showPercent = True 表示允许在饼图（myPieChart）的各个切片上显示各个切片所占的百分比。

此案例的源文件是 MyCode\A433\A433.py。

观看视频

165　在饼图的切片上显示数值

此案例主要通过设置饼图的 showVal 属性值为 True,从而实现在饼图的各个切片上显示各个切片所代表的数值。当运行此案例的 Python 代码（A434.py 文件）之后，在"员工表.xlsx"文件中根据员工表的员工人数创建的饼图的各个切片上将显示各个切片所代表的数值，如图 165-1 所示。

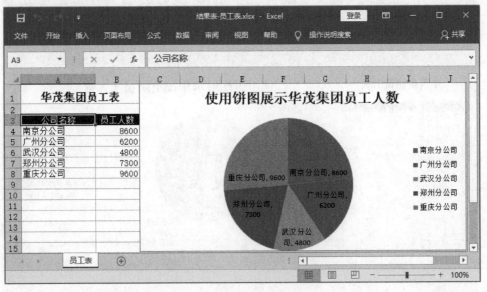

图　165-1

A434.py 文件的 Python 代码如下：

```
import openpyxl
myBook = openpyxl.load_workbook('员工表.xlsx')
mySheet = myBook.active
myPieChart = openpyxl.chart.PieChart()
myPieChart.add_data(openpyxl.chart.Reference(mySheet,min_col = 2,
                                            min_row = 4,max_row = 8))
```

```
myPieChart.set_categories(openpyxl.chart.Reference(mySheet,min_col = 1,
                                                  min_row = 4,max_row = 8))
myPieChart.series[0].dLbls = openpyxl.chart.label.DataLabelList()
＃在饼图(myPieChart)的切片上显示标签
myPieChart.series[0].dLbls.showCatName = True
＃在饼图(myPieChart)的切片上显示数值
myPieChart.series[0].dLbls.showVal = True
＃自定义饼图(myPieChart)的大小
myPieChart.layout = openpyxl.chart.layout.Layout(
              openpyxl.chart.layout.ManualLayout(h = 0.79, w = 0.79))
myPieChart.title = "使用饼图展示华茂集团员工人数"
mySheet.add_chart(myPieChart,"C1")
myBook.save('结果表－员工表.xlsx')
```

在上面这段代码中，myPieChart. series[0]. dLbls. showVal = True 表示允许在饼图（myPieChart）的各个切片上显示数值，该数值通常是在 add_data()方法中设置的数值。

此案例的源文件是 MyCode\A434\A434.py。

166　自定义饼图切片的文字大小

观看视频

此案例主要通过使用自定义的 openpyxl. chart. text. RichText 实例设置饼图的 txPr 属性，从而实现在饼图的各个切片上自定义文字大小。当运行此案例的 Python 代码（A436.py 文件）之后，在"员工表. xlsx"文件中根据员工表的员工人数创建的饼图的各个切片上将以指定大小的字体显示百分比数字，如图 166-1 所示。如果未设置饼图的 txPr 属性，在"员工表. xlsx"文件中根据员工表的员工人数创建的饼图的各个切片上则将以默认的字体大小显示百分比数字，如图 166-2 所示。

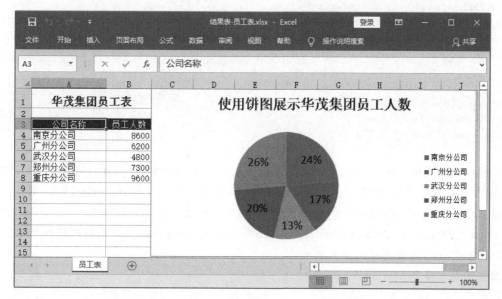

图　166-1

A436.py 文件的 Python 代码如下：

```
import openpyxl
myBook = openpyxl.load_workbook('员工表.xlsx')
```

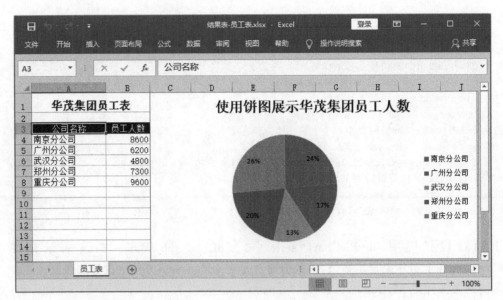

图　166-2

```
mySheet = myBook.active
myPieChart = openpyxl.chart.PieChart()
myPieChart.add_data(openpyxl.chart.Reference(mySheet, min_col = 2,
                                          min_row = 4, max_row = 8))
myPieChart.set_categories(openpyxl.chart.Reference(mySheet, min_col = 1,
                                              min_row = 4, max_row = 8))
myPieChart.series[0].dLbls = openpyxl.chart.label.DataLabelList()
#在饼图(myPieChart)的切片上显示百分比数字
myPieChart.series[0].dLbls.showPercent = True
#设置饼图(myPieChart)的切片的字体大小
myText = openpyxl.drawing.text.CharacterProperties(sz = 1600)
myPieChart.series[0].dLbls.txPr = openpyxl.chart.text.RichText(p =
       [openpyxl.drawing.text.Paragraph(pPr =
       openpyxl.drawing.text.ParagraphProperties(defRPr = myText), endParaRPr = myText)])
myPieChart.title = "使用饼图展示华茂集团员工人数"
mySheet.add_chart(myPieChart, "C1")
myBook.save('结果表－员工表.xlsx')
```

在上面这段代码中，myText＝openpyxl.drawing.text.CharacterProperties(sz＝1600)表示以指定的大小创建文本的字符属性，sz＝1600表示字体大小。myPieChart.series[0].dLbls.txPr＝openpyxl.chart.text.RichText(p＝[openpyxl.drawing.text.Paragraph(pPr＝openpyxl.drawing.text.ParagraphProperties(defRPr＝myText),endParaRPr＝myText)])表示根据创建的字符属性设置饼图(myPieChart)各个切片的字体大小。

此案例的源文件是 MyCode\A436\A436.py。

167　在饼图中创建凸出显示的切片

观看视频

此案例主要通过在 openpyxl.chart.series.DataPoint()方法中设置相关的参数，从而实现在饼图中创建凸出显示的切片。当运行此案例的 Python 代码(A395.py 文件)之后，在"员工表.xlsx"文件中根据员工表的员工人数创建的饼图将设置广州分公司(的员工人数)切片凸出显示，如图 167-1 所示。

图　167-1

A395.py 文件的 Python 代码如下：

```python
import openpyxl
myBook = openpyxl.load_workbook('员工表.xlsx')
mySheet = myBook.active
myPieChart = openpyxl.chart.PieChart()
myPieChart.add_data(openpyxl.chart.Reference(mySheet, min_col = 2,
                                              min_row = 4, max_row = 8))
myPieChart.set_categories(openpyxl.chart.Reference(mySheet, min_col = 1,
                                                   min_row = 4, max_row = 8))
myPieChart.title = "使用饼图展示华茂集团员工人数"
# 创建凸出显示的切片(mySlice)
mySlice = openpyxl.chart.series.DataPoint(idx = 1, explosion = 10)
myPieChart.series[0].data_points = [mySlice]
# 将饼图(myPieChart)添加到员工表的 C1 单元格
mySheet.add_chart(myPieChart, "C1")
myBook.save('结果表 - 员工表.xlsx')
```

在上面这段代码中，mySlice＝openpyxl.chart.series.DataPoint(idx＝1, explosion＝10)表示设置广州分公司的员工人数切片(idx＝1)凸出显示(explosion＝10)，如果 mySlice＝ openpyxl.chart. series.DataPoint(idx＝0, explosion＝10)，则设置南京分公司的员工人数切片(idx＝0)凸出显示(explosion＝10)。myPieChart.series[0].data_points＝[mySlice]表示将此凸出切片([mySlice])添加到饼图(myPieChart)中，很明显，[mySlice]是一个列表，因此可以在饼图中添加多个凸出切片，如：myPieChart.series[0].data_points＝[mySlice1, mySlice2]。

此案例的源文件是 MyCode\A395\A395.py。

168　根据工作表的数据创建 3D 饼图

此案例主要通过使用 openpyxl.chart.PieChart3D 的 add_data()和 set_categories()方法，从而实现根据工作表的数据创建 3D 饼图。当运行此案例的 Python 代码(A396.py 文件)之后，在"员工

观看视频

表.xlsx"文件中将根据员工表的员工人数创建 3D 饼图,如图 168-1 所示。

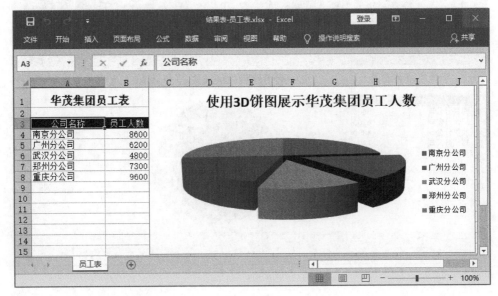

图　168-1

A396.py 文件的 Python 代码如下:

```
import openpyxl
myBook = openpyxl.load_workbook('员工表.xlsx')
mySheet = myBook.active
#创建 3D 饼图(myPieChart3D)
myPieChart3D = openpyxl.chart.PieChart3D()
#根据员工表(mySheet)B4~B8 单元格数据设置 3D 饼图的各个切片大小
myPieChart3D.add_data(openpyxl.chart.Reference(mySheet, min_col = 2,
                                               min_row = 4, max_row = 8))
#根据员工表(mySheet)A4~A8 单元格数据设置 3D 饼图的图例数据
myPieChart3D.set_categories(openpyxl.chart.Reference(mySheet, min_col = 1,
                                               min_row = 4, max_row = 8))

#设置 3D 饼图(myPieChart3D)的标题
myPieChart3D.title = "使用 3D 饼图展示华茂集团员工人数"
#在 3D 饼图(myPieChart3D)上设置凸出显示的切片
mySlice1 = openpyxl.chart.series.DataPoint(idx = 1, explosion = 20)
mySlice2 = openpyxl.chart.series.DataPoint(idx = 2, explosion = 20)
myPieChart3D.series[0].data_points = [mySlice1, mySlice2]
#将 3D 饼图(myPieChart3D)添加到员工表(mySheet)的 C1 单元格
mySheet.add_chart(myPieChart3D, "C1")
myBook.save('结果表 - 员工表.xlsx')
```

在上面这段代码中,myPieChart3D = openpyxl.chart.PieChart3D()表示创建一个 3D 饼图 (myPieChart3D)。myPieChart3D.add_data(openpyxl.chart.Reference(mySheet,min_col＝2,min_ row＝4,max_row＝8))表示根据员工表(mySheet)B4~B8 的单元格数据('员工表'!＄B＄4：＄B＄8) 设置 3D 饼图(myPieChart3D)的各个切片大小,因此该代码也可以直接写成:myPieChart3D.add_ data(r'员工表'!＄B＄4：＄B＄8)。myPieChart3D.set_categories(openpyxl.chart.Reference (mySheet,min_col＝1,min_row＝4,max_row＝8))表示根据员工表(mySheet)A4~A8 的单元格数 据('员工表'!＄A＄4：＄A＄8)设置 3D 饼图(myPieChart3D)的图例数据,因此该代码也可以直接写

成：myPieChart3D. set_categories(r"'员工表'! $ A $ 4： $ A $ 8")。mySheet. add_chart(myPieChart3D,"C1")表示将3D饼图(myPieChart3D)添加到员工表(mySheet)的C1单元格。

此案例的源文件是 MyCode\A396\A396. py。

169　使用独立饼图投影饼图小切片

此案例主要通过设置投影饼图的 type 属性值为 pie,并设置 splitType 属性值为 pos,从而实现使用独立饼图投影饼图的小切片。当运行此案例的 Python 代码(A431. py 文件)之后,在"员工表. xlsx"文件中将根据员工表的员工人数创建饼图,右边的投影小饼图代表对左边大饼图非常小的那部分切片(武汉分公司、郑州分公司、重庆分公司)的再次分割,如图169-1所示。

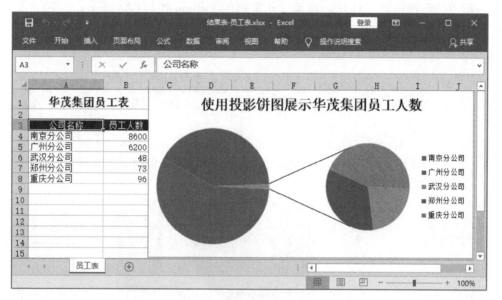

图　169-1

A431. py 文件的 Python 代码如下：

```python
import openpyxl
myBook = openpyxl.load_workbook('员工表.xlsx')
mySheet = myBook.active
# 创建投影饼图(myProjectedPieChart)
myProjectedPieChart = openpyxl.chart.ProjectedPieChart()
# 根据员工表(mySheet)B4～B8 的单元格数据设置饼图的各个切片大小
myProjectedPieChart.add_data(openpyxl.chart.Reference(mySheet,
                        min_col = 2,min_row = 4,max_row = 8))
# 根据员工表(mySheet)A4～A8 的单元格数据设置饼图的图例数据
myProjectedPieChart.set_categories(openpyxl.chart.Reference(mySheet,
                        min_col = 1,min_row = 4,max_row = 8))
# 设置投影类型为饼图(在独立饼图中投影大饼图的超小切片)
myProjectedPieChart.type = "pie"
# 设置分割类型为 pos
myProjectedPieChart.splitType = "pos"
# 设置饼图(myProjectedPieChart)的标题
myProjectedPieChart.title = "使用投影饼图展示华茂集团员工人数"
# 将饼图(myProjectedPieChart)添加到员工表(mySheet)的C1 单元格
```

```
mySheet.add_chart(myProjectedPieChart,"C1")
myBook.save('结果表－员工表.xlsx')
```

在上面这段代码中，myProjectedPieChart.type＝"pie"表示使用独立的小饼图投影大饼图的超小切片。

此案例的源文件是 MyCode\A431\A431.py。

观看视频

170　使用独立条形图投影饼图小切片

此案例主要通过设置投影饼图的 type 属性值为 bar，并设置 splitType 属性值为 pos，从而实现使用独立条形图投影饼图的小切片。当运行此案例的 Python 代码（A432.py 文件）之后，在"员工表.xlsx"文件中将根据员工表的员工人数创建饼图，右边的投影条形图代表对左边大饼图非常小的那部分切片（武汉分公司、郑州分公司、重庆分公司）的再次分割，如图 170-1 所示。

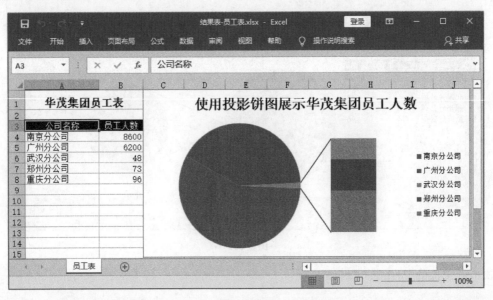

图　170-1

A432.py 文件的 Python 代码如下：

```
import openpyxl
myBook = openpyxl.load_workbook('员工表.xlsx')
mySheet = myBook.active
# 创建投影饼图(myProjectedPieChart)
myProjectedPieChart = openpyxl.chart.ProjectedPieChart()
# 根据员工表(mySheet)B4～B8 的单元格数据设置饼图的各个切片大小
myProjectedPieChart.add_data(openpyxl.chart.Reference(mySheet,
                                min_col = 2,min_row = 4,max_row = 8))
# 根据员工表(mySheet)A4～A8 的单元格数据设置饼图的图例数据
myProjectedPieChart.set_categories(openpyxl.chart.Reference(mySheet,
                                min_col = 1,min_row = 4,max_row = 8))
# 设置投影类型为条形图(在独立条形图中投影大饼图的超小切片)
myProjectedPieChart.type = "bar"
# 设置分割类型为 pos
myProjectedPieChart.splitType = "pos"
```

```
myProjectedPieChart.title = "使用投影饼图展示华茂集团员工人数"
mySheet.add_chart(myProjectedPieChart,"C1")
myBook.save('结果表 - 员工表.xlsx')
```

在上面这段代码中，myProjectedPieChart. type ="bar"表示使用独立的条形图投影饼图（myProjectedPieChart）的超小切片。

此案例的源文件是 MyCode\A432\A432.py。

171 使用未填充的切片创建扇形图

此案例主要通过在饼图中不使用颜色填充指定的切片，从而使饼图呈现扇形图的效果。当运行此案例的 Python 代码（A468.py 文件）之后，将在"员工表.xlsx"文件中根据员工表的女工人数绘制一幅扇形图，如图 171-1 所示。

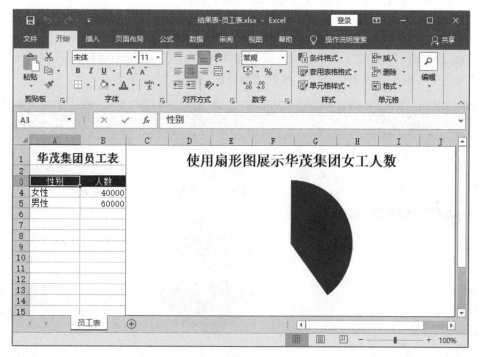

图 171-1

A468.py 文件的 Python 代码如下：

```
import openpyxl
myBook = openpyxl.load_workbook('员工表.xlsx')
mySheet = myBook.active
myPieChart = openpyxl.chart.PieChart()
myPieChart.add_data(openpyxl.chart.Reference(mySheet,min_col = 2,
                                    min_row = 4,max_row = 5))
mySlices = [openpyxl.chart.series.DataPoint(idx = i) for i in range(2)]
# 使用蓝色(0000FF)填充女性人数切片(mySlices[0])
mySlices[0].graphicalProperties.solidFill = "0000FF"
# 禁止使用颜色填充男性人数切片(mySlices[1])
mySlices[1].graphicalProperties.noFill = True
```

```
myPieChart.series[0].data_points = mySlices
# 设置禁止绘制饼图(myPieChart)的图例
myPieChart.legend = None
myPieChart.title = "使用扇形图展示华茂集团女工人数"
mySheet.add_chart(myPieChart,"C1")
myBook.save('结果表－员工表.xlsx')
```

在上面这段代码中，mySlices[0]. graphicalProperties. solidFill = "0000FF"表示使用蓝色(0000FF)填充女性人数切片(mySlices[0])。mySlices[1]. graphicalProperties. noFill＝True表示禁止使用颜色填充男性人数切片(mySlices[1])，因此这部分切片是不可见的，整个饼图呈现扇形图效果。

此案例的源文件是 MyCode\A468\A468. py。

观看视频

172　根据工作表的数据创建圆环图

此案例主要通过使用 openpyxl. chart. DoughnutChart 的 add_data()和 set_categories()方法，从而实现根据工作表的数据创建圆环图。当运行此案例的 Python 代码(A456. py 文件)之后，在"员工表.xlsx"文件中将根据员工表的员工人数创建圆环图，如图 172-1 所示。

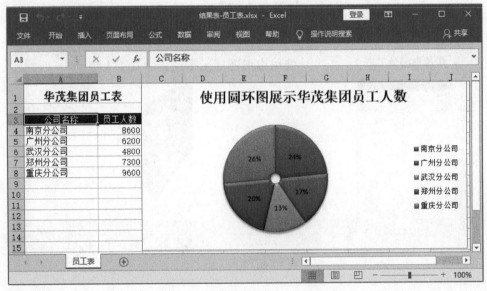

图　172-1

A456. py 文件的 Python 代码如下：

```
import openpyxl
myBook = openpyxl.load_workbook('员工表.xlsx')
mySheet = myBook.active
# 创建圆环图(myDoughnutChart)
myDoughnutChart = openpyxl.chart.DoughnutChart()
# 根据员工表(mySheet)B4～B8 的单元格数据设置圆环图的各个切片大小
myDoughnutChart.add_data(openpyxl.chart.Reference(mySheet,
                                    min_col = 2,min_row = 4,max_row = 8))
# 根据员工表(mySheet)A4～A8 的单元格数据设置圆环图的图例数据
```

```
myDoughnutChart.set_categories(openpyxl.chart.Reference(mySheet,
                               min_col = 1,min_row = 4,max_row = 8))
#设置圆环图(myDoughnutChart)的样式
myDoughnutChart.style = 26
myDoughnutChart.series[0].dLbls = openpyxl.chart.label.DataLabelList()
#在圆环图(myDoughnutChart)的切片上显示百分比
myDoughnutChart.series[0].dLbls.showPercent = True
#设置圆环图(myDoughnutChart)的标题
myDoughnutChart.title = "使用圆环图展示华茂集团员工人数"
#将圆环图(myDoughnutChart)添加到员工表(mySheet)的C1单元格
mySheet.add_chart(myDoughnutChart,"C1")
myBook.save('结果表 – 员工表.xlsx')
```

在上面这段代码中，myDoughnutChart = openpyxl. chart. DoughnutChart（）表示创建圆环图(myDoughnutChart)。myDoughnutChart. add_data(openpyxl. chart. Reference(mySheet, min_col = 2, min_row = 4, max_row = 8))表示根据员工表(mySheet)的B4～B8的单元格数据设置圆环图(myDoughnutChart)的各个切片大小。myDoughnutChart. set_categories（openpyxl. chart. Reference(mySheet, min_col = 1, min_row = 4, max_row = 8))表示根据员工表(mySheet)的A4～A8的单元格数据设置圆环图(myDoughnutChart)的图例数据。mySheet. add_chart(myDoughnutChart, "C1")表示将圆环图(myDoughnutChart)添加到员工表(mySheet)的C1单元格。

此案例的源文件是 MyCode\A456\A456. py。

173　在圆环图中自定义内孔的大小

观看视频

此案例主要通过使用指定的数字设置 openpyxl. chart. DoughnutChart()方法的 holeSize 参数，从而实现在圆环图中自定义内孔的大小。当运行此案例的 Python 代码(A466. py 文件)之后，如果设置 holeSize 参数值为 50，则在"员工表. xlsx"文件中根据员工表的员工人数创建的圆环图如图 173-1 所示；如果设置 holeSize 参数值为 90，则在"员工表. xlsx"文件中根据员工表的员工人数创建的圆环图如图 173-2 所示；如果设置 holeSize 参数值为 1，则该圆环图几乎就是一个饼图。

图　173-1

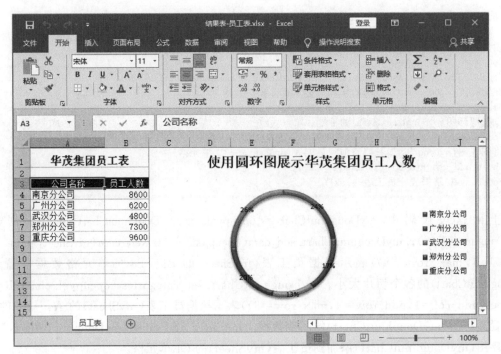

图　173-2

A466.py 文件的 Python 代码如下：

```python
import openpyxl
myBook = openpyxl.load_workbook('员工表.xlsx')
mySheet = myBook.active
# 根据参数创建圆环图(myDoughnutChart)
myDoughnutChart = openpyxl.chart.DoughnutChart(holeSize = 50)
myDoughnutChart.add_data(openpyxl.chart.Reference(mySheet,
                                   min_col = 2, min_row = 4, max_row = 8))
myDoughnutChart.set_categories(openpyxl.chart.Reference(mySheet,
                                   min_col = 1, min_row = 4, max_row = 8))
myDoughnutChart.style = 26
myDoughnutChart.series[0].dLbls = openpyxl.chart.label.DataLabelList()
# 在圆环图(myDoughnutChart)的各个切片上显示百分比
myDoughnutChart.series[0].dLbls.showPercent = True
myDoughnutChart.title = "使用圆环图展示华茂集团员工人数"
mySheet.add_chart(myDoughnutChart, "C1")
myBook.save('结果表 - 员工表.xlsx')
```

在上面这段代码中，myDoughnutChart＝openpyxl.chart.DoughnutChart(holeSize＝50)表示创建一个圆环图(myDoughnutChart)，holeSize 参数表示圆环图的内孔大小，取值范围为 1～90，调整内孔的大小即可调整圆环的径向宽度。

此案例的源文件是 MyCode\A466\A466.py。

174　自定义圆环图首个切片的位置

观看视频

此案例主要通过使用指定的角度值设置 openpyxl.chart.DoughnutChart()方法的 firstSliceAng 参数，从而实现在圆环图中自定义首个切片的位置。当运行此案例的 Python 代码(A467.py 文件)之

后,如果设置 firstSliceAng 的参数值为 270,则在"员工表.xlsx"文件中根据员工表的员工人数创建的
圆环图如图 174-1 所示;如果未设置 firstSliceAng 参数,则在"员工表.xlsx"文件中根据员工表的员
工人数创建的圆环图如图 174-2 所示。

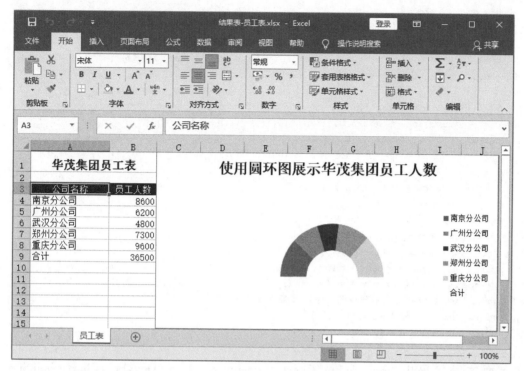

图　174-1

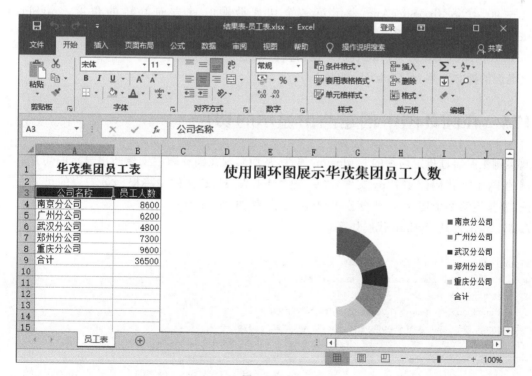

图　174-2

A467. py 文件的 Python 代码如下：

```
import openpyxl
myBook = openpyxl.load_workbook('员工表.xlsx')
mySheet = myBook.active
myDoughnutChart = openpyxl.chart.DoughnutChart(holeSize = 50, firstSliceAng = 270)
myDoughnutChart.add_data(openpyxl.chart.Reference(mySheet,
                                    min_col = 2, min_row = 4, max_row = 9))
myDoughnutChart.set_categories(openpyxl.chart.Reference(mySheet,
                                    min_col = 1, min_row = 4, max_row = 9))
# 设置圆环图(myDoughnutChart)各个切片的填充颜色
mySlices = [openpyxl.chart.series.DataPoint(idx = i) for i in range(6)]
mySlices[0].graphicalProperties.solidFill = "FF0000"
mySlices[1].graphicalProperties.solidFill = "00FF00"
mySlices[2].graphicalProperties.solidFill = "0000FF"
mySlices[3].graphicalProperties.solidFill = "00FFFF"
mySlices[4].graphicalProperties.solidFill = "FFFF00"
mySlices[5].graphicalProperties.noFill = True
myDoughnutChart.series[0].data_points = mySlices
# 自定义圆环图(myDoughnutChart)的大小和位置
myDoughnutChart.layout = openpyxl.chart.layout.Layout(
        openpyxl.chart.layout.ManualLayout(h = 0.6, w = 0.6, x = 0.1, y = 0.3))
myDoughnutChart.title = "使用圆环图展示华茂集团员工人数"
mySheet.add_chart(myDoughnutChart, "C1")
myBook.save('结果表 - 员工表.xlsx')
```

在上面这段代码中，myDoughnutChart = openpyxl. chart. DoughnutChart(holeSize = 50, firstSliceAng＝270)表示创建一个圆环图(myDoughnutChart)，参数 holeSize 表示内孔大小，取值范围为 $1 \sim 90$，参数 firstSliceAng 表示第一个切片沿顺时针方向旋转的角度。mySlices[0]. graphicalProperties. solidFill = " FF0000 " 表示使用红色填充第 1 个切片。mySlices[5]. graphicalProperties. noFill＝True 表示不使用颜色填充第 6 个切片。

此案例的源文件是 MyCode\A467\A467. py。

175 在圆环图中创建凸出显示的切片

此案例主要通过指定切片的 explosion 属性，从而实现在圆环图中创建凸出显示的切片。当运行此案例的 Python 代码(A457. py 文件)之后，在"员工表. xlsx"文件中将根据员工表的员工人数创建圆环图，并指定第 2 个切片(广州分公司)凸出显示，如图 175-1 所示。

A457. py 文件的 Python 代码如下：

```
import openpyxl
myBook = openpyxl.load_workbook('员工表.xlsx')
mySheet = myBook.active
myDoughnutChart = openpyxl.chart.DoughnutChart(holeSize = 50)
myDoughnutChart.add_data(openpyxl.chart.Reference(mySheet,
                                    min_col = 2, min_row = 4, max_row = 8))
myDoughnutChart.set_categories(openpyxl.chart.Reference(mySheet,
                                    min_col = 1, min_row = 4, max_row = 8))
myDoughnutChart.style = 26
```

图 175-1

```
#设置第2个切片(广州分公司)凸出显示
# mySlice2 = openpyxl.chart.series.DataPoint(idx = 1,explosion = 10)
# myDoughnutChart.series[0].data_points = [mySlice2]
mySlices = [openpyxl.chart.series.DataPoint(idx = i) for i in range(5)]
myDoughnutChart.series[0].data_points = mySlices
mySlices[1].explosion = 20
#创建网格填充样式(myPattern)
myPattern = openpyxl.chart.marker.PatternFillProperties(prst = "smGrid")
#设置网格填充样式(myPattern)的前景色为白色
myPattern.foreground = openpyxl.chart.marker.ColorChoice(prstClr = "white")
#设置网格填充样式(myPattern)的背景色为黑色
myPattern.background = openpyxl.chart.marker.ColorChoice(prstClr = "black")
#使用网格填充样式(myPattern)作为第2个切片的填充样式
# mySlice2 = openpyxl.chart.marker.DataPoint(idx = 1)
# mySlice2.graphicalProperties.pattFill = myPattern
# myDoughnutChart.series[0].dPt.append(mySlice2)
mySlices[1].graphicalProperties.pattFill = myPattern
myDoughnutChart.series[0].dPt.append(mySlices[1])
myDoughnutChart.title = "使用圆环图展示华茂集团员工人数"
mySheet.add_chart(myDoughnutChart,"C1")
myBook.save('结果表 - 员工表.xlsx')
```

在上面这段代码中,mySlices[1].explosion＝20 表示设置第 2 个切片的凸出距离为 20。
此案例的源文件是 MyCode\A457\A457.py。

176 根据多列数据创建嵌套圆环图

观看视频

此案例主要通过在 openpyxl.chart.DoughnutChart 的 add_data()方法的参数中设置多(两)个
列,从而实现根据工作表的多列数据创建嵌套的圆环图。当运行此案例的 Python 代码(A458.py 文
件)之后,在"员工表.xlsx"文件中将根据员工表的 2016 年人数和 2017 年人数这两列数据创建嵌套的
圆环图,如图 176-1 所示。

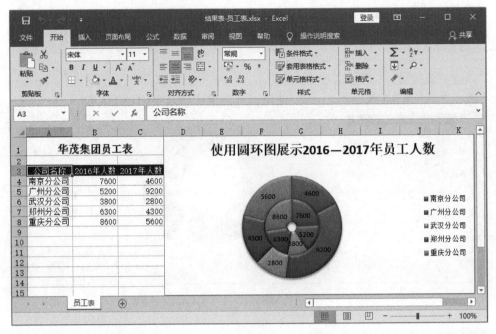

图　176-1

A458.py 文件的 Python 代码如下：

```
import openpyxl
myBook = openpyxl.load_workbook('员工表.xlsx')
mySheet = myBook.active
# 创建嵌套圆环图(myDoughnutChart)
myDoughnutChart = openpyxl.chart.DoughnutChart()
# 使用员工表(mySheet)的 2016 年人数和 2017 年人数这两列数据
# 作为嵌套圆环图(myDoughnutChart)的各个切片数据
myDoughnutChart.add_data(openpyxl.chart.Reference(mySheet,
    min_col = 2, max_col = 3, min_row = 3, max_row = 8), titles_from_data = True)
# 根据员工表(mySheet)A4～A8 的单元格数据设置嵌套圆环图的图例数据
myDoughnutChart.set_categories(openpyxl.chart.Reference(mySheet,
                             min_col = 1, min_row = 4, max_row = 8))
# 设置嵌套圆环图(myDoughnutChart)的样式
myDoughnutChart.style = 26
myDoughnutChart.title = "使用圆环图展示 2016—2017 年员工人数"
myDoughnutChart.series[0].dLbls = openpyxl.chart.label.DataLabelList()
# 在嵌套圆环图(里层的)切片上显示数值(2016 年各个分公司的人数)
myDoughnutChart.series[0].dLbls.showVal = True
myDoughnutChart.series[1].dLbls = openpyxl.chart.label.DataLabelList()
# 在嵌套圆环图(外层的)切片上显示数值(2017 年各个分公司的人数)
myDoughnutChart.series[1].dLbls.showVal = True
mySheet.add_chart(myDoughnutChart,"D1")
myBook.save('结果表 - 员工表.xlsx')
```

在上面这段代码中，myDoughnutChart＝openpyxl.chart.DoughnutChart()表示创建嵌套圆环图
(myDoughnutChart)。myDoughnutChart.add_data(openpyxl.chart.Reference (mySheet, min_col＝2,
max_col＝3, min_row＝3, max_row＝8), titles_from_data＝True)表示根据员工表(mySheet)B4～
C8 的两列数据(B4～B8、C4～C8)设置嵌套圆环图(myDoughnutChart)的各个切片数据，titles_from_

data=True 表示使用员工表(mySheet)B3 和 C3 单元格的数据作为嵌套圆环图(myDoughnutChart)的图例标题。

此案例的源文件是 MyCode\A458\A458.py。

177 根据工作表的数据创建柱形图

观看视频

此案例主要通过使用 openpyxl.chart.BarChart 的 add_data()和 set_categories()方法,从而实现根据工作表的数据创建柱形图。当运行此案例的 Python 代码(A397.py 文件)之后,在"员工表.xlsx"文件中将根据员工表的员工人数创建柱形图,如图 177-1 所示。

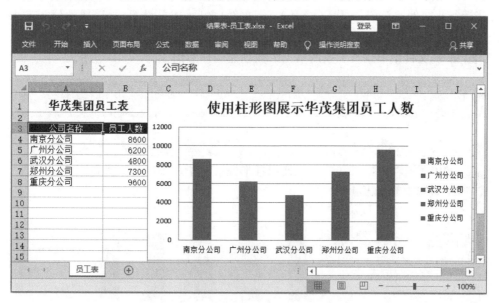

图 177-1

A397.py 文件的 Python 代码如下:

```python
import openpyxl
myBook = openpyxl.load_workbook('员工表.xlsx')
mySheet = myBook.active
myBarChart = openpyxl.chart.BarChart()
myBarChart.add_data(openpyxl.chart.Reference(mySheet,
                          min_col = 2,min_row = 4,max_row = 8))
myBarChart.set_categories(openpyxl.chart.Reference(mySheet,
                          min_col = 1,min_row = 4,max_row = 8))
myBarChart.title = "使用柱形图展示华茂集团员工人数"
myDataPoint = openpyxl.chart.series.DataPoint(idx = 0)
myBarChart.series[0].data_points = [myDataPoint]
mySheet.add_chart(myBarChart,"C1")
myBook.save('结果表 - 员工表.xlsx')
```

在上面这段代码中,myBarChart=openpyxl.chart.BarChart()表示创建柱形图(myBarChart)。myBarChart.add_data(openpyxl.chart.Reference(mySheet,min_col=2,min_row=4,max_row=8))表示根据员工表(mySheet)B4~B8 的单元格数据('员工表'!\$B\$4:\$B\$8)设置柱形图(myBarChart)的各个柱子高度,因此该代码也可以直接写成:myBarChart.add_data(r'员工表'!\$B\$4:\$B\$8)。myBarChart.set_categories(openpyxl. chart.Reference(mySheet,min_col=1,min_ row=4,max_row=8))表示根据员工表(mySheet)A4~A8 的单元格数据('员工表'! A4： A8)设置柱形图(myBarChart)的 x 轴的标签,因此该代码也可以直接写成:myBarChart. set_categories(r"'员工表'! A4： A8")。mySheet. add_chart(myBarChart,"C1")表示将柱形图(myBarChart)添加到员工表(mySheet)的 C1 单元格。

此案例的源文件是 MyCode\A397\A397. py。

观看视频

178 自定义柱形图各个柱子的样式

此案例主要通过预置的样式数字设置柱形图的 style 属性,从而实现在柱形图中自定义各个柱子的样式。当运行此案例的 Python 代码(A403. py 文件)之后,如果设置 style 属性值为 7,则在"员工表. xlsx"文件中根据员工表的员工人数创建的柱形图如图 178-1 所示;如果设置 style 属性值为 48,则在"员工表. xlsx"文件中根据员工表的员工人数创建的柱形图如图 178-2 所示。

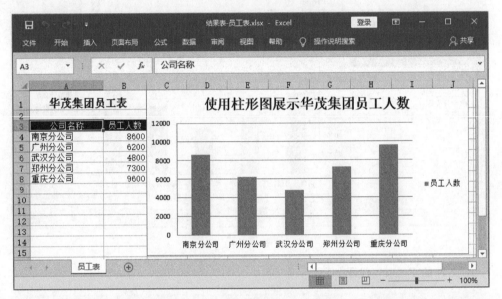

图 178-1

图 178-2

A403.py 文件的 Python 代码如下：

```python
import openpyxl
myBook = openpyxl.load_workbook('员工表.xlsx')
mySheet = myBook.active
myBarChart = openpyxl.chart.BarChart()
myBarChart.add_data(openpyxl.chart.Reference(mySheet, min_col = 2,
                        min_row = 3, max_row = 8), titles_from_data = True)
myBarChart.set_categories(openpyxl.chart.Reference(mySheet,
                            min_col = 1, min_row = 4, max_row = 8))
myBarChart.title = "使用柱形图展示华茂集团员工人数"
# 设置柱形图(myBarChart)的样式
myBarChart.style = 7
# myBarChart.style = 48
mySheet.add_chart(myBarChart, "C1")
myBook.save('结果表 - 员工表.xlsx')
```

在上面这段代码中，myBarChart.style＝7 表示设置柱形图(myBarChart)的样式，style 属性取值范围为 1～48。myBarChart.add_data(openpyxl.chart.Reference(mySheet，min_col＝2，min_row＝3，max_row＝8)，titles_from_data＝True)表示根据员工表(mySheet)B4～B8 的单元格数据设置柱形图各个柱子的高度，titles_from_data＝True 表示使用员工表(mySheet)的 B3 单元格的数据作为柱形图(myBarChart)的图例标题。

此案例的源文件是 MyCode\A403\A403.py。

179　在柱形图中创建点状样式的柱子

观看视频

此案例主要通过使用自定义的点状样式设置柱形图的填充样式(myBarChart.series[0].graphicalProperties.pattFill 属性)，从而实现使用点状样式填充柱形图的各个柱子。当运行此案例的 Python 代码(A445.py 文件)之后，在"员工表.xlsx"文件中将根据员工表的员工人数创建柱形图，并使用点状样式填充柱形图的各个柱子，如图 179-1 所示。

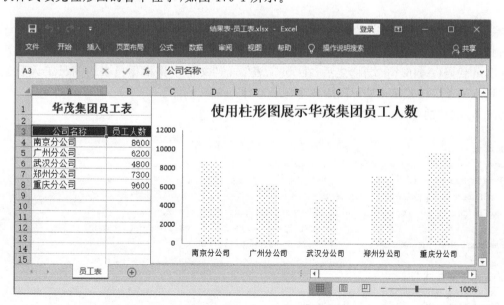

图　179-1

A445.py 文件的 Python 代码如下:

```
import openpyxl
myBook = openpyxl.load_workbook('员工表.xlsx')
mySheet = myBook.active
myBarChart = openpyxl.chart.BarChart()
myBarChart.add_data(openpyxl.chart.Reference(mySheet,min_col = 2,
                          min_row = 3,max_row = 8),titles_from_data = True)
myBarChart.set_categories(openpyxl.chart.Reference(mySheet,
                          min_col = 1,min_row = 4,max_row = 8))
# 创建点状样式(myPattern)
myPattern = openpyxl.chart.marker.PatternFillProperties(prst = "pct5")
# 设置点状样式(myPattern)的前景色为黑色
myPattern.foreground = openpyxl.chart.marker.ColorChoice(prstClr = "black")
# 设置点状样式(myPattern)的背景色为白色
myPattern.background = openpyxl.chart.marker.ColorChoice(prstClr = "white")
# 使用白底黑点的点状样式(myPattern)作为柱形图各个柱子的填充样式
myBarChart.series[0].graphicalProperties.pattFill = myPattern
# 在柱形图(myBarChart)上禁止绘制图例
myBarChart.legend = None
# 在柱形图(myBarChart)上禁止绘制 y 轴的主刻度线
myBarChart.y_axis.majorGridlines = None
myBarChart.title = "使用柱形图展示华茂集团员工人数"
mySheet.add_chart(myBarChart,"C1")
myBook.save('结果表－员工表.xlsx')
```

在上面这段代码中,myPattern＝openpyxl.chart.marker.PatternFillProperties（prst＝"pct5"）表示创建点状样式。myBarChart.series[0].graphicalProperties.pattFill＝myPattern 表示使用点状样式(myPattern)填充各个柱子。

此案例的源文件是 MyCode\A445\A445.py。

观看视频

180　在柱形图中创建水平条纹的柱子

此案例主要通过使用自定义的水平条纹样式设置柱形图的填充样式（myBarChart. series[0]. graphicalProperties. pattFill 属性），从而实现使用水平条纹样式填充柱形图的各个柱子。当运行此案例的 Python 代码（A446.py 文件）之后,在"员工表.xlsx"文件中将根据员工表的员工人数创建柱形图,并使用水平条纹样式填充柱形图的各个柱子,如图 180-1 所示。

A446.py 文件的 Python 代码如下:

```
import openpyxl
myBook = openpyxl.load_workbook('员工表.xlsx')
mySheet = myBook.active
myBarChart = openpyxl.chart.BarChart()
myBarChart.add_data(openpyxl.chart.Reference(mySheet,min_col = 2,
                          min_row = 3,max_row = 8),titles_from_data = True)
myBarChart.set_categories(openpyxl.chart.Reference(mySheet,
                          min_col = 1,min_row = 4,max_row = 8))
# 创建水平条纹样式(myPattern)
myPattern = openpyxl.chart.marker.PatternFillProperties(prst = "ltHorz")
# 设置水平条纹样式(myPattern)的前景色为白色
```

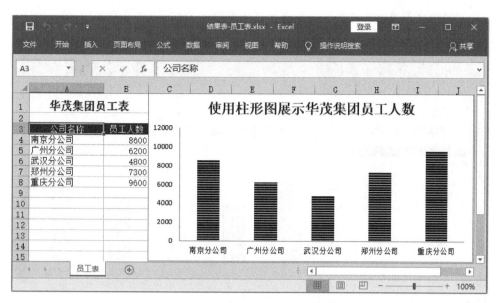

图　180-1

```
myPattern.foreground = openpyxl.chart.marker.ColorChoice(prstClr = "white")
#设置水平条纹样式(myPattern)的背景色为黑色
myPattern.background = openpyxl.chart.marker.ColorChoice(prstClr = "black")
#使用水平条纹样式(myPattern)作为柱形图各个柱子的填充样式
myBarChart.series[0].graphicalProperties.pattFill = myPattern
#在柱形图(myBarChart)上禁止绘制图例
myBarChart.legend = None
#在柱形图(myBarChart)上禁止绘制 y 轴的主刻度线
myBarChart.y_axis.majorGridlines = None
myBarChart.title = "使用柱形图展示华茂集团员工人数"
mySheet.add_chart(myBarChart,"C1")
myBook.save('结果表 - 员工表.xlsx')
```

在上面这段代码中，myPattern = openpyxl. chart. marker. PatternFillProperties（prst = "ltHorz"）表示创建水平条纹样式（myPattern），prst＝"ltHorz"参数表示水平条纹样式，该参数支持的值（样式）包括：pct30、pct60、trellis、pct70、dashHorz、lgConfetti、cross、pct25、pct10、narHorz、solidDmnd、smConfetti、shingle、ltVert、ltHorz、dotGrid、pct75、dotDmnd、narVert、pct40、lgCheck、dashVert、plaid、zigZag、pct5、pct50、dnDiag、diagBrick、diagCross、lgGrid、upDiag、dashDnDiag、openDmnd、pct20、vert、pct80、ltDnDiag、wave、pct90、smGrid、sphere、smCheck、dkVert、wdDnDiag、ltUpDiag、dkDnDiag、weave、horz、dkHorz、divot、dashUpDiag、dkUpDiag、horzBrick、wdUpDiag。

myBarChart. series［0］. graphicalProperties. pattFill = myPattern 表示使用水平条纹样式（myPattern）填充柱形图的各个柱子。

此案例的源文件是 MyCode\A446\A446. py。

181　在柱形图中指定柱子的填充样式

此案例主要通过使用自定义的垂直条纹样式设置柱形图指定柱子（myColumn2）的填充样式（myColumn2. graphicalProperties. pattFill 属性），从而实现在柱形图中指定柱子的填充样式。当运行此案例的 Python 代码（A447. py 文件）之后，在"员工表. xlsx"文件中将根据员工表的员工人数创

观看视频

建柱形图,并使用垂直条纹填充柱形图的第2个柱子和第4个柱子,如图181-1所示。

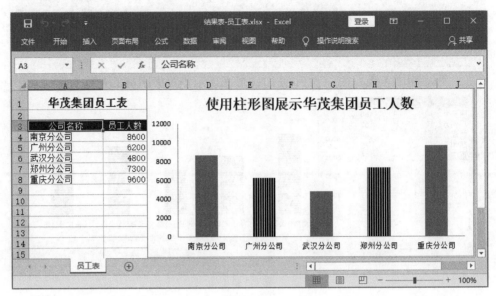

图　181-1

A447.py 文件的 Python 代码如下:

```
import openpyxl
myBook = openpyxl.load_workbook('员工表.xlsx')
mySheet = myBook.active
myBarChart = openpyxl.chart.BarChart()
myBarChart.add_data(openpyxl.chart.Reference(mySheet, min_col = 2,
                      min_row = 3, max_row = 8), titles_from_data = True)
myBarChart.set_categories(openpyxl.chart.Reference(mySheet,
                      min_col = 1, min_row = 4, max_row = 8))
#创建垂直条纹样式(myPattern)
myPattern = openpyxl.chart.marker.PatternFillProperties(prst = "ltVert")
#设置垂直条纹样式(myPattern)的前景色为白色
myPattern.foreground = openpyxl.chart.marker.ColorChoice(prstClr = "white")
#设置垂直条纹样式(myPattern)的背景色为黑色
myPattern.background = openpyxl.chart.marker.ColorChoice(prstClr = "black")
#使用垂直条纹样式(myPattern)作为各个柱子的填充样式
#myBarChart.series[0].graphicalProperties.pattFill = myPattern
#使用垂直条纹样式(myPattern)作为第2个柱子的填充样式
myColumn2 = openpyxl.chart.marker.DataPoint(idx = 1)
myColumn2.graphicalProperties.pattFill = myPattern
myBarChart.series[0].dPt.append(myColumn2)
#使用垂直条纹样式(myPattern)作为第4个柱子的填充样式
myColumn4 = openpyxl.chart.marker.DataPoint(idx = 3)
myColumn4.graphicalProperties.pattFill = myPattern
myBarChart.series[0].dPt.append(myColumn4)
#在柱形图(myBarChart)上禁止绘制图例
myBarChart.legend = None
#在柱形图(myBarChart)上禁止绘制y轴的主刻度线
myBarChart.y_axis.majorGridlines = None
myBarChart.title = "使用柱形图展示华茂集团员工人数"
mySheet.add_chart(myBarChart, "C1")
myBook.save('结果表 - 员工表.xlsx')
```

在上面这段代码中，myPattern＝openpyxl. chart. marker. PatternFillProperties（prst＝"ltVert"）表示创建垂直条纹样式（myPattern）。myColumn2＝openpyxl. chart. marker. DataPoint(idx＝1)表示第2个柱子(myColumn2)。myColumn2. graphicalProperties. pattFill＝myPattern 表示使用垂直条纹样式（myPattern）填充第2个柱子（myColumn2）。myBarChart. series[0]. dPt. append(myColumn2)表示在柱形图（myBarChart）的第一个系列（series[0]）中添加第2个柱子（myColumn2），即在柱形图中应用第2个柱子的填充样式。

此案例的源文件是 MyCode\A447\A447. py。

182　自定义柱形图柱子的填充颜色

此案例主要通过使用指定的颜色设置柱形图指定柱子(myColumns[0])的填充颜色(myColumns[0]. graphicalProperties. solidFill 属性)，从而实现在柱形图中自定义各个柱子的填充颜色。当运行此案例的 Python 代码(A443. py 文件)之后，在"员工表. xlsx"文件中将根据员工表的员工人数创建柱形图，并使用指定的颜色自定义柱形图的各个柱子的填充颜色，如图182-1所示。

图　182-1

A443. py 文件的 Python 代码如下：

```
import openpyxl
myBook = openpyxl.load_workbook('员工表.xlsx')
mySheet = myBook.active
myBarChart = openpyxl.chart.BarChart()
myBarChart.add_data(openpyxl.chart.Reference(mySheet,min_col = 2,
                        min_row = 3,max_row = 8),titles_from_data = True)
myBarChart.set_categories(openpyxl.chart.Reference(mySheet,
                        min_col = 1,min_row = 4,max_row = 8))
myBarChart.legend = None
myBarChart.title = "使用柱形图展示华茂集团员工人数"
myBarChart.style = 26
# 自定义柱形图(myBarChart)各个柱子的填充颜色
myColumns = [openpyxl.chart.series.DataPoint(idx = i) for i in range(5)]
```

```
myBarChart.series[0].data_points = myColumns
myColumns[0].graphicalProperties.solidFill = "FAE1D0"
myColumns[1].graphicalProperties.solidFill = "BB2244"
myColumns[2].graphicalProperties.solidFill = "22DD22"
myColumns[3].graphicalProperties.solidFill = "61210B"
myColumns[4].graphicalProperties.solidFill = "915102"
mySheet.add_chart(myBarChart,"C1")
myBook.save('结果表－员工表.xlsx')
```

在上面这段代码中,myColumns[1].graphicalProperties.solidFill ＝"BB2244"表示使用深红色
(BB2244)填充第 2 个柱子(myColumns[1])。

此案例的源文件是 MyCode\A443\A443.py。

观看视频

183　自定义柱形图柱子的边框颜色

此案例主要通过使用指定的颜色设置柱形图指定柱子(myColumns[0])的边框颜色(myColumns
[0].graphicalProperties.line.solidFill 属性),从而实现在柱形图中自定义各个柱子的边框颜色。当
运行此案例的 Python 代码(A444.py 文件)之后,在"员工表.xlsx"文件中将根据员工表的员工人数
创建柱形图,并使用指定的颜色自定义柱形图的各个柱子的边框颜色,如图 183-1 所示。

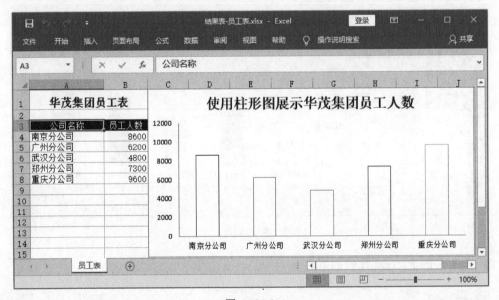

图　183-1

A444.py 文件的 Python 代码如下:

```
import openpyxl
myBook = openpyxl.load_workbook('员工表.xlsx')
mySheet = myBook.active
myBarChart = openpyxl.chart.BarChart()
myBarChart.add_data(openpyxl.chart.Reference(mySheet,min_col = 2,
                            min_row = 3,max_row = 8),titles_from_data = True)
myBarChart.set_categories(openpyxl.chart.Reference(mySheet,
                            min_col = 1,min_row = 4,max_row = 8))

myBarChart.legend = None
```

```
myBarChart.y_axis.majorGridlines = None
myBarChart.title = "使用柱形图展示华茂集团员工人数"
myColumns = [openpyxl.chart.series.DataPoint(idx = i) for i in range(5)]
myBarChart.series[0].data_points = myColumns
#取消第1个柱子的填充颜色
myColumns[0].graphicalProperties.noFill = True
#设置第1个柱子的边框颜色为黑色
myColumns[0].graphicalProperties.line.solidFill = "000000"
#取消第2个柱子的填充颜色
myColumns[1].graphicalProperties.noFill = True
#设置第2个柱子的边框颜色为红色
myColumns[1].graphicalProperties.line.solidFill = "FF0000"
#取消第3个柱子的填充颜色
myColumns[2].graphicalProperties.noFill = True
#设置第3个柱子的边框颜色为绿色
myColumns[2].graphicalProperties.line.solidFill = "00FF00"
#取消第4个柱子的填充颜色
myColumns[3].graphicalProperties.noFill = True
#设置第4个柱子的边框颜色为蓝色
myColumns[3].graphicalProperties.line.solidFill = "0000FF"
#取消第5个柱子的填充颜色
myColumns[4].graphicalProperties.noFill = True
#设置第5个柱子的边框颜色为青色
myColumns[4].graphicalProperties.line.solidFill = "00FFFF"
mySheet.add_chart(myBarChart,"C1")
myBook.save('结果表 - 员工表.xlsx')
```

在上面这段代码中，myColumns[0].graphicalProperties.noFill＝True 表示取消第1个柱子的填充颜色。myColumns[0].graphicalProperties.line.solidFill＝"000000"表示使用黑色绘制第1个柱子的边框。

此案例的源文件是 MyCode\A444\A444.py。

184　在柱形图的柱子顶端添加数值

观看视频

此案例主要通过设置柱形图的 showVal 属性值为 True，从而实现在柱形图的各个柱子顶端（数据点）添加该柱子代表的数值。当运行此案例的 Python 代码（A438.py 文件）之后，在"员工表.xlsx"文件中将根据员工表的员工人数创建柱形图，并在柱形图的各个柱子顶端（数据点）添加该柱子代表的数值，如图 184-1 所示。

A438.py 文件的 Python 代码如下：

```
import openpyxl
myBook = openpyxl.load_workbook('员工表.xlsx')
mySheet = myBook.active
myBarChart = openpyxl.chart.BarChart()
myBarChart.add_data(openpyxl.chart.Reference(mySheet,min_col = 2,
                                              min_row = 4,max_row = 8))
myBarChart.set_categories(openpyxl.chart.Reference(mySheet,min_col = 1,
                                                   min_row = 4,max_row = 8))
myBarChart.dLbls = openpyxl.chart.label.DataLabelList()
#在柱形图(myBarChart)的顶端显示数值
```

图　184-1

```
myBarChart.dLbls.showVal = True
myBarChart.style = 27
myBarChart.legend = None
myBarChart.title = "使用柱形图展示华茂集团员工人数"
mySheet.add_chart(myBarChart,"C1")
myBook.save('结果表 – 员工表.xlsx')
```

在上面这段代码中，myBarChart. dLbls. showVal＝True 表示在柱形图的各个柱子的顶端显示该柱子代表的数值，该数值来自在 BarChart. add_data()方法中添加的数据。

此案例的源文件是 MyCode\A438\A438. py。

观看视频

185　自定义柱形图柱子的字体大小

此案例主要通过使用自定义字体（openpyxl. chart. text. RichText）设置柱形图的 txPr 属性，从而实现在柱形图中自定义柱子顶端数字（文本）的字体大小。当运行此案例的 Python 代码（A439. py 文件）之后，在"员工表. xlsx"文件中将根据员工表的员工人数创建柱形图，并以指定的字体大小自定义柱形图的柱子顶端的数字（文本），如图 185-1 所示。

A439. py 文件的 Python 代码如下：

```
import openpyxl
myBook = openpyxl.load_workbook('员工表.xlsx')
mySheet = myBook.active
myBarChart = openpyxl.chart.BarChart()
myBarChart.add_data(openpyxl.chart.Reference(mySheet,min_col = 2,
                                             min_row = 4,max_row = 8))
myBarChart.set_categories(openpyxl.chart.Reference(mySheet,min_col = 1,
                                                   min_row = 4,max_row = 8))
myBarChart.dLbls = openpyxl.chart.label.DataLabelList()
myBarChart.dLbls.showVal = True
#自定义在柱形图(myBarChart)的各个柱子顶端的数字(文本)的字体大小
```

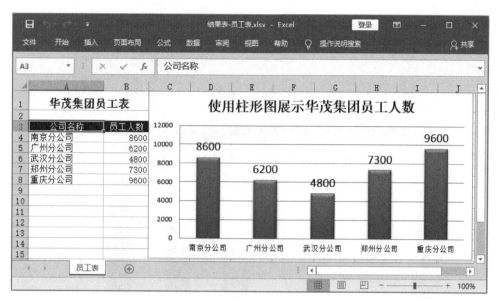

图　185-1

```
myText = openpyxl.drawing.text.CharacterProperties(sz = 1600)
myBarChart.dLbls.txPr = openpyxl.chart.text.RichText(p =
        [openpyxl.drawing.text.Paragraph(pPr =
         openpyxl.drawing.text.ParagraphProperties(defRPr = myText),
endParaRPr = myText)])
myBarChart.style = 27
myBarChart.legend = None
myBarChart.title = "使用柱形图展示华茂集团员工人数"
mySheet.add_chart(myBarChart,"C1")
myBook.save('结果表 - 员工表.xlsx')
```

在上面这段代码中，myText＝openpyxl.drawing.text.CharacterProperties(sz＝1600)表示以指定的字体大小创建字符属性，sz＝1600 表示字体大小。myBarChart.dLbls.txPr＝ openpyxl.chart.text.RichText (p ＝ [openpyxl. drawing. text. Paragraph (pPr ＝ openpyxl. drawing. text. ParagraphProperties(defRPr＝myText),endParaRPr＝myText)])表示根据创建的字符属性设置柱形图各个柱子顶端的数字(文本)的字体大小。

此案例的源文件是 MyCode\A439\A439.py。

186　根据工作表的行数据创建柱形图

观看视频

此案例主要通过在 openpyxl.chart.BarChart 的 add_data()方法中设置 from_rows 参数值为True，从而实现根据工作表的行(数据)创建柱形图。当运行此案例的 Python 代码(A452.py 文件)之后，在"员工表.xlsx"文件中将根据员工表的行(员工人数)创建柱形图，如图 186-1 所示。

A452.py 文件的 Python 代码如下：

```
import openpyxl
myBook = openpyxl.load_workbook('员工表.xlsx')
mySheet = myBook.active
# 创建柱形图(myBarChart)
```

图   186-1

```
myBarChart = openpyxl.chart.BarChart()
# 设置柱形图(myBarChart)各个柱子的高度(大小)
myBarChart.add_data(openpyxl.chart.Reference(mySheet,
            min_col = 2, min_row = 4, max_col = 6, max_row = 4), from_rows = True)
# 设置柱形图(myBarChart)的 x 轴的公司名称标签
myBarChart.set_categories(openpyxl.chart.Reference(mySheet,
            min_col = 2, max_col = 6, min_row = 3, max_row = 3))
# 设置柱形图(myBarChart)的样式
myBarChart.style = 26
# 自定义柱形图(myBarChart)的各个柱子的颜色
myColumns = [openpyxl.chart.series.DataPoint(idx = i) for i in range(5)]
myBarChart.series[0].data_points = myColumns
myColumns[0].graphicalProperties.solidFill = "FAE1D0"
myColumns[1].graphicalProperties.solidFill = "BB2244"
myColumns[2].graphicalProperties.solidFill = "22DD22"
myColumns[3].graphicalProperties.solidFill = "61210B"
myColumns[4].graphicalProperties.solidFill = "915102"
# 在柱形图(myBarChart)上禁止绘制图例
myBarChart.legend = None
# 设置柱形图(myBarChart)的标题
myBarChart.title = "使用柱形图展示华茂集团员工人数"
# 将柱形图(myBarChart)添加到员工表(mySheet)的 A5 单元格
mySheet.add_chart(myBarChart, "A5")
myBook.save('结果表 - 员工表.xlsx')
```

在上面这段代码中, myBarChart.add_data(openpyxl.chart.Reference(mySheet, min_col = 2, min_row = 4, max_col = 6, max_row = 4), from_rows = True)表示根据员工表(mySheet)的 B4~F4 单元格之间的数据设置柱形图各个柱子的高度, from_rows = True 表示以行方式获取数据; 如果 from_rows = False 或未设置此参数, 则不能实现此案例所示的效果。myBarChart.set_categories （openpyxl. chart. Reference(mySheet,min_col＝2,max_col＝6，min_row＝3,max_row＝3)）表示根据员工表(mySheet)B3～F3 单元格之间的数据设置柱形图(myBarChart)的 x 轴的公司名称标签。

此案例的源文件是 MyCode\A452\A452. py。

187　根据工作表多列数据创建柱形图

观看视频

此案例主要通过在 openpyxl. chart. BarChart 的 add_data()方法的参数中设置多（两）个列,从而实现根据工作表的多列数据创建柱形图。当运行此案例的 Python 代码(A398. py 文件)之后,在"员工表. xlsx"文件中将根据员工表的 2018 年员工人数和 2019 年员工人数这两列数据创建柱形图,如图 187-1 所示。

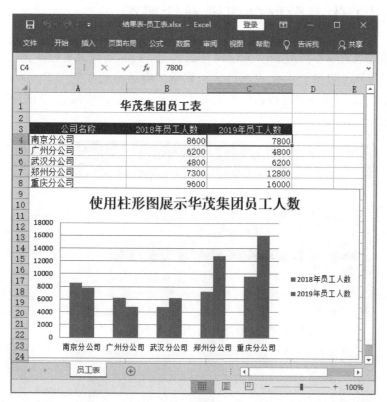

图　187-1

A398. py 文件的 Python 代码如下:

```
import openpyxl
myBook = openpyxl.load_workbook('员工表.xlsx')
mySheet = myBook.active
myBarChart = openpyxl.chart.BarChart()
myBarChart.add_data(openpyxl.chart.Reference(mySheet,
        min_col = 2,max_col = 3,min_row = 3,max_row = 8),titles_from_data = True)
myBarChart.set_categories(openpyxl.chart.Reference(mySheet,
                                    min_col = 1,min_row = 4,max_row = 8))
myBarChart.title = "使用柱形图展示华茂集团员工人数"
mySheet.add_chart(myBarChart,"A9")
myBook.save('结果表 - 员工表.xlsx')
```

在上面这段代码中,myBarChart＝openpyxl.chart.BarChart()表示创建柱形图(myBarChart)。myBarChart.add_data(openpyxl.chart.Reference(mySheet,min_col＝2,max _col＝3,min_row＝3,max_row＝8),titles_from_data＝True)表示根据员工表(mySheet)B4～C8 单元格的两列数据设置柱形图各个柱子的高度。titles_from_data＝True 表示使用员工表(mySheet)B3 和 C3 单元格的数据作为柱形图(myBarChart)的图例标题。myBarChart.set _categories(openpyxl.chart.Reference(mySheet,min_col＝1,min_row＝4,max_row＝8))表示根据员工表(mySheet)A4～A8 单元格的数据设置柱形图(myBarChart)的 x 轴的公司名称标签。mySheet.add_chart(myBarChart,"A9")表示将柱形图(myBarChart)添加到员工表(mySheet)的 A9 单元格。

此案例的源文件是 MyCode\A398\A398.py。

观看视频

188 根据工作表数据创建堆叠柱形图

此案例主要通过设置柱形图的 grouping 属性值为 stacked,同时设置柱形图的 overlap 属性值为100,从而实现在柱形图上以堆叠的样式展示多列数据。当运行此案例的 Python 代码(A404.py 文件)之后,在"收入表.xlsx"文件中将根据收入表的 1 季度、2 季度、3 季度、4 季度这四列数据创建堆叠柱形图,如图 188-1 所示。

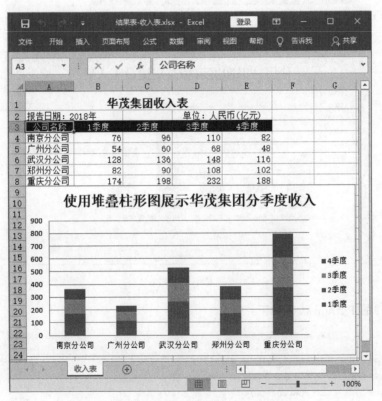

图　188-1

A404.py 文件的 Python 代码如下:

```
import openpyxl
myBook = openpyxl.load_workbook('收入表.xlsx')
mySheet = myBook.active
# 创建柱形图(myBarChart)
```

```
myBarChart = openpyxl.chart.BarChart()
#设置柱形图(myBarChart)各个柱子的大小
myBarChart.add_data(openpyxl.chart.Reference(mySheet,
    min_col = 2,max_col = 5,min_row = 3,max_row = 8),titles_from_data = True)
#设置柱形图(myBarChart)的x轴的公司名称标签
myBarChart.set_categories(openpyxl.chart.Reference(mySheet,
                    min_col = 1,min_row = 4,max_row = 8))
#设置柱形图(myBarChart)的标题
myBarChart.title = "使用堆叠柱形图展示华茂集团分季度收入"
#表示以堆叠样式展示柱形图(myBarChart)
myBarChart.grouping = "stacked"
#表示根据多个列创建的多个柱子(完全)堆叠在一起,否则将出现交错
myBarChart.overlap = 100
#将柱形图(myBarChart)添加到收入表(mySheet)的A9单元格
mySheet.add_chart(myBarChart,"A9")
myBook.save('结果表 - 收入表.xlsx')
```

在上面这段代码中,myBarChart.grouping = "stacked"表示以堆叠样式绘制柱形图。myBarChart.overlap=100表示根据多列数据创建的堆叠柱子(完全)堆叠在一起,否则将出现交错;如果设置myBarChart.overlap=50,则表示根据多列数据创建的堆叠柱子只有50%堆叠在一起,如图188-2所示。

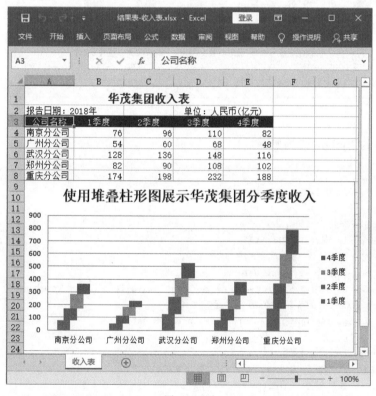

图　188-2

此案例的源文件是 MyCode\A404\A404.py。

189　根据比例创建百分比堆叠柱形图

观看视频

此案例主要通过设置柱形图的grouping属性值为percentStacked,同时设置柱形图的overlap属性值为100,从而实现根据所占比例创建百分比堆叠柱形图。当运行此案例的Python代码(A405.py

文件)之后,在"收入表.xlsx"文件中将根据收入表的 1 季度、2 季度、3 季度、4 季度这四列数据创建百分比堆叠柱形图,如图 189-1 所示。

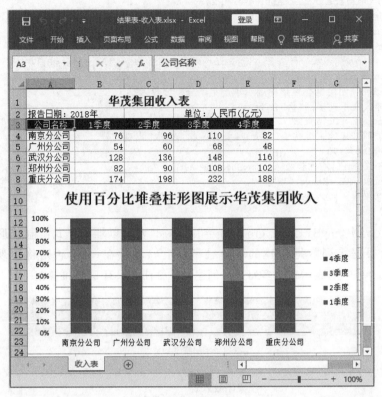

图 189-1

A405.py 文件的 Python 代码如下:

```python
import openpyxl
myBook = openpyxl.load_workbook('收入表.xlsx')
mySheet = myBook.active
#创建柱形图(myBarChart)
myBarChart = openpyxl.chart.BarChart()
#设置柱形图(myBarChart)各个柱子的大小
myBarChart.add_data(openpyxl.chart.Reference(mySheet,
        min_col = 2, max_col = 5, min_row = 3, max_row = 8), titles_from_data = True)
#设置柱形图(myBarChart)的 x 轴的公司名称标签
myBarChart.set_categories(openpyxl.chart.Reference(mySheet,
                                        min_col = 1, min_row = 4, max_row = 8))
#设置柱形图(myBarChart)的标题
myBarChart.title = "使用百分比堆叠柱形图展示华茂集团收入"
#表示以百分比堆叠样式展示柱形图(myBarChart)
myBarChart.grouping = "percentStacked"
#表示根据多列数据创建的多个柱子 100 % 堆叠在一起,否则将出现交错
myBarChart.overlap = 100
#将柱形图(myBarChart)添加到收入表(mySheet)的 A9 单元格
mySheet.add_chart(myBarChart, "A9")
myBook.save('结果表 - 收入表.xlsx')
```

在上面这段代码中,myBarChart. grouping = "percentStacked"表示以百分比堆叠样式绘制柱形图。myBarChart. overlap = 100 表示根据多列数据创建的各个柱子 100% 堆叠在一起,否则将出现交错。

观看视频

此案例的源文件是 MyCode\A405\A405.py。

190 根据工作表数据创建 3D 柱形图

此案例主要通过在 openpyxl.chart.BarChart3D 的 add_data()方法的参数中设置多（两）个列，从而实现根据工作表的多列数据创建 3D 柱形图。当运行此案例的 Python 代码（A399.py 文件）之后，在"员工表.xlsx"文件中将根据员工表的 2018 年员工人数和 2019 年员工人数这两列数据创建 3D 柱形图，如图 190-1 所示。

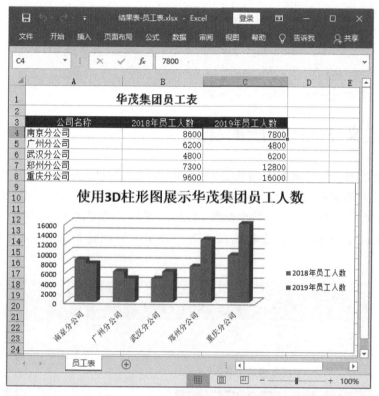

图 190-1

A399.py 文件的 Python 代码如下：

```python
import openpyxl
myBook = openpyxl.load_workbook('员工表.xlsx')
mySheet = myBook.active
myBarChart3D = openpyxl.chart.BarChart3D()
myBarChart3D.add_data(openpyxl.chart.Reference(mySheet,
        min_col = 2, max_col = 3, min_row = 3, max_row = 8), titles_from_data = True)
myBarChart3D.set_categories(openpyxl.chart.Reference(mySheet,
                            min_col = 1, min_row = 4, max_row = 8))
myBarChart3D.title = "使用 3D 柱形图展示华茂集团员工人数"
mySheet.add_chart(myBarChart3D, "A9")
myBook.save('结果表－员工表.xlsx')
```

在上面这段代码中，myBarChart3D = openpyxl.chart.BarChart3D()表示创建 3D 柱形图（myBarChart3D）。myBarChart3D.add_data(openpyxl.chart.Reference(mySheet, min_col = 2, max_ col＝3，min_row＝3，max_row＝8)，titles_from_data＝True)表示根据员工表(mySheet)B4~C8 的两列数据设置 3D 柱形图(myBarChart3D)各个柱子的高度，titles_from_data＝True 表示使用员工表(mySheet)B3 和 C3 单元格的数据作为 3D 柱形图(myBarChart3D)的图例标题。如果仅使用员工表(mySheet)的 B 列数据(2018 年员工人数)创建 3D 柱形图，则应该设置 myBarChart3D. add_data (openpyxl. chart. Reference(mySheet，min_col＝2，min_row＝3，max_ row＝8)，titles_from_data＝True)；如果仅使用员工表(mySheet)的 C 列数据(2019 年员工人数)创建 3D 柱形图，则应该设置 myBarChart3D. add_data (openpyxl. chart. Reference(mySheet，min_col＝3，min_row＝3，max_row＝8)，titles_from_ data＝True)。

myBarChart3D. set_categories(openpyxl. chart. Reference(mySheet，min_col＝1，min_row＝4，max_row＝8))表示根据员工表(mySheet)A4~A8 的单元格数据设置 3D 柱形图(myBarChart3D)x 轴的公司名称标签。mySheet. add_chart(myBarChart3D，"A9")表示将 3D 柱形图(myBarChart3D)添加到员工表(mySheet)的 A9 单元格。

此案例的源文件是 MyCode\A399\A399. py。

观看视频

191 自定义 3D 柱形图的样式

此案例主要通过预置的样式数字设置 3D 柱形图的 style 属性，从而实现在 3D 柱形图中自定义样式。当运行此案例的 Python 代码(A402. py 文件)之后，如果设置 style 属性值为 5，则在"员工表. xlsx"文件中根据员工表的员工人数创建的 3D 柱形图的效果如图 191-1 所示；如果设置 style 属性值为 14，则在"员工表. xlsx"文件中根据员工表的员工人数创建的 3D 柱形图的效果如图 191-2 所示。

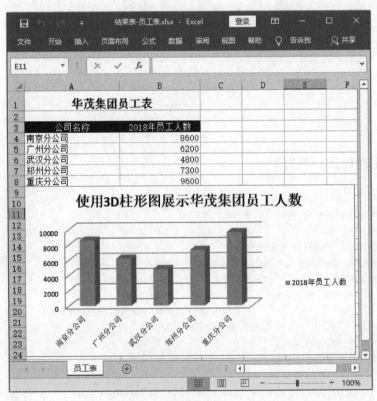

图 191-1

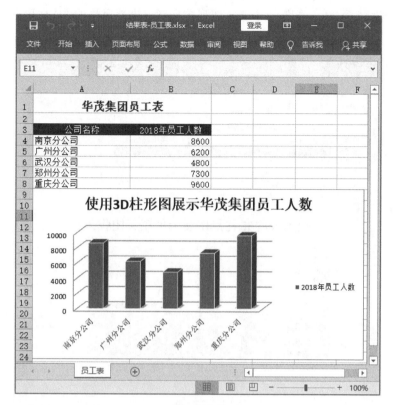

图　191-2

A402.py 文件的 Python 代码如下：

```
import openpyxl
myBook = openpyxl.load_workbook('员工表.xlsx')
mySheet = myBook.active
myBarChart3D = openpyxl.chart.BarChart3D()
myBarChart3D.add_data(openpyxl.chart.Reference(mySheet,
                  min_col = 2,min_row = 3,max_row = 8),titles_from_data = True)
myBarChart3D.set_categories(openpyxl.chart.Reference(mySheet,
                  min_col = 1,min_row = 4,max_row = 8))
myBarChart3D.title = "使用 3D 柱形图展示华茂集团员工人数"
# 设置 3D 柱形图(myBarChart3D)的样式
# myBarChart3D.style = 5
myBarChart3D.style = 14
mySheet.add_chart(myBarChart3D,"A9")
myBook.save('结果表 - 员工表.xlsx')
```

在上面这段代码中，myBarChart3D.style＝14 表示设置 3D 柱形图(myBarChart3D)的样式，该属性的取值范围为 1～48。

此案例的源文件是 MyCode\A402\A402.py。

192　根据多列数据创建堆叠 3D 柱形图

此案例主要通过设置 3D 柱形图的 grouping 属性值为 stacked，从而实现根据工作表的多列数据创建堆叠 3D 柱形图。当运行此案例的 Python 代码(A406.py 文件)之后，在"收入表.xlsx"文件中将

观看视频

根据收入表的 1 季度、2 季度、3 季度、4 季度这四列数据创建堆叠风格的 3D 柱形图,如图 192-1 所示。

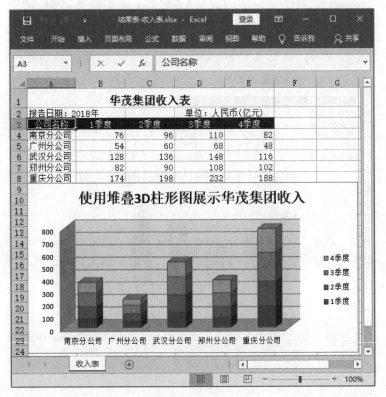

图 192-1

A406.py 文件的 Python 代码如下:

```python
import openpyxl
myBook = openpyxl.load_workbook('收入表.xlsx')
mySheet = myBook.active
#创建 3D 柱形图(myBarChart3D)
myBarChart3D = openpyxl.chart.BarChart3D()
#设置 3D 柱形图(myBarChart3D)各个柱子的大小
myBarChart3D.add_data(openpyxl.chart.Reference(mySheet,
        min_col = 2, max_col = 5, min_row = 3, max_row = 8), titles_from_data = True)
#设置 3D 柱形图(myBarChart3D)x 轴的公司名称标签
myBarChart3D.set_categories(openpyxl.chart.Reference(mySheet,
                                    min_col = 1, min_row = 4, max_row = 8))
#设置 3D 柱形图(myBarChart3D)的标题
myBarChart3D.title = "使用堆叠 3D 柱形图展示华茂集团收入"
#表示以堆叠样式展示 3D 柱形图(myBarChart3D)
myBarChart3D.grouping = "stacked"
#设置 3D 柱形图(myBarChart3D)的样式(1~48)
myBarChart3D.style = 35
#将 3D 柱形图(myBarChart3D)添加到收入表(mySheet)的 A9 单元格
mySheet.add_chart(myBarChart3D, "A9")
myBook.save('结果表 - 收入表.xlsx')
```

在上面这段代码中,myBarChart3D.grouping = "stacked"表示以堆叠样式展示 3D 柱形图 (myBarChart3D)。在以堆叠样式展示的 3D 柱形图中,每个柱子由工作表的多列数据组成,各个组成部分表示该列单元格的数值,整个柱子的大小表示所有列的单元格数值之和。

此案例的源文件是 MyCode\A406\A406.py。

193 创建百分比风格的堆叠 3D 柱形图

观看视频

此案例主要通过设置 3D 柱形图的 grouping 属性值为 percentStacked,从而实现根据工作表的多列数据所占比例创建百分比堆叠 3D 柱形图。当运行此案例的 Python 代码(A407.py 文件)之后,在"收入表.xlsx"文件中将根据收入表的 1 季度、2 季度、3 季度、4 季度这四列数据按比例创建百分比堆叠 3D 柱形图,如图 193-1 所示。

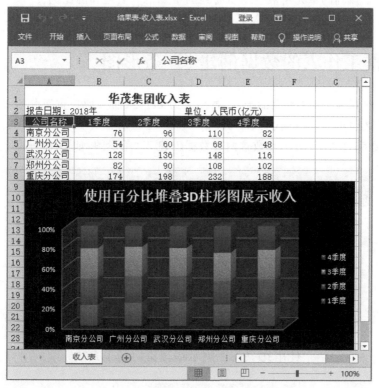

图 193-1

A407.py 文件的 Python 代码如下:

```
import openpyxl
myBook = openpyxl.load_workbook('收入表.xlsx')
mySheet = myBook.active
#创建 3D 柱形图(myBarChart3D)
myBarChart3D = openpyxl.chart.BarChart3D()
#设置 3D 柱形图(myBarChart3D)各个柱子的大小
myBarChart3D.add_data(openpyxl.chart.Reference(mySheet,
        min_col = 2, max_col = 5, min_row = 3, max_row = 8), titles_from_data = True)
#设置 3D 柱形图(myBarChart3D)x 轴的公司名称标签
myBarChart3D.set_categories(openpyxl.chart.Reference(mySheet,
                        min_col = 1, min_row = 4, max_row = 8))
#设置 3D 柱形图(myBarChart3D)的标题
myBarChart3D.title = "使用百分比堆叠 3D 柱形图展示收入"
```

```
♯表示以百分比堆叠样式展示 3D 柱形图(myBarChart3D)
myBarChart3D.grouping = "percentStacked"
♯设置 3D 柱形图(myBarChart3D)的样式(1～48)
myBarChart3D.style = 42
♯将 3D 柱形图(myBarChart3D)添加到收入表(mySheet)的 A9 单元格
mySheet.add_chart(myBarChart3D,"A9")
myBook.save('结果表 - 收入表.xlsx')
```

在上面这段代码中，myBarChart3D.grouping＝"percentStacked"表示以百分比堆叠样式展示 3D 柱形图(myBarChart3D)。在以百分比堆叠样式展示的 3D 柱形图中，每个柱子由多列数据组成，各个组成部分的占比表示该列的单元格数值与所有列的单元格数值之和的比例。

此案例的源文件是 MyCode\A407\A407.py。

观看视频

194　根据工作表的数据创建 3D 条形图

此案例主要通过设置 3D 柱形图的 type 属性值为 bar，从而实现根据工作表的多列数据创建 3D 条形图。当运行此案例的 Python 代码(A400.py 文件)之后，在"员工表.xlsx"文件中将根据员工表的 2018 年员工人数和 2019 年员工人数这两列数据创建 3D 条形图，如图 194-1 所示。

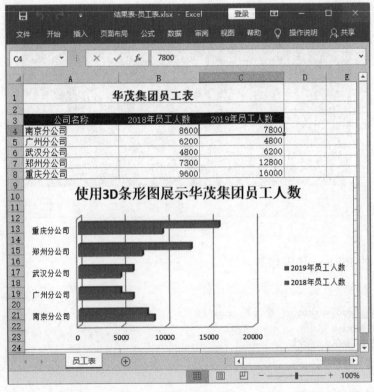

图　194-1

A400.py 文件的 Python 代码如下：

```
import openpyxl
myBook = openpyxl.load_workbook('员工表.xlsx')
mySheet = myBook.active
```

```
＃创建 3D 柱形图(myBarChart3D)
myBarChart3D = openpyxl.chart.BarChart3D()
＃设置 3D 柱形图(myBarChart3D)各个柱子的大小
myBarChart3D.add_data(openpyxl.chart.Reference(mySheet,
     min_col = 2, max_col = 3, min_row = 3, max_row = 8), titles_from_data = True)
＃设置 3D 柱形图(myBarChart3D)的公司名称标签
myBarChart3D.set_categories(openpyxl.chart.Reference(mySheet,
                              min_col = 1, min_row = 4, max_row = 8))
＃使用 3D 条形图风格显示 3D 柱形图(myBarChart3D)
myBarChart3D.type = "bar"
＃设置 3D 柱形图(myBarChart3D)的标题
myBarChart3D.title = "使用 3D 条形图展示华茂集团员工人数"
＃将 3D 柱形图添加到员工表(mySheet)的 A9 单元格
mySheet.add_chart(myBarChart3D,"A9")
myBook.save('结果表 - 员工表.xlsx')
```

在上面这段代码中,myBarChart3D.type＝"bar"表示 3D 柱形图(myBarChart3D)以 3D 条形图的风格显示。

此案例的源文件是 MyCode\A400\A400.py。

195　根据多列数据创建堆叠 3D 条形图

观看视频

此案例主要通过设置 3D 柱形图的 grouping 属性值为 stacked,同时设置 BarChart3D 的 type 属性值为 bar,从而实现根据工作表的多列数据创建堆叠 3D 条形图。当运行此案例的 Python 代码(A408.py 文件)之后,在"收入表.xlsx"文件中将根据收入表的 1 季度、2 季度、3 季度、4 季度这四列数据创建堆叠风格的 3D 条形图,如图 195-1 所示。

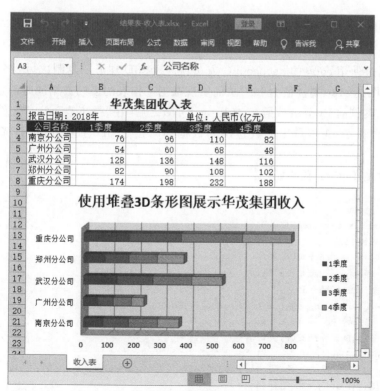

图　195-1

A408.py 文件的 Python 代码如下：

```python
import openpyxl
myBook = openpyxl.load_workbook('收入表.xlsx')
mySheet = myBook.active
#创建 3D 柱形图(myBarChart3D)
myBarChart3D = openpyxl.chart.BarChart3D()
#设置 3D 柱形图(myBarChart3D)各个柱子的大小
myBarChart3D.add_data(openpyxl.chart.Reference(mySheet,
        min_col = 2,max_col = 5,min_row = 3,max_row = 8),titles_from_data = True)
#设置 3D 柱形图(myBarChart3D)的公司名称标签
myBarChart3D.set_categories(openpyxl.chart.Reference(mySheet,
                                        min_col = 1,min_row = 4,max_row = 8))
#设置 3D 柱形图(myBarChart3D)的标题
myBarChart3D.title = "使用堆叠 3D 条形图展示华茂集团收入"
#3D 柱形图(myBarChart3D)以 3D 条形图的样式展示
myBarChart3D.type = "bar"
#3D 柱形图(myBarChart3D)以堆叠样式展示
myBarChart3D.grouping = "stacked"
#设置 3D 柱形图(myBarChart3D)的样式(1~48)
myBarChart3D.style = 35
#将 3D 柱形图(myBarChart3D)添加到收入表(mySheet)的 A9 单元格
mySheet.add_chart(myBarChart3D,"A9")
myBook.save('结果表 - 收入表.xlsx')
```

在上面这段代码中，myBarChart3D.type＝"bar"表示 3D 柱形图(myBarChart3D)以 3D 条形图风格展示。myBarChart3D.grouping＝"stacked"表示 3D 柱形图(myBarChart3D)以堆叠样式展示。

此案例的源文件是 MyCode\A408\A408.py。

观看视频

196 使用深度复制方法创建 3D 条形图

此案例主要通过使用 copy 的 deepcopy()方法，将一个 3D 柱形图复制成另一个 3D 柱形图，并设置另一个 3D 柱形图的 type 属性值为 bar，从而实现根据工作表的多列数据同时创建 3D 柱形图和 3D 条形图。当运行此案例的 Python 代码(A401.py 文件)之后，在"员工表.xlsx"文件中将根据员工表的 2018 年员工人数和 2019 年员工人数这两列数据同时创建 3D 柱形图和 3D 条形图，如图 196-1 所示。

A401.py 文件的 Python 代码如下：

```python
import openpyxl,copy
myBook = openpyxl.load_workbook('员工表.xlsx')
mySheet = myBook.active
#创建 3D 柱形图(myBarChart3D)
myBarChart3D = openpyxl.chart.BarChart3D()
#设置 3D 柱形图(myBarChart3D)的大小
myBarChart3D.add_data(openpyxl.chart.Reference(mySheet,
        min_col = 2,max_col = 3,min_row = 3,max_row = 8),titles_from_data = True)
#设置 3D 柱形图(myBarChart3D)的公司名称标签
myBarChart3D.set_categories(openpyxl.chart.Reference(mySheet,
                                        min_col = 1,min_row = 4,max_row = 8))
#设置 3D 柱形图(myBarChart3D)的标题
```

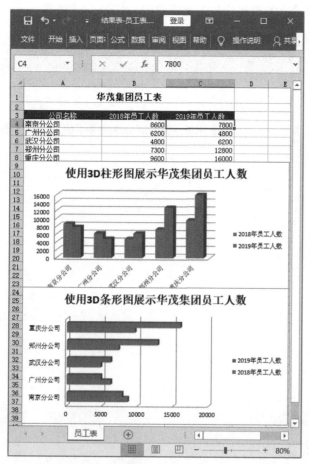

图　196-1

```
myBarChart3D.title = "使用 3D 柱形图展示华茂集团员工人数"
#将 3D 柱形图(myBarChart3D)添加到员工表(mySheet)的 A9 单元格
mySheet.add_chart(myBarChart3D, "A9")
#将 3D 柱形图(myBarChart3D)深度复制成 3D 柱形图(myChart3D)
myChart3D = copy.deepcopy(myBarChart3D)
myChart3D.type = "bar"
myChart3D.title = "使用 3D 条形图展示华茂集团员工人数"
#将 3D 柱形图(myChart3D)添加到员工表(mySheet)的 A24 单元格
mySheet.add_chart(myChart3D, "A24")
myBook.save('结果表 - 员工表.xlsx')
```

在上面这段代码中，myChart3D＝copy. deepcopy(myBarChart3D)表示将柱形图(myBarChart3D)复制成另一个柱形图(myChart3D)。myChart3D. type＝"bar"表示 3D 柱形图(myChart3D)以 3D 条形图风格显示。

此案例的源文件是 MyCode\A401\A401. py。

197　根据工作表的数据创建折线图

此案例主要通过使用 openpyxl. chart. LineChart 的 add_data( )和 set_categories( )方法，从而实现根据工作表的数据创建折线图。当运行此案例的 Python 代码(A409. py 文件)之后，在"房价

观看视频

表.xlsx"文件中将根据房价表的销售均价创建折线图，如图 197-1 所示。

图　197-1

A409.py 文件的 Python 代码如下：

```
import openpyxl
myBook = openpyxl.load_workbook('房价表.xlsx')
mySheet = myBook.active
#创建折线图(myLineChart)
myLineChart = openpyxl.chart.LineChart()
#设置折线图(myLineChart)的数据点(在 y 轴上的位置)
myLineChart.add_data(openpyxl.chart.Reference(mySheet,
    min_col = 2,max_col = 2,min_row = 3,max_row = 15),titles_from_data = True)
#设置折线图(myLineChart)x 轴的月份标签
myLineChart.set_categories(openpyxl.chart.Reference(mySheet,
                    min_col = 1,min_row = 4,max_row = 15))
#设置折线图(myLineChart)的标题
myLineChart.title = "使用折线图展示 2018 年度房价走势"
#将折线图(myLineChart)添加到房价表(mySheet)的 C1 单元格
mySheet.add_chart(myLineChart,"C1")
myBook.save('结果表－房价表.xlsx')
```

在上面这段代码中，myLineChart＝openpyxl. chart. LineChart()表示创建折线图(myLineChart)。myLineChart. add_data(openpyxl. chart. Reference(mySheet, min_col＝2， max_col＝2， min_row＝3, max_row＝15)，titles_from_data＝True)表示根据房价表(mySheet)B4～B15 的单元格数据设置折线图(myLineChart)的数据点，titles_from_data＝True 表示使用房价表(mySheet)B3 单元格的数据设置折线图(myLineChart)的图例。myLineChart. set_categories(openpyxl. chart. Reference(mySheet, min_col＝1, min_row＝ 4,max_row＝15))表示根据房价表(mySheet)A4～A15 的单元格数据设置折线图(myLineChart)x 轴的月份标签。mySheet. add_chart(myLineChart,"C1")表示将折线图(myLineChart)添加到房价表(mySheet)的 C1 单元格。

此案例的源文件是 MyCode\A409\A409.py。

198 禁止在折线图中绘制默认的图例

此案例主要通过设置折线图的 legend 属性值为 None,从而实现在折线图中禁止绘制右端的默认图例。当运行此案例的 Python 代码(A413.py 文件)之后,在"房价表.xlsx"文件中将根据房价表的销售均价创建折线图,并且禁止绘制默认的图例,如图 198-1 所示。

图   198-1

A413.py 文件的 Python 代码如下:

```
import openpyxl
myBook = openpyxl.load_workbook('房价表.xlsx')
mySheet = myBook.active
myLineChart = openpyxl.chart.LineChart()
myLineChart.add_data(openpyxl.chart.Reference(mySheet,
    min_col = 2, max_col = 2, min_row = 3, max_row = 15), titles_from_data = True)
myLineChart.set_categories(openpyxl.chart.Reference(mySheet,
                                    min_col = 1, min_row = 4, max_row = 15))
# 设置禁止绘制折线图(myLineChart)的图例
myLineChart.legend = None
myLineChart.title = "使用折线图展示 2018 年度房价走势"
mySheet.add_chart(myLineChart, "C1")
myBook.save('结果表 - 房价表.xlsx')
```

在上面这段代码中,myLineChart.legend＝None 表示禁止绘制在折线图(myLineChart)右端的默认图例。

此案例的源文件是 MyCode\A413\A413.py。

199 自定义折线图的折线及背景样式

此案例主要通过使用预置的样式数字设置折线图的 style 属性,从而实现自定义折线图的折线及背景样式。当运行此案例的 Python 代码(A410.py 文件)之后,如果设置 style 属性值为 39,则在"房价表.xlsx"文件中根据房价表的销售均价创建的折线图如图199-1所示；如果设置 style 属性值为44，则在"房价表.xlsx"文件中根据房价表的销售均价创建的折线图如图199-2所示。

图　199-1

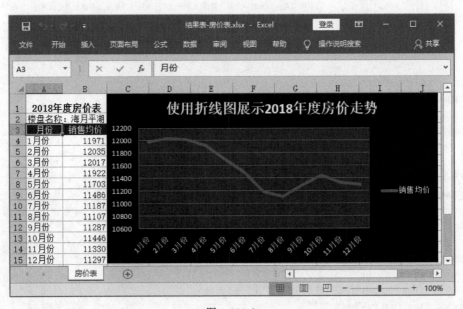

图　199-2

A410.py 文件的 Python 代码如下：

```python
import openpyxl
myBook = openpyxl.load_workbook('房价表.xlsx')
mySheet = myBook.active
myLineChart = openpyxl.chart.LineChart()
myLineChart.add_data(openpyxl.chart.Reference(mySheet,
        min_col = 2,max_col = 2,min_row = 3,max_row = 15),titles_from_data = True)
myLineChart.set_categories(openpyxl.chart.Reference(mySheet,
                        min_col = 1,min_row = 4,max_row = 15))
```

```
myLineChart.title = "使用折线图展示 2018 年度房价走势"
＃设置折线图(myLineChart)的样式(取值范围：1～48)
＃ myLineChart.style = 39
myLineChart.style = 44
mySheet.add_chart(myLineChart, "C1")
myBook.save('结果表 - 房价表.xlsx')
```

在上面这段代码中，myLineChart.style＝44 表示设置折线图（myLineChart）的样式为 44，style
属性的取值范围为 1～48。

此案例的源文件是 MyCode\A410\A410.py。

200　自定义折线图的折线颜色和宽度

观看视频

此案例主要通过设置折线图（折线）的 solidFill 和 width 属性，从而实现在折线图中自定义折线
的颜色和宽度（粗细）。当运行此案例的 Python 代码（A416.py 文件）之后，在"房价表.xlsx"文件中
将根据房价表的销售均价创建折线图，并以指定的颜色和粗细绘制折线，如图 200-1 所示。

图　200-1

A416.py 文件的 Python 代码如下：

```
import openpyxl
myBook = openpyxl.load_workbook('房价表.xlsx')
mySheet = myBook.active
myLineChart = openpyxl.chart.LineChart()
myLineChart.add_data(openpyxl.chart.Reference(mySheet,
                    min_col = 2, max_col = 2, min_row = 4, max_row = 15))
myLineChart.set_categories(openpyxl.chart.Reference(mySheet,
                            min_col = 1, min_row = 4, max_row = 15))
＃使用红色绘制折线
myLineChart.series[0].graphicalProperties.line.solidFill = "FF0000"
＃设置折线的宽度为 15000
```

```
myLineChart.series[0].graphicalProperties.line.width = 15000
#myLineChart.series[0].graphicalProperties.line.width = 50000
#myLineChart.series[0].graphicalProperties.line.width = 100050
myLineChart.legend = None
myLineChart.title = "使用折线图展示 2018 年度房价走势"
mySheet.add_chart(myLineChart,"C1")
myBook.save('结果表 - 房价表.xlsx')
```

在上面这段代码中，myLineChart.series[0].graphicalProperties.line.solidFill= "FF0000"表示设置折线的颜色为红色。myLineChart.series[0].graphicalProperties.line.width=15000 表示设置折线的宽度（粗细），可以使用 15000、50000、100050 三个值进行对比测试，以确定粗细的变化程度。

此案例的源文件是 MyCode\A416\A416.py。

观看视频

201　在折线图中使用虚线绘制折线

此案例主要通过设置折线图（折线）的 dashStyle 属性值为 sysDot，从而实现在折线图中使用虚线绘制折线。当运行此案例的 Python 代码（A417.py 文件）之后，在"房价表.xlsx"文件中将根据房价表的销售均价创建折线图，并使用虚线绘制折线，如图 201-1 所示。

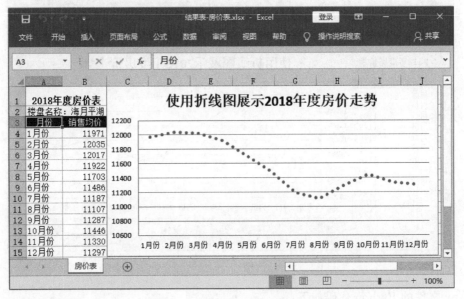

图　201-1

A417.py 文件的 Python 代码如下：

```
import openpyxl
myBook = openpyxl.load_workbook('房价表.xlsx')
mySheet = myBook.active
myLineChart = openpyxl.chart.LineChart()
myLineChart.add_data(openpyxl.chart.Reference(mySheet,
                     min_col = 2,max_col = 2,min_row = 4,max_row = 15))
myLineChart.set_categories(openpyxl.chart.Reference(mySheet,
                          min_col = 1,min_row = 4,max_row = 15))
#使用红色绘制折线
```

```
myLineChart.series[0].graphicalProperties.line.solidFill = "FF0000"
# 设置折线的宽度为 50000
myLineChart.series[0].graphicalProperties.line.width = 50000
# 设置折线的样式为虚线
myLineChart.series[0].graphicalProperties.line.dashStyle = "sysDot"
myLineChart.legend = None
myLineChart.title = "使用折线图展示 2018 年度房价走势"
mySheet.add_chart(myLineChart,"C1")
myBook.save('结果表 - 房价表.xlsx')
```

在上面这段代码中,myLineChart.series[0].graphicalProperties.line.dashStyle = "sysDot"表示在折线图中使用虚线绘制折线。

此案例的源文件是 MyCode\A417\A417.py。

202　在折线图的数据点上绘制图形符号

观看视频

此案例主要通过设置折线图的标记符号(myLineChart.series[0].marker.symbol 属性)为预置的图形符号,从而实现在折线图的数据点上绘制图形符号。当运行此案例的 Python 代码(A426.py 文件)之后,如果设置 symbol 属性值为 triangle,则将在"房价表.xlsx"文件中根据房价表的销售均价创建的折线图的各个数据点上绘制三角形符号,如图 202-1 所示;如果设置 symbol 属性值为 square,则将在"房价表.xlsx"文件中根据房价表的销售均价创建的折线图的各个数据点上绘制正方形符号,如图 202-2 所示。

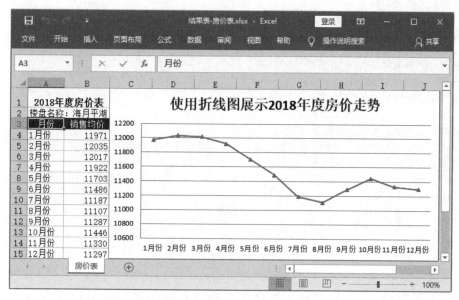

图　202-1

A426.py 文件的 Python 代码如下:

```
import openpyxl
myBook = openpyxl.load_workbook('房价表.xlsx')
mySheet = myBook.active
myLineChart = openpyxl.chart.LineChart()
myLineChart.add_data(openpyxl.chart.Reference(mySheet,
```

图　202-2

```
                         min_col = 2, max_col = 2, min_row = 4, max_row = 15))
myLineChart.set_categories(openpyxl.chart.Reference(mySheet,
                         min_col = 1, min_row = 4, max_row = 15))
# 使用红色绘制折线
myLineChart.series[0].graphicalProperties.line.solidFill = "FF0000"
# 设置折线的宽度为 15000
myLineChart.series[0].graphicalProperties.line.width = 15000
# 设置虚线绘制折线
# myLineChart.series[0].graphicalProperties.line.dashStyle = "sysDot"
# 设置数据点的图形符号(正方形)
myLineChart.series[0].marker.symbol = "square"
# # 设置数据点的图形符号(三角形)
# myLineChart.series[0].marker.symbol = "triangle"
# 设置数据点的图形符号的填充颜色(红色)
myLineChart.series[0].marker.graphicalProperties.solidFill = "FF0000"
# 设置数据点的图形符号的边线颜色(红色)
myLineChart.series[0].marker.graphicalProperties.line.solidFill = "FF0000"
myLineChart.legend = None
myLineChart.title = "使用折线图展示 2018 年度房价走势"
mySheet.add_chart(myLineChart, "C1")
myBook.save('结果表 - 房价表.xlsx')
```

在上面这段代码中，myLineChart. series[0]. marker. symbol＝"square"表示在折线图的各个数据点上绘制正方形符号，symbol 属性支持的图形符号包括：triangle、square、plus、picture、dash、circle、x、diamond、auto、star、dot。

此案例的源文件是 MyCode\A426\A426. py。

观看视频

203　在折线图中禁止绘制默认的折线

此案例主要通过设置折线图（折线）的 noFill 属性值为 True，从而实现在折线图中禁止绘制折线，仅绘制各个数据点的图形符号。当运行此案例的 Python 代码（A429. py 文件）之后，在"房价表.xlsx"文件中根据房价表的销售均价创建的折线图将没有折线,只有各个数据点的图形符号,如图 203-1 所示。

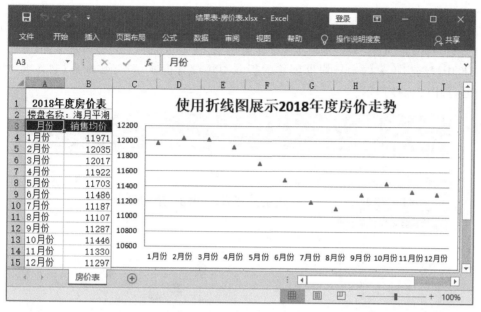

图　203-1

A429.py 文件的 Python 代码如下:

```
import openpyxl
myBook = openpyxl.load_workbook('房价表.xlsx')
mySheet = myBook.active
myLineChart = openpyxl.chart.LineChart()
myLineChart.add_data(openpyxl.chart.Reference(mySheet,
                        min_col = 2,max_col = 2,min_row = 4,max_row = 15))
myLineChart.set_categories(openpyxl.chart.Reference(mySheet,
                        min_col = 1,min_row = 4,max_row = 15))
#设置在折线图(myLineChart)中不绘制折线
myLineChart.series[0].graphicalProperties.line.noFill = True
#设置在折线图(myLineChart)的数据点上绘制三角形符号(triangle)
myLineChart.series[0].marker.symbol = "triangle"
#设置使用红色填充折线图(myLineChart)的数据点的图形符号
myLineChart.series[0].marker.graphicalProperties.solidFill = "FF0000"
#设置使用红色绘制折线图(myLineChart)的数据点的图形符号的边框
myLineChart.series[0].marker.graphicalProperties.line.solidFill = "FF0000"
myLineChart.legend = None
myLineChart.title = "使用折线图展示 2018 年度房价走势"
mySheet.add_chart(myLineChart,"C1")
myBook.save('结果表 – 房价表.xlsx')
```

在上面这段代码中,myLineChart.series[0].graphicalProperties.line.noFill＝True 表示在折线图(myLineChart)中不绘制折线。myLineChart.series[0].marker.symbol＝"triangle"表示在折线图(myLineChart)的数据点上绘制三角形符号(triangle)。

此案例的源文件是 MyCode\A429\A429.py。

观看视频

204 自定义折线图数据点的图形符号

此案例主要通过设置折线图的标记符号的 size 和 solidFill 等属性，从而实现在折线图中自定义数据点的图形符号的大小和颜色。当运行此案例的 Python 代码（A451.py 文件）之后，在"房价表.xlsx"文件中根据房价表的销售均价创建的折线图将没有折线，只有数据点（自定义大小和颜色的）图形符号，如图 204-1 所示。

图 204-1

A451.py 文件的 Python 代码如下：

```
import openpyxl
myBook = openpyxl.load_workbook('房价表.xlsx')
mySheet = myBook.active
myLineChart = openpyxl.chart.LineChart()
myLineChart.add_data(openpyxl.chart.Reference(mySheet,
                    min_col = 2, max_col = 2, min_row = 4, max_row = 15))
myLineChart.set_categories(openpyxl.chart.Reference(mySheet,
                    min_col = 1, min_row = 4, max_row = 15))
# 设置在折线图(myLineChart)中不绘制折线
myLineChart.series[0].graphicalProperties.line.noFill = True
# 设置折线图(myLineChart)数据点的图形符号为 diamond
myLineChart.series[0].marker.symbol = 'diamond'
# 设置折线图(myLineChart)数据点的图形符号大小为 20
myLineChart.series[0].marker.size = 20
# 设置折线图(myLineChart)数据点的图形符号的填充颜色值为 915102
myLineChart.series[0].marker.graphicalProperties.solidFill = "915102"
# 设置折线图(myLineChart)数据点的图形符号的边框颜色值为 61210B
myLineChart.series[0].marker.graphicalProperties.line.solidFill = "61210B"
# 设置折线图(myLineChart)的样式为 26
myLineChart.style = 26
myLineChart.legend = None
myLineChart.title = "使用折线图展示 2018 年度房价走势"
mySheet.add_chart(myLineChart,"C1")
myBook.save('结果表 - 房价表.xlsx')
```

在上面这段代码中，myLineChart. series［0］. marker. symbol ＝ ' diamond ' 表示在折线图（myLineChart）的数据点上绘制金刚石（diamond）图形符号。myLineChart. series［0］. marker. size＝20 表示设置折线图（myLineChart）数据点的图形符号的大小为 20。myLineChart. series［0］. marker. graphicalProperties. solidFill＝"915102"表示设置折线图（myLineChart）数据点的图形符号的填充颜色值为 915102。

此案例的源文件是 MyCode\A451\A451. py。

205　在折线图的各个数据点上添加数值

观看视频

此案例主要通过设置折线图的 showVal 属性值为 True，从而实现在折线图的各个数据点上添加该数据点代表的数值。当运行此案例的 Python 代码（A440. py 文件）之后，在"房价表. xlsx"文件中将根据房价表的销售均价创建折线图，并在各个数据点上添加该数据点代表的数值，如图 205-1 所示。

图　205-1

A440. py 文件的 Python 代码如下：

```
import openpyxl
myBook = openpyxl.load_workbook('房价表.xlsx')
mySheet = myBook.active
myLineChart = openpyxl.chart.LineChart()
myLineChart.add_data(openpyxl.chart.Reference(mySheet,
                     min_col = 2,max_col = 2,min_row = 4,max_row = 15))
myLineChart.set_categories(openpyxl.chart.Reference(mySheet,
                     min_col = 1,min_row = 4,max_row = 15))
＃使用红色(FF0000)在折线图(myLineChart)上绘制折线
myLineChart.series[0].graphicalProperties.line.solidFill = "FF0000"
＃设置折线图(myLineChart)的折线宽度为15000
myLineChart.series[0].graphicalProperties.line.width = 15000
＃在折线图(myLineChart)的数据点上添加该数据点代表的数值
myLineChart.dLbls = openpyxl.chart.label.DataLabelList()
myLineChart.dLbls.showVal = True
```

```
♯设置折线图(myLineChart)数据点的图形符号为 square
myLineChart.series[0].marker.symbol = "square"
♯设置折线图(myLineChart)数据点的图形符号的填充颜色为红色(FF0000)
myLineChart.series[0].marker.graphicalProperties.solidFill = "FF0000"
♯设置折线图(myLineChart)数据点的图形符号的边框颜色为红色(FF0000)
myLineChart.series[0].marker.graphicalProperties.line.solidFill = "FF0000"
myLineChart.legend = None
myLineChart.title = "使用折线图展示 2018 年度房价走势"
mySheet.add_chart(myLineChart,"C1")
myBook.save('结果表－房价表.xlsx')
```

在上面这段代码中，myLineChart.dLbls.showVal 表示在折线图(myLineChart)的各个数据点上添加该数据点代表的数值，该数值来自在 myLineChart.add_data()方法中添加的多个数据。

此案例的源文件是 MyCode\A440\A440.py。

观看视频

206　在折线图中禁止绘制 y 轴主刻度线

此案例主要通过设置折线图 y 轴的 majorGridlines 属性值为 None，从而实现在折线图中禁止绘制默认的 y 轴主刻度线。当运行此案例的 Python 代码(A414.py 文件)之后，在"房价表.xlsx"文件中根据房价表的销售均价创建的折线图将没有 y 轴主刻度线，如图 206-1 所示。

图　206-1

A414.py 文件的 Python 代码如下：

```
import openpyxl
myBook = openpyxl.load_workbook('房价表.xlsx')
mySheet = myBook.active
myLineChart = openpyxl.chart.LineChart()
myLineChart.add_data(openpyxl.chart.Reference(mySheet,
                    min_col = 2,max_col = 2,min_row = 4,max_row = 15))
myLineChart.set_categories(openpyxl.chart.Reference(mySheet,
                    min_col = 1,min_row = 4,max_row = 15))
```

```
# 设置禁止在折线图(myLineChart)上绘制 y 轴的主刻度线
myLineChart.y_axis.majorGridlines = None
myLineChart.legend = None
myLineChart.style = 31
myLineChart.title = "使用折线图展示 2018 年度房价走势"
mySheet.add_chart(myLineChart,"C1")
myBook.save('结果表 - 房价表.xlsx')
```

在上面这段代码中,myLineChart.y_axis.majorGridlines＝None 表示禁止在折线图(myLineChart)上绘制默认的 y 轴主刻度线。

此案例的源文件是 MyCode\A414\A414.py。

207　在折线图的右端绘制 y 轴的刻度值

观看视频

此案例主要通过设置折线图 y 轴的 tickLblPos 属性值为 high,从而实现在折线图的右端绘制 y 轴的刻度值。当运行此案例的 Python 代码(A415.py 文件)之后,在"房价表.xlsx"文件中将根据房价表的销售均价创建折线图,并在右端绘制 y 轴的刻度值,如图 207-1 所示。

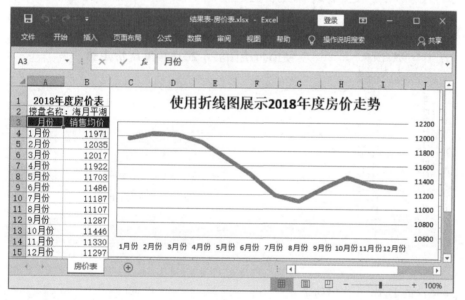

图　207-1

A415.py 文件的 Python 代码如下:

```
import openpyxl
myBook = openpyxl.load_workbook('房价表.xlsx')
mySheet = myBook.active
myLineChart = openpyxl.chart.LineChart()
myLineChart.add_data(openpyxl.chart.Reference(mySheet,
                min_col = 2,max_col = 2,min_row = 4,max_row = 15))
myLineChart.set_categories(openpyxl.chart.Reference(mySheet,
                min_col = 1,min_row = 4,max_row = 15))
# 在折线图(myLineChart)的右端绘制 y 轴刻度值
myLineChart.y_axis.tickLblPos = 'high'
myLineChart.legend = None
```

```
myLineChart.style = 31
myLineChart.title = "使用折线图展示 2018 年度房价走势"
mySheet.add_chart(myLineChart,"C1")
myBook.save('结果表 – 房价表.xlsx')
```

在上面这段代码中,myLineChart.y_axis.tickLblPos＝'high'表示在折线图(myLineChart)的右端绘制 y 轴的刻度值,tickLblPos 属性支持的值包括：low、high 和 nextTo。

此案例的源文件是 MyCode\A415\A415.py。

观看视频

208　在折线图的右端绘制 y 轴及刻度值

此案例主要通过设置折线图 y 轴的 crosses 属性值为 max,从而实现在折线图的右端绘制 y 轴及其刻度值。当运行此案例的 Python 代码(A449.py 文件)之后,在"房价表.xlsx"文件中将根据房价表的销售均价创建折线图,并在右端绘制 y 轴及其刻度值,如图 208-1 所示。

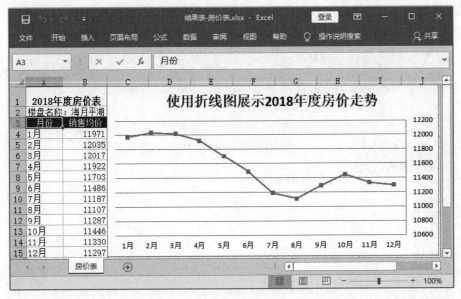

图　208-1

A449.py 文件的 Python 代码如下：

```
import openpyxl
myBook = openpyxl.load_workbook('房价表.xlsx')
mySheet = myBook.active
myLineChart = openpyxl.chart.LineChart()
myLineChart.add_data(openpyxl.chart.Reference(mySheet,
                            min_col = 2, max_col = 2, min_row = 4, max_row = 15))
myLineChart.set_categories(openpyxl.chart.Reference(mySheet,
                            min_col = 1, min_row = 4, max_row = 15))
myLineChart.series[0].graphicalProperties.line.solidFill = "FF0000"
myLineChart.series[0].graphicalProperties.line.width = 15000
# 在折线图(myLineChart)的右端绘制 y 轴及其刻度值
myLineChart.y_axis.crosses = 'max'
myLineChart.series[0].marker.symbol = "square"
myLineChart.legend = None
```

```
myLineChart.title = "使用折线图展示 2018 年度房价走势"
mySheet.add_chart(myLineChart,"C1")
myBook.save('结果表 - 房价表.xlsx')
```

在上面这段代码中,myLineChart.y_axis.crosses＝'max'表示在折线图(myLineChart)的右端绘制 y 轴及其刻度值。如果 myLineChart.y_axis.crosses＝'min',则在折线图(myLineChart)的左端绘制 y 轴及其刻度值。

此案例的源文件是 MyCode\A449\A449.py。

209　自定义折线图的 x 轴和 y 轴标题

观看视频

此案例主要通过设置折线图 x 轴的 title 属性和 y 轴的 title 属性,从而实现在折线图中自定义 x 轴和 y 轴的标题。当运行此案例的 Python 代码(A412.py 文件)之后,在"房价表.xlsx"文件中将根据房价表的销售均价创建折线图,并自定义 x 轴和 y 轴的标题,如图 209-1 所示。

图　209-1

A412.py 文件的 Python 代码如下:

```
import openpyxl
myBook = openpyxl.load_workbook('房价表.xlsx')
mySheet = myBook.active
myLineChart = openpyxl.chart.LineChart()
myLineChart.add_data(openpyxl.chart.Reference(mySheet,
        min_col = 2,max_col = 2,min_row = 3,max_row = 15),titles_from_data = True)
myLineChart.set_categories(openpyxl.chart.Reference(mySheet,
                            min_col = 1,min_row = 4,max_row = 15))
# 自定义折线图(myLineChart)的 y 轴标题(title)
myLineChart.y_axis.title = '单位:元(人民币)'
# 自定义折线图(myLineChart)的 x 轴标题(title)
myLineChart.x_axis.title = '2018 年度全部月份'
myLineChart.title = "使用折线图展示 2018 年度房价走势"
```

```
myLineChart.style = 33
mySheet.add_chart(myLineChart,"C1")
myBook.save('结果表 - 房价表.xlsx')
```

在上面这段代码中，myLineChart. y＿axis. title＝'单位：元（人民币）'表示自定义折线图（myLineChart）的 y 轴标题。myLineChart. x＿axis. title＝'2018 年度全部月份'表示自定义折线图（myLineChart）的 x 轴标题。

此案例的源文件是 MyCode\A412\A412. py。

观看视频

210　自定义折线图 x 轴的日期格式

此案例主要通过设置折线图 x 轴的 number_format 属性，从而实现在折线图上自定义 x 轴的日期格式。当运行此案例的 Python 代码（A418. py 文件）之后，在"成交表. xlsx"文件中根据成交表的成交价创建的折线图 x 轴的日期标签将仅显示天数，如图 210-1 所示。

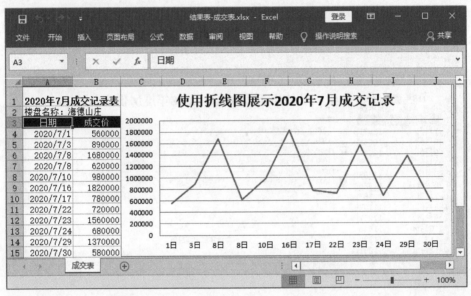

图　210-1

A418. py 文件的 Python 代码如下：

```
import openpyxl
myBook = openpyxl.load_workbook('成交表.xlsx')
mySheet = myBook.active
myLineChart = openpyxl.chart.LineChart()
myLineChart.add_data(openpyxl.chart.Reference(mySheet,
                 min_col = 2,max_col = 2,min_row = 4,max_row = 15))
myLineChart.set_categories(openpyxl.chart.Reference(mySheet,
                     min_col = 1,min_row = 4,max_row = 15))
# 自定义折线图(myLineChart)x 轴的日期格式(根据标签)
# myLineChart.x_axis.number_format = 'yyyy 年 mm 月 dd 日'
myLineChart.x_axis.number_format = 'd 日'
myLineChart.series[0].graphicalProperties.line.solidFill = "FF0000"
myLineChart.series[0].graphicalProperties.line.width = 15000
```

```
myLineChart.legend = None
myLineChart.title = "使用折线图展示 2020 年 7 月成交记录"
mySheet.add_chart(myLineChart,"C1")
myBook.save('结果表 - 成交表.xlsx')
```

在上面这段代码中,myLineChart.x_axis.number_format＝'d 日'表示折线图(myLineChart)x 轴的日期标签仅显示天数。如果设置 myLineChart.x_axis.number_format＝'yyyy 年 mm 月 dd 日',则将以四位年份、两位月份和两位天数的格式在折线图(myLineChart)的 x 轴上显示日期标签。

此案例的源文件是 MyCode\A418\A418.py。

211　自定义折线图 x 轴的时间格式

观看视频

此案例主要通过设置折线图 x 轴的 number_format 属性,从而实现在折线图上自定义 x 轴的时间格式。当运行此案例的 Python 代码(A419.py 文件)之后,在"温度表.xlsx"文件中根据温度表的温度创建的折线图 x 轴的时间标签将仅显示小时数,如图 211-1 所示。

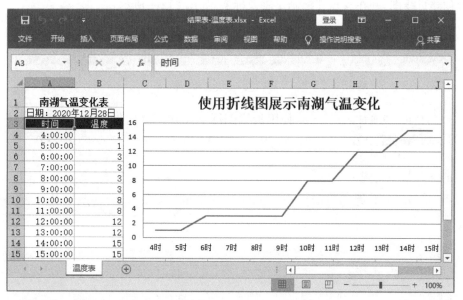

图　211-1

A419.py 文件的 Python 代码如下:

```
import openpyxl
myBook = openpyxl.load_workbook('温度表.xlsx')
mySheet = myBook.active
myLineChart = openpyxl.chart.LineChart()
myLineChart.add_data(openpyxl.chart.Reference(mySheet,
                 min_col = 2,max_col = 2,min_row = 4,max_row = 15))
myLineChart.set_categories(openpyxl.chart.Reference(mySheet,
                 min_col = 1,min_row = 4,max_row = 15))
# 自定义折线图(myLineChart)x 轴的时间格式(根据标签)
# myLineChart.x_axis.number_format = 'HH:MM:SS'
myLineChart.x_axis.number_format = 'H 时'
myLineChart.series[0].graphicalProperties.line.solidFill = "FF0000"
```

```
myLineChart.series[0].graphicalProperties.line.width = 15000
myLineChart.legend = None
myLineChart.title = "使用折线图展示南湖气温变化"
mySheet.add_chart(myLineChart,"C1")
myBook.save('结果表－温度表.xlsx')
```

在上面这段代码中，myLineChart.x_axis.number_format = 'H 时'表示折线图（myLineChart）x 轴的时间标签仅显示小时数。如果 myLineChart.x_axis.number_format = 'HH:MM:SS'，则将以两位小时数、两位分钟数和两位秒数在折线图（myLineChart）的 x 轴上显示时间标签。

此案例的源文件是 MyCode\A419\A419.py。

观看视频

212　在折线图的顶部绘制 x 轴及标签

此案例主要通过设置折线图 x 轴的 crosses 属性值为 max，从而实现在折线图的顶部绘制 x 轴及其标签。当运行此案例的 Python 代码（A450.py 文件）之后，在"房价表.xlsx"文件中将根据房价表的销售均价创建折线图，并在其顶部绘制 x 轴及标签，如图 212-1 所示。

图　212-1

A450.py 文件的 Python 代码如下：

```
import openpyxl
myBook = openpyxl.load_workbook('房价表.xlsx')
mySheet = myBook.active
myLineChart = openpyxl.chart.LineChart()
myLineChart.add_data(openpyxl.chart.Reference(mySheet,
                    min_col = 2,max_col = 2,min_row = 4,max_row = 15))
myLineChart.set_categories(openpyxl.chart.Reference(mySheet,
                        min_col = 1,min_row = 4,max_row = 15))
myLineChart.series[0].graphicalProperties.line.solidFill = "FF0000"
myLineChart.series[0].graphicalProperties.line.width = 15000
# 在折线图（myLineChart）的顶部绘制 x 轴及其标签
```

```
myLineChart.x_axis.crosses = 'max'
♯设置折线图(myLineChart)数据点的图形符号为X
myLineChart.series[0].marker.symbol = "x"
myLineChart.legend = None
myLineChart.title = "使用折线图展示2018年度房价走势"
mySheet.add_chart(myLineChart,"C1")
myBook.save('结果表－房价表.xlsx')
```

在上面这段代码中，myLineChart.x_axis.crosses＝'max'表示在折线图(myLineChart)的顶部绘制 x 轴及标签，x 轴的 crosses 属性支持的值包括：min、max、autoZero。

此案例的源文件是 MyCode\A450\A450.py。

213　自定义折线图 x 轴的标签字体

观看视频

此案例主要通过使用自定义的 openpyxl.chart.text.RichText 实例设置折线图 x 轴的 txPr 属性，从而实现在折线图上自定义 x 轴的日期标签的字体大小。当运行此案例的 Python 代码(A437.py 文件)之后，在"成交表.xlsx"文件中根据成交表的成交价创建的折线图 x 轴的日期标签将以指定大小的字体显示，如图 213-1 所示。

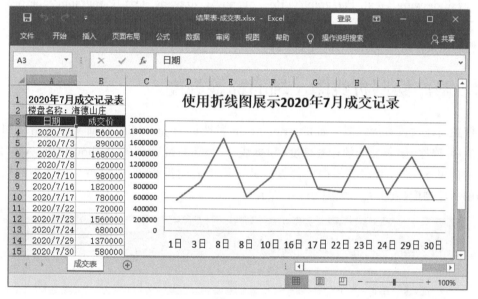

图　213-1

A437.py 文件的 Python 代码如下：

```
import openpyxl
myBook = openpyxl.load_workbook('成交表.xlsx')
mySheet = myBook.active
myLineChart = openpyxl.chart.LineChart()
myLineChart.add_data(openpyxl.chart.Reference(mySheet,
                     min_col = 2,max_col = 2,min_row = 4,max_row = 15))
myLineChart.set_categories(openpyxl.chart.Reference(mySheet,
                     min_col = 1,min_row = 4,max_row = 15))
♯自定义折线图(myLineChart)x轴的日期格式(根据标签)
```

```
#myLineChart.x_axis.number_format = 'yyyy 年 mm 月 dd 日'
myLineChart.x_axis.number_format = 'd 日'
#自定义折线图(myLineChart)x 轴的日期标签的字体大小
myText = openpyxl.drawing.text.CharacterProperties(sz = 1300)
myLineChart.x_axis.txPr = openpyxl.chart.text.RichText(p =
            [openpyxl.drawing.text.Paragraph(pPr =
openpyxl.drawing.text.ParagraphProperties(defRPr = myText), endParaRPr = myText)])
myLineChart.series[0].graphicalProperties.line.solidFill = "FF0000"
myLineChart.series[0].graphicalProperties.line.width = 15000
myLineChart.legend = None
myLineChart.title = "使用折线图展示 2020 年 7 月成交记录"
mySheet.add_chart(myLineChart,"C1")
myBook.save('结果表 - 成交表.xlsx')
```

在上面这段代码中，myText ＝ openpyxl. drawing. text. CharacterProperties(sz＝1300)表示自定义字符属性，sz＝1300 表示字符的字体大小。myLineChart. x_axis. txPr＝openpyxl. chart. text. RichText(p＝[openpyxl. drawing. text. Paragraph (pPr ＝ openpyxl. drawing. text. ParagraphProperties (defRPr ＝ myText)，endParaRPr＝myText)])表示根据创建的字符属性设置 x 轴的标签。如果需要自定义 y 轴的标签的字体大小，则直接将 x 轴替换成 y 轴，即 myLineChart. y_axis. txPr＝openpyxl. chart. text. RichText (p＝[openpyxl. drawing. text. Paragraph(pPr＝openpyxl. drawing. text. ParagraphProperties(defRPr＝myText)，endParaRPr＝myText)])。

此案例的源文件是 MyCode\A437\A437. py。

观看视频

214　降序绘制折线图 x 轴的标签刻度

此案例主要通过设置折线图 x 轴的 orientation 属性值为 maxMin，从而实现在折线图上按照从大到小的顺序(降序)绘制 x 轴的标签刻度(和折线)。当运行此案例的 Python 代码(A454.py 文件)之后，在"房价表. xlsx"文件中将根据房价表的销售均价创建折线图，并按照从大到小的顺序(降序)绘制 x 轴的标签刻度(和折线)，如图 214-1 所示。

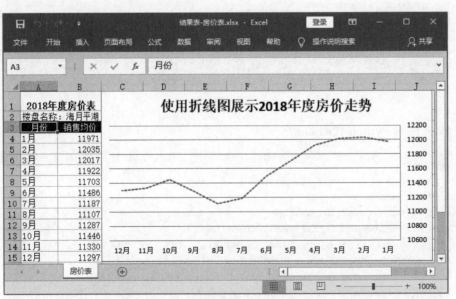

图　214-1

A454.py 文件的 Python 代码如下：

```python
import openpyxl
myBook = openpyxl.load_workbook('房价表.xlsx')
mySheet = myBook.active
myLineChart = openpyxl.chart.LineChart()
myLineChart.add_data(openpyxl.chart.Reference(mySheet,
                     min_col = 2, max_col = 2, min_row = 4, max_row = 15))
myLineChart.set_categories(openpyxl.chart.Reference(mySheet,
                     min_col = 1, min_row = 4, max_row = 15))
# 在折线图(myLineChart)上按照从大到小的顺序绘制 x 轴的刻度
myLineChart.x_axis.scaling.orientation = "maxMin"
# # 在折线图(myLineChart)上按照从小到大的顺序绘制 x 轴的刻度(默认方式)
# myLineChart.x_axis.scaling.orientation = "minMax"
myLineChart.series[0].graphicalProperties.line.solidFill = "FF0000"
myLineChart.series[0].graphicalProperties.line.width = 15000
myLineChart.series[0].graphicalProperties.line.dashStyle = "sysDash"
myLineChart.legend = None
myLineChart.title = "使用折线图展示 2018 年度房价走势"
mySheet.add_chart(myLineChart, "C1")
myBook.save('结果表 - 房价表.xlsx')
```

在上面这段代码中，myLineChart.x_axis.scaling.orientation = "maxMin" 表示在折线图（myLineChart）上按照从大到小的顺序绘制 x 轴的标签刻度（和折线），如果 myLineChart.x_axis.scaling.orientation = "minMax" 或不设置此属性，则在折线图（myLineChart）上按照从小到大的顺序绘制 x 轴的标签刻度（和折线）。

此案例的源文件是 MyCode\A454\A454.py。

215　自定义折线图坐标轴的最大值

此案例主要通过设置折线图的 x_axis.scaling.min、y_axis.scaling.min、x_axis.scaling.max、y_axis.scaling.max 等属性，从而实现在折线图上自定义 x 轴刻度和 y 轴刻度的最大值和最小值。当运行此案例的 Python 代码（A453.py 文件）之后，在"房价表.xlsx"文件中将根据房价表的销售均价创建折线图，并以自定义最大值和最小值绘制该折线图的 x 轴和 y 轴的刻度，如图 215-1 所示；如果根据默认值绘制该折线图的 x 轴和 y 轴的刻度，则效果如图 215-2 所示。

A453.py 文件的 Python 代码如下：

```python
import openpyxl
myBook = openpyxl.load_workbook('房价表.xlsx')
mySheet = myBook.active
myLineChart = openpyxl.chart.LineChart()
myLineChart.add_data(openpyxl.chart.Reference(mySheet,
                     min_col = 2, max_col = 2, min_row = 4, max_row = 15))
myLineChart.set_categories(openpyxl.chart.Reference(mySheet,
                     min_col = 1, min_row = 4, max_row = 15))
# 在折线图(myLineChart)上自定义 x 轴和 y 轴刻度的最大值和最小值
myLineChart.x_axis.scaling.min = 1
myLineChart.y_axis.scaling.min = 11000
myLineChart.x_axis.scaling.max = 12
```

观看视频

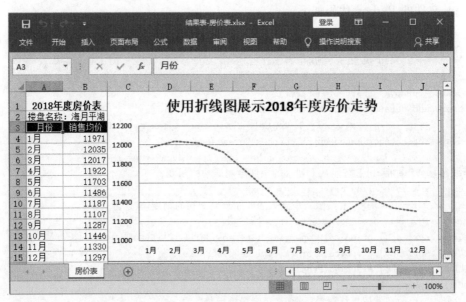

图　215-1

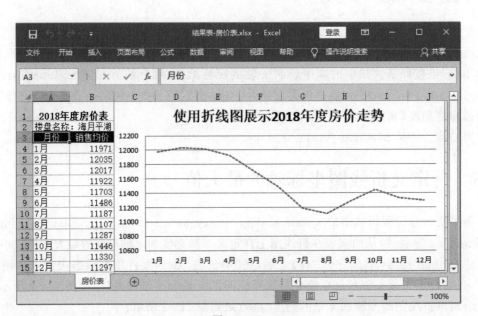

图　215-2

```
myLineChart.y_axis.scaling.max = 12200
myLineChart.series[0].graphicalProperties.line.solidFill = "FF0000"
myLineChart.series[0].graphicalProperties.line.width = 15000
myLineChart.series[0].graphicalProperties.line.dashStyle = "sysDash"
myLineChart.legend = None
myLineChart.title = "使用折线图展示 2018 年度房价走势"
mySheet.add_chart(myLineChart,"C1")
myBook.save('结果表－房价表.xlsx')
```

在上面这段代码中，myLineChart.x_axis.scaling.min＝1表示设置折线图（myLineChart）x轴刻度的最小值。myLineChart.y_axis.scaling.min＝11000表示设置折线图（myLineChart）y轴刻度的最小值。myLineChart.x_axis.scaling.max＝12表示设置折线图（myLineChart）x轴刻度的最大值。

myLineChart. y_axis. scaling. max＝12200 表示设置折线图(myLineChart)y 轴刻度的最大值。

此案例的源文件是 MyCode\A453\A453. py。

216　根据工作表数据创建多条折线图

观看视频

此案例主要通过在 openpyxl. chart. LineChart 的 add_data()方法的参数中设置多(三)个列,从而实现根据工作表的多列数据在折线图中绘制多条折线。当运行此案例的 Python 代码(A411. py 文件)之后,在"房价表. xlsx"文件中将根据房价表的销售均价、最高售价和最低售价这三列数据绘制三条折线,如图 216-1 所示。

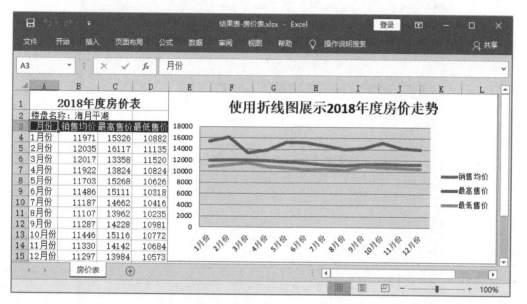

图　216-1

A411. py 文件的 Python 代码如下:

```
import openpyxl
myBook = openpyxl.load_workbook('房价表.xlsx')
mySheet = myBook.active
myLineChart = openpyxl.chart.LineChart()
myLineChart.add_data(openpyxl.chart.Reference(mySheet,
        min_col = 2, max_col = 4, min_row = 3, max_row = 15), titles_from_data = True)
myLineChart.set_categories(openpyxl.chart.Reference(mySheet,
                          min_col = 1, min_row = 4, max_row = 15))
myLineChart.title = "使用折线图展示 2018 年度房价走势"
myLineChart.style = 34
mySheet.add_chart(myLineChart, "E1")
myBook.save('结果表 - 房价表.xlsx')
```

在上面这段代码中,myLineChart＝openpyxl. chart. LineChart()表示创建折线图(myLineChart)。myLineChart. add_data(openpyxl. chart. Reference(mySheet,min_col＝2, max_col＝4, min_row＝3,max_row＝15), titles_from_data＝True)表示根据房价表(mySheet)B4～D15 的三列数据设置折线图(myLineChart)各条折线的数据点的 y 坐标,titles_from_data＝True 表示使用房价表(mySheet)的 B3、C3 和 D3 单元格的数据作为图例标题。

此案例的源文件是 MyCode\A411\A411.py。

217　根据工作表数据创建堆叠折线图

此案例主要通过设置折线图的 grouping 属性值为 stacked，从而实现在折线图上以堆叠的样式展示多列数据。当运行此案例的 Python 代码（A427.py 文件）之后，在"收入表.xlsx"文件中将根据收入表的 1 季度、2 季度、3 季度、4 季度这四列数据创建堆叠折线图，如图 217-1 所示。

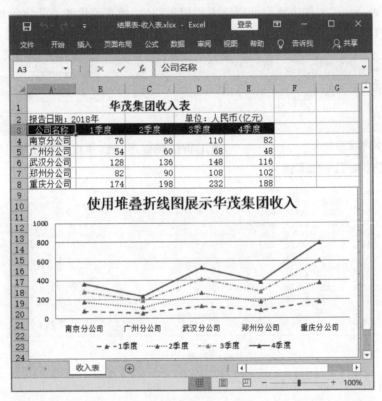

图　217-1

A427.py 文件的 Python 代码如下：

```python
import openpyxl
myBook = openpyxl.load_workbook('收入表.xlsx')
mySheet = myBook.active
myLineChart = openpyxl.chart.LineChart()
myLineChart.add_data(openpyxl.chart.Reference(mySheet,
        min_col = 2, max_col = 5, min_row = 3, max_row = 8), titles_from_data = True)
myLineChart.set_categories(openpyxl.chart.Reference(mySheet,
                                        min_col = 1, min_row = 4, max_row = 8))
myLineChart.title = "使用堆叠折线图展示华茂集团收入"
# 表示在折线图(myLineChart)上以堆叠样式绘制折线
myLineChart.grouping = "stacked"
# 在折线图(myLineChart)上使用三角形符号(triangle)标记第 1 条折线的数据点
myLineChart.series[0].marker.symbol = "triangle"
# 在折线图(myLineChart)上设置第 1 条折线的线条样式(dash)
myLineChart.series[0].graphicalProperties.line.dashStyle = "dash"
# 在折线图(myLineChart)上设置第 1 条折线的线条宽度(20050)
```

```
myLineChart.series[0].graphicalProperties.line.width = 20050
myLineChart.series[1].marker.symbol = "triangle"
myLineChart.series[1].graphicalProperties.line.dashStyle = "sysDot"
myLineChart.series[1].graphicalProperties.line.width = 20050
myLineChart.series[2].marker.symbol = "triangle"
myLineChart.series[2].graphicalProperties.line.dashStyle = "sysDashDot"
myLineChart.series[2].graphicalProperties.line.width = 20050
myLineChart.series[3].marker.symbol = "triangle"
myLineChart.series[3].graphicalProperties.line.dashStyle = "solid"
myLineChart.series[3].graphicalProperties.line.width = 20050
# 在折线图(myLineChart)的底部绘制图例
myLineChart.legend.position = 'b'
mySheet.add_chart(myLineChart,"A9")
myBook.save('结果表 - 收入表.xlsx')
```

在上面这段代码中，myLineChart.grouping＝"stacked"表示在折线图(myLineChart)上以堆叠样式绘制多条折线，如果未设置此属性，则以普通样式绘制折线，如图217-2所示。

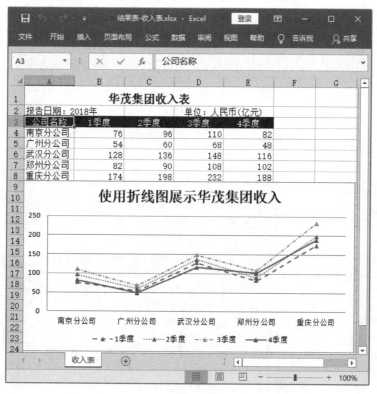

图　217-2

此案例的源文件是 MyCode\A427\A427.py。

218　根据比例创建百分比堆叠折线图

此案例主要通过设置折线图的 grouping 属性值为 percentStacked，从而实现根据比例创建百分比堆叠折线图。当运行此案例的 Python 代码(A428.py 文件)之后，在"收入表.xlsx"文件中将根据收入表的 1 季度、2 季度、3 季度、4 季度这四列数据创建百分比堆叠折线图，如图218-1所示。

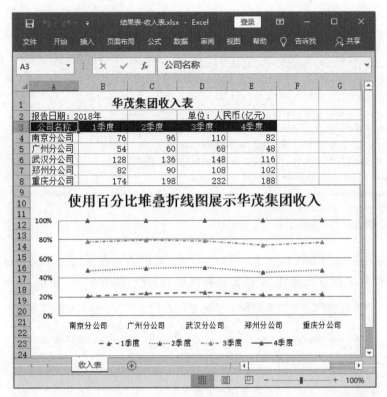

图　218-1

A428.py 文件的 Python 代码如下：

```python
import openpyxl
myBook = openpyxl.load_workbook('收入表.xlsx')
mySheet = myBook.active
myLineChart = openpyxl.chart.LineChart()
myLineChart.add_data(openpyxl.chart.Reference(mySheet,
    min_col = 2,max_col = 5,min_row = 3,max_row = 8),titles_from_data = True)
myLineChart.set_categories(openpyxl.chart.Reference(mySheet,
                           min_col = 1,min_row = 4,max_row = 8))
myLineChart.title = "使用百分比堆叠折线图展示华茂集团收入"
# 表示在折线图(myLineChart)上以百分比堆叠样式绘制折线
myLineChart.grouping = "percentStacked"
# 在折线图(myLineChart)上使用三角形符号(triangle)标记第 1 条折线的数据点
myLineChart.series[0].marker.symbol = "triangle"
# 在折线图(myLineChart)上设置第 1 条折线的线条样式(dash)
myLineChart.series[0].graphicalProperties.line.dashStyle = "dash"
# 在折线图(myLineChart)上设置第 1 条折线的线条宽度(20050)
myLineChart.series[0].graphicalProperties.line.width = 20050
myLineChart.series[1].marker.symbol = "triangle"
myLineChart.series[1].graphicalProperties.line.dashStyle = "sysDot"
myLineChart.series[1].graphicalProperties.line.width = 20050
myLineChart.series[2].marker.symbol = "triangle"
myLineChart.series[2].graphicalProperties.line.dashStyle = "sysDashDot"
myLineChart.series[2].graphicalProperties.line.width = 20050
myLineChart.series[3].marker.symbol = "triangle"
myLineChart.series[3].graphicalProperties.line.dashStyle = "solid"
```

```
myLineChart.series[3].graphicalProperties.line.width = 20050
♯在折线图(myLineChart)的底部绘制图例
myLineChart.legend.position = 'b'
mySheet.add_chart(myLineChart,"A9")
myBook.save('结果表－收入表.xlsx')
```

在上面这段代码中,myLineChart.grouping＝"percentStacked"表示在折线图(myLineChart)上以百分比堆叠样式绘制折线。

此案例的源文件是 MyCode\A428\A428.py。

219　根据工作表的数据创建 3D 折线图

观看视频

此案例主要通过使用 openpyxl.chart.LineChart3D 的 add_data()和 set_categories()方法,从而实现根据工作表的数据创建 3D 折线图。当运行此案例的 Python 代码(A430.py 文件)之后,在"房价表.xlsx"文件中将根据房价表的销售均价创建 3D 折线图,如图 219-1 所示。

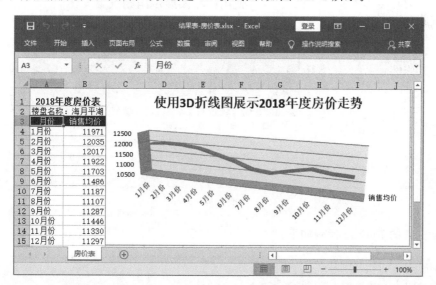

图　219-1

A430.py 文件的 Python 代码如下:

```
import openpyxl
myBook = openpyxl.load_workbook('房价表.xlsx')
mySheet = myBook.active
myLineChart3D = openpyxl.chart.LineChart3D()
myLineChart3D.add_data(openpyxl.chart.Reference(mySheet,
        min_col = 2,max_col = 2,min_row = 3,max_row = 15),titles_from_data = True)
myLineChart3D.set_categories(openpyxl.chart.Reference(mySheet,
                                     min_col = 1,min_row = 4,max_row = 15))
♯设置 3D 折线图(myLineChart3D)的样式(37)
myLineChart3D.style = 37
myLineChart3D.legend = None
myLineChart3D.title = "使用 3D 折线图展示 2018 年度房价走势"
mySheet.add_chart(myLineChart3D,"C1")
myBook.save('结果表－房价表.xlsx')
```

在上面这段代码中，myLineChart3D = openpyxl. chart. LineChart3D（）表示创建 3D 折线图（myLineChart3D）。

此案例的源文件是 MyCode\A430\A430. py。

观看视频

220　根据工作表的数据创建面积图

此案例主要通过使用 openpyxl. chart. AreaChart 的 add_data（）和 set_categories（）方法，从而实现根据工作表的多列数据创建面积图。当运行此案例的 Python 代码（A424. py 文件）之后，在"温度表. xlsx"文件中将根据温度表的最高温度和最低温度这两列数据创建面积图，如图 220-1 所示。

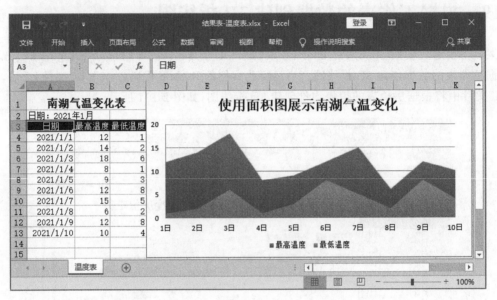

图　220-1

A424. py 文件的 Python 代码如下：

```
import openpyxl
myBook = openpyxl. load_workbook('温度表.xlsx')
mySheet = myBook. active
# 创建面积图(myAreaChart)
myAreaChart = openpyxl. chart. AreaChart()
# 设置面积图(myAreaChart)的数据点(在 y 轴上的位置)
myAreaChart. add_data(openpyxl. chart. Reference(mySheet,
        min_col = 2, max_col = 3, min_row = 3, max_row = 13), titles_from_data = True)
# 设置面积图(myAreaChart)x 轴的日期标签
myAreaChart. set_categories(openpyxl. chart. Reference(mySheet,
                        min_col = 1, min_row = 4, max_row = 13))
# 自定义面积图(myAreaChart)x 轴的日期格式(根据日期标签)
myAreaChart. x_axis. number_format = 'd 日'
# 在面积图(myAreaChart)的底部绘制图例
myAreaChart. legend. position = 'b'
# 设置面积图(myAreaChart)的样式(23)
myAreaChart. style = 23
# 设置面积图(myAreaChart)的标题
myAreaChart. title = "使用面积图展示南湖气温变化"
```

```
＃将面积图(myAreaChart)添加到温度表(mySheet)的 D1 单元格
mySheet.add_chart(myAreaChart,"D1")
myBook.save('结果表 - 温度表.xlsx')
```

在上面这段代码中，myAreaChart = openpyxl.chart.AreaChart( )表示创建面积图(myAreaChart)。myAreaChart.add_data(openpyxl.chart.Reference(mySheet,min_col＝2,max_col＝3,min_row＝3,max_row＝13),titles_from_data＝True)表示根据温度表(mySheet)B4～C13的单元格数据设置面积图(myAreaChart)的各个数据点的 y 坐标,titles_from_data＝True 表示使用温度表(mySheet)B3 和 C3 单元格的数据设置图例标题。需要注意的是：B 列的数值通常要大于 C 列的数值,否则将会在面积图中看不到较小列的数据,因为数值较大的列遮挡了数值较小的列。

myAreaChart.set_categories(openpyxl.chart.Reference(mySheet,min_col＝1,min_row＝4,max_row＝13))表示根据温度表(mySheet)A4～A13 的单元格数据设置面积图(myAreaChart)x 轴的日期标签。mySheet.add_chart(myAreaChart,"D1")表示将面积图(myAreaChart)添加到温度表(mySheet)的 D1 单元格。

此案例的源文件是 MyCode\A424\A424.py。

221 根据工作表的数据创建 3D 面积图

此案例主要通过使用 openpyxl.chart.AreaChart3D 的 add_data()和 set_categories()方法,从而实现根据工作表的多列数据创建 3D 面积图。当运行此案例的 Python 代码(A425.py 文件)之后,在"温度表.xlsx"文件中将根据温度表的最高温度和最低温度这两列数据创建 3D 面积图,如图 221-1 所示。

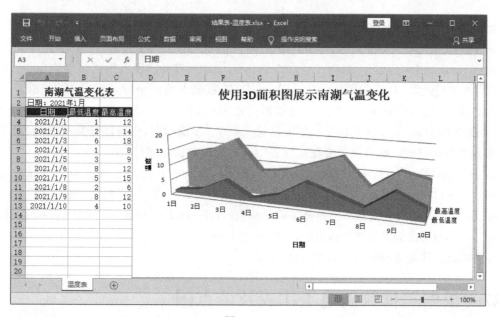

图 221-1

A425.py 文件的 Python 代码如下：

```
import openpyxl
myBook = openpyxl.load_workbook('温度表.xlsx')
mySheet = myBook.active
```

```
# 创建 3D 面积图(myAreaChart3D)
myAreaChart3D = openpyxl.chart.AreaChart3D()
# 设置 3D 面积图(myAreaChart3D)的数据点(在 y 轴上的位置)
myAreaChart3D.add_data(openpyxl.chart.Reference(mySheet,
        min_col = 2, min_row = 3, max_col = 3, max_row = 13), titles_from_data = True)
# 设置 3D 面积图(myAreaChart3D)x 轴的日期标签
myAreaChart3D.set_categories(openpyxl.chart.Reference(mySheet,
                                        min_col = 1, min_row = 4, max_row = 13))
# 自定义 3D 面积图(myAreaChart3D)x 轴的日期格式
myAreaChart3D.x_axis.number_format = 'd 日'
# 自定义 3D 面积图(myAreaChart3D)x 轴的标题
myAreaChart3D.x_axis.title = '日期'
# 自定义 3D 面积图(myAreaChart3D)y 轴的标题
myAreaChart3D.y_axis.title = '温度'
# 在 3D 面积图(myAreaChart3D)上禁止绘制图例
myAreaChart3D.legend = None
# 设置 3D 面积图(myAreaChart3D)的宽度和高度
myAreaChart3D.width = 18
myAreaChart3D.height = 10
# 设置 3D 面积图(myAreaChart3D)的样式(23)
myAreaChart3D.style = 23
# 设置 3D 面积图(myAreaChart3D)的标题
myAreaChart3D.title = "使用 3D 面积图展示南湖气温变化"
# 将 3D 面积图(myAreaChart3D)添加到温度表(mySheet)的 D1 单元格
mySheet.add_chart(myAreaChart3D, "D1")
myBook.save('结果表 - 温度表.xlsx')
```

在上面这段代码中,myAreaChart3D = openpyxl.chart.AreaChart3D()表示创建 3D 面积图(myAreaChart3D)。myAreaChart3D.add_data(openpyxl.chart.Reference(mySheet, min_col = 2, min_row = 3, max_col = 3, max_row = 13), titles_from_data = True)表示根据温度表(mySheet)B4～C13 的单元格数据设置 3D 面积图(myAreaChart3D)的数据点的 y 坐标, titles_from_data = True 表示使用温度表(mySheet)B3 和 C3 单元格的数据设置 3D 面积图(myAreaChart3D)的图例标题(直接显示在 3D 面积图上)。需要注意的是:如果只看见一个 3D 面积图,则可能是数值大的 3D 面积图遮挡了数值小的 3D 面积图,此时只需要在工作表中交换两列的位置即可。

myAreaChart3D.set_categories(openpyxl.chart.Reference(mySheet, min_col = 1, min_row = 4, max_row = 13))表示根据温度表(mySheet)A4～A13 的单元格数据设置 3D 面积图(myAreaChart3D)x 轴的日期标签。mySheet.add_chart(myAreaChart3D, "D1")表示将 3D 面积图(myAreaChart3D)添加到温度表(mySheet)的 D1 单元格。

此案例的源文件是 MyCode\A425\A425.py。

222 根据随机数创建工作表及散点图

观看视频

此案例主要通过使用 random 的 randint()方法和 openpyxl.chart.ScatterChart 的 append()方法,从而实现生成随机数并根据随机数创建工作表及散点图。当运行此案例的 Python 代码(A455.py 文件)之后,将在新建的 Excel 文件(结果表-随机数表.xlsx)中生成随机数并创建工作表及其对应的散点图,如图 222-1 所示。

A455.py 文件的 Python 代码如下:

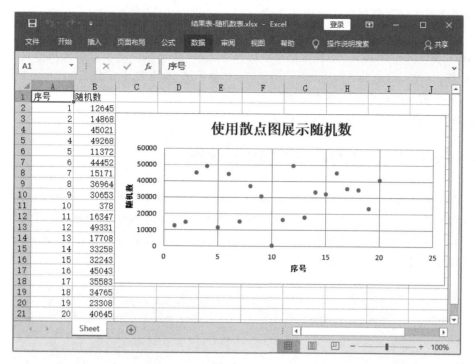

图　222-1

```python
import random
import openpyxl
myBook = openpyxl.Workbook()
mySheet = myBook.active
mySheet.append(['序号','随机数'])
# 生成 20 个范围在 0～50000 的随机数
for myIndex in range(1,21):
    mySheet.append([myIndex,random.randint(0,50000)])
# 创建散点图(myScatterChart)
myScatterChart = openpyxl.chart.ScatterChart()
myScatterChart.title = "使用散点图展示随机数"
myScatterChart.x_axis.title = '序号'
myScatterChart.y_axis.title = '随机数'
myScatterChart.legend = None
x = openpyxl.chart.Reference(mySheet,min_col = 1,min_row = 2,max_row = 21)
y = openpyxl.chart.Reference(mySheet,min_col = 2,min_row = 2,max_row = 21)
# 根据随机数创建系列(mySeries)
mySeries = openpyxl.chart.Series(y,xvalues = x)
# 在散点图(myScatterChart)中添加随机数系列(mySeries)
myScatterChart.append(mySeries)
# 使用圆点表示散点图(myScatterChart)的随机数
myScatterChart.series[0].marker.symbol = "circle"
# 隐藏散点图(myScatterChart)默认添加的折线
myScatterChart.series[0].graphicalProperties.line.noFill = True
# 将散点图(myScatterChart)添加到工作表(mySheet)的 C3 单元格
mySheet.add_chart(myScatterChart, "C3")
myBook.save("结果表 – 随机数表.xlsx")
```

在上面这段代码中,random.randint(0,50000)表示生成一个 0～50000 的随机数,注意:在使用该方法之前通常需要导入随机数字生成器文件，即 import random。

myScatterChart＝openpyxl.chart.ScatterChart()表示创建散点图(myScatterChart)。mySeries＝openpyxl.chart.Series(y,xvalues＝x)表示根据随机数创建系列(mySeries)，y 代表随机数，xvalues＝x 表示 x 轴的标签。myScatterChart.append(mySeries)表示在散点图(myScatterChart)中添加系列(mySeries)，一个散点图可以添加多个系列。

此案例的源文件是 MyCode\A455\A455.py。

观看视频

223   根据工作表的数据创建雷达图

此案例主要通过使用 openpyxl.chart.RadarChart 的 add_data()和 set_categories()方法，从而实现根据工作表的数据创建雷达图。雷达图也称为网络图、蜘蛛图、星图、蜘蛛网图、不规则多边形图、极坐标图或 Kiviat 图。当运行此案例的 Python 代码(A459.py 文件)之后，在"住院表.xlsx"文件中将根据住院表的住院人数创建雷达图，如图 223-1 所示。

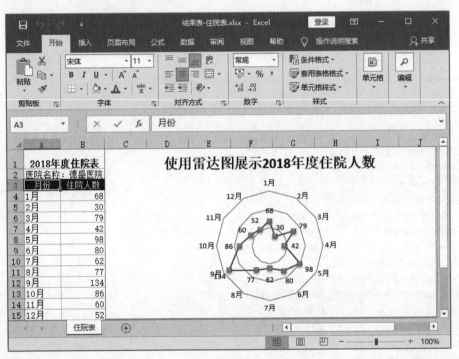

图   223-1

A459.py 文件的 Python 代码如下：

```
import openpyxl
myBook = openpyxl.load_workbook('住院表.xlsx')
mySheet = myBook.active
# 创建雷达图(myRadarChart)
myRadarChart = openpyxl.chart.RadarChart()
# 设置雷达图(myRadarChart)的数据点在(半径)轴上的位置
myRadarChart.add_data(openpyxl.chart.Reference(mySheet,
                    min_col = 2,max_col = 2,min_row = 4,max_row = 15))
# 设置雷达图(myRadarChart)在圆周上的标签
myRadarChart.set_categories(openpyxl.chart.Reference(mySheet,
                    min_col = 1,min_row = 4,max_row = 15))
```

```
＃禁止绘制雷达图(myRadarChart)的 y 轴(半径轴)
myRadarChart.y_axis.delete = True
＃设置雷达图(myRadarChart)的样式(26)
myRadarChart.style = 26
＃使用红色(BB2244)绘制线条(各个数据点的连线)
myRadarChart.series[0].graphicalProperties.line.solidFill = "BB2244"
＃设置雷达图(myRadarChart)的线条宽度为 15000
myRadarChart.series[0].graphicalProperties.line.width = 15000
＃在雷达图(myRadarChart)的数据点上添加该数据点代表的数值
myRadarChart.dLbls = openpyxl.chart.label.DataLabelList()
myRadarChart.dLbls.showVal = True
＃在雷达图(myRadarChart)上设置数据点的图形符号
myRadarChart.series[0].marker.symbol = "square"
＃在雷达图(myRadarChart)上设置数据点的图形符号的填充颜色
myRadarChart.series[0].marker.graphicalProperties.solidFill = "22DD22"
＃在雷达图(myRadarChart)上设置数据点的图形符号的边线颜色
myRadarChart.series[0].marker.graphicalProperties.line.solidFill = "22DD22"
＃设置禁止绘制雷达图(myRadarChart)的图例
myRadarChart.legend = None
＃设置雷达图(myRadarChart)的标题
myRadarChart.title = "使用雷达图展示 2018 年度住院人数"
＃将雷达图(myRadarChart)添加到住院表(mySheet)的 C1 单元格
mySheet.add_chart(myRadarChart,"C1")
myBook.save('结果表 - 住院表.xlsx')
```

在上面这段代码中，myRadarChart = openpyxl.chart.RadarChart()表示创建雷达图
(myRadarChart)。myRadarChart.add_data(openpyxl.chart.Reference(mySheet,min_col=2,max_col=2,min_row=4,max_row=15))表示根据住院表(mySheet)B4～B15 的单元格数据设置雷达图
(myRadarChart)的数据点在(半径)轴上的位置。

myRadarChart.set_categories(openpyxl.chart.Reference(mySheet,min_col=1,min_row=4,max_row=15))表示根据住院表(mySheet)A4～A15 的单元格数据设置雷达图(myRadarChart)在圆周上的标签。mySheet.add_chart(myRadarChart,"C1")表示将雷达图(myRadarChart)添加到住院表(mySheet)的 C1 单元格。

此案例的源文件是 MyCode\A459\A459.py。

224　根据工作表的多列数据创建雷达图

此案例主要通过在 openpyxl.chart.RadarChart 的 add_data()方法的参数中设置多(两)个列，从而实现根据工作表的多列数据创建雷达图。当运行此案例的 Python 代码(A460.py 文件)之后，在
"住院表.xlsx"文件中将根据住院表的住院人数和门诊人数这两列数据创建雷达图，如图 224-1 所示。
A460.py 文件的 Python 代码如下：

```
import openpyxl
myBook = openpyxl.load_workbook('住院表.xlsx')
mySheet = myBook.active
＃创建雷达图(myRadarChart)
myRadarChart = openpyxl.chart.RadarChart()
＃设置雷达图(myRadarChart)的数据点在(半径)上的位置
```

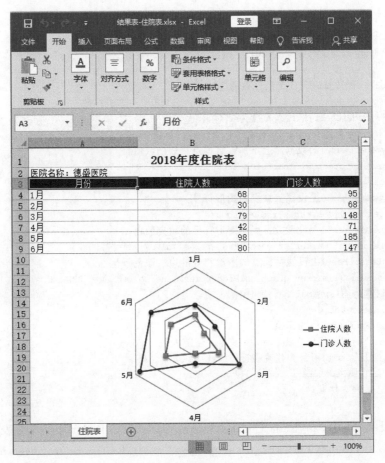

图　224-1

```
myRadarChart.add_data(openpyxl.chart.Reference(mySheet,
        min_col = 2,max_col = 3,min_row = 3,max_row = 9),titles_from_data = True)
# 设置雷达图(myRadarChart)在圆周上的标签
myRadarChart.set_categories(openpyxl.chart.Reference(mySheet,
                                min_col = 1,min_row = 4,max_row = 9))
# 禁止绘制雷达图(myRadarChart)的 y 轴(半径)
myRadarChart.y_axis.delete = True
# 设置雷达图(myRadarChart)的样式(26)
myRadarChart.style = 26
# # 在雷达图(myRadarChart)的数据点上添加该数据点代表的数值
# myRadarChart.dLbls = openpyxl.chart.label.DataLabelList()
# myRadarChart.dLbls.showVal = True
# 使用红色(FF0000)绘制(住院人数)线条
myRadarChart.series[0].graphicalProperties.line.solidFill = "FF0000"
# 设置(住院人数)线条的宽度为 15000
myRadarChart.series[0].graphicalProperties.line.width = 15000
# 设置(住院人数)数据点的图形符号
myRadarChart.series[0].marker.symbol = "square"
# 设置(住院人数)数据点的图形符号的填充颜色
myRadarChart.series[0].marker.graphicalProperties.solidFill = "22DD22"
# 设置(住院人数)数据点的图形符号的边线颜色
myRadarChart.series[0].marker.graphicalProperties.line.solidFill = "22DD22"
# 使用蓝色绘制(门诊人数)线条
```

```
myRadarChart.series[1].graphicalProperties.line.solidFill = "0000FF"
#设置(门诊人数)线条的宽度为 15000
myRadarChart.series[1].graphicalProperties.line.width = 15000
#设置(门诊人数)数据点的图形符号
myRadarChart.series[1].marker.symbol = "circle"
#设置(门诊人数)数据点的图形符号的填充颜色
myRadarChart.series[1].marker.graphicalProperties.solidFill = "61210B"
#设置(门诊人数)数据点的图形符号的边线颜色
myRadarChart.series[1].marker.graphicalProperties.line.solidFill = "61210B"
#设置雷达图(myRadarChart)的大小
myRadarChart.layout = openpyxl.chart.layout.Layout(
                       openpyxl.chart.layout.ManualLayout(h = 0.99, w = 0.99))
#设置雷达图(myRadarChart)的标题
#myRadarChart.title = "使用雷达图展示住院和门诊人数"
#将雷达图(myRadarChart)添加到住院表(mySheet)的 A10 单元格
mySheet.add_chart(myRadarChart, "A10")
myBook.save('结果表 - 住院表.xlsx')
```

在上面这段代码中,myRadarChart = openpyxl. chart. RadarChart ( )表示创建雷达图(myRadarChart)。myRadarChart. add_data(openpyxl. chart. Reference(mySheet, min_col = 2, max_col = 3, min_row = 3, max_row = 9), titles_from_data = True)表示根据住院表(mySheet)B4～C9 的单元格数据设置雷达图(myRadarChart)的各个数据点的 y 轴(在半径上的)坐标,titles_from_data = True 表示使用住院表(mySheet)的 B3 单元格和 C3 单元格的数据作为图例标题。

此案例的源文件是 MyCode\A460\A460. py。

225　根据最高价和最低价创建股票图

此案例主要通过使用 openpyxl. chart. StockChart 的 add_data()和 set_categories()方法,从而实现根据交易表的最高价和最低价创建股票图。当运行此案例的 Python 代码(A461. py 文件)之后,在"交易表. xlsx"文件中将根据交易表的最高价和最低价这两列数据创建股票图,如图 225-1 所示。

A461. py 文件的 Python 代码如下:

```
import openpyxl
myBook = openpyxl.load_workbook('交易表.xlsx')
mySheet = myBook.active
#创建股票图(myStockChart)
myStockChart = openpyxl.chart.StockChart()
#获取交易表(mySheet)A4～A8 的单元格数据
myLabels = openpyxl.chart.Reference(mySheet, min_col = 1, min_row = 4, max_row = 8)
#获取交易表(mySheet)C4～D8 的单元格数据
myData = openpyxl.chart.Reference(mySheet, min_col = 3,
                                  max_col = 4, min_row = 3, max_row = 8)
#设置股票图(myStockChart)的数据点
myStockChart.add_data(myData, titles_from_data = True)
#设置股票图(myStockChart)x 轴的标签
myStockChart.set_categories(myLabels)
#使用横线(图形符号)绘制数据点(最高价和最低价)
for mySeries in myStockChart.series:
    mySeries.graphicalProperties.line.noFill = True
```

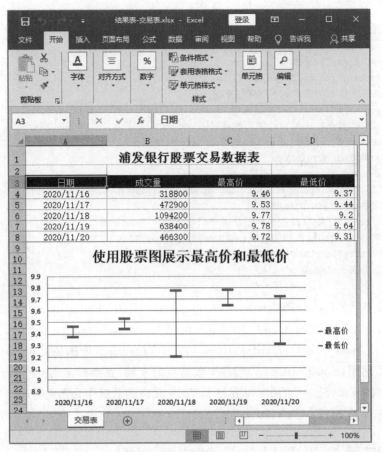

图　225-1

```
      mySeries.marker.symbol = "dash"
      mySeries.marker.size = 15
♯使用竖线绘制两个数据点(最高价和最低价)之间的连线
myStockChart.hiLowLines = openpyxl.chart.updown_bars.ChartLines()
from openpyxl.chart.data_source import NumData, NumVal
myPoints = [NumVal(idx = i) for i in range(len(myData) - 1)]
myCache = NumData(pt = myPoints)
myStockChart.series[ - 2].val.numRef.numCache = myCache
♯设置股票图(myStockChart)的标题
myStockChart.title = "使用股票图展示最高价和最低价"
♯将股票图(myStockChart)添加到交易表(mySheet)的 A9 单元格
mySheet.add_chart(myStockChart,"A9")
myBook.save('结果表 - 交易表.xlsx')
```

在上面这段代码中，myStockChart.set_categories(myLabels)表示根据 myLabels 参数设置股票图(myStockChart) x 轴的日期标签。myStockChart.add_data(myData,titles_ from_data＝True)表示根据 myData 参数设置股票图(myStockChart)的最高价和最低价的数据点，在默认情况下将绘制两条折线，因此必须设置 mySeries.graphicalProperties. line.noFill＝True 以禁止在股票图上绘制折线，同时通过设置 mySeries.marker.symbol＝ "dash"以横线(短画线)代表最高点和最低点。

myStockChart.hiLowLines ＝ openpyxl.chart.updown_bars.ChartLines() 表示在股票图(myStockChart)的最高价的数据点和最低价的数据点之间绘制一条竖线。

此案例的源文件是 MyCode\A461\A461.py。

观看视频

226　根据开盘价和收盘价创建股票图

此案例主要通过使用 openpyxl.chart.StockChart 的 add_data()和 set_categories()方法,从而实现根据交易表的开盘价和收盘价数据创建股票图。当运行此案例的 Python 代码(A462.py 文件)之后,在"交易表.xlsx"文件中将根据交易表的开盘价和收盘价这两列数据创建股票图,如图 226-1 所示,空心柱子表示股票收涨,实心柱子表示股票收跌。

图　226-1

A462.py 文件的 Python 代码如下:

```python
import openpyxl
myBook = openpyxl.load_workbook('交易表.xlsx')
mySheet = myBook.active
# 创建股票图(myStockChart)
myStockChart = openpyxl.chart.StockChart()
# 获取交易表(mySheet)A4～A8 的单元格数据
myLabels = openpyxl.chart.Reference(mySheet,min_col = 1,min_row = 4,max_row = 8)
# 获取交易表(mySheet)C4～D8 的单元格数据
myData = openpyxl.chart.Reference(mySheet,min_col = 3,
                                  max_col = 4,min_row = 3,max_row = 8)
# 设置股票图(myStockChart)的数据点(开盘价和收盘价)
myStockChart.add_data(myData,titles_from_data = True)
```

```
#设置股票图(myStockChart)x轴的标签
myStockChart.set_categories(myLabels)
#禁止绘制开盘价和收盘价默认的折线
for mySeries in myStockChart.series:
    mySeries.graphicalProperties.line.noFill = True
#根据开盘价和收盘价绘制柱形图
myStockChart.upDownBars = openpyxl.chart.updown_bars.UpDownBars()
#设置股票图(myStockChart)的标题
myStockChart.title = "使用股票图展示开盘价和收盘价"
#将股票图(myStockChart)添加到交易表(mySheet)的 A9 单元格
mySheet.add_chart(myStockChart,"A9")
myBook.save('结果表 - 交易表.xlsx')
```

在上面这段代码中，myStockChart.set_categories(myLabels)表示根据 myLabels 参数设置股票图(myStockChart)x轴的日期标签。myStockChart.add_data(myData,titles_ from_data＝True)表示根据 myData 参数设置股票图(myStockChart)的开盘价和收盘价的数据点，在默认情况下将在股票图(myStockChart)上绘制两条折线，因此必须设置 mySeries.graphicalProperties.line.noFill＝True 以禁止在股票图(myStockChart)上绘制折线。

myStockChart.upDownBars＝openpyxl.chart.updown_bars.UpDownBars()表示在开盘价的数据点和收盘价的数据点之间绘制一个柱子(或者说线框)，在默认情况下，空心柱子表示股票收涨，实心柱子表示股票收跌。

此案例的源文件是 MyCode\A462\A462.py。

观看视频

227　自定义参数改变股票图线框宽度

此案例主要通过自定义 openpyxl.chart.updown_bars.UpDownBars()方法的 gapWidth 参数，从而实现改变股票图默认的(开盘价和收盘价的)线框(柱子)宽度。当运行此案例的 Python 代码(A464.py 文件)之后，如果设置 gapWidth 参数值为 6，则在"交易表.xlsx"文件中根据交易表的数据创建的股票图的线框效果如图 227-1 所示；如果设置 gapWidth 参数值为 500，则在"交易表.xlsx"文件中根据交易表的数据创建的股票图的线框效果如图 227-2 所示。

A464.py 文件的 Python 代码如下：

```
import openpyxl
myBook = openpyxl.load_workbook('交易表.xlsx')
mySheet = myBook.active
#创建股票图(myStockChart)
myStockChart = openpyxl.chart.StockChart()
#获取交易表(mySheet)A4～A8 的单元格数据
myLabels = openpyxl.chart.Reference(mySheet,min_col = 1,min_row = 4,max_row = 8)
#获取交易表(mySheet)C4～D8 的单元格数据
myData = openpyxl.chart.Reference(mySheet,min_col = 3,
                                  max_col = 4,min_row = 3,max_row = 8)
#设置股票图(myStockChart)的数据点(开盘价和收盘价)
myStockChart.add_data(myData,titles_from_data = True)
#设置股票图(myStockChart)x轴的标签
myStockChart.set_categories(myLabels)
#禁止在股票图(myStockChart)上绘制开盘价和收盘价默认产生的折线
for mySeries in myStockChart.series:
```

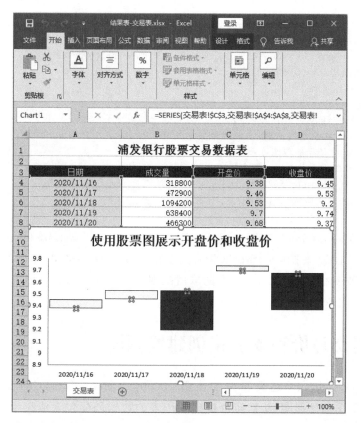

图 227-1

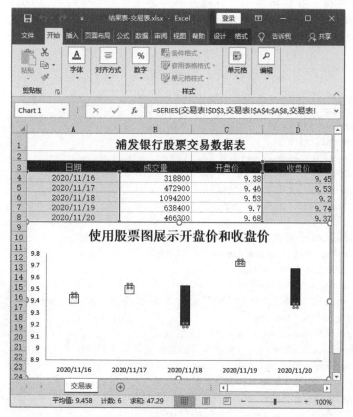

图 227-2

```
        mySeries.graphicalProperties.line.noFill = True
#绘制开盘价和收盘价柱形(线框)图
myStockChart.upDownBars = openpyxl.chart.updown_bars.UpDownBars(gapWidth = 6)
#设置禁止绘制股票图(myStockChart)的图例
myStockChart.legend = None
#设置禁止在股票图(myStockChart)上绘制 y 轴的主网格线
myStockChart.y_axis.majorGridlines = None
#设置股票图(myStockChart)的标题
myStockChart.title = "使用股票图展示开盘价和收盘价"
#将股票图(myStockChart)添加到交易表(mySheet)的 A9 单元格
mySheet.add_chart(myStockChart,"A9")
myBook.save('结果表－交易表.xlsx')
```

在上面这段代码中，myStockChart.upDownBars＝openpyxl.chart.updown_bars.UpDownBars（gapWidth＝6）表示在股票图（myStockChart）上绘制开盘价和收盘价的线框（柱子），自定义gapWidth 参数能够改变线框的宽度，该参数的取值范围是 0～500。注意：该值越大，线框越窄。

此案例的源文件是 MyCode\A464\A464.py。

观看视频

228　根据交易价和成交量创建股票图

此案例主要通过使用"＋"运算符叠加使用 openpyxl.chart.StockChart 和 openpyxl.chart.BarChart 创建的股票图和柱形图，从而实现根据工作表的数据创建包含成交量的股票图。当运行此案例的 Python 代码（A463.py 文件）之后，在"交易表.xlsx"文件中将根据交易表的成交量、开盘价、最高价、最低价、收盘价这 5 列数据创建包含成交量的股票图，如图 228-1 所示，浅色的实心柱子表示成交量、线框表示开盘价和收盘价、竖线表示最高价和最低价。

A463.py 文件的 Python 代码如下：

```
import openpyxl
myBook = openpyxl.load_workbook('交易表.xlsx')
mySheet = myBook.active
#创建股票图(myStockChart)
myStockChart = openpyxl.chart.StockChart()
#获取交易表(mySheet)A4～A8 的单元格数据
myLabels = openpyxl.chart.Reference(mySheet,min_col = 1,min_row = 4,max_row = 8)
#获取交易表(mySheet)C4～F8 的单元格数据
myData = openpyxl.chart.Reference(mySheet,min_col = 3,
                    max_col = 6,min_row = 3,max_row = 8)
#设置股票图(myStockChart)的数据点(开盘价、最高价、最低价和收盘价)
myStockChart.add_data(myData,titles_from_data = True)
#设置股票图(myStockChart)x 轴的标签
myStockChart.set_categories(myLabels)
#在股票图(myStockChart)上禁止绘制默认的开盘价、最高价、最低价和收盘价折线
for mySeries in myStockChart.series:
    mySeries.graphicalProperties.line.noFill = True
#在股票图(myStockChart)上绘制开盘价和收盘价的数据点之间的柱子
myStockChart.upDownBars = openpyxl.chart.updown_bars.UpDownBars()
#在股票图(myStockChart)上绘制最高价和最低价的数据点之间的连线
myStockChart.hiLowLines = openpyxl.chart.updown_bars.ChartLines()
from openpyxl.chart.data_source import NumData, NumVal
```

图 228-1

```
myPoints = [NumVal(idx = i) for i in range(len(myData) − 1)]
myCache = NumData(pt = myPoints)
myStockChart.series[−1].val.numRef.numCache = myCache
#设置在股票图(myStockChart)上禁止绘制 y 轴主网格线
myStockChart.y_axis.majorGridlines = None
#创建成交量柱形图(myBarChart)
myBarChart = openpyxl.chart.BarChart()
myBarChart.add_data(openpyxl.chart.Reference(mySheet,
            min_col = 2, min_row = 3, max_row = 8), titles_from_data = True)
myBarChart.set_categories(myLabels)
#在成交量柱形图(myBarChart)上设置禁止绘制 y 轴主网格线
myBarChart.y_axis.majorGridlines = None
myBarChart.title = "使用股票图展示交易价和交易量"
#在成交量柱形图(myBarChart)上叠加股票图
#myBarChart.y_axis.axId = 10
myBarChart.y_axis.axId = 11
myBarChart.y_axis.crosses = "max"
myBarChart += myStockChart
#将股票图(myStockChart)和成交量图(myBarChart)添加到交易表(mySheet)的 A9 单元格
mySheet.add_chart(myBarChart, "A9")
myBook.save('结果表 − 交易表.xlsx')
```

在上面这段代码中,myStockChart = openpyxl.chart.StockChart()表示创建(开盘价、最高价、最低价、收盘价)股票图(myStockChart)。 myBarChart = openpyxl.chart.BarChart()表示创建(成交

量)柱形图(myBarChart)。myBarChart＋＝myStockChart 表示在柱形图(myBarChart)上叠加股票图(myStockChart)。

此案例的源文件是 MyCode\A463\A463.py。

观看视频

229　根据工作表的多列数据创建气泡图

此案例主要通过使用 openpyxl.chart.BubbleChart 的相关方法和属性，从而实现根据工作表的多列数据创建气泡图。气泡图可用于展示三个变量之间的关系，它与 XY 散点图类似，但是气泡图是对成组的三个数值而非两个数值进行比较，第三个数值确定气泡数据点的大小，因此创建气泡图通常需要三列数据。当运行此案例的 Python 代码(A465.py 文件)之后，在"销售表.xlsx"文件中将根据销售表的气温、价格和销量这三列数据创建气泡图，如图 229-1 所示。

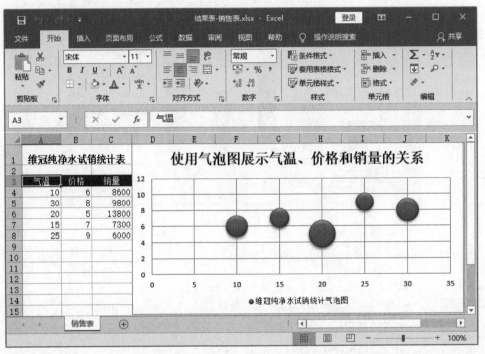

图　229-1

A465.py 文件的 Python 代码如下：

```python
import openpyxl
myBook = openpyxl.load_workbook('销售表.xlsx')
mySheet = myBook.active
# 创建气泡图(myBubbleChart)
myBubbleChart = openpyxl.chart.BubbleChart()
# 获取销售表(mySheet)的气温数据
myTemperature = openpyxl.chart.Reference(mySheet, min_col = 1, min_row = 4, max_row = 8)
# 获取销售表(mySheet)的价格数据
myPrice = openpyxl.chart.Reference(mySheet, min_col = 2, min_row = 4, max_row = 8)
# 获取销售表(mySheet)的销量数据
myAmount = openpyxl.chart.Reference(mySheet, min_col = 3, min_row = 4, max_row = 8)
# 根据气温、价格、销量数据创建气泡图系列(mySeries)
mySeries = openpyxl.chart.Series(values = myPrice, xvalues = myTemperature,
```

```
        zvalues = myAmount,title = "维冠纯净水试销统计气泡图")
#在气泡图(myBubbleChart)中添加新建的系列(mySeries)
myBubbleChart.series.append(mySeries)
#设置气泡图(myBubbleChart)的样式
myBubbleChart.style = 26
#在气泡图(myBubbleChart)的底部绘制图例
myBubbleChart.legend.position = 'b'
#设置气泡图(myBubbleChart)的标题
myBubbleChart.title = "使用气泡图展示气温、价格和销量的关系"
#将气泡图(myBubbleChart)添加到销售表(mySheet)的 D1 单元格
mySheet.add_chart(myBubbleChart,"D1")
myBook.save('结果表 - 销售表.xlsx')
```

在上面这段代码中，myBubbleChart = openpyxl.chart.BubbleChart( )表示创建气泡图（myBubbleChart）。mySeries=openpyxl.chart.Series(values=myPrice,xvalues=myTemperature,zvalues=myAmount,title="维冠纯净水试销统计气泡图")表示创建气泡图的数据系列（mySeries），其中：values=myPrice 表示 y 轴数据，xvalues=myTemperature 表示 x 轴数据，zvalues=myAmount 表示气泡的（相对半径）大小。myBubbleChart.series.append(mySeries)表示在气泡图（myBubbleChart）中添加数据系列（mySeries）。

此案例的源文件是 MyCode\A465\A465.py。

第2部分

Python实战Word案例

python-docx 库是在 Python 代码中创建和编辑 Microsoft Word(.docx)文件的第三方库,.docx 是 Microsoft Word 2007 之后的文件格式,它是基于 Office Open XML 标准的压缩文件格式。.doc 文件格式曾经是 Microsoft Word 2007 之前的 Word 文件格式,但是 python-docx 库不支持.doc 文件格式,因此不能在 Python 代码中使用 python-docx 库创建和编辑.doc 格式的 Word 文件。在本书案例中,将使用 Python 代码调用 python-docx 库的 Document、Paragraph、Table、Section 等相关对象,从而实现以编程方式对 Word 文件的段落、表格、节等进行批量编辑。

观看视频

230 在 Word 文件的末尾追加段落

此案例主要通过使用 Document 的 add_paragraph()方法,从而实现在 Word 文件的末尾追加新的段落。当运行此案例的 Python 代码(B001.py 文件)之后,将自动在"散文名篇.docx"文件的末尾添加一个段落,代码运行前后的效果分别如图 230-1 和图 230-2 所示。需要说明的是:本书所有的 Python 实战 Word 案例如无特别提示,"我的 Word 文件-XXX.docx"表示经过 Python 代码处理之后的 Word 文件(即案例代码实现的目的),"XXX.docx"表示在 Python 代码运行之前的 Word 文件。

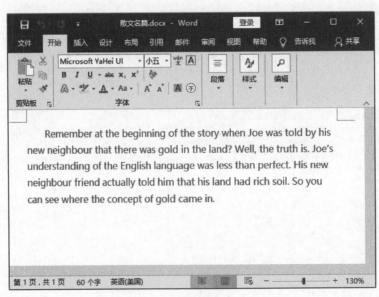

图　230-1

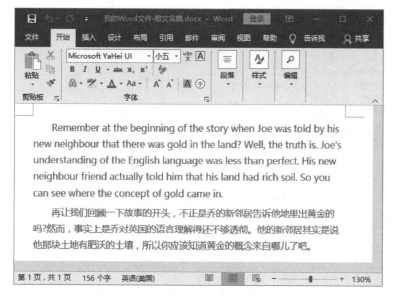

图　230-2

B001.py 文件的 Python 代码如下：

```
# 导入 python-docx 库
import docx
# 根据 Word 文件"散文名篇.docx"创建 Document 对象(myDocument)
myDocument = docx.Document('散文名篇.docx')
# 设置将要添加的文本(myText)
myText = " 再让我们回顾一下故事的开头,不正是乔的新邻居告诉他地里出黄金的吗?然而,事实上是乔对英国
的语言理解得还不够透彻.他的新邻居其实是说他那块土地有肥沃的土壤,所以你应该知道黄金的概念来自哪
儿了吧."
# 在 Word 文件(myDocument)的末尾添加文本(追加新的段落)
myDocument.add_paragraph(myText)
# 将 Word 文件(myDocument)保存为"我的 Word 文件-散文名篇.docx"
myDocument.save('我的 Word 文件-散文名篇.docx')
```

在上面这段代码中,myDocument=docx.Document('散文名篇.docx')表示根据 Word 文件"散文名篇.docx"创建 Word 文件对象(myDocument)。myDocument.save('我的 Word 文件-散文名篇.docx')表示将 Word 文件对象(myDocument)保存为 Word 文件"我的 Word 文件-散文名篇.docx"。如果 docx.Document()方法和 myDocument.save()方法的参数不包含路径,则该参数代表的 Word 文件与 Python 文件在同一目录中,否则在路径代表的目录中。如果 myDocument=docx.Document()方法不含任何参数,则表示创建一个空白的 Word 文件对象(myDocument)。

myDocument.add_paragraph(myText)表示在 Word 文件(myDocument)中新增一个段落,新增的段落通常在 Word 文件的末尾,myText 表示新增的段落内容。import docx 表示在当前 Python 文件中导入 python-docx 库,以操作 Word 文件。在使用 python-docx 库之前,必须首先在工程(MyCode)中添加 python-docx 库,否则如果在 B001.py 文件中输入 import docx 代码,PyCharm 将自动检测到一个错误(No module named docx),如图 230-3 所示,此时则应立即安装 python-docx 库。

安装 Python-docx 库的步骤如下。

(1) 在 PyCharm 左侧的 Project 窗口中选择工程名称 MyCode,再执行 File→Settings 命令,将弹出 Settings 对话框。在 Settings 对话框中展开左侧的 Project:MyCode→Project Interpreter 选项,如

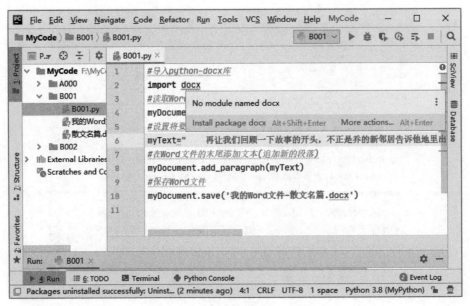

图　230-3

图 230-4 所示，然后单击右侧的"＋"按钮，则弹出 Available Packages 对话框。

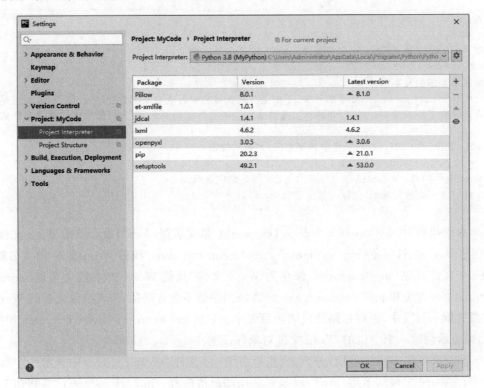

图　230-4

（2）在 Available Packages 对话框的（搜索）文本框中输入 python-docx，然后在下面的列表中选择"python-docx"，注意必须保持网络畅通，此时得在对话框右侧显示 python-docx 的相关信息，如图 230-5 所示。单击 Install Package 按钮，执行在线安装 python-docx 库（包）。在安装 python-docx 成功之后将提示 Package 'python-docx' installed successfully，如图 230-6 所示。此时依次关闭 Available Packages 对话框和 Settings 对话框，返回到 B001.py 文件的编辑对话框，则不会出现错误

（No module named docx）。当 B001.py 文件的 Python 代码编辑完成后，即可在左侧 Project 窗口中右击 MyCode\B001\B001.py 文件，再在弹出的菜单中选择 Run 'B001.py'选项，则立即运行 B001.py 文件的 Python 代码，即生成在"散文名篇.docx"文件的末尾追加新的段落之后的结果文件"我的 Word 文件-散文名篇.docx"。

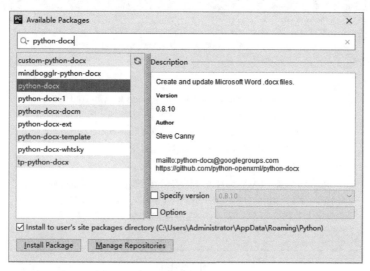

图　230-5

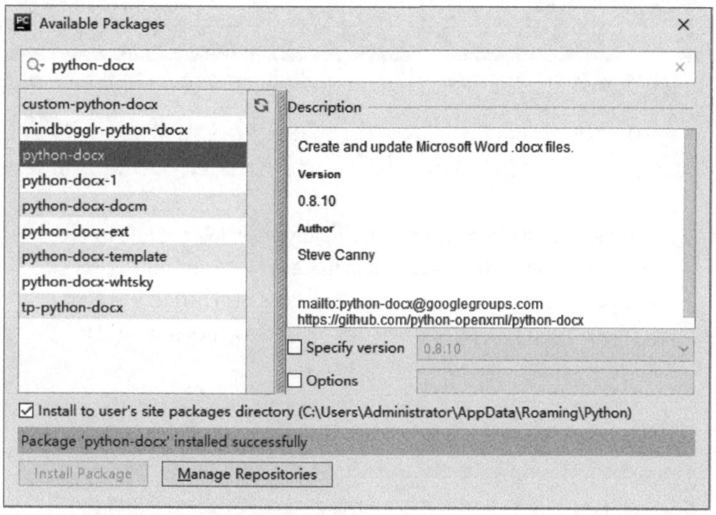

图　230-6

当在 MyCode 工程中成功添加 python-docx 库后，即可在 MyCode 工程的任何目录中添加 Python 文件，并在这些 Python 文件中任意调用 python-docx 库的对象执行 Word 文件的创建和编辑等功能。因此，本书其他关于 python-docx 代码的讲解，将不再罗列前述操作。

此案例的源文件是 MyCode\B001\B001.py。

231　在 Word 文件的段前插入段落

此案例主要通过使用 Paragraph 的 insert_paragraph_before()方法，从而实现在 Word 文件的指定段落之前插入新的段落。当运行此案例的 Python 代码（B048.py 文件）之后，将在"散文名篇.docx"

观看视频

文件的第 2 个段落之前插入一段英文,并在该文件的末尾添加一段中文,代码运行前后的效果分别如图 231-1 和图 231-2 所示。

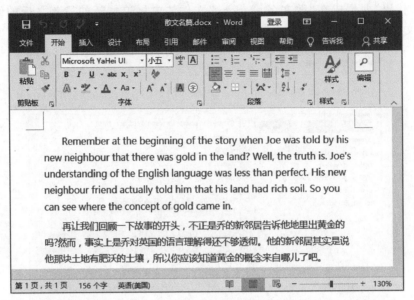

图   231-1

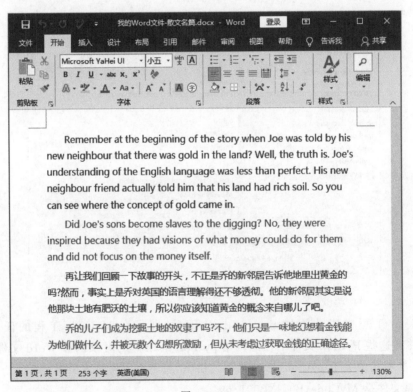

图   231-2

B048.py 文件的 Python 代码如下:

```
import docx
myDocument = docx.Document('散文名篇.docx')
# 在第 2 个段落(myDocument.paragraphs[1])前插入新的段落(myParagraph2)
```

```
myParagraph2 = myDocument.paragraphs[1].insert_paragraph_before(" Did Joe's sons become slaves to the
digging? No, they were inspired because they had visions of what money could do for them and did not focus on
the money itself. ")
♯在 Word 文件(myDocument)的末尾添加段落(myParagraph4)
myParagraph4 = myDocument.add_paragraph("乔的儿子们成为挖掘土地的奴隶了吗?不,他们只是一味地幻想着
金钱能为他们做什么,并被无数个幻想所激励,但从未考虑过获取金钱的正确途径。")
myDocument.save('我的 Word 文件 - 散文名篇.docx')
```

在上面这段代码中,myParagraph2 = myDocument.paragraphs[1].insert_paragraph_ before ("……")表示在 myDocument.paragraphs[1](第 2 个段落)之前根据("……")的文本内容插入一个段落(myParagraph2)。myDocument.paragraphs[1]表示该 Word 文件(myDocument)的第 2 个段落,myDocument.paragraphs 表示该 Word 文件(myDocument)的所有段落。

此案例的源文件是 MyCode\B048\B048.py。

232　在 Word 文件中删除指定段落

观看视频

此案例主要通过使用 Document 的 paragraphs 属性和 remove()方法,从而实现在 Word 文件中获取指定段落并删除该指定段落。当运行此案例的 Python 代码(B002.py 文件)之后,将自动在"散文名篇.docx"文件中删除第 2 个段落和第 4 个段落,代码运行前后的效果分别如图 232-1 和图 232-2 所示。

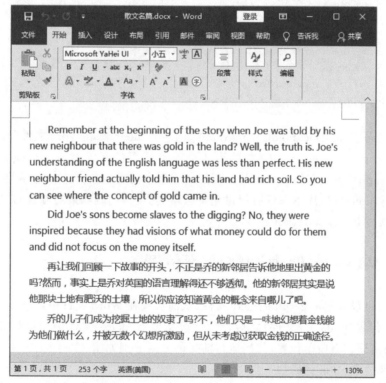

图　232-1

B002.py 文件的 Python 代码如下:

```python
import docx
myDocument = docx.Document('散文名篇.docx')
```

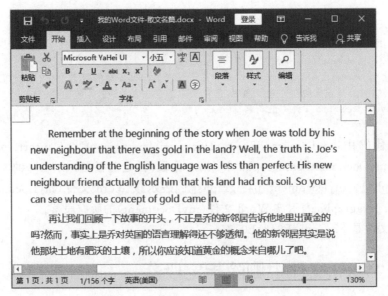

图 232-2

```
# 获取 Word 文件(myDocument)的第 2 个段落
myParagraph1 = myDocument.paragraphs[1]._element
# 删除 Word 文件(myDocument)的第 2 个段落
myParagraph1.getparent().remove(myParagraph1)
# 获取 Word 文件(myDocument)的第 3 个段落(即获取原文件的第 4 个段落)
myParagraph2 = myDocument.paragraphs[2]._element
# 删除 Word 文件(myDocument)的第 3 个段落(即删除原文件的第 4 个段落)
myParagraph2.getparent().remove(myParagraph2)
myDocument.save('我的 Word 文件 - 散文名篇.docx')
```

在上面这段代码中,myDocument.paragraphs[1]._element 表示 Word 文件(myDocument)的第 2 个段落元素,myParagraph1.getparent()表示第 2 个段落元素的父元素,myParagraph1.getparent().remove(myParagraph1)表示在第 2 个段落元素的父元素中使用 remove()方法移除第 2 个段落元素。需要说明的是:python-docx 库本来没有提供删除段落的方法,此删除策略源自 Github。

此案例的源文件是 MyCode\B002\B002.py。

观看视频

233 在 Word 文件中调整段落位置

此案例主要通过设置 Paragraph 的 text 属性,从而实现在 Word 文件中调整段落的位置。当运行此案例的 Python 代码(B003.py 文件)之后,将在"散文名篇.docx"文件中交换第 2 个段落和第 3 个段落的内容,从而实现调整段落位置,代码运行前后的效果分别如图 233-1 和图 233-2 所示。

B003.py 文件的 Python 代码如下:

```
import docx
myDocument = docx.Document('散文名篇.docx')
myText = myDocument.paragraphs[1].text
myDocument.paragraphs[1].text = myDocument.paragraphs[2].text
myDocument.paragraphs[2].text = myText
myDocument.save('我的 Word 文件 - 散文名篇.docx')
```

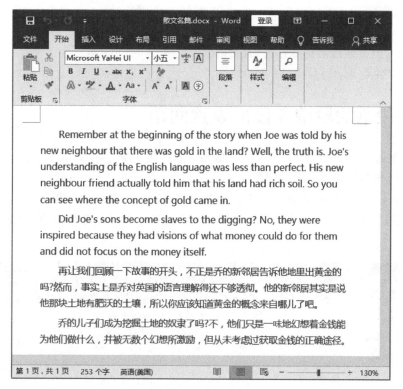

图　233-1

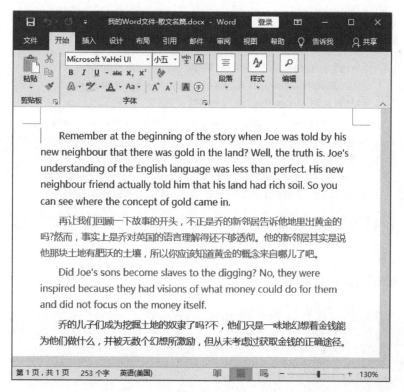

图　233-2

在上面这段代码中,myText＝myDocument. paragraphs[1]. text 表示 Word 文件(myDocument)的第 2 个段落(paragraphs[1])的文本(text)。 myDocument. paragraphs[2]. text＝myText 表示使

用文本（myText）设置 Word 文件（myDocument）的第 3 个段落（paragraphs[2]）的 text 属性。如果 myDocument.paragraphs[2].text＝''，则清空 Word 文件（myDocument）的第 3 个段落（paragraphs[2]）的文本（text），但是该段落仍然存在，且无内容。

此案例的源文件是 MyCode\B003\B003.py。

观看视频

234　在段落的段前和段后设置间距

此案例主要通过设置 Paragraph 的 space_before 属性和 space_after 属性，从而实现在 Word 文件中自定义指定段落与前后段落之间的间隔距离。当运行此案例的 Python 代码（B009.py 文件）之后，将在"散文名篇.docx"文件中设置第 2 个段落与前面的（第 1 个）段落的间距为 0.5 英寸，同时设置第 2 个段落与后面的（第 3 个）段落的间距为 0.5 英寸，代码运行前后的效果分别如图 234-1 和图 234-2 所示。

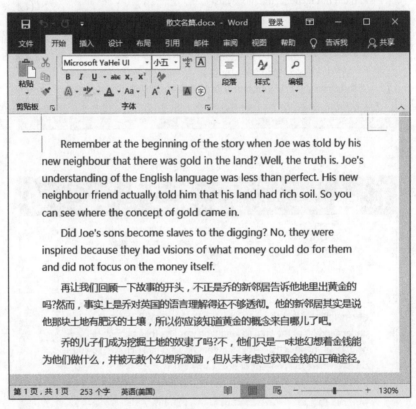

图　234-1

B009.py 文件的 Python 代码如下：

```python
import docx
myDocument = docx.Document('散文名篇.docx')
myDocument.paragraphs[1].paragraph_format.space_before = docx.shared.Inches(0.5)
myDocument.paragraphs[1].paragraph_format.space_after = docx.shared.Inches(0.5)
myDocument.save('我的 Word 文件 - 散文名篇.docx')
```

在上面这段代码中，myDocument.paragraphs[1].paragraph_format.space_before ＝ docx.shared.Inches(0.5)表示设置 Word 文件（myDocument）的第 2 个段落与前面的（第 1 个）段落的间距为 0.5 英寸。myDocument.paragraphs[1].paragraph_format.space_after ＝ docx.shared.Inches

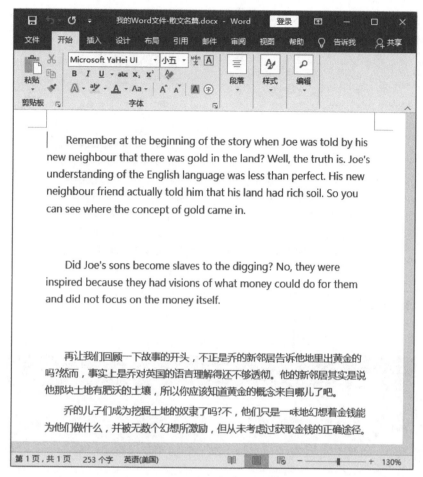

图 234-2

(0.5)表示设置 Word 文件(myDocument)的第 2 个段落与后面的(第 3 个)段落的间距为 0.5 英寸。space_before 属性和 space_after 属性可以单独设置,也可以同时设置。

此案例的源文件是 MyCode\B009\B009.py。

235 在段落中使用英寸设置行间距

观看视频

此案例主要通过使用 Paragraph 的 line_spacing 属性和 docx.shared.Inches()方法,从而实现在 Word 文件的指定段落中使用英寸自定义段落的行间距。当运行此案例的 Python 代码(B008.py 文件)之后,在"散文名篇.docx"文件中将设置第 1 个段落的行间距为 0.5 英寸,代码运行前后的效果分别如图 235-1 和图 235-2 所示。

B008.py 文件的 Python 代码如下:

```
import docx
myDocument = docx.Document('散文名篇.docx')
myDocument.paragraphs[0].paragraph_format.line_spacing = docx.shared.Inches(0.5)
myDocument.save('我的 Word 文件 - 散文名篇.docx')
```

在上面这段代码中,myDocument.paragraphs[0].paragraph_format.line_spacing = docx.shared.Inches(0.5)表示设置 Word 文件(myDocument)的第 1 个段落的行间距为 0.5 英寸。如果设

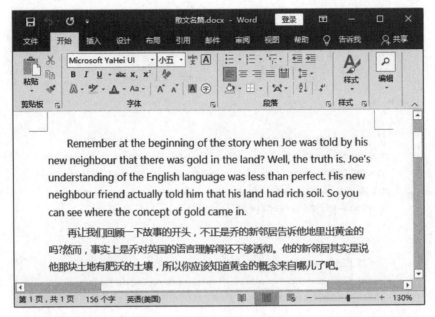

图　235-1

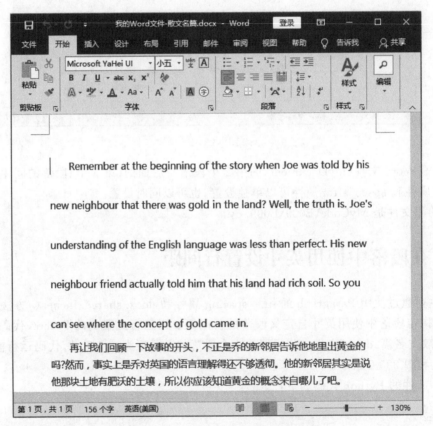

图　235-2

置 myDocument. paragraphs[1]. paragraph_format. line_spacing＝docx. shared. Inches(1.5)，则表示设置 Word 文件(myDocument)的第 2 个段落的行间距为 1.5 英寸。

　　此案例的源文件是 MyCode\B008\B008. py。

236　在段落中使用磅数设置行间距

此案例主要通过使用 Paragraph 的 line_spacing 属性和 docx.shared.Pt( )方法,从而实现在 Word 文件的指定段落中使用磅数自定义行间距。当运行此案例的 Python 代码（B027.py 文件）之后,在"散文名篇.docx"文件中将设置第 1 个段落的行间距为 16 磅,代码运行前后的效果分别如图 236-1 和图 236-2 所示。

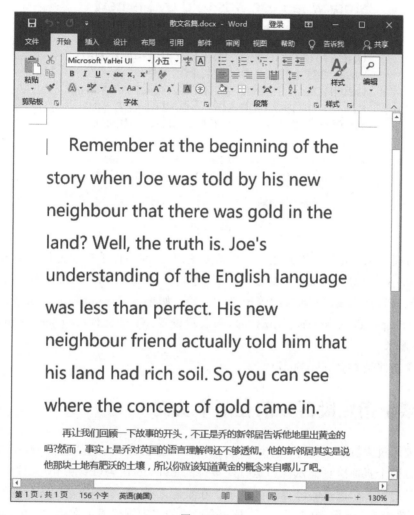

图　236-1

B027.py 文件的 Python 代码如下:

```
import docx
myDocument = docx.Document('散文名篇.docx')
myDocument.paragraphs[0].paragraph_format.line_spacing = docx.shared.Pt(16)
myDocument.save('我的Word文件 - 散文名篇.docx')
```

在上面这段代码中,myDocument.paragraphs[0].paragraph_format.line_spacing = docx.shared.Pt(16)表示设置 Word 文件（myDocument）的第 1 个段落的行间距为 16 磅,但是从图 236-2 的实际效果看,第 1 个段落的行间距几乎为 0,为什么呢?因为第 1 个段落的文本是三号字体,三号字

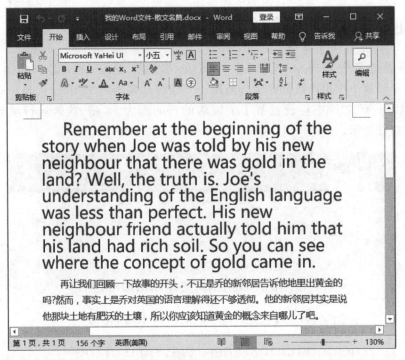

图 236-2

体是 16 磅,与行间距完全相同。因此从另一个角度来说,行间距似乎理解为行高更为确切。在 Word 中,磅数与字体大小的对应关系如下:初号＝42 磅、小初＝36 磅、一号＝26 磅、小一＝24 磅、二号＝22 磅、小二＝18 磅、三号＝16 磅,1 厘米约等于 28.35 磅。如果 myDocument. paragraphs[0]. paragraph_ format. line_spacing＝ docx. shared. Cm(16),则表示设置 Word 文件(myDocument)的第 1 个段落 的行间距为 16 厘米。

此案例的源文件是 MyCode\B027\B027.py。

观看视频

237 禁止指定段落分散在两个页面

此案例主要通过设置 Paragraph 的 keep_together 属性值为 True,从而在 Word 文件中实现禁止 指定的段落分散两个页面跨页显示。当运行此案例的 Python 代码(B030. py 文件)之后,将禁止"智 慧书. docx"文件的第 2 个段落的内容跨页显示。在禁止之前,第 2 个段落的内容跨页显示在第 1 页 和第 2 页中,如图 237-1 所示;在禁止之后,第 2 个段落的内容则仅显示在第 2 页中,如图 237-2 所示。 B030. py 文件的 Python 代码如下:

```
import docx
myDocument = docx.Document('智慧书.docx')
myDocument.paragraphs[1].paragraph_format.keep_together = True
myDocument.save('我的 Word 文件 - 智慧书.docx')
```

在上面这段代码中,myDocument. paragraphs[1]. paragraph_format. keep_together＝ True 表示 禁止 Word 文件(myDocument)的第 2 个段落的内容跨页显示。实际测试表明,如果指定段落(第 2 个段落)超长,即一个页面无法显示指定段落(第 2 个段落)的全部内容,需要两个甚至三个页面才能 显示指定段落(第 2 个段落)的全部内容。在这种情况下,指定段落(第 2 个段落)仍然需要跨页显示,

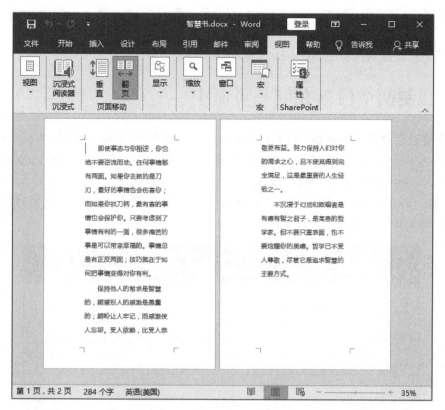

图　237-1

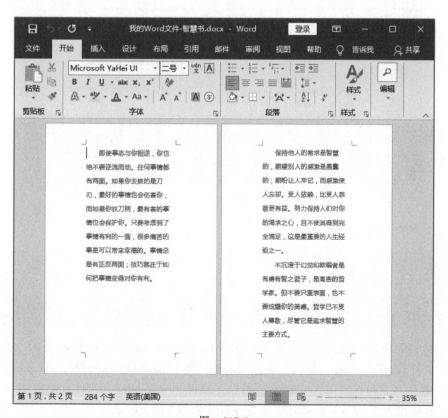

图　237-2

但它总是作为某个(第2个)页面的第1个段落(而非第2个段落,甚至第3个段落,即开启新页)出现在该页面中。

此案例的源文件是 MyCode\B030\B030.py。

观看视频

238 强制两个段落在同一页面中

此案例主要通过设置 Paragraph 的 keep_with_next 属性值为 True,从而在 Word 文件中实现强制指定的段落与下一段落在一起(在一个页面中至少有两个段落的部分内容)。当运行此案例的 Python 代码(B032.py 文件)之后,将在"智慧书.docx"文件中强制第2个段落与第3个段落在一起。在强制之前,第2个段落在第1页中,第3个段落在第2页中,如图238-1所示;在强制之后,第2个段落的部分内容则在第2页中,如图238-2所示。

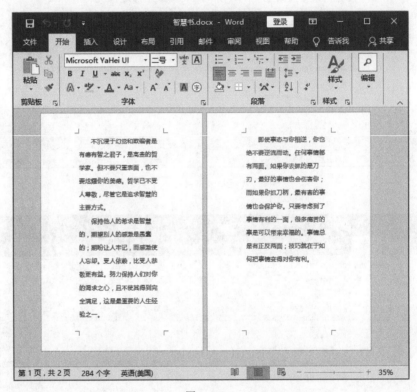

图 238-1

B032.py 文件的 Python 代码如下:

```
import docx
myDocument = docx.Document('智慧书.docx')
myDocument.paragraphs[1].paragraph_format.keep_with_next = True
myDocument.save('我的 Word 文件 - 智慧书.docx')
```

在上面这段代码中, myDocument.paragraphs[1].paragraph_format.keep_with_next= True 表示强制 Word 文件(myDocument)的第2个段落与第3个段落在同一页面中。keep_with_next 属性相当于 Word(软件)的"与下段同页",keep_together 属性相当于 Word(软件)的"段中不分页",page_break_before 属性相当于 Word(软件)的"段前分页",如图238-3所示。

此案例的源文件是 MyCode\B032\B032.py。

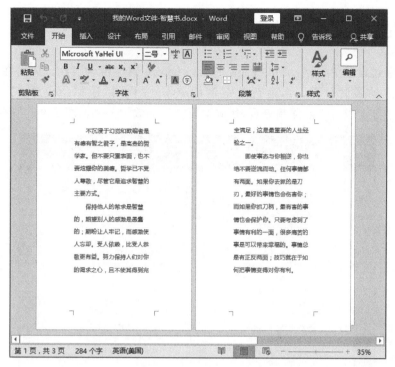

图　238-2

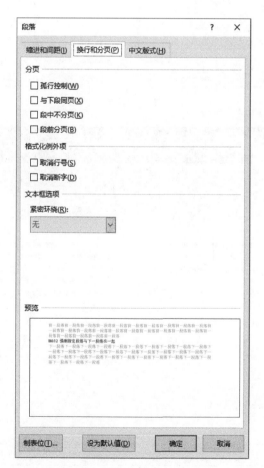

图　238-3

观看视频

239　在指定段落之前强制执行分页

此案例主要通过设置 Paragraph 的 page_break_before 属性值为 True，从而在 Word 文件中实现在指定的段落之前强制分页。当运行此案例的 Python 代码（B031.py 文件）之后，将在"智慧书.docx"文件的第 3 个段落之前强制分页，代码运行前后的效果分别如图 239-1 和图 239-2 所示。

图　239-1

图　239-2

B031.py 文件的 Python 代码如下：

```
import docx
myDocument = docx.Document('智慧书.docx')
myDocument.paragraphs[2].paragraph_format.page_break_before = True
myDocument.save('我的Word文件-智慧书.docx')
```

在上面这段代码中，myDocument.paragraphs[2].paragraph_format.page_break_before=True
表示在 Word 文件（myDocument）的第 3 个段落之前强制分页。当然，也可以使用 add_page_break()
方法实现类似的效果，代码如下：

```
# 导入python-docx库
import docx
# 创建空白Word文件
myDocument = docx.Document()
myDocument.add_paragraph('这是第1页')
myDocument.add_page_break()
myDocument.add_paragraph('这是第2页')
myDocument.add_page_break()
myDocument.add_paragraph('这是第3页')
myDocument.add_page_break()
myDocument.add_paragraph('这是第4页')
# 保存Word文件
myDocument.save('我的Word文件-空白.docx')
```

此案例的源文件是 MyCode\B031\B031.py。

240　自定义指定段落的对齐样式

观看视频

此案例主要通过使用 Paragraph 的 alignment 属性，从而在 Word 文件中实现自定义指定段落的
对齐样式。当运行此案例的 Python 代码（B033.py 文件）之后，"散文名篇.docx"文件的第 1 个段落
的各行文本将居中对齐，代码运行前后的效果分别如图 240-1 和图 240-2 所示。

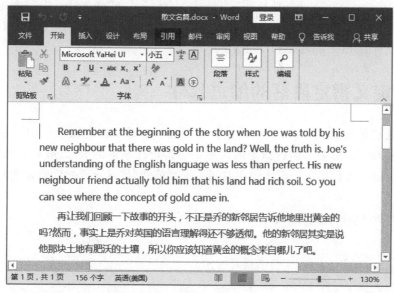

图　240-1

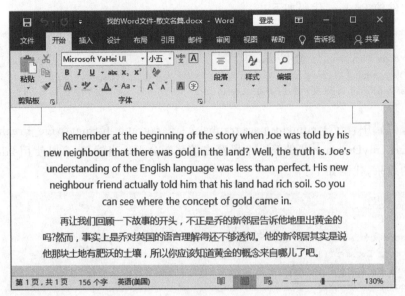

图 240-2

B033.py 文件的 Python 代码如下：

```
import docx
myDocument = docx.Document('散文名篇.docx')
myDocument.paragraphs[0].paragraph_format.alignment = \
                    docx.enum.text.WD_ALIGN_PARAGRAPH.CENTER
myDocument.save('我的 Word 文件－散文名篇.docx')
```

在上面这段代码中，myDocument.paragraphs[0].paragraph_format.alignment＝docx.enum. text.WD_ALIGN_PARAGRAPH.CENTER 表示设置 Word 文件（myDocument）第 1 个段落的各行文本居中对齐。alignment 属性表示（段落的）对齐样式，该属性支持的属性值包括：LEFT（左对齐）、CENTER（居中）、RIGHT（右对齐）、JUSTIFY（两端对齐）、DISTRIBUTE（分散对齐）。实际测试表明：myDocument.paragraphs[0].alignment＝docx.enum.text.WD_ALIGN_PARAGRAPH. CENTER 与 myDocument.paragraphs[0].paragraph_format.alignment＝docx.enum.text.WD_ ALIGN_PARAGRAPH.CENTER 效果相同，因此在大多数情况下，这两行代码可以相互代替。

此案例的源文件是 MyCode\B033\B033.py。

241　自定义指定段落的缩进尺寸

观看视频

此案例主要通过设置 Paragraph 的 left_indent 属性（和）或 right_indent 属性，从而实现在 Word 文件指定段落的左端（和）或右端缩进指定的尺寸。当运行此案例的 Python 代码（B007.py 文件）之后，"散文名篇.docx"文件的第 1 个段落将在右端缩进 2 英寸，代码运行前后的效果分别如图 241-1 和图 241-2 所示。

B007.py 文件的 Python 代码如下：

```
import docx
myDocument = docx.Document('散文名篇.docx')
#myDocument.paragraphs[0].paragraph_format.left_indent = docx.shared.Inches(2)
```

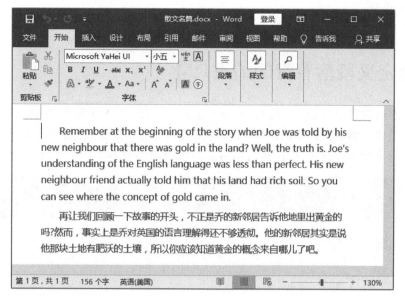

图　241-1

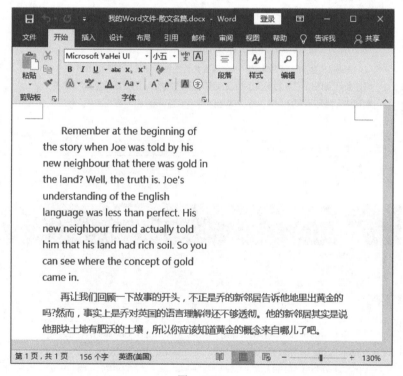

图　241-2

```
myDocument.paragraphs[0].paragraph_format.right_indent = docx.shared.Inches(2)
myDocument.save('我的 Word 文件 - 散文名篇.docx')
```

在上面这段代码中，myDocument. paragraphs[0]. paragraph_format. right_indent ＝ docx. shared. Inches(2)表示 Word 文件(myDocument)的第 1 个段落在右端缩进 2 英寸。如果设置 myDocument. paragraphs[0]. paragraph_format. left_indent＝docx. shared. Inches(2)，则表示 Word 文件(myDocument)的第 1 个段落在左端缩进 2 英寸。right_indent 属性和 left_indent 属性可以单独

观看视频

设置，也可以同时设置。

此案例的源文件是 MyCode\B007\B007.py。

242　自定义段落首行的缩进尺寸

此案例主要通过设置 Paragraph 的 first_line_indent 属性，从而实现在 Word 文件的指定段落的首行缩进指定的尺寸。当运行此案例的 Python 代码（B010.py 文件）之后，"散文名篇.docx"文件的第 2 个段落的首行将缩进 2 英寸，代码运行前后的效果分别如图 242-1 和图 242-2 所示。

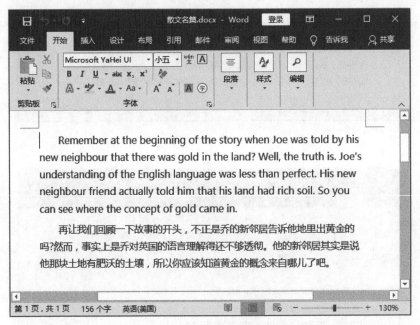

图　242-1

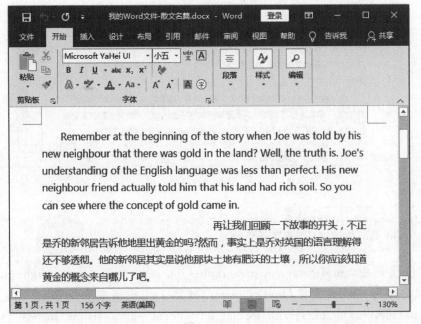

图　242-2

B010.py 文件的 Python 代码如下：

```python
import docx
myDocument = docx.Document('散文名篇.docx')
myParagraph2 = myDocument.paragraphs[1]
myParagraph2.paragraph_format.first_line_indent = docx.shared.Inches(2)
myDocument.save('我的 Word 文件－散文名篇.docx')
```

在上面这段代码中，myParagraph2＝myDocument.paragraphs[1]表示 Word 文件(myDocument)的第 2 个段落。myParagraph2.paragraph_format.first_line_indent＝docx.shared.Inches(2)表示设置第 2 个段落的首行缩进 2 英寸。

此案例的源文件是 MyCode\B010\B010.py。

243　在指定段落中实现悬挂缩进

此案例主要通过设置 Paragraph 的 first_line_indent 属性和 left_indent 属性，从而在 Word 文件的指定段落中实现悬挂式的缩进。当运行此案例的 Python 代码(B054.py 文件)之后，"散文名篇.docx"文件的第 2 个段落将以悬挂式风格缩进，代码运行前后的效果分别如图 243-1 和图 243-2 所示。

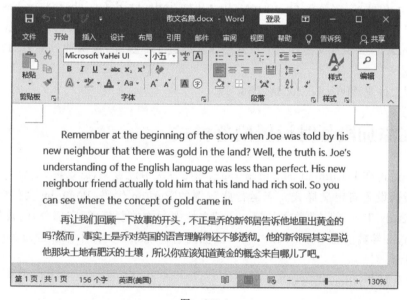

图　243-1

B054.py 文件的 Python 代码如下：

```python
import docx
myDocument = docx.Document('散文名篇.docx')
myParagraph2 = myDocument.paragraphs[1]
#设置第 2 个段落左缩进 1.5 英寸
myParagraph2.paragraph_format.left_indent = docx.shared.Inches(1.5)
#设置第 2 个段落首行缩进－1.5 英寸(特别注意：缩进值是负数)
myParagraph2.paragraph_format.first_line_indent = docx.shared.Inches(-1.5)
myDocument.save('我的 Word 文件－散文名篇.docx')
```

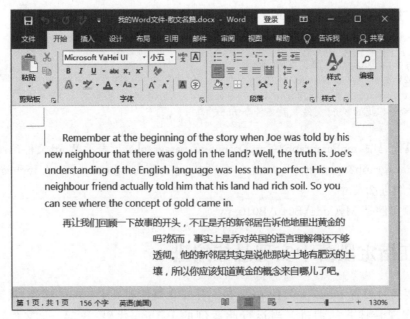

图 243-2

在上面这段代码中,myParagraph2＝myDocument. paragraphs[1]表示 Word 文件(myDocument)的第2个段落。myParagraph2. paragraph_format. first_line_indent＝docx. shared. Inches(－1.5)表示设置第 2 个段落的首行缩进－1.5 英寸(注意:是负数)。myParagraph2. paragraph_format. left_indent＝docx. shared. Inches(1.5) 表示设置第 2 个段落整体左缩进 1.5 英寸,这两种效果叠加在一起即为悬挂式缩进。

此案例的源文件是 MyCode\B054\B054. py。

244 在添加段落时设置段落样式

观看视频

此案例主要通过在 Document 的 add_paragraph()方法中设置 style 参数,从而实现在 Word 文件中为新添加的段落设置自定义样式。当运行此案例的 Python 代码(B099.py 文件)之后,如果设置style 参数值为 Body Text,则在"散文名篇.docx"文件中添加的段落(汉字部分)的效果如图 244-1 所示;如果设置 style 参数值为 Body Text 3,则在"散文名篇.docx"文件中添加的段落(汉字部分)的效果如图 244-2 所示。

B099. py 文件的 Python 代码如下:

```
import docx
myDocument = docx. Document('散文名篇.docx')
# 设置将要添加的文本(myText)
myText = "再让我们回顾一下故事的开头,不正是乔的新邻居告诉他地里出黄金的吗?然而,事实上是乔对英国
的语言理解得还不够透彻.他的新邻居其实是说他那块土地有肥沃的土壤,所以你应该知道黄金的概念来自哪
儿了吧."
# 在 Word 文件(myDocument)的末尾添加文本(追加新的段落)
myParagraph = myDocument. add_paragraph(myText, style = 'Body Text')
# myParagraph = myDocument. add_paragraph(myText, style = 'Body Text 3')
# for s in myDocument. styles:
#     print(s. name)
myDocument. save('我 的 Word 文件 - 散文名篇.docx')
```

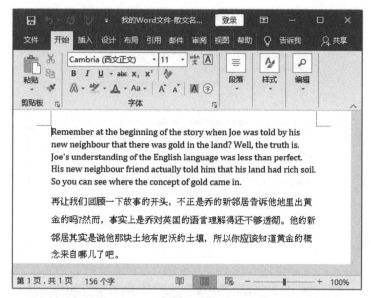

图 244-1

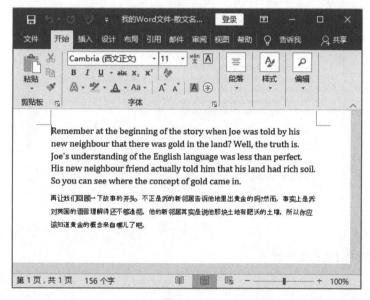

图 244-2

在上面这段代码中,myParagraph＝myDocument.add_paragraph(myText,style＝'Body Text')表示根据 myText 参数的内容在 Word 文件(myDocument)的末尾添加一个段落,且样式为'Body Text',参数 style 表示段落样式,即 Word 工具栏"样式"所列的样式。

此案例的源文件是 MyCode\B099\B099.py。

245 在 Word 文件中删除指定样式

观看视频

此案例主要通过使用 delete()方法,从而实现在 Word 文件中根据样式名称删除指定的样式。当运行此案例的 Python 代码(B103.py 文件)之后,将在"散文名篇.docx"文件中删除样式 Body Text 3,即第 2 个段落的中文样式,效果分别如图 245-1 和图 245-2 所示。

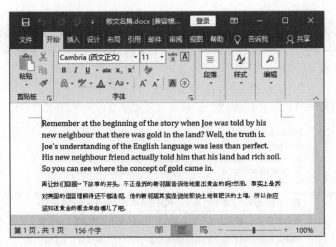

图　245-1

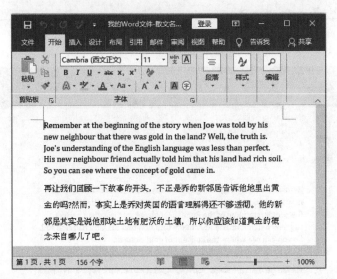

图　245-2

B103.py 文件的 Python 代码如下：

```
import docx
myDocument = docx.Document('散文名篇.docx')
♯删除 Word 文件(myDocument)的指定样式['Body Text 3']
myDocument.styles['Body Text 3'].delete()
myDocument.save('我的 Word 文件－散文名篇.docx')
```

在上面这段代码中，myDocument.styles['Body Text 3'].delete()表示删除在 Word 文件（myDocument）中设置的'Body Text 3'样式，'Body Text 3'表示样式名称。

此案例的源文件是 MyCode\B103\B103.py。

246　在段落的样式属性中设置字体

观看视频

此案例主要通过在 Paragraph 的 style 属性中设置与 font 相关的子属性，从而实现在 Word 文件中设置字体的类型及大小。当运行此案例的 Python 代码（B100.py 文件）之后，如果设置字体类型为

"楷体"，则在"散文名篇.docx"文件中添加的段落（汉字部分）的效果如图 246-1 所示；如果设置字体类型为"隶书"，则在"散文名篇.docx"文件中添加的段落（汉字部分）的效果如图 246-2 所示。

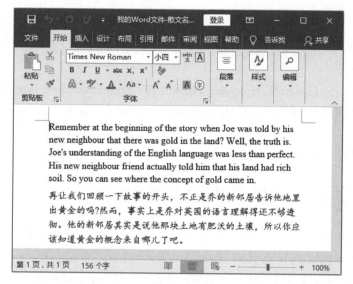

图　246-1

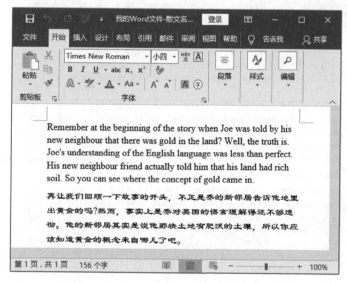

图　246-2

B100.py 文件的 Python 代码如下：

```
import docx
myDocument = docx.Document('散文名篇.docx')
#设置将要添加的文本(myText)
myText = "再让我们回顾一下故事的开头,不正是乔的新邻居告诉他地里出黄金的吗?然而,事实上是乔对英国的语言理解得还不够透彻.他的新邻居其实是说他那块土地有肥沃的土壤,所以你应该知道黄金的概念来自哪儿了吧."
#在 Word 文件(myDocument)的末尾添加文本(myText)
myParagraph = myDocument.add_paragraph(myText,style = 'Body Text')
#在 style 属性中设置字体的类型和大小
myParagraph.style.font.name = '隶书'
```

```
# myParagraph.style.font.element.rPr.rFonts.\
#                    set(docx.oxml.ns.qn('w:eastAsia'),'楷体')
myParagraph.style.font.element.rPr.rFonts.\
                     set(docx.oxml.ns.qn('w:eastAsia'),'隶书')
myParagraph.style.font.size = docx.shared.Pt(12)
myDocument.save('我的 Word 文件 - 散文名篇.docx')
```

在上面这段代码中,myParagraph.style.font.element.rPr.rFonts.set(docx.oxml.ns. qn('w:eastAsia'),'隶书')表示设置字体类型为"隶书"。myParagraph.style.font.size= docx.shared.Pt(12)表示设置字体大小为 12 磅。

此案例的源文件是 MyCode\B100\B100.py。

观看视频

247 在段落的样式属性中设置颜色

此案例主要通过使用 Paragraph 的 style.font.color.rgb 属性,从而实现在 Word 文件中自定义文本颜色。当运行此案例的 Python 代码(B133.py 文件)之后,"散文名篇.docx"文件的文本颜色将从黑色改变为红色,代码运行前后的效果分别如图 247-1 和图 247-2 所示。

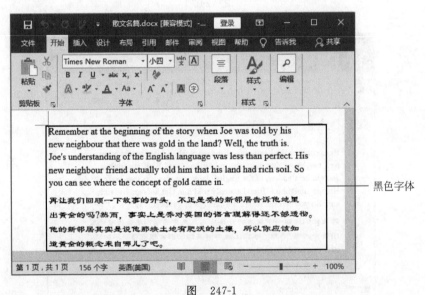

图　247-1

B133.py 文件的 Python 代码如下:

```
import docx
myDocument = docx.Document('散文名篇.docx')
# print(myDocument.paragraphs[1].text)
# 实际效果是两段文本颜色均为红色
myDocument.paragraphs[1].style.font.color.rgb = docx.shared.RGBColor(255,55,55)
# 实际效果是两段文本颜色均为绿色
# myDocument.paragraphs[0].style.font.color.rgb = docx.shared.RGBColor(0,255,0)
# 实际效果是只有第 2 个段落的文本颜色为红色
# myDocument.paragraphs[1].runs[0].font.color.rgb = docx.shared.RGBColor(255,0,0)
myDocument.save('我的 Word 文件 - 散文名篇.docx')
```

在上面这段代码中,myDocument.paragraphs[1].style.font.color.rgb= docx.shared. RGBColor

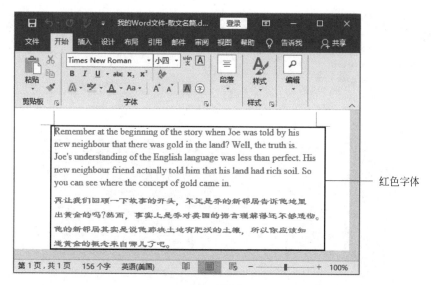

图 247-2

(255,55,55)从代码字面上理解是设置 Word 文件(myDocument)第 2 个段落的文本颜色为红色,但是实际测试效果是 Word 文件(myDocument)所有段落(如果这些段落的样式相同)的文本颜色均为红色。因此在实际应用时需要注意这个问题(注意比较一下"案例 248")。myDocument. paragraphs[1]. runs[0]. font. color. rgb＝docx. shared. RGBColor(255,0,0)能够在 Word 文件(myDocument)中实现只有第 2 个段落的文本颜色为红色,该颜色设置不影响其他段落。

此案例的源文件是 MyCode\B133\B133. py。

248 使用样式改变多个段落的字体

观看视频

此案例主要通过设置样式的 font. name 等属性,从而实现在 Word 文件中根据样式改变多个段落(这些段落均采用相同的样式)的字体。当运行此案例的 Python 代码(B136. py 文件)之后,"散文名篇. docx"文件的两个段落(这两个段落的样式均为 styles ['Normal'])的字体将被修改为宋体,代码运行前后的效果分别如图 248-1 和图 248-2 所示。

B136. py 文件的 Python 代码如下:

```python
import docx
myDocument = docx. Document('散文名篇. docx')
# for myParagraph in myDocument. paragraphs:
#     print(myParagraph. style. name)
#设置该 Word 文件的 Normal 样式的字体为"宋体"
myDocument. styles['Normal']. font. name = '宋体'
myDocument. styles['Normal']. _element. rPr. rFonts. set(
                        docx. oxml. ns. qn('w:eastAsia'),'宋体')
myDocument. save('我的 Word 文件－散文名篇. docx')
```

在上面这段代码中,myDocument. styles['Normal']. font. name＝'宋体'和 myDocument. styles['Normal']. _element. rPr. rFonts. set(docx. oxml. ns. qn('w:eastAsia'),'宋体')表示将 Word 文件(myDocument)styles['Normal']的字体修改为宋体,在此案例中两行代码缺一不可。如果 Word 文件(myDocument)所有段落的样式均为 Normal 样式,则所有段落的字体均被改变为宋体;如果 Word

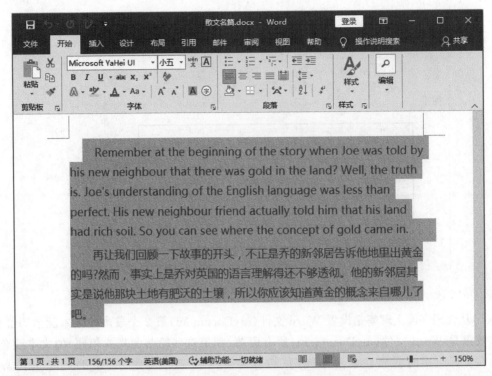

图 248-1

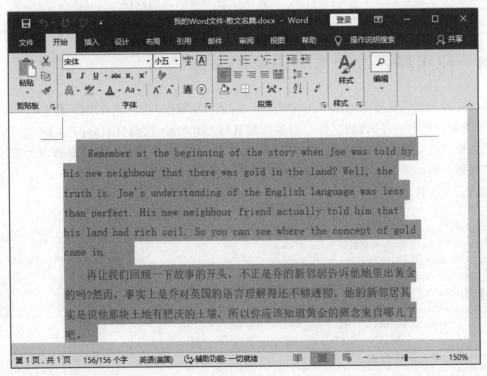

图 248-2

文件(myDocument)部分段落(可以不连续)的样式为 Normal 样式,则所有 Normal 样式的段落的字体均被改变为宋体。

此案例的源文件是 MyCode\B136\B136.py。

观看视频

249　使用样式改变多个段落的高亮颜色

此案例主要通过设置样式的 font.highlight_color 属性，从而实现在 Word 文件中根据样式改变多个段落（这些段落均采用相同的样式）的文本高亮颜色。当运行此案例的 Python 代码（B137.py 文件）之后，"散文名篇.docx"文件的两个段落（这两个段落的样式均为 styles['Normal']）的文本高亮颜色将被修改为紫色，代码运行前后的效果分别如图 249-1 和图 249-2 所示。

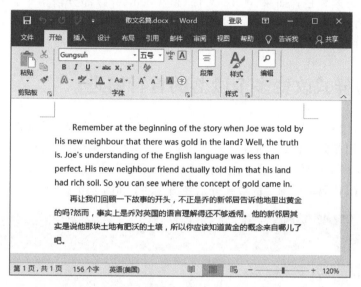

图　249-1

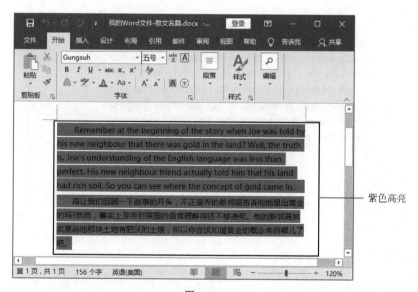
—— 紫色高亮

图　249-2

B137.py 文件的 Python 代码如下：

```
import docx
myDocument = docx.Document('散文名篇.docx')
＃设置 Word 文件(myDocument)Normal 样式的高亮颜色为紫色
```

```
myDocument.styles['Normal'].font.highlight_color = \
                            docx.enum.text.WD_COLOR_INDEX.PINK
myDocument.save('我的 Word 文件－散文名篇.docx')
```

在上面这段代码中,myDocument. styles['Normal']. font. highlight_color＝docx. enum. text. WD_COLOR_INDEX. PINK 表示将 Word 文件(myDocument)styles['Normal']样式的文本高亮颜色修改为紫色。如果 Word 文件(myDocument)所有段落的样式均为 Normal 样式,则所有段落的文本高亮颜色均被改变为紫色;如果 Word 文件(myDocument)部分段落(可以不连续)的样式为 Normal 样式,则所有 Normal 样式的段落的文本高亮颜色均被修改为紫色。

此案例的源文件是 MyCode\B137\B137. py。

250 使用样式改变多个段落的首行缩进

此案例主要通过设置样式的 first_line_indent 属性,从而实现在 Word 文件中根据样式改变多个段落(这些段落均采用相同的样式)的首行缩进尺寸。当运行此案例的 Python 代码(B138. py 文件)之后,"散文名篇. docx"文件的两个段落(这两个段落的样式均为 styles['Normal'])的首行缩进尺寸将被设置为 2.5 英寸,代码运行前后的效果分别如图 250-1 和图 250-2 所示。

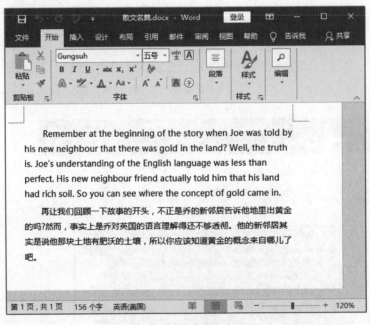

图　250-1

B138. py 文件的 Python 代码如下:

```
import docx
myDocument = docx.Document('散文名篇.docx')
# 设置 Word 文件(myDocument)Normal 样式的段落的首行缩进尺寸(2.5 英寸)
myDocument.styles['Normal'].paragraph_format.\
                first_line_indent = docx.shared.Inches(2.5)
myDocument.save('我的 Word 文件－散文名篇.docx')
```

在上面这段代码中,myDocument. styles['Normal']. paragraph_format. first_line_ indent＝

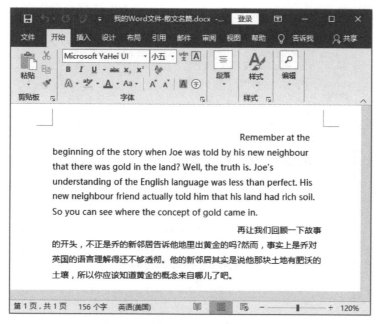

图　250-2

docx. shared. Inches(2.5)表示在 Word 文件(myDocument)styles['Normal']样式的段落中设置首行缩进尺寸为 2.5 英寸。如果 Word 文件(myDocument)所有段落的样式均为 Normal 样式,则所有段落的首行缩进尺寸均被设置为 2.5 英寸;如果 Word 文件(myDocument)部分段落(可以不连续)的样式为 Normal 样式,则所有 Normal 样式的段落的首行缩进尺寸被设置为 2.5 英寸。

此案例的源文件是 MyCode\B138\B138. py。

251　使用正则表达式查找样式名称

观看视频

此案例主要通过使用正则表达式的 re. match()方法,从而实现在 Word 文件中查找并删除样式名称包含指定字符的段落。当运行此案例的 Python 代码(B141. py 文件)之后,将在"样式范例. docx"文件中查找并删除两个 Heading 样式的段落,代码运行前后的效果分别如图 251-1 和图 251-2 所示。

B141. py 文件的 Python 代码如下:

```python
# 导入 python - docx 库
import docx
# 导入正则表达式
import re
# 根据 Word 文件"样式范例.docx"创建 myDocument
myDocument = docx. Document('样式范例.docx')
# 循环 Word 文件(myDocument)的段落(myParagraph)
for myParagraph in myDocument.paragraphs:
    # 如果段落(myParagraph)的样式名称包含 Heading,则删除该段落
    if re.match("^Heading [1 - 3]", myParagraph. style. name):
        myElement = myParagraph. _element
        myElement.getparent(). remove(myElement)
# 将 Word 文件(myParagraph)保存为"我的 Word 文件 - 样式范例.docx"
myDocument. save('我的 Word 文件 - 样式范例.docx')
```

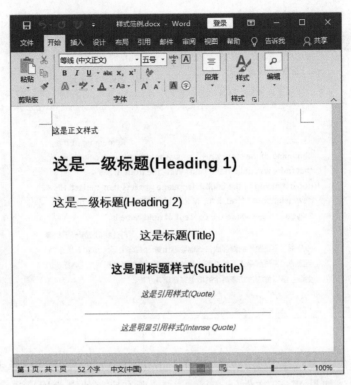

图　251-1

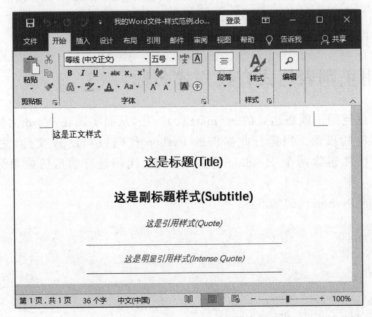

图　251-2

在上面这段代码中，re. match（"＾ Heading ［1-3］"，myParagraph. style. name）表示判断 myParagraph. style. name 是否包含字符 Heading 1、Heading 2 或 Heading 3，如果设置 re. match（"＾Heading ［1-2］"，myParagraph. style. name），则表示判断 myParagraph. style. name 是否包含字符 Heading 1 或 Heading 2，以此类推。re. match（）是正则表达式的常用方法，该方法的参数支持常用的正则表达式语句。需要注意的是：使用正则表达式的 re. match（）方法需要导入正则表达式库文件，即 import re。

观看视频

此案例的源文件是 MyCode\B141\B141.py。

252　在指定段落中实现替换文本

此案例主要通过使用 Paragraph 的 text 属性获取和设置段落的文本,并使用 Python 语言字符串的 replace()方法替换指定的文本,从而实现在 Word 文件的指定段落中替换指定的文本。当运行此案例的 Python 代码(B004.py 文件)之后,"长寿湖简介.docx"文件第 2 个段落的所有"长寿湖"将被修改为"长寿湖景区",但是在其他段落和表格中的"长寿湖"不会被修改为"长寿湖景区",代码运行前后的效果分别如图 252-1 和图 252-2 所示。

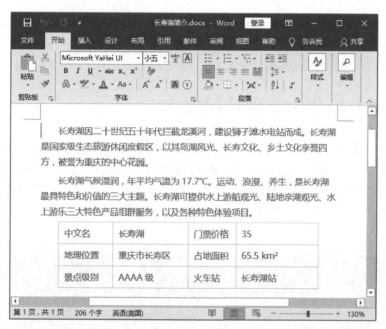

图　252-1

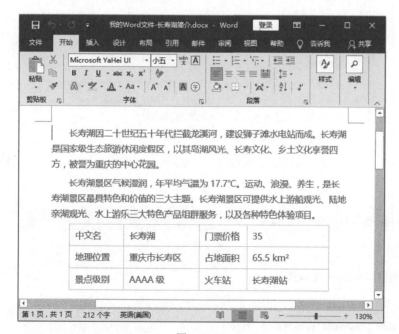

图　252-2

B004.py 文件的 Python 代码如下：

```
import docx
myDocument = docx.Document('长寿湖简介.docx')
♯获取 Word 文件(myDocument)第 2 个段落的文本(myText)
myText = myDocument.paragraphs[1].text
♯在文本(myText)中将'长寿湖'替换为'长寿湖景区'
myText = myText.replace('长寿湖','长寿湖景区')
♯使用替换之后的文本(myText)设置第 2 个段落
myDocument.paragraphs[1].text = myText
myDocument.save('我的 Word 文件 - 长寿湖简介.docx')
```

在上面这段代码中，myText＝myText.replace('长寿湖','长寿湖景区')表示在 myText 中将'长寿湖'替换为'长寿湖景区'，'长寿湖'表示替换前的文本，'长寿湖景区'表示替换后的文本。

此案例的源文件是 MyCode\B004\B004.py。

观看视频

253　在所有段落中实现替换文本

此案例主要通过使用 Document 的 paragraphs 属性获取所有段落，并使用字符串的 replace()方法替换指定的文本，从而实现在 Word 文件的所有段落中替换指定的文本。当运行此案例的 Python 代码(B005.py 文件)之后，"长寿湖简介.docx"文件所有段落的所有"长寿湖"将被修改为"长寿湖景区"，但是在表格中的"长寿湖"不会被修改为"长寿湖景区"，代码运行前后的效果分别如图 253-1 和图 253-2 所示。

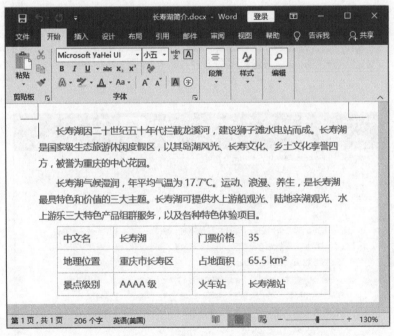

图　253-1

B005.py 文件的 Python 代码如下：

```
import docx
myDocument = docx.Document('长寿湖简介.docx')
```

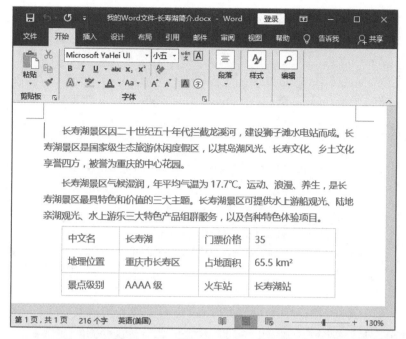

图 253-2

```
#循环 Word 文件(myDocument)的段落(myParagraph)
for myParagraph in myDocument.paragraphs:
    #获取段落(myParagraph)的文本(myText)
    myText = myParagraph.text
    #在文本(myText)中将'长寿湖'替换为'长寿湖景区'
    myText = myText.replace('长寿湖','长寿湖景区')
    #使用替换后的文本(myText)设置该段落
    myParagraph.text = myText
myDocument.save('我的 Word 文件 - 长寿湖简介.docx')
```

在上面这段代码中,for myParagraph in myDocument.paragraphs:表示循环 Word 文件 (myDocument)的每个段落。myText = myText.replace('长寿湖','长寿湖景区')表示在 myText 中 将'长寿湖'替换为'长寿湖景区','长寿湖'表示替换前的文本,'长寿湖景区'表示替换后的文本。

此案例的源文件是 MyCode\B005\B005.py。

254 在指定段落末尾添加新块

此案例主要通过使用 Paragraph 的 add_run()方法,从而实现在 Word 文件指定段落的末尾添加 新块。当运行此案例的 Python 代码(B047.py 文件)之后,"散文名篇.docx"文件第 1 个段落和第 2 个段落的末尾将分别添加一个新块,代码运行前后的效果分别如图 254-1 和图 254-2 所示。

B047.py 文件的 Python 代码如下:

```
import docx
myDocument = docx.Document('散文名篇.docx')
#在第 1 个段落的末尾添加新块 myRun0
myRun0 = myDocument.paragraphs[0].add_run("Did Joe's sons become slaves to the digging? No, they were inspired because they had visions of what money could do for them and did not focus on the money itself. ")
```

观看视频

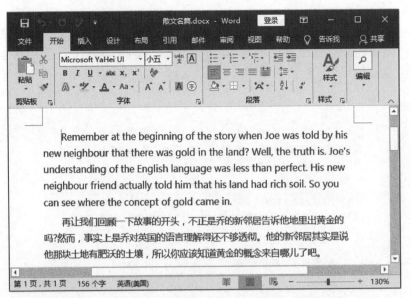

图　254-1

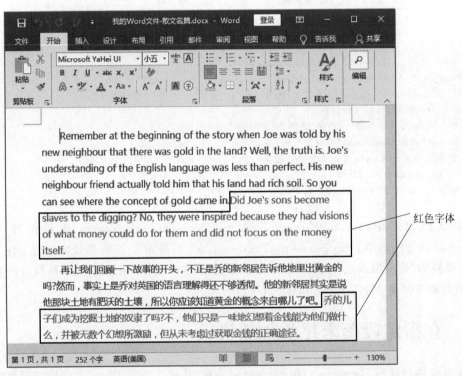

图　254-2

```
＃使用红色设置新块(myRun0)的文本颜色
myRun0.font.color.rgb = docx.shared.RGBColor(255,55,55)
＃在第2个段落的末尾添加新块 myRun1
myRun1 = myDocument.paragraphs[1].add_run("乔的儿子们成为挖掘土地的奴隶了吗?不,他们只是一味地幻想
着金钱能为他们做什么,并被无数个幻想所激励,但从未考虑过获取金钱的正确途径.")
＃使用红色设置新块(myRun1)的文本颜色
myRun1.font.color.rgb = docx.shared.RGBColor(255,55,55)
myDocument.save('我的 Word 文件 – 散文名篇.docx')
```

在上面这段代码中,myRun0＝myDocument.paragraphs[0].add_run("……")表示根据"……"文本在 Word 文件(myDocument)第 1 个段落的末尾添加新块(myRun0)。myRun0.font.color.rgb＝docx.shared.RGBColor(255,55,55)表示使用红色设置新块(myRun0)的文本颜色。在 python-docx 库中,Paragraph 可以理解为是一个容器,Run(块)可以理解为具有相同格式的集合(该集合可以包含不同大小和字体的文本,甚至图像等成员);或者说:一个段落可以包含多个块,每个块可以有不同的格式。需要说明的是:当使用 add_paragraph()方法在 Word 文件中添加段落时,如果写入了文本,就直接创建了一个 Run(块)。Document、Paragraph 和 Run 在 Word 文件中的架构如图 254-3 所示。

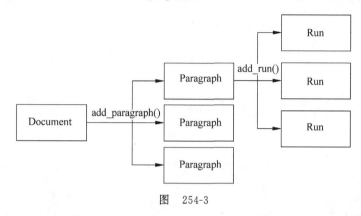

图 254-3

此案例的源文件是 MyCode\B047\B047.py。

255　在块与块之间添加行中断

观看视频

此案例主要通过使用 Run 的 add_break()方法,从而实现在 Word 文件同一段落的块与块之间添加行中断。当运行此案例的 Python 代码(B101.py 文件)之后,"宋词名篇.docx"文件正文段落的两个块将被换行隔断(在视觉上形成两个段落),代码运行前后的效果分别如图 255-1 和图 255-2 所示。

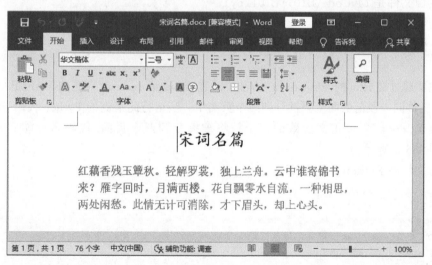

图 255-1

B101.py 文件的 Python 代码如下:

```python
import docx
myDocument = docx.Document('宋词名篇.docx')
```

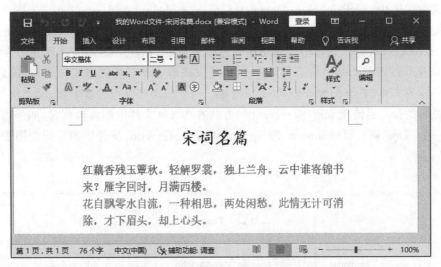

图　255-2

```
# 获取 Word 文件(myDocument)第 2 个段落的第 1 个块(myRun)
myRun = myDocument.paragraphs[1].runs[0]
# print(myRun.text)
# 在第 1 个块(myRun)之后添加行中断(break)
myRun.add_break()
myDocument.save('我的 Word 文件 - 宋词名篇.docx')
```

在上面这段代码中，myRun.add_break()表示添加一个行中断，以避免块(myRun)与后面的块连在一起，从而在视觉上将同一段落的两个块分隔成两个段落。add_break()每执行 1 次，均增加 1 个空行，可以多次执行此方法，以形成大面积的空白效果。如果设置 add_break(docx.enum.text.WD_BREAK.LINE)，也表示在块的末尾添加 1 个行中断，这与 add_break()实现的效果完全相同。

此案例的源文件是 MyCode\B101\B101.py。

观看视频

256　在块与块之间添加页中断

此案例主要通过在 Run 的 add_break()方法中设置 docx.enum.text.WD_BREAK.PAGE 参数，从而实现将 Word 文件同一段落的两个块拆分到两个页面中。当运行此案例的 Python 代码(B126.py 文件)之后，"宋词名篇.docx"文件正文段落的两个块将被拆分到两个页面，代码运行前后的效果分别如图 256-1 和图 256-2 所示。

B126.py 文件的 Python 代码如下：

```
import docx
myDocument = docx.Document('宋词名篇.docx')
# 获取 Word 文件(myDocument)第 2 个段落的第 1 个块(myRun)
myRun = myDocument.paragraphs[1].runs[0]
# print(myRun.text)
# 在第 1 个块(myRun)之后添加页中断 WD_BREAK.PAGE，
# 即将同一段落的两个块拆分到两个页面
myRun.add_break(docx.enum.text.WD_BREAK.PAGE)
myDocument.save('我的 Word 文件 - 宋词名篇.docx')
```

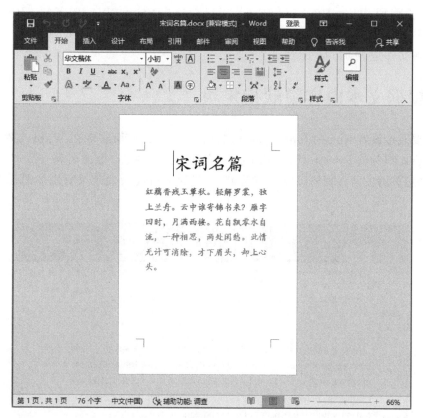

图 256-1

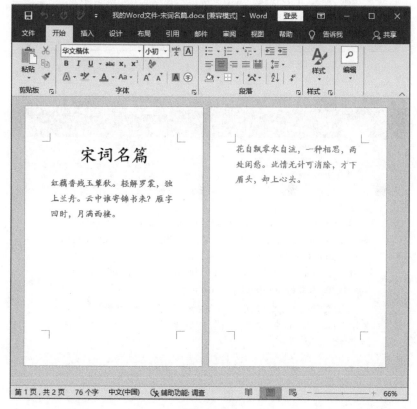

图 256-2

在上面这段代码中，myRun.add_break(docx.enum.text.WD_BREAK.PAGE)表示在块(myRun)之后添加 1 个页中断，因此在块(myRun)之后的块将出现在下一页面。

此案例的源文件是 MyCode\B126\B126.py。

观看视频

257　根据文本内容隐藏指定块

此案例主要通过设置 Run 的 font.hidden 属性值为 True，从而实现在 Word 文件中隐藏指定块的文本。当运行此案例的 Python 代码(B046.py 文件)之后，将在"散文名篇.docx"文件中隐藏"然而，事实上是乔对英国的语言理解得还不够透彻。"，代码运行前后的效果分别如图 257-1 和图 257-2 所示。

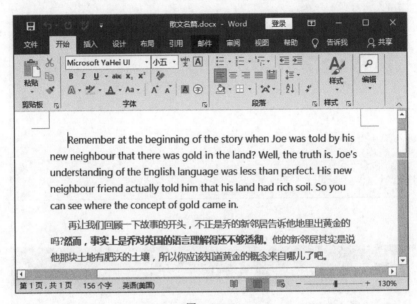

图　257-1

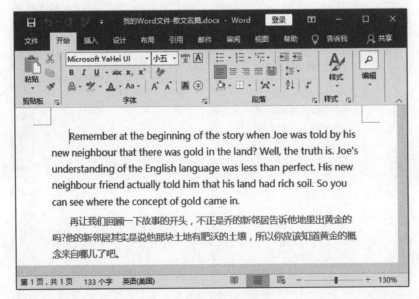

图　257-2

B046.py 文件的 Python 代码如下：

```
import docx
myDocument = docx.Document('散文名篇.docx')
＃循环 Word 文件(myDocument)第 2 个段落的块(myRun)
for myRun in myDocument.paragraphs[1].runs:
    ＃print(myRun.text)
    if '然而,事实上是乔对英国的语言理解得还不够透彻.' in myRun.text:
        ＃隐藏块(myRun)
        myRun.font.hidden = True
myDocument.save('我的 Word 文件 – 散文名篇.docx')
```

在上面这段代码中，myRun.font.hidden＝True 表示隐藏块(myRun)。

此案例的源文件是 MyCode\B046\B046.py。

258　自定义指定块的高亮颜色

观看视频

此案例主要通过使用指定的颜色设置 Run 的 font.highlight_color 属性，从而实现使用自定义颜色设置块的高亮颜色。当运行此案例的 Python 代码(B044.py 文件)之后，如果在"散文名篇.docx"文件中设置块("然而,事实上是乔对英国的语言理解得还不够透彻。")的高亮颜色为黄色，则该块的高亮显示效果如图 258-1 所示；如果设置该块的高亮颜色为红色，则该块的高亮显示效果如图 258-2 所示。

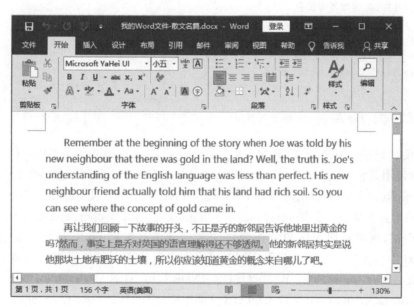

图　258-1

B044.py 文件的 Python 代码如下：

```
import docx
myDocument = docx.Document('散文名篇.docx')
＃清空 Word 文件(myDocument)第 2 个段落的文本
myDocument.paragraphs[1].text = ''
＃在第 2 个段落(myDocument.paragraphs[1])中添加 1 个块
```

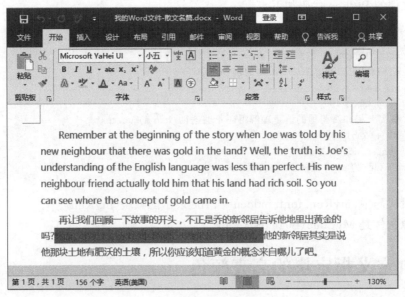

图　258-2

```
myDocument.paragraphs[1].add_run('再让我们回顾一下故事的开头,不正是乔的新邻居告诉他地里出黄金的
吗?')
#在第 2 个段落(myDocument.paragraphs[1])中再添加 1 个块(myRun)
myRun = myDocument.paragraphs[1].add_run('然而,事实上是乔对英国的语言理解得还不够透彻.')
#设置块(myRun)的高亮颜色为黄色
myRun.font.highlight_color = docx.enum.text.WD_COLOR_INDEX.YELLOW
# #设置块(myRun)的高亮颜色为红色
# myRun.font.highlight_color = docx.enum.text.WD_COLOR_INDEX.RED
#在第 2 个段落(myDocument.paragraphs[1])中再添加 1 个块
myDocument.paragraphs[1].add_run('他的新邻居其实是说他那块土地有肥沃的土壤,所以你应该知道黄金的概
念来自哪儿了吧.')
myDocument.save('我的 Word 文件 - 散文名篇.docx')
```

在上面这段代码中，myRun.font.highlight_color = docx.enum.text.WD_COLOR_INDEX.YELLOW 表示使用黄色(docx.enum.text.WD_COLOR_INDEX.YELLOW)作为块(myRun)的高亮颜色。如果 myRun.font.highlight_color = docx.enum.text.WD_COLOR_INDEX.RED，则表示使用红色作为块的高亮颜色。如果 myRun.font.highlight_color = docx.enum.text.WD_COLOR_INDEX.GRAY_25，则表示使用浅灰色作为块的高亮颜色。如果 myRun.font.highlight_color = docx.enum.text.WD_COLOR_INDEX.GRAY_50，则表示使用深灰色作为块的高亮颜色。其他可用的颜色还包括：docx.enum.text.WD_COLOR_INDEX.BLACK、docx.enum.text.WD_COLOR_INDEX.BLUE、docx.enum.text.WD_COLOR_INDEX.BRIGHT_GREEN、docx.enum.text.WD_COLOR_INDEX.AUTO、docx.enum.text.WD_COLOR_INDEX.DARK_BLUE、docx.enum.text.WD_COLOR_INDEX.DARK_RED、docx.enum.text.WD_COLOR_INDEX.DARK_YELLOW。

此案例的源文件是 MyCode\B044\B044.py。

259　自定义指定块的文本颜色

观看视频

此案例主要通过使用 docx.shared.RGBColor(255,55,55)方法设置 Run 的 font.color.rgb 属性，从而实现使用自定义颜色设置块的文本颜色。当运行此案例的 Python 代码（B043.py 文件）之后,将在"散文名篇.docx"文件中使用红色设置第 2 个段落的所有块的文本颜色,代码运行前后的效果分别如图 259-1 和图 259-2 所示。

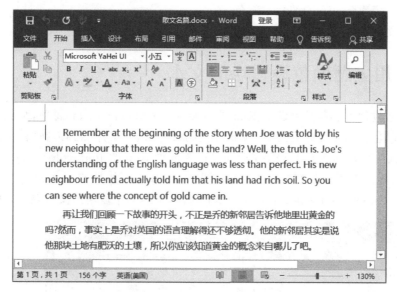

图 259-1

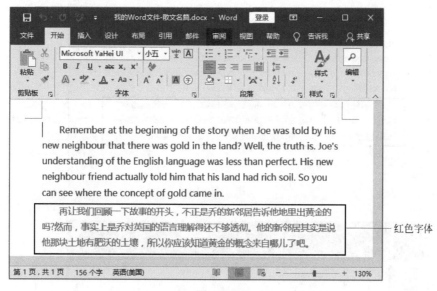

图 259-2

B043.py 文件的 Python 代码如下:

```python
import docx
myDocument = docx.Document('散文名篇.docx')
#循环 Word 文件(myDocument)的第 2 个段落的块(myRun)
for myRun in myDocument.paragraphs[1].runs:
    #设置块(myRun)的字体颜色为红色
    myRun.font.color.rgb = docx.shared.RGBColor(255,55,55)
    # #设置块(myRun)的字体颜色为绿色
    # myRun.font.color.rgb = docx.shared.RGBColor(55,255,55)
myDocument.save('我的 Word 文件 - 散文名篇.docx')
```

在上面这段代码中，myRun. font. color. rgb＝docx. shared. RGBColor(255,55,55)表示使用红色设置块(myRun)的文本颜色。如果 myRun. font. color. rgb＝docx. shared. RGBColor(55，255,55)，则表示使用绿色设置块(myRun)的文本颜色。

此案例的源文件是 MyCode\B043\B043. py。

观看视频

260 使用主题颜色设置块的文本

此案例主要通过使用主题颜色设置 Run 的 font. color. theme_color 属性，从而实现使用主题颜色设置块的文本颜色。当运行此案例的 Python 代码(B073. py 文件)之后，在"散文名篇. docx"文件中，如果使用 MSO_THEME_COLOR. ACCENT_6 设置 Run 的 font. color. theme_color 属性，则第 2 个段落(该段落只有 1 个块)的文本颜色如图 260-1 所示；如果使用 MSO_THEME_COLOR. ACCENT_4 设置 Run 的 font. color. theme_color 属性，则第 2 个段落的文本颜色如图 260-2 所示。

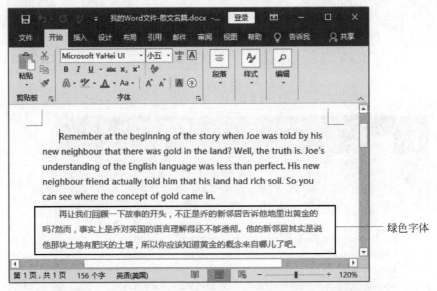

图　260-1

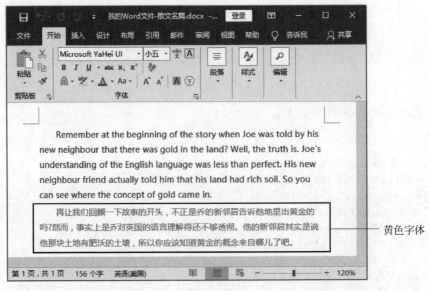

图　260-2

B073.py 文件的 Python 代码如下：

```
import docx
myDocument = docx.Document('散文名篇.docx')
# 获取 Word 文件(myDocument)第 2 个段落的第 1 个块(myRun)
myRun = myDocument.paragraphs[1].runs[0]
# 设置第 1 个块(myRun)的字体颜色为红色
# myRun.font.color.rgb = docx.shared.RGBColor(255,55,55)
# 使用主题颜色设置第 1 个块(myRun)的字体颜色
myRun.font.color.theme_color = docx.enum.dml.MSO_THEME_COLOR.ACCENT_6
# myRun.font.color.theme_color = docx.enum.dml.MSO_THEME_COLOR.ACCENT_4
myDocument.save('我的 Word 文件 - 散文名篇.docx')
```

在上面这段代码中，myRun.font.color.theme_color = docx.enum.dml.MSO_THEME_COLOR.ACCENT_6 表示使用 MSO_THEME_COLOR.ACCENT_6 主题颜色设置块(myRun)的文本颜色。font.color.theme_color 属性支持：ACCENT_1、ACCENT_2、ACCENT_3、ACCENT_4、ACCENT_5、ACCENT_6 等主题颜色。

此案例的源文件是 MyCode\B073\B073.py。

261　使用已有样式设置块的样式

观看视频

此案例主要通过使用 Word 文件的已有样式设置 Run 的 style 属性，从而实现使用已有样式设置块的样式。当运行此案例的 Python 代码(B127.py 文件)之后，在"散文名篇.docx"文件中将使用已有样式(明显强调样式)设置第 2 个段落(该段落只有 1 个块)的样式，代码运行前后的效果分别如图 261-1 和图 261-2 所示。

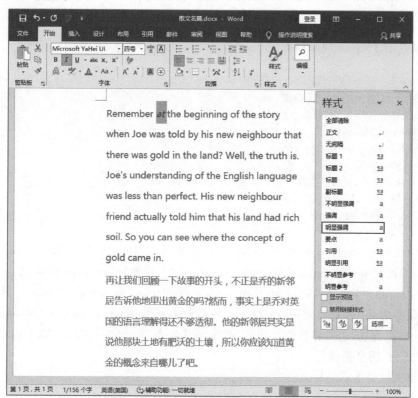

图　261-1

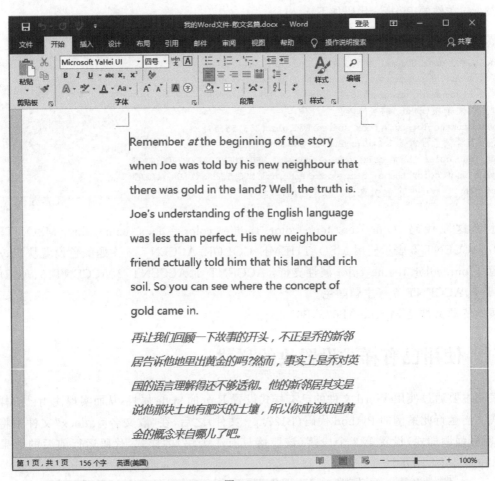

图　261-2

B127.py 文件的 Python 代码如下：

```python
import docx
myDocument = docx.Document('散文名篇.docx')
# 获取 Word 文件(myDocument)第 2 个段落的第 1 个块(myRun)
myRun = myDocument.paragraphs[1].runs[0]
# for myStyle in myDocument.styles:
#     print(myStyle.name)
# 使用"Intense Emphasis(明显强调)"样式设置第 1 个块(myRun)的样式
myRun.style = myDocument.styles['Intense Emphasis']
myDocument.save('我的 Word 文件－散文名篇.docx')
```

　　在上面这段代码中，myRun.style＝myDocument.styles['Intense Emphasis']表示使用 Word 文件(myDocument)的已有样式(styles['Intense Emphasis'])设置块(myRun)的样式。实际测试表明：myRun.style＝'Intense Emphasis'与 myRun.style＝myDocument.styles['Intense Emphasis']的效果相同。需要说明的是：在此案例中，myDocument.Styles['Intense Emphasis']必须首先在 Word 文件(myDocument)中存在，否则将报错。因此，此案例首先在 Word 中设置了"散文名篇.docx"第 1 个段落的 at 的样式为"明显强调"。

　　此案例的源文件是 MyCode\B127\B127.py。

262　使用中文字体设置块的字体

此案例主要通过使用 docx.oxml.ns.qn('w:eastAsia')方法,从而实现使用中文字体设置块的字体类型。当运行此案例的 Python 代码(B040.py 文件)之后,在"春江花月夜.docx"文件中将以中文隶书显示块的文本,代码运行前后的效果分别如图 262-1 和图 262-2 所示。

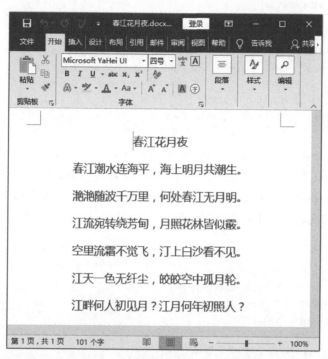

图　262-1

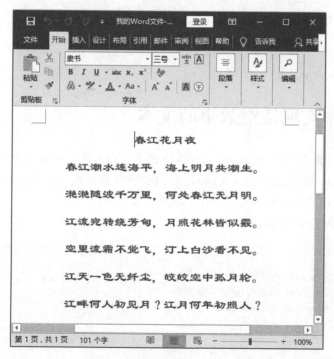

图　262-2

B040.py 文件的 Python 代码如下：

```
import docx
myDocument = docx.Document('春江花月夜.docx')
#循环 Word 文件(myDocument)的段落(myParagraph)
for myParagraph in myDocument.paragraphs:
    #循环段落(myParagraph)的块(myRun)
    for myRun in myParagraph.runs:
        #设置块(myRun)的字体类型
        myRun.font.name = '隶书'
        #myRun.font.element.rPr.rFonts.set(docx.oxml.ns.qn('w:eastAsia'),'楷体')
        myRun.font.element.rPr.rFonts.set(docx.oxml.ns.qn('w:eastAsia'),'隶书')
        #设置块(myRun)的字体大小
        myRun.font.size = docx.shared.Pt(16)
myDocument.save('我的 Word 文件 - 春江花月夜.docx')
```

在上面这段代码中，myRun.font.element.rPr.rFonts.set(docx.oxml.ns.qn('w：eastAsia'),'隶书')表示在块（myRun）中设置字体类型为"隶书"。如果设置 myRun.font.element.rPr.rFonts.set (docx.oxml.ns.qn('w：eastAsia'),'楷体')，则表示在块（myRun）中设置字体类型为"楷书"。当然，也可以使用下面的代码实现类似的功能，代码如下：

```
import docx
myDocument = docx.Document('春江花月夜.docx')
#循环 Word 文件(myDocument)的段落(myParagraph)
for myParagraph in myDocument.paragraphs:
    #循环段落(myParagraph)的块(myRun)
    for myRun in myParagraph.runs:
        #设置块(myRun)的字体类型为"华文楷体"
        myRun._element.rPr.rFonts.set(docx.oxml.ns.qn("w:eastAsia"), "华文楷体")
        #设置该块(myRun)的字体大小
        myRun.font.size = docx.shared.Pt(16)
myDocument.save('我的 Word 文件 - 春江花月夜.docx')
```

此案例的源文件是 MyCode\B040\B040.py。

观看视频

263　在块中实现镂空效果的文本

此案例主要通过设置 Run 的 font.outline 属性值为 True，从而实现以镂空效果显示块的文本。当运行此案例的 Python 代码（B041.py 文件）之后，在"春江花月夜.docx"文件中将以镂空效果显示块的文本，代码运行前后的效果分别如图 263-1 和图 263-2 所示。

B041.py 文件的 Python 代码如下：

```
import docx
myDocument = docx.Document('春江花月夜.docx')
#循环 Word 文件(myDocument)的段落(myParagraph)
for myParagraph in myDocument.paragraphs:
    #循环段落(myParagraph)的块(myRun)
    for myRun in myParagraph.runs:
        #设置块(myRun)的文本显示轮廓线(即镂空效果)
```

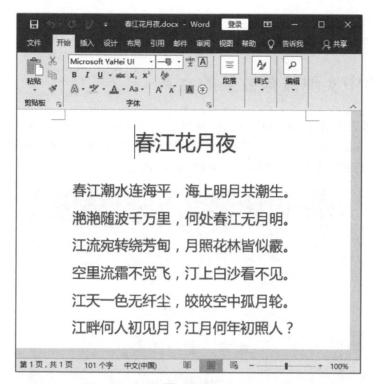

图 263-1

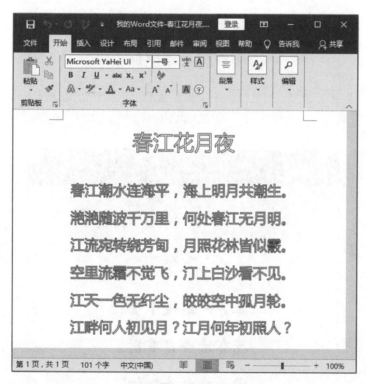

图 263-2

```
        myRun.font.outline = True
myDocument.save('我的 Word 文件－春江花月夜.docx')
```

在上面这段代码中，myRun.font.outline＝True 表示在块（myRun）的文本上添加轮廓线，即以镂空效果显示块的文本。

此案例的源文件是 MyCode\B041\B041.py。

观看视频

264 在块中实现雕刻效果的文本

此案例主要通过设置 Run 的 font.imprint 属性值为 True，从而实现以雕刻效果显示块的文本。当运行此案例的 Python 代码（B128.py 文件）之后，在"苏轼名篇.docx"文件中将以雕刻效果显示块的文本，代码运行前后的效果分别如图 264-1 和图 264-2 所示。

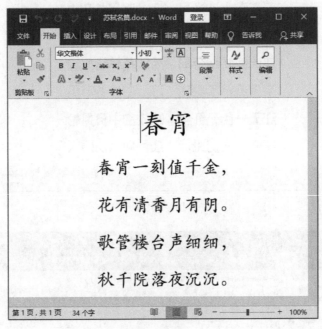

图　264-1

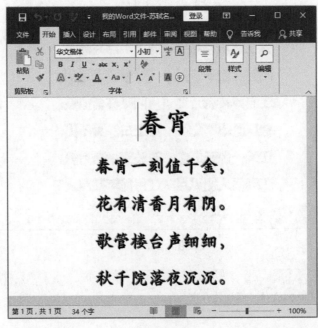

图　264-2

B128.py 文件的 Python 代码如下：

```
import docx
myDocument = docx.Document('苏轼名篇.docx')
#循环 Word 文件(myDocument)的段落(myParagraph)
for myParagraph in myDocument.paragraphs:
    #循环段落(myParagraph)的块(myRun)
    for myRun in myParagraph.runs:
        #以雕刻效果显示块(myRun)的文本
        myRun.font.imprint = True
myDocument.save('我的 Word 文件 - 苏轼名篇.docx')
```

在上面这段代码中，myRun.font.imprint＝True 表示以雕刻效果显示块(myRun)的文本。
此案例的源文件是 MyCode\B128\B128.py。

265　在块中设置粗斜体样式的文本

观看视频

此案例主要通过设置 Run 的 bold 属性和 italic 属性值为 True，从而实现在块中以粗斜体样式显示文本。当运行此案例的 Python 代码(B039.py 文件)之后，"散文名篇.docx"文件第 2 个段落(该段落只有 1 个块)的文本将以粗斜体样式显示，代码运行前后的效果分别如图 265-1 和图 265-2 所示。

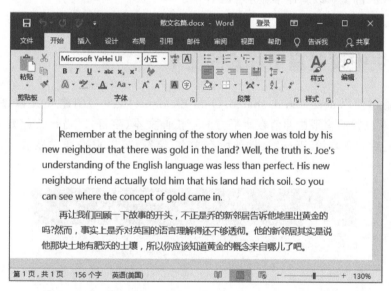

图　265-1

B039.py 文件的 Python 代码如下：

```
import docx
myDocument = docx.Document('散文名篇.docx')
# 获取 Word 文件(myDocument)第 2 个段落的第 1 个块(myRun)
myRun = myDocument.paragraphs[1].runs[0]
# 设置第 1 个块(myRun)的文本以斜体风格显示
myRun.italic = True
# 设置第 1 个块(myRun)的文本以粗体风格显示
myRun.bold = True
myDocument.save('我的 Word 文件 - 散文名篇.docx')
```

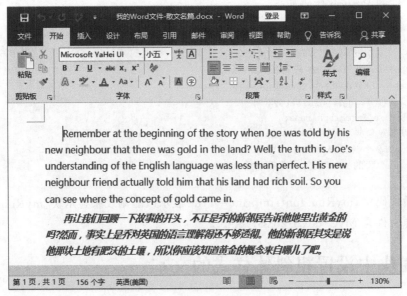

图　265-2

在上面的代码中，myRun.bold＝True 表示设置块(myRun)的文本以粗体字显示。myRun.italic＝True 表示设置块(myRun)的文本以斜体字显示。

此案例的源文件是 MyCode\B039\B039.py。

观看视频

266　在块中设置扁平样式的文本

此案例主要通过使用 docx.oxml.shared.OxmlElement('w:w')创建 w 元素，从而实现在 Word 文件中根据 w 元素设置的扁平拉伸值在水平方向上拉伸文本(字符)。当运行此案例的 Python 代码 (B061.py 文件)之后，"雨霖铃.docx"文件的所有文本(字符)将以扁平样式显示，代码运行前后的效果分别如图 266-1 和图 266-2 所示。

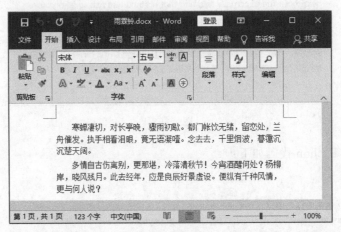

图　266-1

B061.py 文件的 Python 代码如下：

```
import docx
myDocument = docx.Document('雨霖铃.docx')
```

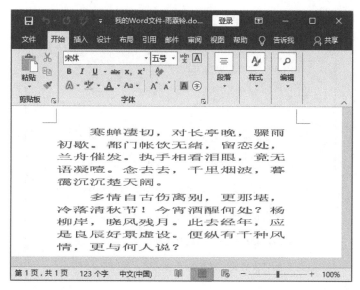

图 266-2

```
#循环 Word 文件(myDocument)的段落(myParagraph)
for myParagraph in myDocument.paragraphs:
    #循环段落(myParagraph)的块(myRun)
    for myRun in myParagraph.runs:
        #创建 w 元素
        myW = docx.oxml.shared.OxmlElement('w:w')
        #使用 w 元素设置扁平拉伸值(默认值为 100,即 100%)
        myW.set(docx.oxml.ns.qn('w:val'),'200')
        #在块(myRun)中应用(添加)新的字符扁平拉伸效果
        myRun.element.rPr.append(myW)
myDocument.save('我的 Word 文件 - 雨霖铃.docx')
```

在上面这段代码中,myW.set(docx.oxml.ns.qn('w:val'),'200')表示以 200%的比例在水平方向上拉伸文本(字符)。如果设置 myW.set(docx.oxml.ns.qn('w:val'),'50'),则表示以 50%的比例在水平方向上拉伸(压缩)文本(字符),因此在这种情况下,文本(字符)看起来非常细长。

此案例的源文件是 MyCode\B061\B061.py。

267 在块的文本底部添加波浪线

此案例主要通过设置 Run 的 font.underline 属性值为 docx.enum.text.WD_UNDERLINE. WAVY,从而实现在块的文本底部添加波浪线。当运行此案例的 Python 代码(B050.py 文件)之后,"雨霖铃.docx"文件第 2 个段落的文本底部将添加波浪线,代码运行前后的效果分别如图 267-1 和图 267-2 所示。

B050.py 文件的 Python 代码如下:

```
import docx
myDocument = docx.Document('雨霖铃.docx')
#循环 Word 文件(myDocument)第 2 个段落的块(myRun)
for myRun in myDocument.paragraphs[1].runs:
    #在块(myRun)的文本底部添加波浪线
```

观看视频

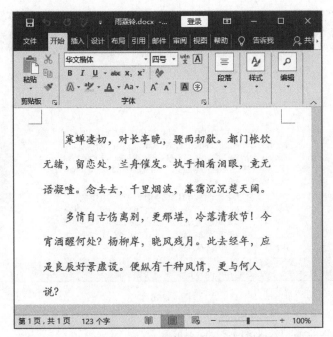

图 267-1

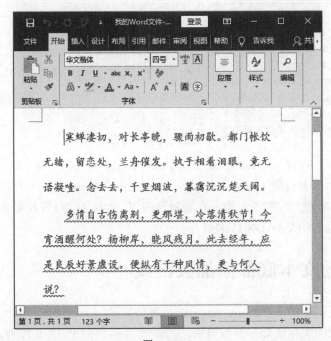

图 267-2

```
    myRun.font.underline = docx.enum.text.WD_UNDERLINE.WAVY
    ##在块(myRun)的文本底部添加双波浪线
    #myRun.font.underline = docx.enum.text.WD_UNDERLINE.WAVY_DOUBLE
myDocument.save('我的 Word 文件－雨霖铃.docx')
```

在上面这段代码中，myRun.font.underline＝docx.enum.text.WD_UNDERLINE.WAVY 表示在块(myRun)的文本底部添加波浪线。如果设置 myRun.font.underline＝docx.enum.text.WD_UNDERLINE.WAVY_DOUBLE,则表示在块（myRun）的文本底部添加双波浪线。如果设置

myRun. font. underline = docx. enum. text. WD_UNDERLINE. WAVY_HEAVY，则表示在块（myRun）的文本底部添加粗波浪线。

此案例的源文件是 MyCode\B050\B050.py。

268 在块的文本底部添加点线

观看视频

此案例主要通过设置 Run 的 font. underline 属性值为 docx. enum. text. WD_UNDERLINE. DOTTED，从而实现在块的文本底部添加点线。当运行此案例的 Python 代码（B051.py 文件）之后，"李清照名篇.docx"文件第 2 个段落的文本底部将添加点线，代码运行前后的效果分别如图 268-1 和图 268-2 所示。

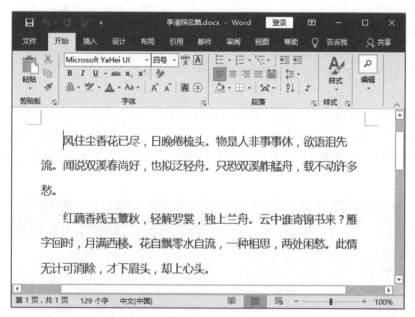

图 268-1

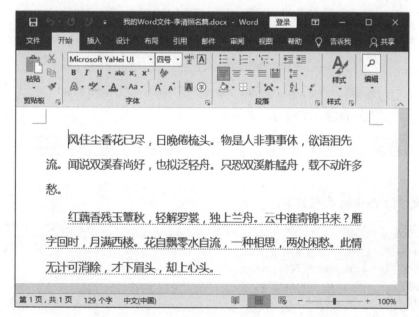

图 268-2

B051.py 文件的 Python 代码如下：

```
import docx
myDocument = docx.Document('李清照名篇.docx')
♯循环 Word 文件(myDocument)第 2 个段落的块(myRun)
for myRun in myDocument.paragraphs[1].runs:
    ♯在块(myRun)的文本底部添加点线
    myRun.font.underline = docx.enum.text.WD_UNDERLINE.DOTTED
myDocument.save('我的 Word 文件 – 李清照名篇.docx')
```

在上面这段代码中，myRun.font.underline＝docx.enum.text.WD_UNDERLINE.DOTTED 表示在块(myRun)的文本底部添加点线。如果设置 myRun.font.underline＝docx.enum.text.WD_UNDERLINE.DOTTED_HEAVY，则表示在块(myRun)的文本底部添加粗点线。

此案例的源文件是 MyCode\B051\B051.py。

观看视频

269 在块的文本底部添加虚线

此案例主要通过设置 Run 的 font.underline 属性值为 docx.enum.text.WD_UNDERLINE.DASH，从而实现在块的文本底部添加虚线。当运行此案例的 Python 代码(B052.py 文件)之后，"李清照名篇.docx"文件所有段落的文本底部将添加虚线，代码运行前后的效果分别如图 269-1 和图 269-2 所示。

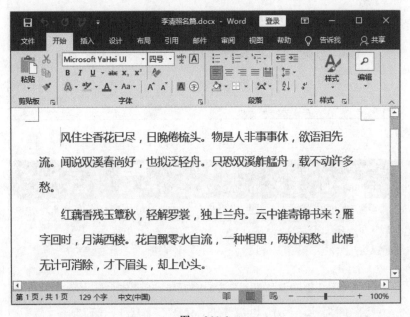

图　269-1

B052.py 文件的 Python 代码如下：

```
import docx
myDocument = docx.Document('李清照名篇.docx')
♯循环 Word 文件(myDocument)的段落(myParagraph)
for myParagraph in myDocument.paragraphs:
    ♯循环段落(myParagraph)的块(myRun)
```

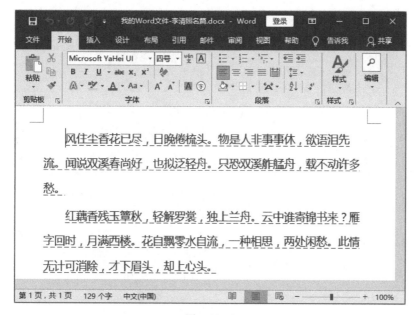

图　269-2

```
for myRun in myParagraph.runs:
    # 在块(myRun)的文本底部添加虚线
    myRun.font.underline = docx.enum.text.WD_UNDERLINE.DASH
myDocument.save('我的 Word 文件 - 李清照名篇.docx')
```

在上面这段代码中，myRun.font.underline＝docx.enum.text.WD_UNDERLINE.DASH 表示在块(myRun)的文本底部添加虚线。如果设置 myRun.font.underline＝docx.enum.text.WD_UNDERLINE.DASH_HEAVY，则表示在块(myRun)的文本底部添加粗虚线。如果设置 myRun.font.underline＝docx.enum.text.WD_UNDERLINE.DASH_LONG，则表示在块(myRun)的文本底部添加长虚线。如果设置 myRun.font.underline＝ docx.enum.text.WD_UNDERLINE.DASH_LONG_HEAVY，则表示在块(myRun)的文本底部添加粗长虚线。

此案例的源文件是 MyCode\B052\B052.py。

270　在块的文本底部添加点画线

观看视频

此案例主要通过设置 Run 的 font.underline 属性值为 docx.enum.text.WD_UNDERLINE.DOT_DASH，从而实现在块的文本底部添加点画线。当运行此案例的 Python 代码(B053.py 文件)之后，"李清照名篇.docx"文件所有段落的文本底部将添加点画线，代码运行前后的效果分别如图 270-1 和图 270-2 所示。

B053.py 文件的 Python 代码如下：

```
import docx
myDocument = docx.Document('李清照名篇.docx')
# 循环 Word 文件(myDocument)的段落(myParagraph)
for myParagraph in myDocument.paragraphs:
    # 循环段落(myParagraph)的块(myRun)
    for myRun in myParagraph.runs:
```

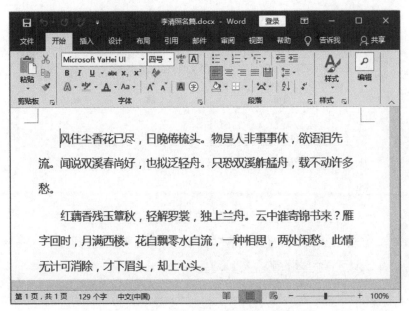

图　270-1

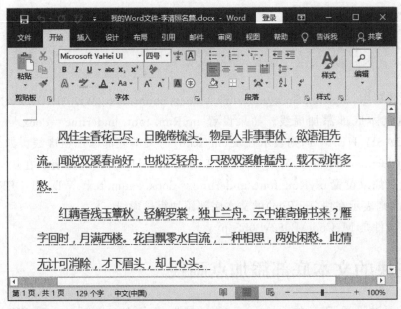

图　270-2

```
#在块(myRun)的文本底部添加点画线
    myRun.font.underline = docx.enum.text.WD_UNDERLINE.DOT_DASH
myDocument.save('我的Word文件 – 李清照名篇.docx')
```

在上面这段代码中, myRun.font.underline＝docx.enum.text.WD_UNDERLINE.DOT_DASH 表示在块(myRun)的文本底部添加点画线。如果设置 myRun.font.underline＝docx.enum.text. WD_UNDERLINE.DOT_DOT_DASH, 则表示在块(myRun)的文本底部添加点画线。如果设置 myRun.font.underline＝docx.enum.text.WD_UNDERLINE.DOT_DOT_DASH_HEAVY, 则表示在块(myRun)的文本底部添加粗点画线。

此案例的源文件是 MyCode\B053\B053.py。

271　在块的文本底部添加下画线

此案例主要通过设置 Run 的 underline 属性值为 True,从而实现在块的文本底部添加下画线。当运行此案例的 Python 代码(B102.py 文件)之后,"水调歌头.docx"文件的文本底部将添加下画线,代码运行前后的效果分别如图 271-1 和图 271-2 所示。

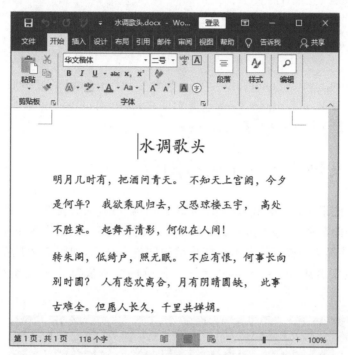

图　271-1

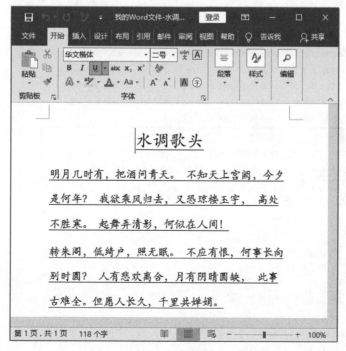

图　271-2

B102.py 文件的 Python 代码如下：

```
import docx
myDocument = docx.Document('水调歌头.docx')
# 循环 Word 文件(myDocument)的段落(myParagraph)
for myParagraph in myDocument.paragraphs:
    # 循环段落(myParagraph)的块(myRun)
    for myRun in myParagraph.runs:
        # 在块(myRun)的文本底部添加下画线
        myRun.underline = True
myDocument.save('我的 Word 文件 – 水调歌头.docx')
```

在上面这段代码中，myRun.underline＝True 表示在块(myRun)的文本底部添加下画线。当然在此案例中，myRun.font.underline＝True 也能实现与 myRun.underline＝True 相同的效果。

此案例的源文件是 MyCode\B102\B102.py。

观看视频

272　自定义块的文本下画线颜色

此案例主要通过使用 docx.oxml.ns.qn('w:color')等方法，从而实现在块的文本底部添加指定颜色的下画线。当运行此案例的 Python 代码(B045.py 文件)之后，如果设置下画线的颜色为红色，则"散文名篇.docx"文件第 2 个段落的文本底部将添加红色下画线，如图 272-1 所示；如果设置下画线的颜色为黑色，则"散文名篇.docx"文件的第 2 个段落的文本底部将添加黑色下画线，如图 272-2 所示。

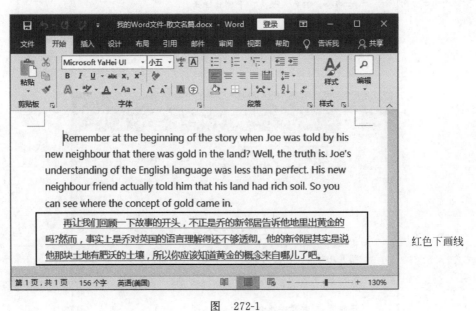

红色下画线

图　272-1

B045.py 文件的 Python 代码如下：

```
import docx
myDocument = docx.Document('散文名篇.docx')
# 循环 Word 文件(myDocument)第 2 个段落的块(myRun)
for myRun in myDocument.paragraphs[1].runs:
    # 在块(myRun)的文本底部添加下画线
```

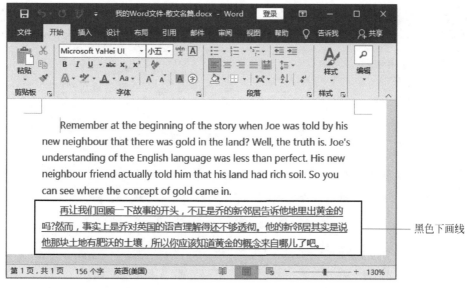

图 272-2

```
myRun.font.underline = True
# 设置块(myRun)的下画线颜色为红色
myRun.element.rPr.u.set(docx.oxml.ns.qn('w:color'),'ff0000')
# # 设置块(myRun)的下画线颜色为黑色
# myRun.element.rPr.u.set(docx.oxml.ns.qn('w:color'),'000000')
myDocument.save('我的 Word 文件 - 散文名篇.docx')
```

在上面这段代码中,myRun.font.underline＝True 表示在块(myRun)的文本底部添加单下画线。如果设置 myRun.font.underline＝docx.enum.text.WD_UNDERLINE.DOUBLE,则表示在块(myRun)的文本底部添加双下画线;如果设置 myRun.font.underline＝docx.enum.text.WD_UNDERLINE.THICK,则表示在块(myRun)的文本底部添加粗单下画线;如果 myRun.font.underline＝None,则表示取消在块(myRun)文本底部的下画线。

myRun.element.rPr.u.set(docx.oxml.ns.qn('w:color'),'ff0000')表示设置块(myRun)文本底部的下画线颜色为红色。如果 myRun.element.rPr.u.set(docx.oxml.ns.qn('w:color'),'000000'),则表示设置块(myRun)文本底部的下画线颜色为黑色。

此案例的源文件是 MyCode\B045\B045.py。

273 在块中逐字添加独立下画线

观看视频

此案例主要通过设置 Run 的 font.underline 属性值为 docx.enum.text.WD_UNDERLINE.WORDS,从而实现在块的文本底部逐字添加独立的下画线。当运行此案例的 Python 代码(B125.py 文件)之后,"水调歌头.docx"文件的第 1 个段落将逐字添加独立的下画线,代码运行前后的效果分别如图 273-1 和图 273-2 所示。

B125.py 文件的 Python 代码如下:

```
import docx
myDocument = docx.Document('水调歌头.docx')
# 循环 Word 文件(myDocument)正文第 1 个段落的块(myRun)
```

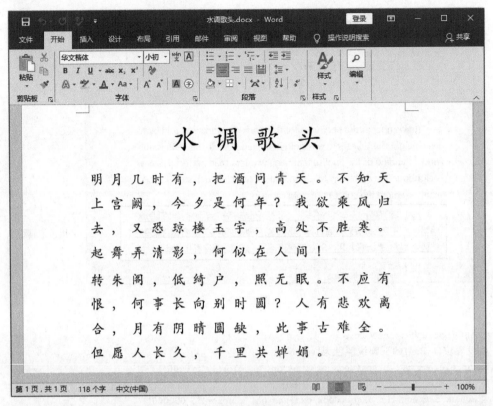

图　273-1

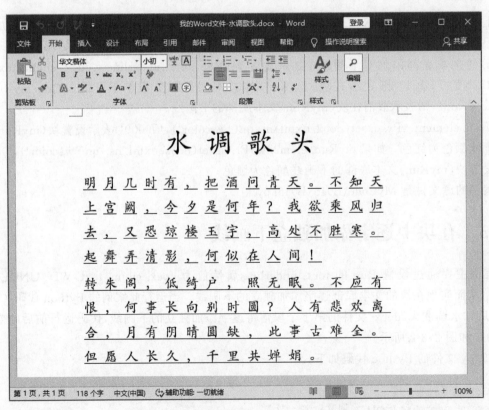

图　273-2

```
for myRun in myDocument.paragraphs[1].runs:
    ♯为块(myRun)的每个字符添加独立的下画线
    myRun.underline = docx.enum.text.WD_UNDERLINE.WORDS
♯循环 Word 文件(myDocument)正文第 2 个段落的块(myRun)
for myRun in myDocument.paragraphs[2].runs:
    ♯为块(myRun)的字符添加普通下画线
    myRun.underline = True
myDocument.save('我的 Word 文件 - 水调歌头.docx')
```

在上面这段代码中,myRun.underline＝docx.enum.text.WD_UNDERLINE.WORDS 表示在块(myRun)中逐字添加独立的下画线。需要说明的是:实现这种效果需要在字符与字符之间有空格的情况下才有效,否则下画线看起来仍然连在一起。

此案例的源文件是 MyCode\B125\B125.py。

274　在块的文本中部添加删除线

观看视频

此案例主要通过设置 Run 的 font.strike 属性和 font.double_strike 属性值分别为 True,从而实现在块的文本上分别添加单删除线和双删除线。当运行此案例的 Python 代码(B129.py 文件)之后,将在"虞美人.docx"文件第 1 个段落的文本中部添加单删除线,同时在文件第 2 个段落的文本中部添加双删除线,代码运行前后的效果分别如图 274-1 和图 274-2 所示。

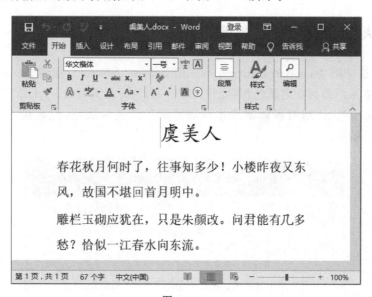

图　274-1

B129.py 文件的 Python 代码如下:

```
import docx
myDocument = docx.Document('虞美人.docx')
myDocument.paragraphs[1].runs[0].font.strike = True
myDocument.paragraphs[2].runs[0].font.double_strike = True
myDocument.save('我的 Word 文件 - 虞美人.docx')
```

在上面这段代码中,myDocument.paragraphs[1].runs[0].font.strike＝True 表示在 Word 文件(myDocument)正文第 1 个段落的第 1 个块的文本中部添加单删除线。myDocument.paragraphs

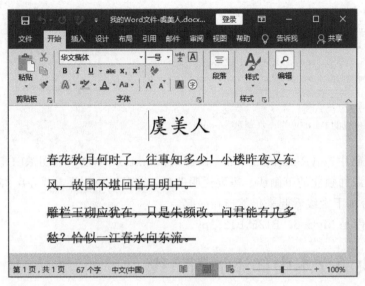

图　274-2

[2].runs[0].font.double_strike＝True 表示在 Word 文件（myDocument）正文第 2 个段落的第 1 个块的文本中部添加双删除线。

此案例的源文件是 MyCode\B129\B129.py。

观看视频

275　在块的文本四周添加线框

此案例主要通过使用 docx.oxml.shared.OxmlElement('w:bdr')创建 bdr 元素，从而实现使用bdr 元素在块的文本四周添加指定颜色和类型的线框。当运行此案例的 Python 代码（B062.py 文件）之后，"苏轼名篇.docx"文件所有段落的文本四周将添加红色的线框，代码运行前后的效果分别如图 275-1 和图 275-2 所示。

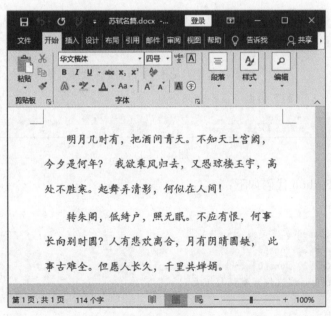

图　275-1

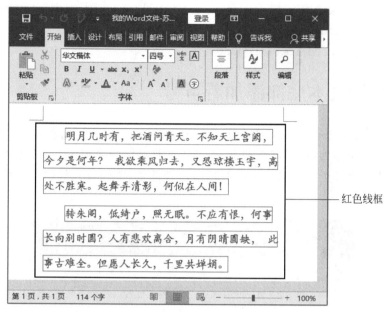

图　275-2

B062.py 文件的 Python 代码如下：

```python
import docx
myDocument = docx.Document('苏轼名篇.docx')
# 循环 Word 文件(myDocument)的段落(myParagraph)
for myParagraph in myDocument.paragraphs:
    # 循环段落(myParagraph)的块(myRun)
    for myRun in myParagraph.runs:
        # 创建 bdr 元素(myBorder)
        myBorder = docx.oxml.shared.OxmlElement('w:bdr')
        # 设置线框(myBorder)颜色为红色
        myBorder.set(docx.oxml.ns.qn('w:color'),'ff0000')
        # # 设置线框(myBorder)颜色为黑色
        # myBorder.set(docx.oxml.ns.qn('w:color'),'000000')
        # # 设置线框(myBorder)颜色为蓝色
        # myBorder.set(docx.oxml.ns.qn('w:color'),'0000ff')
        # 设置线框(myBorder)类型为单细实线
        myBorder.set(docx.oxml.ns.qn('w:val'),'single')
        # # 设置线框(myBorder)类型为双细实线
        # myBorder.set(docx.oxml.ns.qn('w:val'),'double')
        # # 设置线框(myBorder)类型为点线
        # myBorder.set(docx.oxml.ns.qn('w:val'),'dotted')
        # 将线框(myBorder)应用于块(myRun)的文本
        myRun.element.rPr.append(myBorder)
myDocument.save('我的 Word 文件 - 苏轼名篇.docx')
```

在上面这段代码中，myBorder = docx. oxml. shared. OxmlElement（'w：bdr'）表示创建 bdr 线框（myBorder）。myBorder. set（docx. oxml. ns. qn（'w：color'），'ff0000'）表示设置线框（myBorder）的颜色为红色。如果设置 myBorder. set（docx. oxml. ns. qn（'w：color'），'000000'），则表示设置线框（myBorder）的颜色为黑色。myBorder. set（docx. oxml. ns. qn （'w：val'），'single'）表示设置线框（myBorder）的类型为单线条的细实线。如果设置 myBorder. set（docx. oxml. ns. qn（'w：val'），'double'），则表示设置线框

（myBorder）的类型为双线条的细实线。myRun. element. rPr. append（myBorder）表示在块（myRun）的文本上应用线框（myBorder）。

此案例的源文件是 MyCode\B062\B062. py。

观看视频

276 在块的文本底部添加着重号

此案例主要通过使用 docx. oxml. shared. OxmlElement（'w:em'）创建 em 元素，从而实现使用 em 元素在块的文本底部添加着重号（小圆点）。当运行此案例的 Python 代码（B063. py 文件）之后，"苏轼名篇. docx"文件第 2 个段落的文本底部将添加着重号（小圆点），代码运行前后的效果分别如图 276-1 和图 276-2 所示。

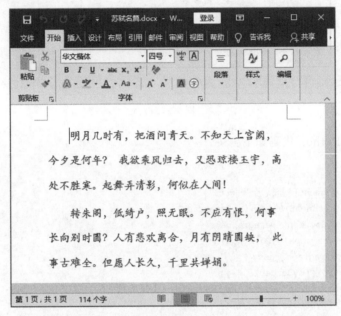

图　276-1

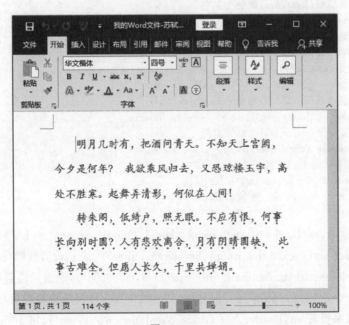

图　276-2

B063.py 文件的 Python 代码如下：

```
import docx
myDocument = docx.Document('苏轼名篇.docx')
# 获取 Word 文件(myDocument)正文的第 1 个段落(myParagraph)
myParagraph = myDocument.paragraphs[1]
# 创建 em 元素 myEmphasize
myEmphasize = docx.oxml.shared.OxmlElement('w:em')
# 设置 myEmphasize 的着重号类型为小圆点
myEmphasize.set(docx.oxml.ns.qn('w:val'),'dot')
# 循环段落(myParagraph)的块(myRun)
for myRun in myParagraph.runs:
    # 在块(myRun)的文本中应用 myEmphasize 着重号(小圆点)
    myRun.element.rPr.append(myEmphasize)
myDocument.save('我的 Word 文件 - 苏轼名篇.docx')
```

在上面这段代码中，myEmphasize＝docx.oxml.shared.OxmlElement('w:em')表示创建着重号(myEmphasize)。myEmphasize.set(docx.oxml.ns.qn('w:val'),'dot')表示设置着重号(myEmphasize)的类型为小圆点。myRun.element.rPr.append(myEmphasize)表示在块(myRun)的文本底部应用着重号(myEmphasize)。

此案例的源文件是 MyCode\B063\B063.py。

277　在块中创建上标样式的文本

观看视频

此案例主要通过设置 Run 的 font.superscript 属性(或 font.subscript 属性)值为 True，从而实现在 Word 文件中以上标(或下标)的样式显示指定的文本。当运行此案例的 Python 代码(B042.py 文件)之后，如果设置"智慧书.docx"文件的块的 font.superscript 属性值为 True，则该块以上标样式显示，如图 277-1 所示；如果设置"智慧书.docx"文件的块的 font.subscript 属性值为 True，则该块以下标样式显示，如图 277-2 所示。

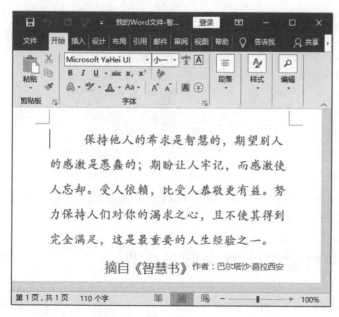

图　277-1

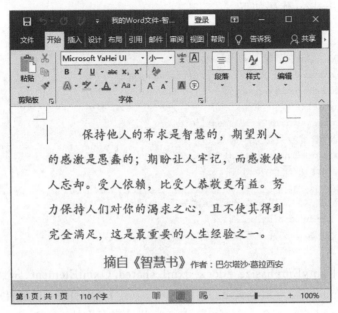

图　277-2

B042.py 文件的 Python 代码如下：

```
import docx
myDocument = docx.Document('智慧书.docx')
# 在 Word 文件(myDocument)中新增段落(myParagraph)
myParagraph = myDocument.add_paragraph()
# 在段落(myParagraph)中新增块(myRun1)
myRun1 = myParagraph.add_run('摘自《智慧书》')
# 设置块(myRun1)的字体大小
myRun1.font.size = docx.shared.Pt(16)
# 在段落(myParagraph)中新增块(myRun2)
myRun2 = myParagraph.add_run('作者：巴尔塔沙·葛拉西安')
# 设置块(myRun2)的字体大小
myRun2.font.size = docx.shared.Pt(16)
# 设置块(myRun2)为上标
myRun2.font.superscript = True
# # 设置块(myRun2)为下标
# myRun2.font.subscript = True
# 设置段落(myParagraph)距离左端缩进 1 英寸
myParagraph.paragraph_format.left_indent = docx.shared.Inches(1)
myDocument.save('我的 Word 文件 - 智慧书.docx')
```

在上面这段代码中，myRun2.font.superscript＝True 表示块(myRun2)的文本以上标样式显示。如果设置 myRun2.font.subscript＝True，则表示块(myRun2)的文本以下标样式显示。

此案例的源文件是 MyCode\B042\B042.py。

278　在块中自定义字符之间的间距

观看视频

此案例主要通过使用 docx.oxml.shared.OxmlElement('w:spacing')创建间距元素，从而实现在块中根据指定的宽度自定义字符间距。当运行此案例的 Python 代码(B049.py 文件)之后，将根据自

定义宽度设置"雨霖铃.docx"文件的字符与字符之间的间隔距离,代码运行前后的效果分别如图 278-1
和图 278-2 所示。

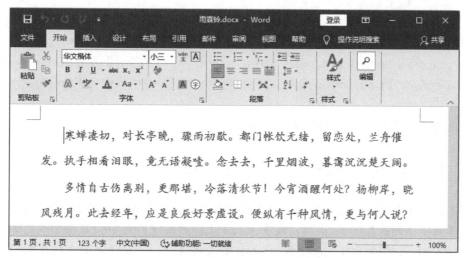

图　278-1

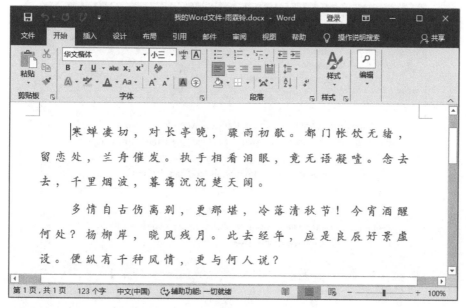

图　278-2

B049.py 文件的 Python 代码如下:

```
import docx
myDocument = docx.Document('雨霖铃.docx')
#循环 Word 文件(myDocument)的段落(myParagraph)
for myParagraph in myDocument.paragraphs:
    #循环段落(myParagraph)的块(myRun)
    for myRun in myParagraph.runs:
        #创建 spacing 元素(mySpacing)
        mySpacing = docx.oxml.shared.OxmlElement('w:spacing')
        #设置 spacing 元素(mySpacing)的字符间距
        mySpacing.set(docx.oxml.ns.qn('w:val'),'50')
```

```
♯在块(myRun)中应用(添加)新的字符间距
    myRun.element.rPr.append(mySpacing)
myDocument.save('我的Word文件-雨霖铃.docx')
```

在上面这段代码中，mySpacing = docx.oxml.shared.OxmlElement('w:spacing')表示创建spacing元素。mySpacing.set(docx.oxml.ns.qn('w:val'),'50')表示设置元素(mySpacing)的值为50。myRun.element.rPr.append(mySpacing)表示在块(myRun)中根据元素(mySpacing)设置字符间距。

此案例的源文件是 MyCode\B049\B049.py。

观看视频

279 在段落中大写每个单词首字母

此案例主要通过使用Paragraph的text属性获取和设置文本，并使用Python语言字符串的title()方法大写该文本每个单词的首字母，从而实现在Word文件的指定段落中大写每个单词的首字母。当运行此案例的Python代码(B006.py文件)之后，"散文名篇.docx"文件第2个段落的所有单词的首字母都将被修改为大写字母，代码运行前后的效果分别如图279-1和图279-2所示。

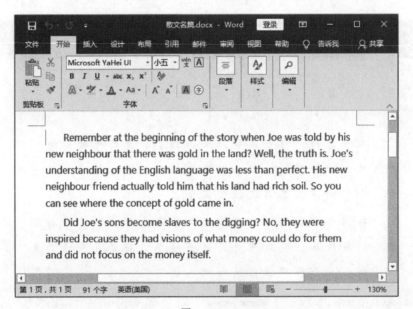

图 279-1

B006.py文件的Python代码如下：

```
import docx
myDocument = docx.Document('散文名篇.docx')
♯获取Word文件(myDocument)第2个段落的文本(myText)
myText = myDocument.paragraphs[1].text
♯在文本(myText)中设置每个单词的首字母大写，其余字母小写
myText = myText.title()
♯ ♯在文本(myText)中设置每个单词的所有字母大写和小写互换
♯ myText = myText.swapcase()
♯ ♯在文本(myText)中设置每个单词的所有字母小写
♯ myText = myText.lower()
♯ ♯在文本(myText)中设置每个单词的所有字母大写
```

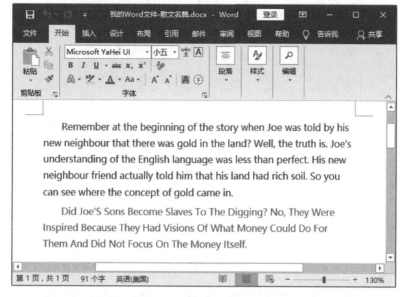

图　279-2

```
# myText = myText.upper()
#使用替换之后的文本(myText)重新设置第2个段落的text属性
myDocument.paragraphs[1].text = myText
myDocument.save('我的Word文件-散文名篇.docx')
```

在上面这段代码中,myText＝myDocument.paragraphs[1].text表示Word文件(myDocument)第2个段落的文本(myText)。myDocument.paragraphs[1].text＝myText表示使用文本(myText)设置Word文件(myDocument)第2个段落的text属性。myText＝ myText.title()表示大写文本(myText)的每个单词的首字母。如果设置myText＝myText. upper(),则大写文本(myText)每个单词的所有字母。

此案例的源文件是MyCode\B006\B006.py。

280　在块中强制大写每个英文字母

观看视频

此案例主要通过设置Run的font.all_caps属性值为True,从而实现在块中强制大写块的每个英文字母。当运行此案例的Python代码(B106.py文件)之后,将大写"散文名篇.docx"文件第1个段落(每个块)的所有英文字母,代码运行前后的效果分别如图280-1和图280-2所示。

B106.py文件的Python代码如下:

```
import docx
myDocument = docx.Document('散文名篇.docx')
#循环Word文件(myDocument)第1个段落的块(myRun)
for myRun in myDocument.paragraphs[0].runs:
    #大写块(myRun)的所有字母
    myRun.font.all_caps = True
myDocument.save('我的Word文件-散文名篇.docx')
```

在上面这段代码中,myRun.font.all_caps＝True表示强制大写块(myRun)的所有英文字母。

此案例的源文件是MyCode\B106\B106.py。

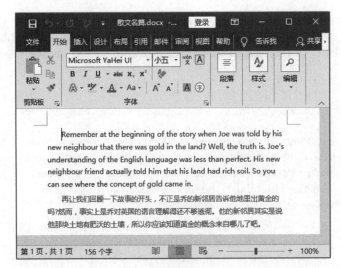

图 280-1

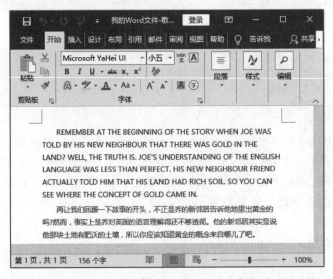

图 280-2

观看视频

281 以小号字体大写块的英文字母

此案例主要通过设置 Run 的 font. small_caps 属性值为 True,从而实现以小号字体大写块的英文字母。当运行此案例的 Python 代码(B130. py 文件)之后,将以小号字体大写"散文名篇. docx"文件第 1 个段落的英文字母,代码运行前后的效果分别如图 281-1 和图 281-2 所示。

B130. py 文件的 Python 代码如下:

```
import docx
myDocument = docx.Document('散文名篇.docx')
myDocument.paragraphs[0].runs[0].font.small_caps = True
myDocument.save('我的Word文件－散文名篇.docx')
```

在上面这段代码中,myDocument. paragraphs[0]. runs[0]. font. small_caps＝True 表示以小号字体大写 Word 文件(myDocument)第 1 个段落的第 1 个块的小写字母。

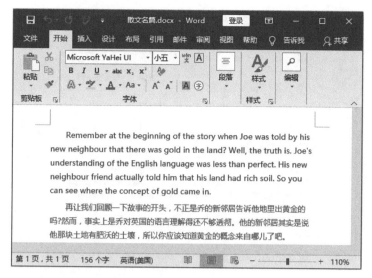

图 281-1

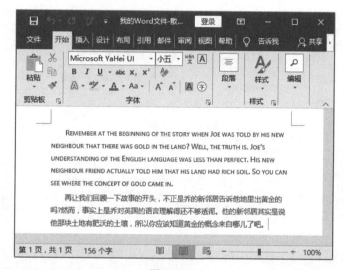

图 281-2

此案例的源文件是 MyCode\B130\B130.py。

282 在段落末尾的块中创建超链接

观看视频

此案例主要通过使用 docx.oxml.shared.OxmlElement('w:hyperlink')创建 hyperlink 元素,从而实现使用 hyperlink 元素在段落末尾添加块并创建超链接。当运行此案例的 Python 代码(B064.py 文件)之后,在"苏轼简介.docx"文件的(段落)末尾将添加超链接"使用百度搜索了解更多内容。";如果把光标悬浮在该超链接上面,则出现操作提示"按住 Ctrl 并单击可访问链接"。按住 Ctrl 键并单击该超链接则可在默认的浏览器中打开百度搜索,代码运行前后的效果分别如图 282-1 和图 282-2 所示。

B064.py 文件的 Python 代码如下:

```python
import docx
#创建自定义函数实现超链接功能
def addHyperlink(paragraph,url,text):
```

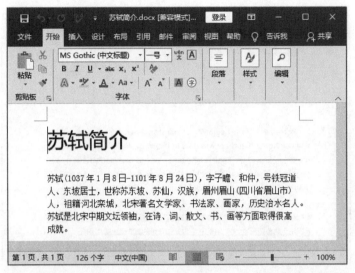

图 282-1

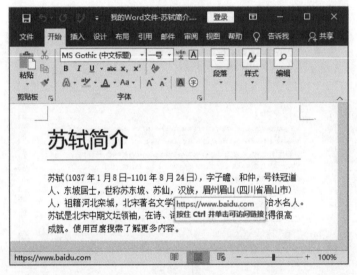

图 282-2

```
    myPart = paragraph. part
    myID = myPart. relate_to(url,
            docx. opc. constants. RELATIONSHIP_TYPE. HYPERLINK, is_external = True)
    myHyperlink = docx. oxml. shared. OxmlElement('w:hyperlink')
    myHyperlink. set(docx. oxml. shared. qn('r:id'),myID)
    myRun = docx. oxml. shared. OxmlElement('w:r')
    myRun. text = text
    myHyperlink. append(myRun)
    paragraph. _p. append(myHyperlink)
myDocument = docx. Document('苏轼简介.docx')
# 获取 Word 文件(myDocument) 的第 2 个段落(myParagraph)
myParagraph = myDocument. paragraphs[1]
# 在第 2 个段落(myParagraph)的末尾添加超链接'使用百度搜索了解更多内容. '
addHyperlink(myParagraph,'https://www.baidu.com','使用百度搜索了解更多内容. ')
myDocument. save('我的 Word 文件 - 苏轼简介.docx')
```

在上面这段代码中,myHyperlink＝docx.oxml.shared.OxmlElement('w:hyperlink')表示创建 hyperlink 元素(myHyperlink)。myHyperlink.append(myRun)表示使用块(myRun)的文本作为 myHyperlink 超链接的文本。paragraph._p.append(myHyperlink)表示在 paragraph 段落中应用该 超链接 myHyperlink。

此案例的源文件是 MyCode\B064\B064.py。

283　在超链接文本的底部添加点线

此案例主要通过使用 docx.oxml.shared.OxmlElement('w:u')创建 u 元素,从而实现在自定义 超链接文本底部添加点线。当运行此案例的 Python 代码(B065.py 文件)之后,在"苏轼简介.docx" 文件的(段落)末尾将添加一个使用点线标注的超链接"使用百度搜索了解更多内容。"。如果把光标 悬浮在该超链接上面,则出现提示"按住 Ctrl 并单击可访问链接",按住 Ctrl 键并单击该超链接则可 在默认的浏览器中打开百度搜索,代码运行前后的效果分别如图 283-1 和图 283-2 所示。

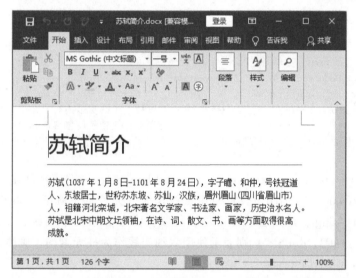

图　283-1

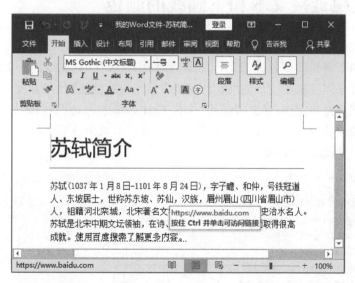

图　283-2

B065.py 文件的 Python 代码如下：

```python
import docx
# 创建自定义函数实现超链接功能
def addHyperlink(paragraph, url, text):
    myPart = paragraph.part
    myID = myPart.relate_to(url,
            docx.opc.constants.RELATIONSHIP_TYPE.HYPERLINK, is_external = True)
    myHyperlink = docx.oxml.shared.OxmlElement('w:hyperlink')
    myHyperlink.set(docx.oxml.shared.qn('r:id'), myID)
    myRun = docx.oxml.shared.OxmlElement('w:r')
    # 在超链接文本底部添加下画线(点线)
    rPr = docx.oxml.shared.OxmlElement('w:rPr')
    u = docx.oxml.shared.OxmlElement('w:u')
    u.set(docx.oxml.shared.qn('w:val'), 'dotted')
    rPr.append(u)
    myRun.append(rPr)
    myRun.text = text
    myHyperlink.append(myRun)
    paragraph._p.append(myHyperlink)
myDocument = docx.Document('苏轼简介.docx')
# 获取 Word 文件(myDocument)的第 2 个段落(myParagraph)
myParagraph = myDocument.paragraphs[1]
# 在第 2 个段落(myParagraph)的末尾添加超链接'使用百度搜索了解更多内容.'
addHyperlink(myParagraph, 'https://www.baidu.com', '使用百度搜索了解更多内容.')
myDocument.save('我的 Word 文件 - 苏轼简介.docx')
```

在上面这段代码中，u＝docx.oxml.shared.OxmlElement('w:u')表示创建 u 元素。u.set(docx.oxml.shared.qn('w:val'),'dotted')表示使用点线作为 u 元素的下画线。如果 u.set(docx.oxml.shared.qn('w:val'),'single')，则表示使用单细实线作为 u 元素的下画线。如果设置 u.set(docx.oxml.shared.qn('w:val'),'double')，则表示使用双细实线作为 u 元素的下画线。

此案例的源文件是 MyCode\B065\B065.py。

观看视频

284　设置超链接文本和下画线的颜色

此案例主要通过使用 docx.oxml.shared.OxmlElement('w:color')创建 color 元素，从而实现自定义超链接的文本和下画线的颜色。当运行此案例的 Python 代码(B066.py 文件)之后，在"苏轼简介.docx"文件的段落末尾将添加一个使用红色波浪线标注的超链接"使用百度搜索了解更多内容。"。如果把光标悬浮在该超链接上面，则出现提示"按住 Ctrl 并单击可访问链接"，按住 Ctrl 键并单击该超链接则可在默认的浏览器中打开百度搜索，代码运行前后的效果分别如图 284-1 和图 284-2 所示。

B066.py 文件的 Python 代码如下：

```python
import docx
# 创建自定义函数实现超链接功能
def addHyperlink(paragraph, url, text):
    myPart = paragraph.part
    myID = myPart.relate_to(url,
            docx.opc.constants.RELATIONSHIP_TYPE.HYPERLINK, is_external = True)
    myHyperlink = docx.oxml.shared.OxmlElement('w:hyperlink')
```

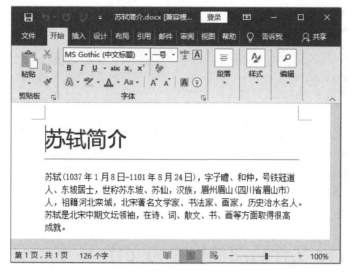

图　284-1

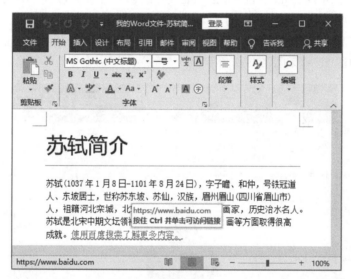

图　284-2

```
myHyperlink.set(docx.oxml.shared.qn('r:id'),myID)
myRun = docx.oxml.shared.OxmlElement('w:r')
# 在超链接文本底部添加下画线(波浪线)
rPr = docx.oxml.shared.OxmlElement('w:rPr')
u = docx.oxml.shared.OxmlElement('w:u')
u.set(docx.oxml.shared.qn('w:val'),'wave')
rPr.append(u)
# 使用红色设置超链接的文本和下画线(波浪线)的颜色
c = docx.oxml.shared.OxmlElement('w:color')
c.set(docx.oxml.shared.qn('w:val'),'ff0000')
rPr.append(c)
myRun.append(rPr)
myRun.text = text
myHyperlink.append(myRun)
paragraph._p.append(myHyperlink)
```

```
myDocument = docx.Document('苏轼简介.docx')
# 获取 Word 文件(myDocument)的第 2 个段落(myParagraph)
myParagraph = myDocument.paragraphs[1]
# 在第 2 个段落(myParagraph)的末尾添加超链接'使用百度搜索了解更多内容.'
addHyperlink(myParagraph,'https://www.baidu.com','使用百度搜索了解更多内容.')
myDocument.save('我的 Word 文件 - 苏轼简介.docx')
```

在上面这段代码中,c=docx.oxml.shared.OxmlElement('w:color')表示创建 color 元素。c.set(docx.oxml.shared.qn('w:val'),'ff0000')表示设置元素(color)的颜色为红色。如果设置 c.set(docx.oxml.shared.qn('w:val'),'00ff00'),则表示设置元素(color)的颜色为绿色。如果 c.set(docx.oxml.shared.qn('w:val'),'0000ff'),则表示设置元素(color)的颜色为蓝色。

此案例的源文件是 MyCode\B066\B066.py。

观看视频

285 将 Word 文件的图像保存为文件

此案例主要通过使用 Document 的 inline_shapes 属性,从而实现在 Word 文件中获取所有图像,并在当前目录中将这些图像另存为独立的图像文件。当运行此案例的 Python 代码(B068.py 文件)之后,将获取"折扣商品.docx"文件的所有商品图像,并在当前目录中保存为独立的图像文件,代码运行前后的效果分别如图 285-1 和图 285-2 所示。

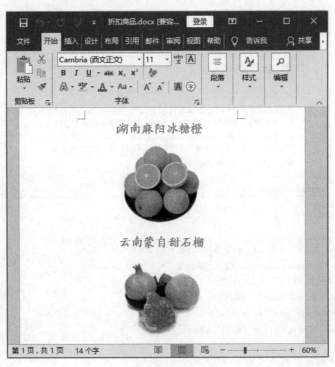

图 285-1

B068.py 文件的 Python 代码如下:

```
import docx
myDocument = docx.Document('折扣商品.docx')
# 获取 Word 文件(myDocument)的所有图像,并以独立文件形式将每个图像保存在当前目录中
for myShape in myDocument.inline_shapes:
```

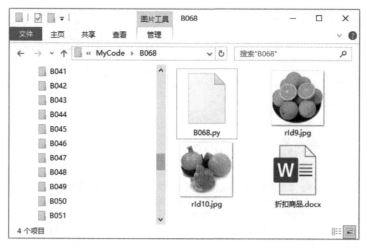

图　285-2

```
myBlip = myShape._inline.graphic.graphicData.pic.blipFill.blip
myID = myBlip.embed
myImage = myDocument.part.related_parts[myID]
myFile = open(myID + ".jpg", "wb")
myFile.write(myImage._blob)
myFile.close()
```

在上面这段代码中，myDocument.inline_shapes 表示 Word 文件（myDocument）的所有图像对象（docx.shape.InlineShape）。

此案例的源文件是 MyCode\B068\B068.py。

286　在 Word 文件的末尾添加图像

观看视频

此案例主要通过使用 Document 的 add_picture()方法，从而实现在 Word 文件的末尾根据指定的图像文件添加图像。当运行此案例的 Python 代码（B069.py 文件）之后，将在"哈佛大学简介.docx"文件的末尾添加一幅图像，代码运行前后的效果分别如图 286-1 和图 286-2 所示。

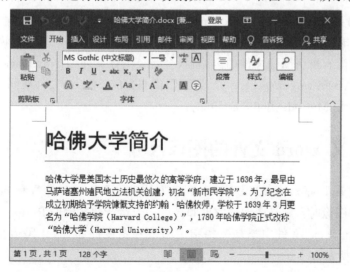

图　286-1

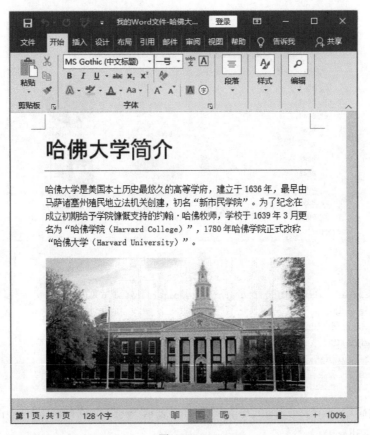

图 286-2

B069.py 文件的 Python 代码如下：

```
import docx
myDocument = docx.Document('哈佛大学简介.docx')
＃在 Word 文件(myDocument)的末尾添加指定的图像
myImage = myDocument.add_picture('myimage.jpg')
myDocument.save('我的 Word 文件－哈佛大学简介.docx')
```

在上面这段代码中，myImage＝myDocument.add_picture('myimage.jpg')表示在 Word 文件（myDocument）的末尾添加一幅（在 myimage.jpg 图像文件中的）图像。需要说明的是：如果 add_picture()方法的参数没有指明图像文件的全路径（全路径图像文件如：myImage＝ myDocument.add_picture('F:\MyCode\B069\myimage.jpg')），则该图像与当前 Python 文件在同一目录中。

此案例的源文件是 MyCode\B069\B069.py。

观看视频

287 自定义 Word 文件的图像尺寸

此案例主要通过在 Document 的 add_picture()方法中设置 width 参数和 height 参数，从而实现在 Word 文件中添加图像时自定义图像的宽度和高度。当运行此案例的 Python 代码（B142.py 文件）之后，将在"航母简介.docx"文件中添加一幅指定高度和宽度的图像，代码运行前后的效果分别如图 287-1 和图 287-2 所示。

B142.py 文件的 Python 代码如下：

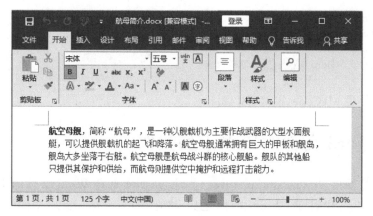

图　287-1

图　287-2

```
import docx
myDocument = docx.Document('航母简介.docx')
# 在 Word 文件(myDocument)的末尾添加指定宽度和高度的图像
myDocument.add_picture('myimage.jpg',
         width = docx.shared.Cm(12), height = docx.shared.Cm(4))
myDocument.save('我的 Word 文件－航母简介.docx')
```

在上面这段代码中,myDocument.add_picture('myimage.jpg',width＝docx.shared.Cm(12),height＝docx.shared.Cm(4))表示在 Word 文件(myDocument)的末尾添加一幅宽度为 12 厘米、高度为 4 厘米的图像。当然,也可以在使用 add_picture()方法之后通过 width 属性和 height 属性自定义图像的宽度和高度,代码如下:

```
import docx
myDocument = docx.Document('航母简介.docx')
# 在 Word 文件(myDocument)的末尾添加图像
myImage = myDocument.add_picture('myimage.jpg')
```

```
♯重新设置图像的宽度和高度
myImage.width = docx.shared.Cm(12)
myImage.height = docx.shared.Cm(4)
myDocument.save('我的 Word 文件 - 航母简介.docx')
```

此案例的源文件是 MyCode\B142\B142.py。

观看视频

288 在 Word 文件的块中添加图像

此案例主要通过使用 Run 的 add_picture()方法,从而实现在 Word 文件的指定块中添加图像。当运行此案例的 Python 代码(B071.py 文件)之后,将在"春节祝福.docx"文件的各个块中添加不同的图像,代码运行前后的效果分别如图 288-1 和图 288-2 所示。

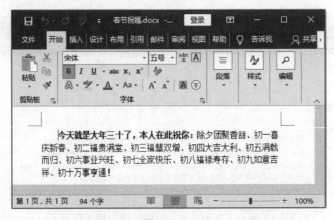

图　288-1

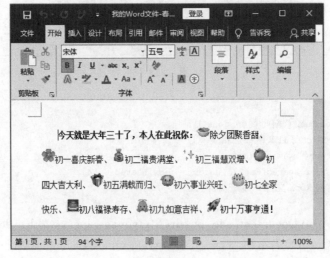

图　288-2

B071.py 文件的 Python 代码如下:

```
import docx
myDocument = docx.Document('春节祝福.docx')
i = 0
```

```
#循环 Word 文件(myDocument)第 1 个段落的块(myRun)
for myRun in myDocument.paragraphs[0].runs:
    if i < 11:
        #在块(myRun)中添加图像
        myImage = myRun.add_picture('myimage' + str(i) + '.png')
    i += 1
myDocument.save('我的 Word 文件 - 春节祝福.docx')
```

在上面这段代码中,myImage = myRun.add_picture('myimage' + str(i) + '.png')表示在块(myRun)中添加一幅图像。需要说明的是:在此案例中,Word 文件"春节祝福.docx"的各个块是通过改变文字颜色区分的,例如,设置"初一喜庆新春、"文本为红色,则 Word 自动将"初一喜庆新春、"保存为一个独立的块,其他以此类推。

此案例的源文件是 MyCode\B071\B071.py。

289　在 Word 文件的段前插入图像

观看视频

此案例主要通过使用 add_picture()、insert_paragraph_before()等方法,从而实现在 Word 文件的指定段落前插入指定的图像。当运行此案例的 Python 代码(B070.py 文件)之后,将在"散文名篇.docx"文件第 2 个段落的前面插入一幅图像,代码运行前后的效果分别如图 289-1 和图 289-2 所示。

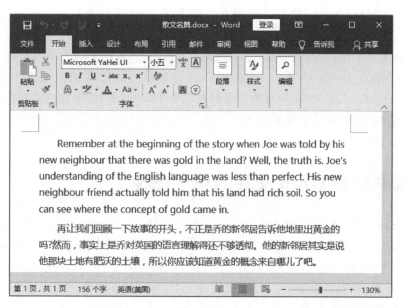

图　289-1

B070.py 文件的 Python 代码如下:

```
import docx
myDocument = docx.Document('散文名篇.docx')
myParagraph2 = myDocument.paragraphs[1].insert_paragraph_before()
myImage = myParagraph2.add_run().add_picture('myimage.jpg')
myImage.height = docx.shared.Cm(1)
myImage.width = docx.shared.Cm(10.7)
myDocument.save('我的 Word 文件 - 散文名篇.docx')
```

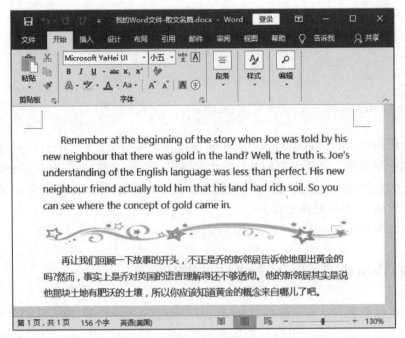

图 289-2

在上面这段代码中,myParagraph2＝myDocument. paragraphs[1]. insert_paragraph_ before()表示在 Word 文件(myDocument)的第 2 个段落之前插入一个新段落(myParagraph2),myImage＝myParagraph2. add_run(). add_picture('myimage. jpg')表示在新插入的段落(myParagraph2)中使用add_run()方法新增一个块,并在其中插入 'myimage. jpg'图像,最终实现在第 2 个段落之前插入一幅图像的效果。 myImage. height＝ docx. shared. Cm(1)表示重置图像的高度为 1 厘米。myImage. width＝docx. shared. Cm(10.7) 表示重置图像的宽度为 10.7 厘米,根据此方式自定义图像的宽度和高度,即可实现图像的拉伸和压缩效果。

此案例的源文件是 MyCode\B070\B070. py。

290　居中对齐 Word 文件的单个图像

观看视频

此案例主要通过设置 Paragraph 的 alignment 属性值为 docx. enum. text. WD_PARAGRAPH _ALIGNMENT. CENTER,从而实现居中对齐在 Word 文件中的单个图像。当运行此案例的 Python代码(B072. py 文件)之后,如果设置"凤梨简介. docx"文件的图像居中对齐,效果如图 290-1 所示;如果设置该图像右对齐,效果如图 290-2 所示,默认情况下,将左对齐图像。

B072. py 文件的 Python 代码如下:

```
import docx
myDocument = docx. Document('凤梨简介.docx')
# #在 Word 文件(myDocument)的末尾添加新段落(myParagraph2)
# myParagraph2 = myDocument. add_paragraph()
# #在新段落(myParagraph2)中添加指定的图像(myImage)
# myImage = myParagraph2. add_run(). add_picture('myimage.png')
# 在 Word 文件(myDocument)的末尾添加新段落,并在新段落中添加图像(myImage)
myImage = myDocument. add_picture('myimage.png')
# 自定义图像(myImage)的高度和宽度
```

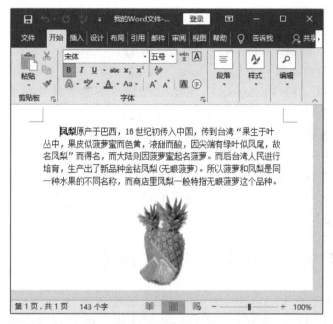

图　290-1

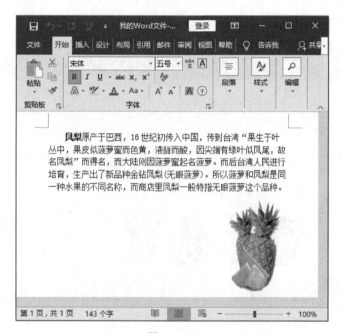

图　290-2

```
myImage.height = docx.shared.Cm(4)
myImage.width = docx.shared.Cm(3)
#居中对齐图像(即居中对齐第2个段落)
myDocument.paragraphs[1].alignment = \
                docx.enum.text.WD_PARAGRAPH_ALIGNMENT.CENTER
# #右对齐图像(即右对齐第2个段落)
# myDocument.paragraphs[1].alignment = \
#                docx.enum.text.WD_PARAGRAPH_ALIGNMENT.RIGHT
myDocument.save('我的Word文件 - 凤梨简介.docx')
```

在上面这段代码中，myImage＝myDocument.add_picture('myimage.png')表示在 Word 文件（myDocument）的末尾添加段落，并在该段落中添加图像。因此，当使用 myDocument.paragraphs[1].alignment＝docx.enum.text.WD_PARAGRAPH_ALIGNMENT.CENTER 居中对齐 paragraphs[1]段落时，则自动对齐在 paragraphs[1]中的图像。WD_PARAGRAPH_ALIGNMENT 可以实现 LEFT、RIGHT、CENTER、JUSTY 和 DISTRIBUTE 这 5 种对齐方式，说明如下：

(1) WD_PARAGRAPH_ALIGNMENT.LEFT：左对齐。

(2) WD_PARAGRAPH_ALIGNMENT.CENTER：居中对齐。

(3) WD_PARAGRAPH_ALIGNMENT.RIGHT：右对齐。

(4) WD_PARAGRAPH_ALIGNMENT.JUSTIFY：两端对齐。

(5) WD_PARAGRAPH_ALIGNMENT.DISTRIBUTE：分散对齐。

此案例的源文件是 MyCode\B072\B072.py。

291　分散对齐 Word 文件的多个图像

观看视频

此案例主要通过设置 Paragraph 的 alignment 属性值为 docx.enum.text.WD_ALIGN_PARAGRAPH.DISTRIBUTE，从而实现在 Word 文件中分散对齐多个图像。当运行此案例的 Python 代码（B132.py 文件）之后，将分散对齐"世界杯.docx"文件的 4 个图像，代码运行前后的效果分别如图 291-1 和图 291-2 所示。

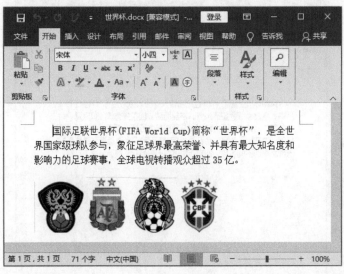

图　291-1

B132.py 文件的 Python 代码如下：

```
import docx
myDocument = docx.Document('世界杯.docx')
♯设置分散对齐 Word 文件(myDocument)第 2 个段落的 4 个图像
myDocument.paragraphs[1].alignment = \
        docx.enum.text.WD_ALIGN_PARAGRAPH.DISTRIBUTE
myDocument.save('我的 Word 文件 - 世界杯.docx')
```

在上面这段代码中，myDocument.paragraphs[1].alignment＝docx.enum.text.WD_ALIGN_PARAGRAPH.DISTRIBUTE 表示分散对齐 Word 文件（myDocument）第 2 个段落的 4 个图像，如

图　291-2

果第 2 个段落仅是 1 行文字,则将逐字分散对齐该行所有文字。

此案例的源文件是 MyCode\B132\B132.py。

292　在 Word 文件中创建折叠标题

观看视频

此案例主要通过使用 Document 的 add_heading()方法,从而实现在 Word 文件中创建可以折叠和展开的标题(Heading)。当运行此案例的 Python 代码(B034.py 文件)之后,将在"唐诗宋词精品.docx"文件中创建 2 个可以折叠和展开的标题("第 1 部分 唐诗精品"和"第 2 部分 宋词精品"),如果单击第 1 个标题左端的三角形符号,则将展开该标题下面的段落,如图 292-1 所示;如果在图 292-1 中再次单击第 1 个标题左端的三角形符号,则将折叠该标题下面的段落;如果单击第 2 个标题左端的三角形符号,则将展开该标题下面的段落,如图 292-2 所示;如果在图 292-2 中再次单击第 2 个标题左端的三角形符号,则将折叠该标题下面的段落。

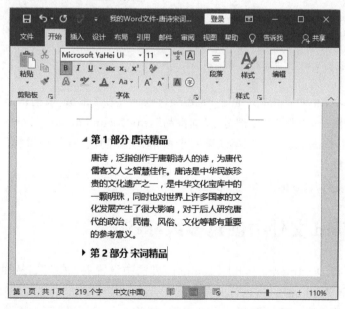

图　292-1

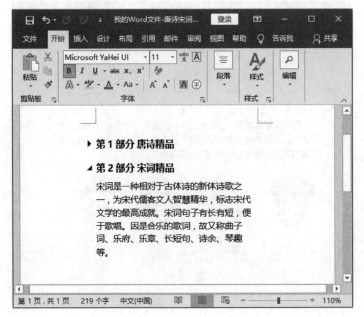

图　292-2

B034.py 文件的 Python 代码如下：

```
import docx
myDocument = docx.Document('唐诗宋词精品.docx')
#在 Word 文件(myDocument)中新建第 1 个标题
myDocument.add_heading(text = "第 1 部分 唐诗精品",level = 1)
#在第 1 个标题下新建段落
myDocument.add_paragraph(text = '唐诗,泛指创作于唐朝诗人的诗,为唐代儒客文人之智慧佳作。唐诗是中华
民族珍贵的文化遗产之一,是中华文化宝库中的一颗明珠,同时也对世界上许多国家的文化发展产生了很大影
响,对于后人研究唐代的政治、民情、风俗、文化等都有重要的参考意义。')
#新建第 2 个标题
myDocument.add_heading(text = "第 2 部分 宋词精品")
#在第 2 个标题下新建段落
myDocument.add_paragraph(text = '宋词是一种相对于古体诗的新体诗歌之一,为宋代儒客文人智慧精华,标志
宋代文学的最高成就。宋词句子有长有短,便于歌唱。因是合乐的歌词,故又称曲子词、乐府、乐章、长短句、诗
余、琴趣等。')
myDocument.save('我的 Word 文件 - 唐诗宋词精品.docx')
```

在上面这段代码中,myDocument.add_heading(text="第 2 部分 宋词精品")表示在 Word 文件 (myDocument)中新建一个标题"第 2 部分 宋词精品",myDocument.add_paragraph (text= '……') 表示在 Word 文件(myDocument)的末尾新建一个段落,实际测试表明,如果标题和段落在一起,则标 题具有折叠和展开功能。

此案例的源文件是 MyCode\B034\B034.py。

293　在 Word 文件中创建多级标题

观看视频

此案例主要通过在 Document 的 add_heading()方法中设置 level 参数,从而实现在 Word 文件中 创建嵌套的多级标题(Heading)。当运行此案例的 Python 代码(B035.py 文件)之后,将在"唐诗宋词 精品.docx"文件中新建 2 个一级标题和 6 个五级标题,单击一级标题"第 1 部分 唐诗精品"左端的三

角形符号,则展开该一级标题下面的 6 个五级标题,单击五级标题"106 春江花月夜"左端的三角形符号,则展开该五级标题下面的内容,代码运行前后的效果分别如图 293-1 和图 293-2 所示。无论是哪级标题,单击左端的三角形符号都将执行展开或折叠下级标题(或段落)的动作。

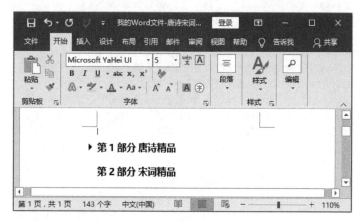

图　293-1

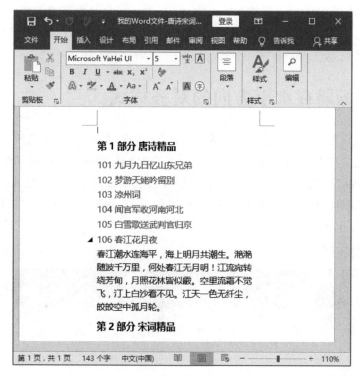

图　293-2

B035.py 文件的 Python 代码如下:

```python
import docx
myDocument = docx.Document('唐诗宋词精品.docx')
# 在 Word 文件(myDocument)中新建第 1 个一级标题
myDocument.add_heading(text = "第 1 部分 唐诗精品",level = 1)
# 在 Word 文件(myDocument)中新建第 1 个一级标题下面的五级标题 101
myDocument.add_heading(text = "101 九月九日忆山东兄弟",level = 5)
# 在 Word 文件(myDocument)中新建第 1 个一级标题下面的五级标题 102
```

```
myDocument.add_heading(text = "102 梦游天姥吟留别", level = 5)
# 在 Word 文件(myDocument)中新建第 1 个一级标题下面的五级标题 103
myDocument.add_heading(text = "103 凉州词", level = 5)
# 在 Word 文件(myDocument)中新建第 1 个一级标题下面的五级标题 104
myDocument.add_heading(text = "104 闻官军收河南河北", level = 5)
# 在 Word 文件(myDocument)中新建第 1 个一级标题下面的五级标题 105
myDocument.add_heading(text = "105 白雪歌送武判官归京", level = 5)
# 在 Word 文件(myDocument)中新建第 1 个一级标题下面的五级标题 106
myDocument.add_heading(text = "106 春江花月夜", level = 5)
# 在 Word 文件(myDocument)的第 1 个一级标题下面的五级标题 106 中新建段落
myDocument.add_paragraph(text = '春江潮水连海平,海上明月共潮生。滟滟随波千万里,何处春江无月明!江流
宛转绕芳甸,月照花林皆似霰。空里流霜不觉飞,汀上白沙看不见。江天一色无纤尘,皎皎空中孤月轮。')
# 在 Word 文件(myDocument)中新建第 2 个一级标题
myDocument.add_heading(text = "第 2 部分 宋词精品")
myDocument.save('我的 Word 文件 - 唐诗宋词精品.docx')
```

在上面这段代码中,myDocument.add_heading(text＝"第 1 部分 唐诗精品",level＝1)表示在
Word 文件(myDocument)中新建一级标题"第 1 部分 唐诗精品"。myDocument.add_heading(text＝"101
九月九日忆山东兄弟",level＝5)表示在 Word 文件(myDocument)中新建五级标题"101 九月九日忆
山东兄弟"。add_heading()方法的 level 参数可以是 0～9,数字越大,标题的字号越小。

此案例的源文件是 MyCode\B035\B035.py。

观看视频

294 设置标题在水平方向的对齐样式

此案例主要通过设置标题的 alignment 属性,从而实现在 Word 文件中自定义标题在水平方向的
对齐样式。当运行此案例的 Python 代码(B067.py 文件)之后,将在"唐诗宋词精品.docx"文件中新
建"第 1 部分 唐诗精品"一级标题(myHeading);如果设置 alignment 属性是 docx.enum.text.WD_
ALIGN_PARAGRAPH.CENTER,则该一级标题居中对齐,如图 294-1 所示。如果设置 alignment
属性是 myHeading.alignment＝ docx.enum.text.WD_ALIGN_ PARAGRAPH.RIGHT,则该一级
标题右对齐,如图 294-2 所示。

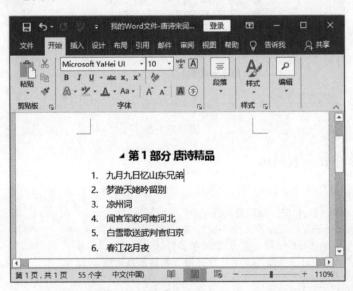

图 294-1

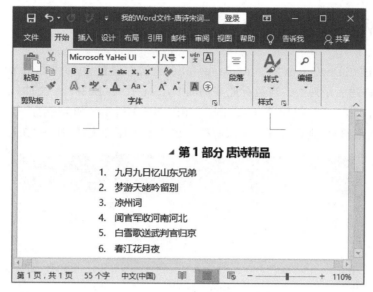

图　294-2

B067.py 文件的 Python 代码如下：

```python
import docx
myDocument = docx.Document('唐诗宋词精品.docx')
# 在 Word 文件(myDocument)中新建一级标题(myHeading)
myHeading = myDocument.add_heading(level = 1)
# 设置一级标题(myHeading)居中对齐
myHeading.alignment = docx.enum.text.WD_ALIGN_PARAGRAPH.CENTER
# # 设置一级标题(myHeading)右对齐
# myHeading.alignment = docx.enum.text.WD_ALIGN_PARAGRAPH.RIGHT
# 添加一级标题(myHeading)的文本
myRun = myHeading.add_run("第 1 部分 唐诗精品")
# 设置一级标题(myHeading)的字体大小
myRun.font.size = docx.shared.Pt(12)
# 设置一级标题(myHeading)的中文字体
myRun.font.name = '微软雅黑'
myRun.element.rPr.rFonts.set(docx.oxml.ns.qn('w:eastAsia'),'微软雅黑')
# 初始化 6 个列表项
myItems = ["九月九日忆山东兄弟","梦游天姥吟留别","凉州词",
          "闻官军收河南河北","白雪歌送武判官归京","春江花月夜"]
for i in range(6):
    # (在一级标题(myHeading)下面)新建有序列表
    myParagraph = myDocument.add_paragraph(text = myItems[i], style = 'List Number')
myDocument.save('我的 Word 文件 - 唐诗宋词精品.docx')
```

在上面这段代码中，myHeading.alignment = docx.enum.text.WD_ALIGN_PARAGRAPH.
CENTER 表示设置一级标题（myHeading）居中对齐。如果设置 myHeading.alignment = docx.
enum.text.WD_ALIGN_PARAGRAPH.RIGHT，则表示设置一级标题（myHeading）右对齐。默认
情况下，新建的标题均左对齐。

此案例的源文件是 MyCode\B067\B067.py。

观看视频

295　在 Word 文件中创建无序列表

此案例主要通过在 Document 的 add_paragraph()方法中设置 style 参数值为 List Bullet,从而实现在 Word 文件中创建无序列表。当运行此案例的 Python 代码(B036.py 文件)之后,将在"唐诗宋词精品.docx"文件中创建 2 个一级标题(Heading),如图 295-1 所示。如果单击一级标题"第 1 部分 唐诗精品"左端的三角形符号,则将展开该一级标题下的 6 个无序列表项,如图 295-2 所示。

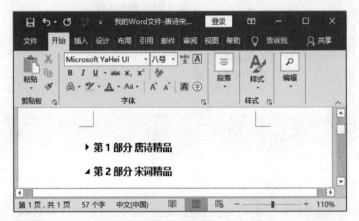

图　295-1

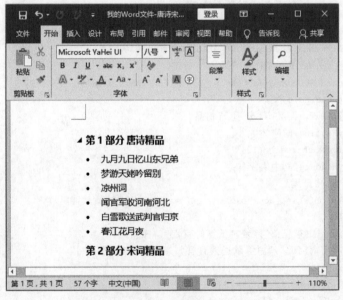

图　295-2

B036.py 文件的 Python 代码如下:

```python
import docx
myDocument = docx.Document('唐诗宋词精品.docx')
# 在 Word 文件(myDocument)中新建第 1 个一级标题
myDocument.add_heading(text = "第 1 部分 唐诗精品", level = 1)
# # 在 Word 文件(myDocument)中新建 6 个无序列表项(左端有个小圆点)
myDocument.add_paragraph(text = "九月九日忆山东兄弟", style = 'List Bullet')
```

```
myDocument.add_paragraph(text = "梦游天姥吟留别", style = 'List Bullet')
myDocument.add_paragraph(text = "凉州词", style = 'List Bullet')
myDocument.add_paragraph(text = "闻官军收河南河北", style = 'List Bullet')
myDocument.add_paragraph(text = "白雪歌送武判官归京", style = 'List Bullet')
myDocument.add_paragraph(text = "春江花月夜", style = 'List Bullet')
# 在 Word 文件(myDocument)中新建第 2 个一级标题
myDocument.add_heading(text = "第 2 部分 宋词精品")
myDocument.save('我的 Word 文件 - 唐诗宋词精品.docx')
```

在上面这段代码中,myDocument.add_paragraph(text="九月九日忆山东兄弟",style= 'List Bullet')表示在 Word 文件(myDocument)中创建一个无序列表项,该无序列表项的左端有一个小圆点;如果未设置 style= 'List Bullet',则将添加一个普通的段落,左端无小圆点。

此案例的源文件是 MyCode\B036\B036.py。

296　在无序列表左端设置缩进距离

观看视频

此案例主要通过在 Document 的 add_paragraph()方法中设置 style 参数值为"List Bullet 2"等参数值,从而实现在 Word 文件中自定义无序列表项左端的缩进距离。当运行此案例的 Python 代码(B037.py 文件)之后,将在"唐诗宋词精品.docx"文件中创建 2 个一级标题(Heading),如图 296-1 所示。如果单击一级标题"第 1 部分 唐诗精品"左端的三角形符号,则将展开该一级标题下面的 6 个无序列表项,并且第 1、2 个无序列表项缩进 1 个字符、第 3、4 个无序列表项缩进 2 个字符、第 5、6 个无序列表项缩进 3 个字符,如图 296-2 所示。

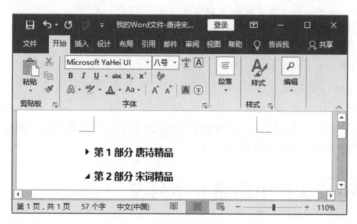

图　296-1

B037.py 文件的 Python 代码如下:

```
import docx
myDocument = docx.Document('唐诗宋词精品.docx')
# 在 Word 文件(myDocument)中新建第 1 个一级标题
myDocument.add_heading(text = "第 1 部分 唐诗精品", level = 1)
# 在 Word 文件(myDocument)中新建 2 个无序列表项,且左端缩进 1 个字符
myDocument.add_paragraph(text = "九月九日忆山东兄弟", style = 'List Bullet')
myDocument.add_paragraph(text = "梦游天姥吟留别", style = 'List Bullet')
# 在 Word 文件(myDocument)中新建 2 个无序列表项,且左端缩进 2 个字符
myDocument.add_paragraph(text = "凉州词", style = 'List Bullet 2')
```

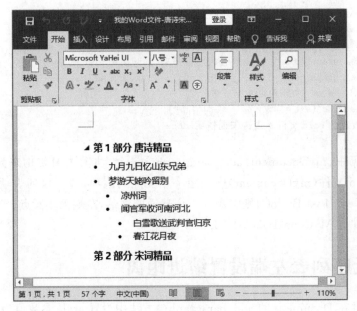

图 296-2

```
myDocument.add_paragraph(text = "闻官军收河南河北", style = 'List Bullet 2')
# 在 Word 文件(myDocument)中新建 2 个无序列表项,且左端缩进 3 个字符
myDocument.add_paragraph(text = "白雪歌送武判官归京", style = 'List Bullet 3')
myDocument.add_paragraph(text = "春江花月夜", style = 'List Bullet 3')
# 在 Word 文件(myDocument)中新建第 2 个一级标题
myDocument.add_heading(text = "第 2 部分 宋词精品")
myDocument.save('我的 Word 文件 – 唐诗宋词精品.docx')
```

在上面这段代码中,myDocument.add_paragraph(text="凉州词",style='List Bullet 2')表示在 Word 文件(myDocument)中创建一个无序列表项,该无序列表项的左端有一个小圆点,且缩进 2 个字符。如果 myDocument.add_paragraph(text="凉州词",style='List 2'),则表示在 Word 文件(myDocument)中创建一个普通列表项,该普通列表项的左端没有小圆点,只缩进 2 个字符。

此案例的源文件是 MyCode\B037\B037.py。

观看视频

297 在 Word 文件中创建有序列表

此案例主要通过在 Document 的 add_paragraph()方法中设置 style 参数值为 List Number 等,从而实现在 Word 文件中创建有序列表。当运行此案例的 Python 代码(B038.py 文件)之后,将在"唐诗宋词精品.docx"文件中创建 2 个一级标题(Heading),如图 297-1 所示。如果单击一级标题"第 1 部分 唐诗精品"左端的三角形符号,则将展开该一级标题下面的 6 个有序列表项,且每个有序列表项的左端均有一个数字编号,如图 297-2 所示。

B038.py 文件的 Python 代码如下:

```
import docx
myDocument = docx.Document('唐诗宋词精品.docx')
# 在 Word 文件(myDocument)中新建第 1 个一级标题
myDocument.add_heading(text = "第 1 部分 唐诗精品", level = 1)
# 在 Word 文件(myDocument)中新建 2 个有序列表项,且左端缩进 1 个字符
```

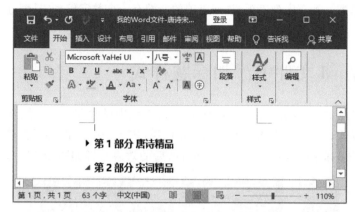

图　297-1

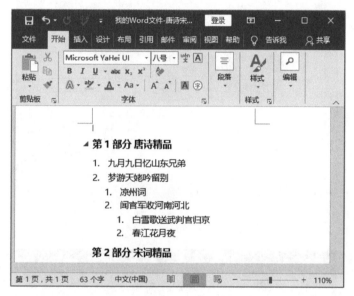

图　297-2

```
myDocument.add_paragraph(text = "九月九日忆山东兄弟", style = 'List Number')
myDocument.add_paragraph(text = "梦游天姥吟留别", style = 'List Number')
# 在 Word 文件(myDocument)中新建 2 个有序列表项,且左端缩进 2 个字符
myDocument.add_paragraph(text = "凉州词", style = 'List Number 2')
myDocument.add_paragraph(text = "闻官军收河南河北", style = 'List Number 2')
# 在 Word 文件(myDocument)中新建 2 个有序列表项,且左端缩进 3 个字符
myDocument.add_paragraph(text = "白雪歌送武判官归京", style = 'List Number 3')
myDocument.add_paragraph(text = "春江花月夜", style = 'List Number 3')
# 在 Word 文件(myDocument)中新建第 2 个一级标题
myDocument.add_heading(text = "第 2 部分 宋词精品")
myDocument.save('我的 Word 文件 - 唐诗宋词精品.docx')
```

在上面这段代码中,myDocument.add_paragraph(text＝"九月九日忆山东兄弟",style＝ 'List Number')表示在 Word 文件(myDocument)中添加一个有序列表项,该列表项左端有一个数字编号,且缩进 1 个字符。myDocument.add_paragraph(text＝"凉州词",style＝'List Number 2')表示在 Word 文件(myDocument)中添加一个有序列表项,该列表项的左端有一个数字编号,且缩进 2 个字符。myDocument.add_paragraph(text＝"白雪歌送武判官归京", style＝'List Number 3')表示在 Word 文

件（myDocument）中添加一个有序列表项，该列表项的左端有一个数字编号，且缩进 3 个字符。

此案例的源文件是 MyCode\B038\B038.py。

观看视频

298　在 Word 文件中添加标题样式

此案例主要通过在 Document 的 add_paragraph()方法中设置 Title 参数，从而实现在 Word 文件中添加标题（Title）样式。当运行此案例的 Python 代码（B139.py 文件）之后，将在"唐宋名篇.docx"文件的"将进酒"上添加标题（Title）样式，代码运行前后的效果分别如图 298-1 和图 298-2 所示。

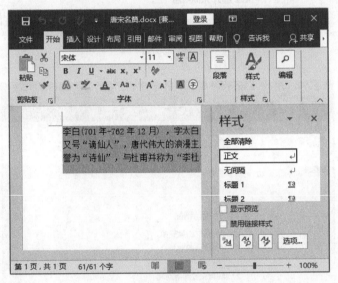

图　298-1

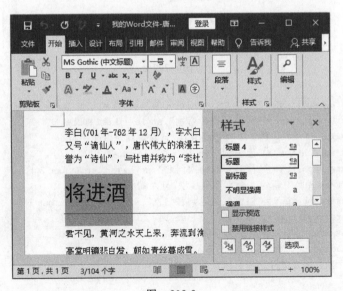

图　298-2

B139.py 文件的 Python 代码如下：

```
import docx
myDocument = docx.Document('唐宋名篇.docx')
```

```
myDocument.add_paragraph('将进酒','Title')
myDocument.add_paragraph('君不见,黄河之水天上来,奔流到海不复回。君不见,高堂明镜悲白发,朝如青丝暮
成雪。')
myDocument.save('我的 Word 文件－唐宋名篇.docx')
```

在上面这段代码中,myDocument. add_paragraph('将进酒','Title')表示在 Word 文件
(myDocument)的"将进酒"段落上添加标题(Title)样式。

此案例的源文件是 MyCode\B139\B139.py。

299　在 Word 文件中添加副标题样式

观看视频

此案例主要通过在 Document 的 add_paragraph()方法中设置 Subtitle 参数,从而实现在 Word
文件中添加副标题(Subtitle)样式。当运行此案例的 Python 代码(B134.py 文件)之后,将在"唐宋名
篇.docx"文件的"(唐)李白"上添加副标题(Subtitle)样式,代码运行前后的效果分别如图 299-1 和
图 299-2 所示。

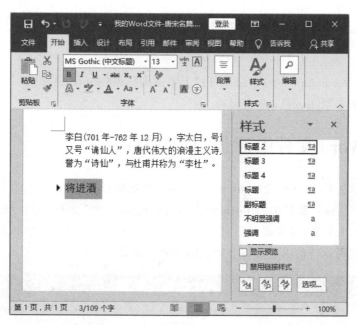

图　299-1

B134.py 文件的 Python 代码如下:

```
import docx
myDocument = docx.Document('唐宋名篇.docx')
# myDocument.add_heading(text = "将进酒",level = 1)
myDocument.add_heading(text = "将进酒",level = 2)
myDocument.add_paragraph("(唐)李白","Subtitle")
myDocument.add_paragraph(text = '君不见,黄河之水天上来,奔流到海不复回。君不见,高堂明镜悲白发,朝如
青丝暮成雪。')
myDocument.save('我的 Word 文件－唐宋名篇.docx')
```

在上面这段代码中,myDocument. add_heading(text＝"将进酒",level＝2)表示在 Word 文件
(myDocument)中添加二级标题"将进酒"。myDocument. add_paragraph("(唐)李白","Subtitle")表

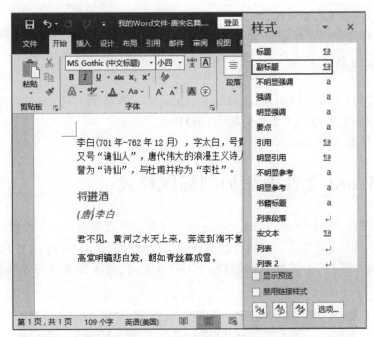

图　299-2

示在 Word 文件（myDocument）中的"（唐）李白"上添加副标题（Subtitle）样式。

此案例的源文件是 MyCode\B134\B134.py。

300　在 Word 文件中添加引用样式

观看视频

此案例主要通过在 Document 的 add_paragraph()方法中设置 Quote 参数，从而实现在 Word 文件中添加引用样式。当运行此案例的 Python 代码（B140.py 文件）之后，将在"唐宋名篇.docx"文件的"君不见，黄河之水天上来，奔流到海不复回。君不见，高堂明镜悲白发，朝如青丝暮成雪。"上添加引用（Quote）样式，代码运行前后的效果分别如图 300-1 和图 300-2 所示。

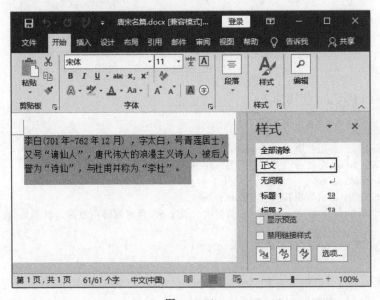

图　300-1

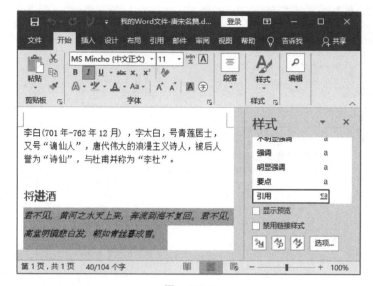

图 300-2

B140.py 文件的 Python 代码如下：

```
import docx
myDocument = docx.Document('唐宋名篇.docx')
myDocument.add_heading("将进酒",1)
myDocument.add_paragraph('君不见,黄河之水天上来,奔流到海不复回.君不见,高堂明镜悲白发,朝如青丝暮成
雪.','Quote')
myDocument.save('我的 Word 文件 - 唐宋名篇.docx')
```

在上面这段代码中，myDocument.add_paragraph('君不见,黄河之水天上来,奔流到海不复回。君不见,高堂明镜悲白发,朝如青丝暮成雪.','Quote')的 Quote 表示在 Word 文件（myDocument）中设置段落样式为引用样式。

此案例的源文件是 MyCode\B140\B140.py。

301　在 Word 文件中添加明显引用样式

观看视频

此案例主要通过在 Document 的 add_paragraph()方法中设置 Intense Quote 参数，从而实现在 Word 文件中添加明显引用样式。当运行此案例的 Python 代码（B135.py 文件）之后，将在"唐宋名篇.docx"文件的"君不见,黄河之水天上来,奔流到海不复回。君不见,高堂明镜悲白发,朝如青丝暮成雪。"上添加明显引用样式，代码运行前后的效果分别如图 301-1 和图 301-2 所示。

B135.py 文件的 Python 代码如下：

```
import docx
myDocument = docx.Document('唐宋名篇.docx')
myDocument.add_heading(text = u"将进酒",level = 1)
myDocument.add_paragraph('君不见,黄河之水天上来,奔流到海不复回。君不见,高堂明镜悲白发,朝如青丝暮
成雪.','Intense Quote')
myDocument.save('我的 Word 文件 - 唐宋名篇.docx')
```

在上面这段代码中，myDocument.add_paragraph('君不见,黄河之水天上来,奔流到海不复回。君不见,高堂明镜悲白发,朝如青丝暮成雪.','Intense Quote')的 Intense Quote 表示在 Word 文件

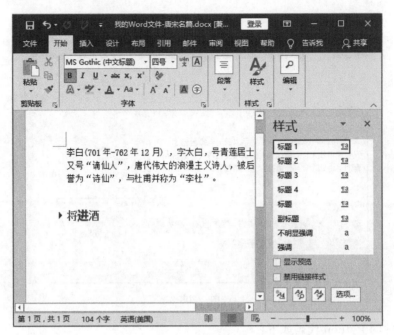

图　301-1

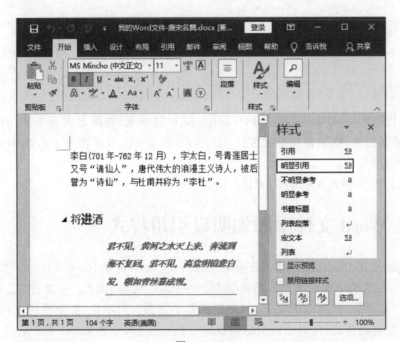

图　301-2

(myDocument)中设置段落样式为明显引用样式。

此案例的源文件是 MyCode\B135\B135.py。

302　在 Word 文件的末尾添加表格

观看视频

此案例主要通过使用 Document 的 add_table()方法，从而实现在 Word 文件的末尾添加表格。当运行此案例的 Python 代码（B074.py 文件）之后，将在"快捷键.docx"文件的末尾添加一个表格，代码运行前后的效果分别如图 302-1 和图 302-2 所示。

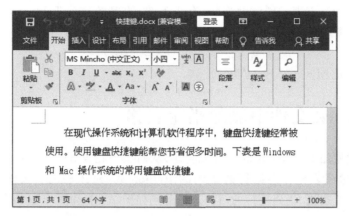

图　302-1

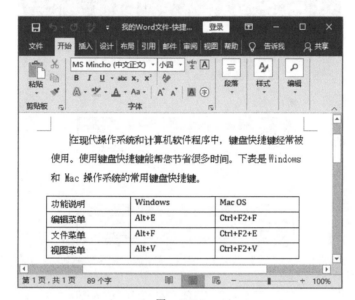

图　302-2

B074.py 文件的 Python 代码如下：

```python
import docx
myDocument = docx.Document('快捷键.docx')
myData = [['功能说明','Windows','Mac OS'],
          ['编辑菜单','Alt + E','Ctrl + F2 + F'],
          ['文件菜单','Alt + F','Ctrl + F2 + E'],
          ['视图菜单','Alt + V','Ctrl + F2 + V']]
# 在 Word 文件(myDocument)中根据行数、列数和样式创建表格
myTable = myDocument.add_table(rows = 4, cols = 3, style = 'Table Grid')
# 在单元格中写入数据(文本)
for i in range(len(myData)):
    for j in range(len(myData[i])):
        myTable.rows[i].cells[j].text = myData[i][j]
myDocument.save('我的 Word 文件 - 快捷键.docx')
```

在上面这段代码中，myTable＝myDocument.add_table(rows＝4,cols＝3,style＝'Table Grid')表示在 Word 文件(myDocument)的末尾添加一个 4 行 3 列的表格，rows＝4 表示表格的行数，cols＝3 表示表格

的列数, style='Table Grid'表示创建网格状(有线条的)的表格。myTable. rows[i]. cells[j]. text＝myData[i][j]表示在指定的单元格中写入数据, 该代码也可以写成 myTable. cell(i, j). text＝myData[i][j]。

此案例的源文件是 MyCode\B074\B074. py。

观看视频

303　在 Word 文件中删除指定表格

此案例主要通过使用 Document 的 tables 属性, 从而实现在 Word 文件中获取指定的表格, 并使用 remove()方法删除该表格。当运行此案例的 Python 代码(B081. py 文件)之后, 将删除"快捷键. docx"文件的第 2 个表格, 代码运行前后的效果分别如图 303-1 和图 303-2 所示。

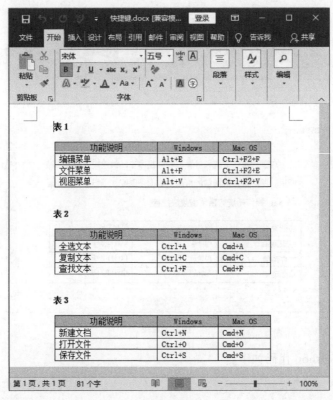

图　303-1

B081. py 文件的 Python 代码如下:

```
import docx
myDocument = docx. Document('快捷键. docx')
# 获取 Word 文件(myDocument)的第 2 个表格
myTable1 = myDocument. tables[1]. _element
# 删除 Word 文件(myDocument)的第 2 个表格
myTable1. getparent(). remove(myTable1)
myDocument. save('我的 Word 文件 - 快捷键. docx')
```

在上面这段代码中, myDocument. tables 表示 Word 文件(myDocument)的所有表格。myDocument. tables[1]表示 Word 文件(myDocument)的第 2 个表格, 同理, myDocument. tables[0]表示 Word 文件(myDocument)的第 1 个表格, 以此类推(初始索引为 0)。myDocument. tables[1]. _element 表示第 2

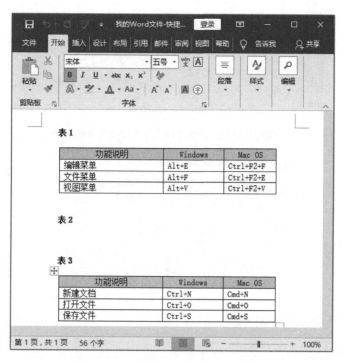

图　303-2

个表格元素,myTable1.getparent()表示第 2 个表格元素的父元素,myTable1.getparent().remove(myTable1)表示在第 2 个表格元素的父元素中使用 remove()方法移除第 2 个表格元素。

此案例的源文件是 MyCode\B081\B081.py。

304　在 Word 文件的表格中添加新行

观看视频

此案例主要通过在表格中使用 add_row()方法,从而实现在 Word 文件的表格末尾添加新行。当运行此案例的 Python 代码(B075.py 文件)之后,将在"快捷键.docx"文件的表格末尾添加新行"全选文本",代码运行前后的效果分别如图 304-1 和图 304-2 所示。

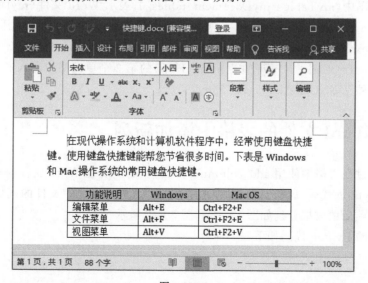

图　304-1

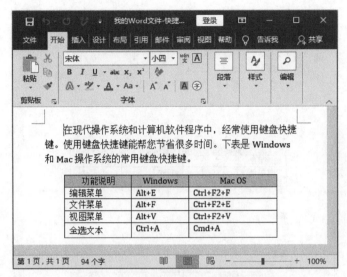

图 304-2

B075.py 文件的 Python 代码如下：

```
import docx
myDocument = docx.Document('快捷键.docx')
# 获取 Word 文件(myDocument)的第 1 个表格(myTable)
myTable = myDocument.tables[0]
# 在第 1 个表格(myTable)的末尾添加新行(myRow)
myRow = myTable.add_row();
# 在新行(myRow)的第 1 个单元格中写入内容
myRow.cells[0].text = '全选文本'
# 在新行(myRow)的第 2 个单元格中写入内容
myRow.cells[1].text = 'Ctrl + A'
# 在新行(myRow)的第 3 个单元格中写入内容
myRow.cells[2].text = 'Cmd + A'
myDocument.save('我的 Word 文件 - 快捷键.docx')
```

在上面这段代码中，myTable＝myDocument.tables[0]表示 Word 文件(myDocument)的第 1 个表格(myTable)。myRow＝myTable.add_row()表示在表格(myTable)的末尾添加新行(myRow)。myRow.cells[0].text＝'全选文本'表示在新行(myRow)的第 1 个单元格中写入"全选文本"。同理，myRow.cells[1].text＝'Ctrl＋A'表示在新行(myRow)的第 2 个单元格中写入 Ctrl＋A。

此案例的源文件是 MyCode\B075\B075.py。

观看视频

305 在 Word 文件的表格中添加新列

此案例主要通过在表格中使用 add_column()方法，从而实现在 Word 文件的表格右侧添加新列。当运行此案例的 Python 代码(B086.py 文件)之后，将在"新员工.docx"文件的表格右侧添加新列"最高学历"，代码运行前后的效果分别如图 305-1 和图 305-2 所示。

B086.py 文件的 Python 代码如下：

```
import docx
myDocument = docx.Document('新员工.docx')
```

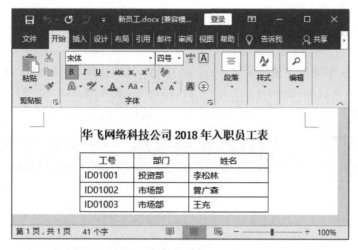

图　305-1

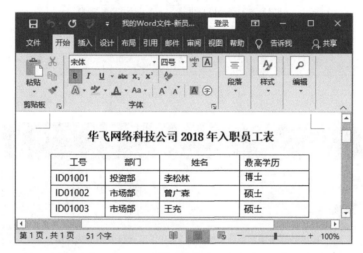

图　305-2

```
# 获取 Word 文件(myDocument)的第 1 个表格(myTable)
myTable = myDocument.tables[0]
# 在第 1 个表格(myTable)的右侧添加列(myColumn)
myColumn = myTable.add_column(docx.shared.Inches(1.2))
myItems = ['最高学历','博士','硕士','硕士']
i = 0
# 设置列(myColumn)各个单元格的文本
for myCell in myColumn.cells:
    myCell.text = myItems[i]
    i += 1
myDocument.save('我的 Word 文件 - 新员工.docx')
```

在上面这段代码中,myTable=myDocument.tables[0]表示 Word 文件(myDocument)的第 1 个表格(myTable)。myColumn=myTable.add_column(docx.shared.Inches(1.2))表示在第 1 个表格(myTable)的右侧添加新列(myColumn),参数 docx.shared.Inches(1.2)表示新列(myColumn)的列宽是 1.2 英寸。

此案例的源文件是 MyCode\B086\B086.py。

306　在 Word 文件的表格中添加图像

此案例主要通过在单元格中使用 add_picture() 方法,从而实现在 Word 文件的表格中添加图像。当运行此案例的 Python 代码(B089.py 文件)之后,将在"销量榜.docx"文件的表格末尾添加新行,并在新行的单元格中插入两本图书的封面图像,代码运行前后的效果分别如图 306-1 和图 306-2 所示。

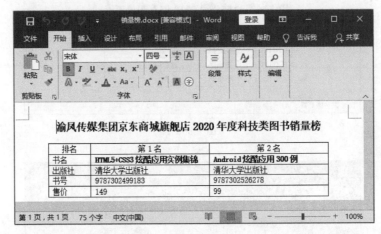

图　306-1

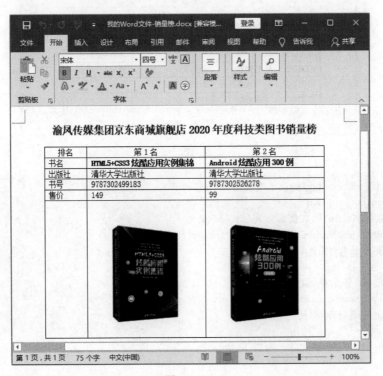

图　306-2

B089.py 文件的 Python 代码如下:

```python
import docx
myDocument = docx.Document('销量榜.docx')
```

```
myTable = myDocument.tables[0]
myRow = myTable.add_row();
myRow.cells[1].add_paragraph().add_run().add_picture('image1.jpg')
myRow.cells[2].add_paragraph().add_run().add_picture('image2.jpg')
myDocument.save('我的 Word 文件－销量榜.docx')
```

在上面这段代码中,myTable＝myDocument.tables[0]表示 Word 文件(myDocument)的第 1 个表格(myTable)。myRow＝myTable.add_row()表示在第 1 个表格(myTable)的末尾添加新行(myRow)。myRow.cells[1].add_paragraph().add_run().add_picture('image1.jpg')表示在新行(myRow)的第 2 个单元格中添加图像。需要注意的是:如果在新行的单元格中添加图像,则需要首先使用 add_paragraph()方法和 add_run()方法在单元格中添加段落和块,然后再在块中添加图像,也可直接在已经存在的块中添加图像。

此案例的源文件是 MyCode\B089\B089.py。

307　自定义 Word 文件的表格行高

此案例主要通过设置行的 height 属性,从而实现自定义 Word 文件的表格行高。当运行此案例的 Python 代码(B079.py 文件)之后,如果设置表格第 1 行的行高为 0.5 英寸,则"快捷键.docx"文件的表格效果如图 307-1 所示;如果设置表格第 2 行的行高为 0.5 英寸,则"快捷键.docx"文件的表格效果如图 307-2 所示。

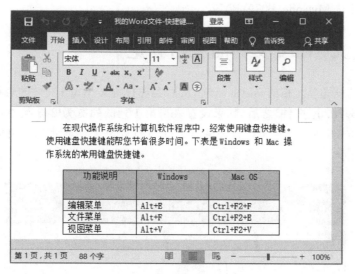

图　307-1

B079.py 文件的 Python 代码如下:

```
import docx
myDocument = docx.Document('快捷键.docx')
myTable = myDocument.tables[0]
myTable.rows[0].height = docx.shared.Inches(0.5)
# myTable.rows[1].height = docx.shared.Inches(0.5)
myDocument.save('我的 Word 文件－快捷键.docx')
```

在上面这段代码中,myTable＝myDocument.tables[0]表示 Word 文件(myDocument)的第 1 个

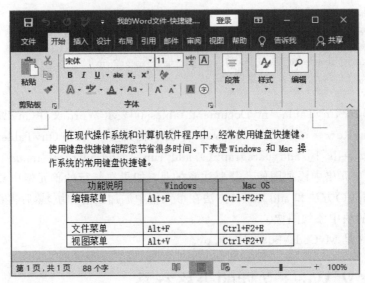

图 307-2

表格（myTable）。myTable.rows[0].height = docx.shared.Inches(0.5)表示设置第 1 个表格（myTable）的第 1 行（rows[0]）的行高为 0.5 英寸。如果设置 myTable.rows[1].height = docx.shared.Inches(0.5)，则表示设置第 1 个表格（myTable）的第 2 行（rows[1]）的行高为 0.5 英寸，以此类推。

此案例的源文件是 MyCode\B079\B079.py。

观看视频

308　自定义 Word 文件的表格列宽

此案例主要通过设置单元格的 width 属性，从而实现自定义 Word 文件的表格列宽。当运行此案例的 Python 代码（B078.py 文件）之后，如果设置表格第 1 列的列宽为 2.5 英寸，则"快捷键.docx"文件的表格效果如图 308-1 所示；如果设置表格第 2 列的列宽为 2.5 英寸，则"快捷键.docx"文件的表格效果如图 308-2 所示。

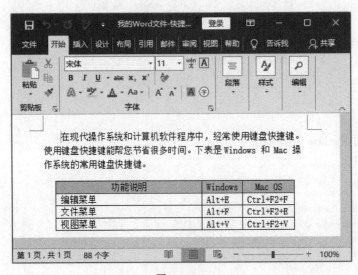

图 308-1

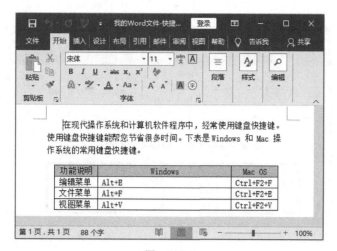

图　308-2

B078.py 文件的 Python 代码如下：

```python
import docx
myDocument = docx.Document('快捷键.docx')
myTable = myDocument.tables[0]
myTable.cell(1,0).width = docx.shared.Inches(2.5)
myDocument.save('我的 Word 文件 - 快捷键.docx')
```

在上面这段代码中，myTable＝myDocument.tables[0]表示 Word 文件(myDocument)的第 1 个表格(myTable)。myTable.cell(1,0).width＝docx.shared.Inches(2.5)表示在第 1 个表格中设置 cell(1,0)单元格的宽度为 2.5 英寸，当设置了某个单元格的宽度之后，则该单元格所在列的列宽同步改变。因此在此案例中，myTable.cell(0,0).width＝docx.shared.Inches(2.5)代码与 myTable.cell(1,0).width＝docx.shared.Inches(2.5)代码实现的功能完全相同。

此案例的源文件是 MyCode\B078\B078.py。

309　自定义 Word 文件的表格边框

观看视频

此案例主要通过在自定义函数中设置元素属性，从而实现自定义 Word 文件的表格边框线条粗细及颜色。当运行此案例的 Python 代码(B097.py 文件)之后，将使用黑色的粗线条设置"新员工.docx"文件的表格边框线条，代码运行前后的效果分别如图 309-1 和图 309-2 所示。

图　309-1

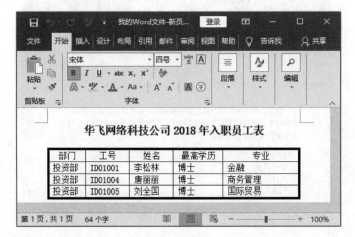

图　309-2

B097.py 文件的 Python 代码如下：

```python
import docx
# 自定义批量设置元素属性的函数
def setAttrs(rootElement,elements,attrs):
    for element in elements:
        myElement = rootElement.find(docx.oxml.ns.qn(element))
        if myElement is None:
            myElement = docx.oxml.OxmlElement(element)
            rootElement.append(myElement)
        for key in attrs:
            myElement.set(docx.oxml.ns.qn(key),attrs[key])
myDocument = docx.Document('新员工.docx')
# 获取 Word 文件(myDocument)的第 1 个表格
myTable = myDocument.tables[0]
myTablePr = myTable._element.tblPr
# 设置单元格的边框
# myElements = ['w:top','w:left','w:bottom','w:right','w:insideH','w:insideV']
# 设置表格的边框
myElements = ['w:top','w:left','w:bottom','w:right']
# # 设置表格的上下边框
# myElements = ['w:top','w:bottom']
# # 设置表格的左右边框
# myElements = ['w:left','w:right']
# 定义元素属性键值对
myAttrs = {'w:val':'single','w:color':'000000','w:sz':'24'}
# 遍历表格的所有行,自定义行的边框
for myRow in myTable.rows:
    myTr = myRow._element
    myTblPrEx = myRow._element.first_child_found_in("w:tblPrEx")
    if myTblPrEx is None:
        myTblPrEx = docx.oxml.OxmlElement('w:tblPrEx')
        myTr.append(myTblPrEx)
    myTblBorders = docx.oxml.OxmlElement('w:tblBorders')
    myTblPrEx.append(myTblBorders)
    setAttrs(myTblBorders,myElements,myAttrs)
myDocument.save('我的 Word 文件－新员工.docx')
```

在上面这段代码中,setAttrs(rootElement,elements,attrs)是一个自定义函数,该自定义函数用于设置多个元素的多个属性,在此案例中,myAttrs＝{'w:val':'single', 'w:color':'000000','w:sz':'24'}的'w:val':'single'属性表示设置边框线条类型为单线,如果设置'w:val':'double',则表示设置边框线条类型为双线。'w:color':'000000'属性表示设置边框线条颜色为黑色;'w:sz':'24'属性表示设置线条宽度为 24。

此案例的源文件是 MyCode\B097\B097.py。

310　自定义 Word 文件的表格字体

观看视频

此案例主要通过设置表格的 style.font.name 属性和 style.font.size 属性,从而实现在 Word 文件的表格中自定义字体类型和大小。当运行此案例的 Python 代码(B098.py 文件)之后,将使用自定义的字体类型和大小重新设置"销量榜.docx"文件的表格文字,代码运行前后的效果分别如图 310-1 和图 310-2 所示。

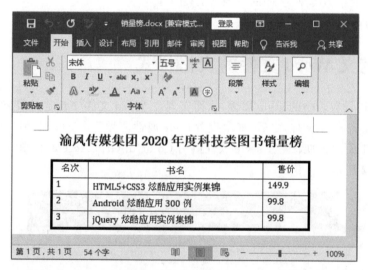

图　310-1

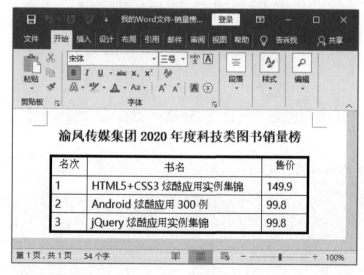

图　310-2

B098.py 文件的 Python 代码如下:

```
import docx
myDocument = docx.Document('销量榜.docx')
# 获取 Word 文件(myDocument)的第 1 个表格(myTable)
myTable = myDocument.tables[0]
# 自定义第 1 个表格(myTable)的字体类型
myTable.style.font.name = 'Microsoft YaHei UI'
# 自定义第 1 个表格(myTable)的字体大小
myTable.style.font.size = docx.shared.Inches(0.18)
myDocument.save('我的 Word 文件 - 销量榜.docx')
```

在上面这段代码中,myTable=myDocument.tables[0]表示 Word 文件(myDocument)的第 1 个表格(myTable)。myTable.style.font.size = docx.shared.Inches(0.18)表示设置第 1 个表格(myTable)的字体大小为 0.18 英寸。myTable.style.font.name= 'Microsoft YaHei UI'表示设置第 1 个表格(myTable)的字体类型为 Microsoft YaHei UI。

此案例的源文件是 MyCode\B098\B098.py。

观看视频

311 自定义 Word 文件的表格样式

此案例主要通过设置表格的 style 属性,从而实现在 Word 文件中自定义表格样式。当运行此案例的 Python 代码(B076.py 文件)之后,如果设置 style 属性值为 Table Grid,则"快捷键.docx"文件的表格效果如图 311-1 所示;如果设置 style 属性值为 Colorful Grid Accent 1,则"快捷键.docx"文件的表格效果如图 311-2 所示。

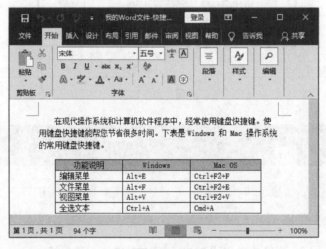

图 311-1

B076.py 文件的 Python 代码如下:

```
import docx
myDocument = docx.Document('快捷键.docx')
myTable = myDocument.tables[0]
myTable.style = 'Table Grid'
# myTable.style = 'Colorful Grid Accent 1'
myDocument.save('我的 Word 文件 - 快捷键.docx')
```

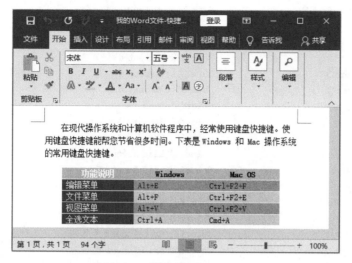

图　311-2

在上面这段代码中，myTable＝myDocument.tables[0]表示 Word 文件（myDocument）的第 1 个表格（myTable）。myTable.style＝'Table Grid'表示设置第 1 个表格（myTable）的样式为 Table Grid，style 属性支持下列取值：

Normal Table	Light List Accent 2
Table Grid	Light List Accent 3
Light Shading	Light List Accent 4
Light Shading Accent 1	Light List Accent 5
Light Shading Accent 2	Light List Accent 6
Light Shading Accent 3	Light Grid
Light Shading Accent 4	Light Grid Accent 1
Light Shading Accent 5	Light Grid Accent 2
Light Shading Accent 6	Light Grid Accent 3
Light List	Light Grid Accent 4
Light List Accent 1	Light Grid Accent 5
Light Grid Accent 6	Medium Grid 1 Accent 1
Medium Shading 1	Medium Grid 1 Accent 2
Medium Shading 1 Accent 1	Medium Grid 1 Accent 3
Medium Shading 1 Accent 2	Medium Grid 1 Accent 4
Medium Shading 1 Accent 3	Medium Grid 1 Accent 5
Medium Shading 1 Accent 4	Medium Grid 1 Accent 6
Medium Shading 1 Accent 5	Medium Grid 2
Medium Shading 1 Accent 6	Medium Grid 2 Accent 1
Medium Shading 2	Medium Grid 2 Accent 2
Medium Shading 2 Accent 1	Medium Grid 2 Accent 3
Medium Shading 2 Accent 2	Medium Grid 2 Accent 4
Medium Shading 2 Accent 3	Medium Grid 2 Accent 5
Medium Shading 2 Accent 4	Medium Grid 2 Accent 6
Medium Shading 2 Accent 5	Medium Grid 3
Medium Shading 2 Accent 6	Medium Grid 3 Accent 1
Medium List 1	Medium Grid 3 Accent 2
Medium List 1 Accent 1	Medium Grid 3 Accent 3
Medium List 1 Accent 2	Medium Grid 3 Accent 4
Medium List 1 Accent 3	Medium Grid 3 Accent 5
Medium List 1 Accent 4	Medium Grid 3 Accent 6
Medium List 1 Accent 5	Dark List

Medium List 1 Accent 6	Dark List Accent 1
Medium List 2	Dark List Accent 2
Medium List 2 Accent 1	Dark List Accent 3
Medium List 2 Accent 2	Dark List Accent 4
Medium List 2 Accent 3	Dark List Accent 5
Medium List 2 Accent 4	Dark List Accent 6
Medium List 2 Accent 5	Colorful Shading
Medium List 2 Accent 6	Colorful Shading Accent 1
Medium Grid 1	Colorful Shading Accent 2
Colorful Shading Accent 3	Colorful List Accent 5
Colorful Shading Accent 4	Colorful List Accent 6
Colorful Shading Accent 5	Colorful Grid
Colorful Shading Accent 6	Colorful Grid Accent 1
Colorful List	Colorful Grid Accent 2
Colorful List Accent 1	Colorful Grid Accent 3
Colorful List Accent 2	Colorful Grid Accent 4
Colorful List Accent 3	Colorful Grid Accent 5
Colorful List Accent 4	Colorful Grid Accent 6

此案例的源文件是 MyCode\B076\B076.py。

观看视频

312 自定义 Word 文件的表格对齐方式

此案例主要通过设置表格的 alignment 属性,从而实现在 Word 文件中自定义表格对齐方式。当运行此案例的 Python 代码(B077.py 文件)之后,如果设置 alignment 属性值为 docx.enum.table.WD_TABLE_ALIGNMENT.CENTER,则"快捷键.docx"文件的表格居中对齐效果如图 312-1 所示;如果设置 alignment 属性值为 docx.enum.table.WD_TABLE_ALIGNMENT.RIGHT,则"快捷键.docx"文件的表格右对齐效果如图 312-2 所示。

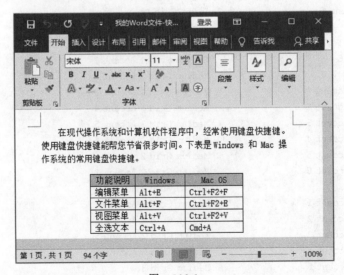

图 312-1

B077.py 文件的 Python 代码如下:

```
import docx
myDocument = docx.Document('快捷键.docx')
myTable = myDocument.tables[0]
```

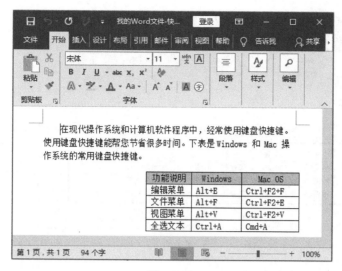

图 312-2

```
myTable.alignment = docx.enum.table.WD_TABLE_ALIGNMENT.CENTER
myDocument.save('我的 Word 文件 - 快捷键.docx')
```

在上面这段代码中,myTable＝myDocument.tables[0]表示 Word 文件(myDocument)的第 1 个表格
(myTable)。myTable.alignment＝docx.enum.table.WD_TABLE_ALIGNMENT.CENTER 表示设置第
1 个表格(myTable)居中对齐。如果设置 myTable.alignment ＝ docx.enum.table.WD_TABLE_
ALIGNMENT.RIGHT,则表示设置第 1 个表格(myTable)右对齐;如果设置 myTable.alignment＝
docx.enum.table.WD_TABLE_ALIGNMENT.LEFT,表示设置第 1 个表格(myTable)左对齐。

此案例的源文件是 MyCode\B077\B077.py。

313 自定义表格的单元格边框颜色

观看视频

此案例主要通过在自定义函数中添加边框元素,从而实现在 Word 文件的表格中自定义每个单
元格(Cell)的边框线条颜色。当运行此案例的 Python 代码(B095.py 文件)之后,将在"新员工.docx"
文件中使用红色设置表格的每个单元格的边框线条颜色,代码运行前后的效果分别如图 313-1 和
图 313-2 所示。

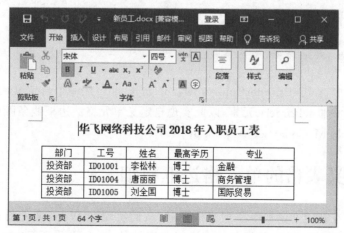

图 313-1

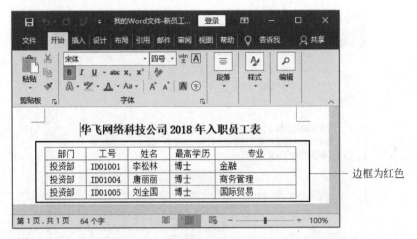

图 313-2

B095.py 文件的 Python 代码如下：

```
import docx
# 创建自定义单元格边框颜色的函数
def setCellBorderColor(row,col,myColor):
    myTcPr = myTable.cell(row,col)._tc.get_or_add_tcPr()
    myTcBorders = myTcPr.first_child_found_in("w:tcBorders")
    if myTcBorders is None:
        myTcBorders = docx.oxml.OxmlElement('w:tcBorders')
        myTcPr.append(myTcBorders)
    for myEdge in ('left','top','right','bottom'):
        myEdgeData = {"color":myColor}
        if myEdgeData:
            myTag = 'w:{}'.format(myEdge)
            myElement = myTcBorders.find(docx.oxml.ns.qn(myTag))
            if myElement is None:
                myElement = docx.oxml.OxmlElement(myTag)
            myTcBorders.append(myElement)
            myElement.set(docx.oxml.ns.qn('w:{}'.format("color")),
                              str(myEdgeData["color"]))
myDocument = docx.Document('新员工.docx')
# 获取 Word 文件(myDocument)的第 1 个表格(myTable)
myTable = myDocument.tables[0]
# 将第 1 个表格(myTable)所有单元格的边框线设置为红色
for i in range(len(myTable.rows)):
    for j in range(len(myTable.columns)):
        setCellBorderColor(i,j,"#ff0000")
myDocument.save('我的 Word 文件 - 新员工.docx')
```

在上面这段代码中，setCellBorderColor(row,col,myColor)是一个自定义函数，该自定义函数通过在指定的单元格中添加 tcBorders 元素，以此实现自定义单元格的边框线条颜色。

此案例的源文件是 MyCode\B095\B095.py。

观看视频

314　自定义表格的单元格边框粗细

此案例主要通过在自定义函数中添加边框元素，从而实现在 Word 文件的表格中自定义每个单元格(Cell)的边框线条粗细、样式和颜色。当运行此案例的 Python 代码(B096.py 文件)之后，将在

"新员工.docx"文件中使用指定的粗细、样式和颜色设置表格的每个单元格的边框,代码运行前后的效果分别如图 314-1 和图 314-2 所示。

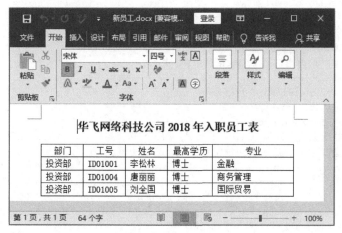

图　314-1

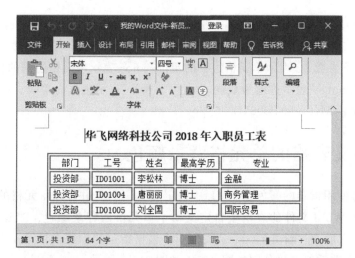

图　314-2

B096.py 文件的 Python 代码如下:

```python
import docx
#创建自定义单元格边框的函数
def setCellBorder(row,col, ** borderArgs):
    myTcPr = myTable.cell(row,col)._tc.get_or_add_tcPr()
    myTcBorders = myTcPr.first_child_found_in("w:tcBorders")
    if myTcBorders is None:
        myTcBorders = docx.oxml.OxmlElement('w:tcBorders')
        myTcPr.append(myTcBorders)
    for myEdge in ('left','top','right','bottom'):
        myEdgeData = borderArgs.get(myEdge)
        if myEdgeData:
            myTag = 'w:{}'.format(myEdge)
            myElement = myTcBorders.find(docx.oxml.ns.qn(myTag))
            if myElement is None:
                myElement = docx.oxml.OxmlElement(myTag)
```

```
                    myTcBorders.append(myElement)
                    for myKey in ["sz","val","color"]:
                        if myKey in myEdgeData:
                            myElement.set(docx.oxml.ns.qn('w:{}'.format(myKey)),
                                          str(myEdgeData[myKey]))
myDocument = docx.Document('新员工.docx')
#获取 Word 文件(myDocument)的第 1 个表格(myTable)
myTable = myDocument.tables[0]
#循环第 1 个表格(myTable)的每个单元格
for i in range(len(myTable.rows)):
    for j in range(len(myTable.columns)):
        #自定义单元格的边框线:
        #sz 表示边框粗细、val 表示边框类型、color 表示边框颜色
        setCellBorder(i,j,top = {"sz":12,"val":"double","color":"#ff0000"},
                          bottom = {"sz":12,"val":"double","color":"#ff0000"},
                          left = {"sz":12,"val":"double","color":"#ff0000"},
                          right = {"sz":12,"val":"double","color":"#ff0000"})
myDocument.save('我的 Word 文件 - 新员工.docx')
```

在上面这段代码中,setCellBorder(row,col,** borderArgs)是一个自定义函数,参数 row 表示单元格的行号,参数 col 表示单元格的列号;参数 ** borderArgs 是一个复合参数。在此函数中可以设置 sz、val、color 三个子参数,sz 表示单元格边框的粗细,color 表示单元格边框的颜色,val 表示单元格边框的样式,"val":"double"表示边框为双线,"val":"single"表示边框为单线。

此案例的源文件是 MyCode\B096\B096.py。

观看视频

315　自定义表格的单元格背景颜色

此案例主要通过使用指定的颜色在 XML 中自定义 fill 属性,并使用单元格的 append()方法添加此 XML,从而实现在 Word 文件的表格中自定义每个单元格的背景颜色。当运行此案例的 Python 代码(B087.py 文件)之后,在"新员工.docx"文件中将根据指定的颜色设置第 1 个表格的每个单元格的背景颜色,代码运行前后的效果分别如图 315-1 和图 315-2 所示。

图　315-1

图 315-2

B087.py 文件的 Python 代码如下：

```
import docx
# 自定义函数设置单元格背景
def fillCellColor(row,col,color):
    myElement = '< w:shd {} w:fill = "{color_value}"/>'
    myFormat = myElement.format(docx.oxml.ns.nsdecls('w'),color_value = color)
    myXML = docx.oxml.parse_xml(myFormat)
    myTable.cell(row,col)._tc.get_or_add_tcPr().append(myXML)
myDocument = docx.Document('新员工.docx')
# 获取 Word 文件(myDocument)的第 1 个表格(myTable)
myTable = myDocument.tables[0]
# 循环第 1 个表格(myTable)的每个单元格
for i in range(len(myTable.rows)):
    for j in range(len(myTable.columns)):
        # 设置奇数行的单元格背景颜色
        if(i % 2 == 0):
            fillCellColor(i,j,'# F5F5F5')
        # 设置偶数行的单元格背景颜色
        else:
            fillCellColor(i,j,'# E0FFFF')
myDocument.save('我的 Word 文件 - 新员工.docx')
```

在上面这段代码中，fillCellColor(row,col,color)是一个自定义函数，该自定义函数通过在 XML 中设置背景颜色，并将该 XML 添加到指定的单元格，以此设置单元格的背景颜色。

此案例的源文件是 MyCode\B087\B087.py。

316 自定义表格的单元格文本颜色

观看视频

此案例主要通过使用指定的颜色(docx.shared.RGBColor(55,55,255))设置在单元格中段落的块的字体属性 font.color.rgb，从而实现在 Word 文件的表格中自定义每个单元格的文本颜色。当运行此案例的 Python 代码(B088.py 文件)之后，在"新员工.docx"文件中将使用蓝色设置第 1 个表格的所有单元格的文本颜色，代码运行前后的效果分别如图 316-1 和图 316-2 所示。

图　316-1

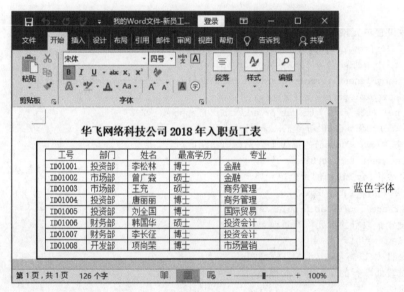

图　316-2

B088.py 文件的 Python 代码如下：

```python
import docx
myDocument = docx.Document('新员工.docx')
# 获取 Word 文件(myDocument)的第 1 个表格(myTable)
myTable = myDocument.tables[0]
# 循环第 1 个表格(myTable)的每个单元格
for i in range(len(myTable.rows)):
    for j in range(len(myTable.columns)):
        # 设置单元格的文本颜色为蓝色
        myTable.cell(i,j).paragraphs[0].runs[0].font.color.rgb = \
                        docx.shared.RGBColor(55,55,255)
```

```
#  ＃设置单元格的文本颜色为红色
#  myTable.cell(i,j).paragraphs[0].runs[0].font.color.rgb = \
#  docx.shared.RGBColor(255,55,55)
myDocument.save('我的Word文件－新员工.docx')
```

在上面这段代码中，myTable.cell(i,j).paragraphs[0].runs[0].font.color.rgb＝docx.shared.RGBColor(55,55,255)表示设置单元格 myTable.cell(i,j)的文本颜色为蓝色。myTable.cell(i,j).paragraphs[0].runs[0].font.color.rgb＝docx.shared.RGBColor(255,55,55)则表示设置单元格 myTable.cell(i,j)的文本颜色为红色。需要说明的是：Word 文件表格的单元格内容可以视为段落，因此可以使用操作段落的大多数方法自定义单元格的内容。

此案例的源文件是 MyCode\B088\B088.py。

317 设置单元格文本的水平对齐方式

观看视频

此案例主要通过设置在单元格中段落的 alignment 属性，从而实现在 Word 文件的表格中自定义单元格的文本对齐方式。当运行此案例的 Python 代码（B080.py 文件）之后，如果设置表格第 1 列的所有单元格的文本左对齐，则"快捷键.docx"文件的表格效果如图 317-1 所示；如果设置表格第 1 列的所有单元格的文本右对齐，则"快捷键.docx"文件的表格效果如图 317-2 所示。

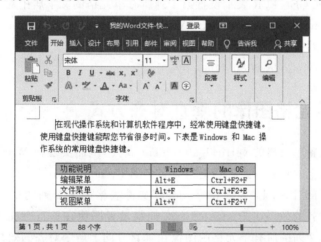

图 317-1

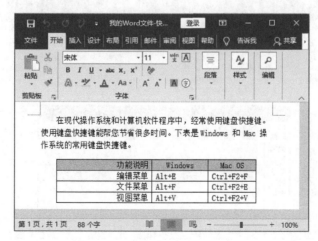

图 317-2

B080.py 文件的 Python 代码如下：

```
import docx
myDocument = docx.Document('快捷键.docx')
# 获取 Word 文件(myDocument)的第 1 个表格(myTable)
myTable = myDocument.tables[0]
# 循环第 1 个表格(myTable)的所有行
for i in range(len(myTable.rows)):
    # 设置每行第 1 列的单元格的文本右对齐
    myTable.cell(i,0).paragraphs[0].alignment = \
            docx.enum.text.WD_ALIGN_PARAGRAPH.RIGHT
    # # 设置每行第 1 列的单元格的文本左对齐
    # myTable.cell(i,0).paragraphs[0].alignment = \
    # docx.enum.text.WD_ALIGN_PARAGRAPH.LEFT
myDocument.save('我的 Word 文件 – 快捷键.docx')
```

在上面这段代码中，myTable.cell(i,0).paragraphs[0].alignment = docx.enum.text. WD_ALIGN_PARAGRAPH.RIGHT 表示设置第 1 列所有单元格的文本右对齐；myTable.cell(i,0).paragraphs[0].alignment=docx.enum.text.WD_ALIGN_PARAGRAPH.LEFT 表示设置第 1 列所有单元格的文本左对齐；myTable.cell(i,0).paragraphs[0].Alignment=docx.enum.text.WD_ALIGN_PARAGRAPH.CENTER 表示设置第 1 列所有单元格的文本居中对齐；myTable.cell(i,1).paragraphs[0].alignment=docx.enum.text.WD_ALIGN_PARAGRAPH.RIGHT 则表示设置第 2 列所有单元格的文本右对齐，其余以此类推。

此案例的源文件是 MyCode\B080\B080.py。

观看视频

318　设置单元格图像的垂直对齐方式

此案例主要通过设置单元格的 vertical_alignment 属性，从而实现在 Word 文件表格的单元格中自定义图像在垂直方向上的对齐方式。当运行此案例的 Python 代码（B092.py 文件）之后，如果设置图像在垂直方向上与顶部对齐，则"表情符号.docx"文件表格的第 2 列的所有单元格的图像在垂直方向上与单元格顶部对齐的效果如图 318-1 所示；如果设置图像在垂直方向上居中对齐，则"表情符号.docx"文件的表格第 2 列的所有单元格的图像在垂直方向上居中对齐的效果如图 318-2 所示。

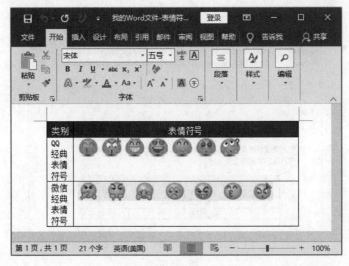

图　318-1

图　318-2

B092.py 文件的 Python 代码如下：

```
import docx
myDocument = docx.Document('表情符号.docx')
myTable = myDocument.tables[0]
# myTable.cell(1,1).vertical_alignment = docx.enum.table.WD_ALIGN_VERTICAL.TOP
# myTable.cell(2,1).vertical_alignment = docx.enum.table.WD_ALIGN_VERTICAL.TOP
myTable.cell(1,1).vertical_alignment = docx.enum.table.WD_ALIGN_VERTICAL.CENTER
myTable.cell(2,1).vertical_alignment = docx.enum.table.WD_ALIGN_VERTICAL.CENTER
myDocument.save('我的 Word 文件 - 表情符号.docx')
```

在上面这段代码中，myTable.cell(1,1).vertical_alignment＝docx.enum.table.WD_ ALIGN_ VERTICAL.TOP 表示设置 myTable.cell(1,1)单元格的内容（如图像）在垂直方向上与单元格的顶部对齐。如果设置 myTable.cell(1,1).vertical_alignment＝docx.enum.table.WD_ALIGN_ VERTICAL.BOTTOM，则表示设置 myTable.cell(1,1)单元格的内容（如图像）在垂直方向上与单元格的底部对齐。如果设置 myTable.cell(1,1).vertical_alignment＝docx.enum.table.WD_ALIGN_ VERTICAL.CENTER，则表示设置 myTable.cell(1,1)单元格的内容（如图像）在垂直方向上居中对齐。

此案例的源文件是 MyCode\B092\B092.py。

319　设置图像与单元格的右上角对齐

此案例主要通过设置单元格的 vertical_alignment 属性值为 docx.enum.table.WD_ ALIGN_ VERTICAL.TOP，同时设置单元格段落的 alignment 属性值为 docx.enum.text.WD_ALIGN_ PARAGRAPH.RIGHT，从而实现在 Word 文件的表格中设置图像与单元格的右上角对齐。当运行此案例的 Python 代码（B093.py 文件）之后，"表情符号.docx"文件表格的第 2 列的所有单元格的图像将与单元格的右上角对齐，代码运行前后的效果分别如图 319-1 和图 319-2 所示。

B093.py 文件的 Python 代码如下：

```
import docx
myDocument = docx.Document('表情符号.docx')
```

观看视频

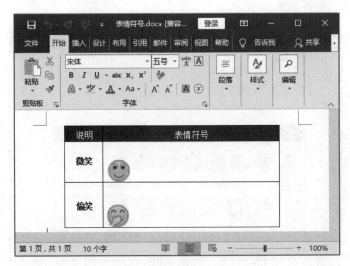

图 319-1

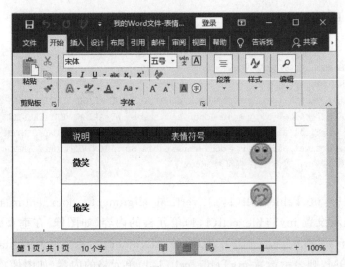

图 319-2

```
myTable = myDocument.tables[0]
myTable.cell(1,1).vertical_alignment = docx.enum.table.WD_ALIGN_VERTICAL.TOP
myTable.cell(2,1).vertical_alignment = docx.enum.table.WD_ALIGN_VERTICAL.TOP
myTable.cell(1,1).paragraphs[0].alignment = \
                            docx.enum.text.WD_ALIGN_PARAGRAPH.RIGHT
myTable.cell(2,1).paragraphs[0].alignment = \
                            docx.enum.text.WD_ALIGN_PARAGRAPH.RIGHT
myDocument.save('我的 Word 文件 - 表情符号.docx')
```

在上面这段代码中，myTable.cell(1,1).vertical_alignment＝docx.enum.table.WD_ ALIGN_ VERTICAL. TOP 表示设置 myTable.cell(1,1)单元格的内容（如图像）在垂直方向上与单元格的顶部对齐。myTable.cell(1,1).paragraphs[0].alignment＝docx.enum.text.WD_ALIGN_ PARAGRAPH.RIGHT 表示设置 myTable.cell(1,1)单元格的内容（如图像）在水平方向上与单元格的右端对齐。如果设置 myTable.cell(1,1).vertical_alignment＝docx.enum.table.WD_ALIGN_ VERTICAL.BOTTOM 且设置 myTable.cell(1,1).paragraphs[0].alignment＝docx.enum.text. WD_ALIGN_PARAGRAPH.RIGHT，则 myTable.cell(1,1)单元格的内容（如图像）将与单元格的

右下角对齐。其余以此类推。

此案例的源文件是 MyCode\B093\B093.py。

320 设置单元格的多个图像分散对齐

观看视频

此案例主要通过设置单元格的 vertical_alignment 属性值为 docx.enum.table.WD_ALIGN_VERTICAL.CENTER,同时设置单元格段落的 alignment 属性值为 docx.enum.text.WD_ALIGN_PARAGRAPH.DISTRIBUTE,从而实现在 Word 文件的表格中分散对齐在单元格中的多个图像。当运行此案例的 Python 代码(B094.py 文件)之后,在"表情符号.docx"文件表格的单元格中的多个图像将在水平方向上分散对齐,代码运行前后的效果分别如图 320-1 和图 320-2 所示。

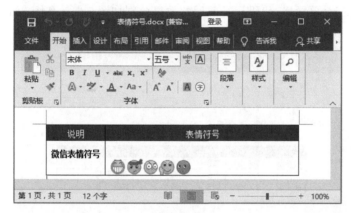

图 320-1

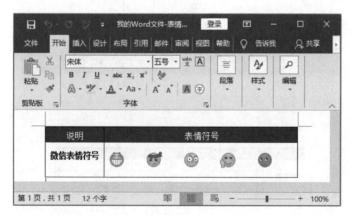

图 320-2

B094.py 文件的 Python 代码如下:

```python
import docx
myDocument = docx.Document('表情符号.docx')
myTable = myDocument.tables[0]
myTable.cell(1,1).vertical_alignment = docx.enum.table.WD_ALIGN_VERTICAL.CENTER
myTable.cell(1,1).paragraphs[0].alignment = \
                            docx.enum.text.WD_ALIGN_PARAGRAPH.DISTRIBUTE
myDocument.save('我的 Word 文件－表情符号.docx')
```

在上面这段代码中,myTable.cell(1,1).vertical_alignment＝docx.enum.table.WD_ALIGN_

VERTICAL. CENTER 表示设置 myTable. cell(1,1)单元格的内容（如多个图像）在垂直方向上居中对齐。myTable. cell（1，1）. paragraphs［0］. alignment = docx. enum. text. WD _ ALIGN _ PARAGRAPH. DISTRIBUTE 表示设置 myTable. cell(1,1)单元格的内容（如多个图像）在水平方向上分散对齐。

此案例的源文件是 MyCode\B094\B094. py。

观看视频

321 在表格中合并多个连续的单元格

此案例主要通过使用单元格的 merge()方法，从而实现在 Word 文件的表格中合并指定的多个连续的单元格。当运行此案例的 Python 代码（B091. py 文件）之后，将在"新员工. docx"文件的表格中合并"投资部"所在的三个单元格，代码运行前后的效果分别如图 321-1 和图 321-2 所示。

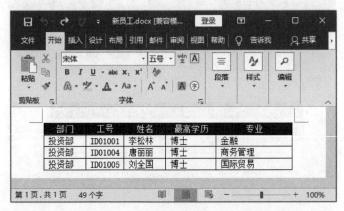

图　321-1

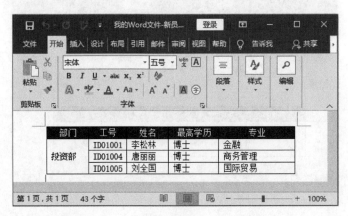

图　321-2

B091. py 文件的 Python 代码如下：

```
import docx
myDocument = docx. Document('新员工.docx')
myTable = myDocument. tables[0]
myTable.cell(1,0).merge(myTable.cell(2,0)).merge(myTable.cell(3,0))
myTable.cell(1,0).text = '投资部'
myDocument.save('我的 Word 文件 – 新员工.docx')
```

在上面这段代码中，myTable＝myDocument. tables［0］表示 Word 文件（myDocument）的第 1 个

表格(myTable)。myTable.cell(1,0).merge(myTable.cell(2,0)).merge(myTable.Cell(3,0))表示将第1个表格(myTable)的 cell(1,0)、cell(2,0)、cell(3,0)三个单元格合并成一个单元格。如果设置 myTable.cell(1,0).merge(myTable.cell(2,0)),则表示将第1个表格(myTable)的 cell(1,0)、cell(2,0)两个单元格合并成一个单元格。需要注意的是:多个单元格必须连续,纵向连续或者横向连续均可,否则会报错。

此案例的源文件是 MyCode\B091\B091.py。

322　根据行号删除在表格中的行

观看视频

此案例主要通过使用表格的 rows 属性和 remove()方法,从而实现在 Word 文件中删除在表格中的行。当运行此案例的 Python 代码(B082.py 文件)之后,将在"快捷键.docx"文件中删除表格的第3行,代码运行前后的效果分别如图 322-1 和图 322-2 所示。

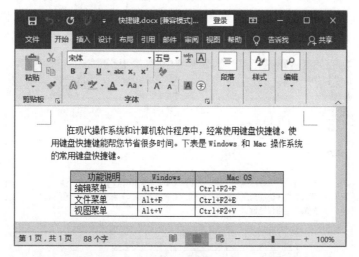

图　322-1

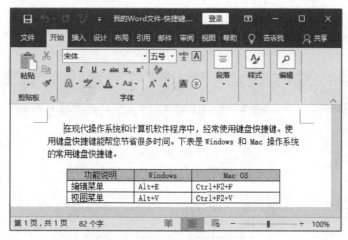

图　322-2

B082.py 文件的 Python 代码如下:

```
import docx
myDocument = docx.Document('快捷键.docx')
```

```
myTable = myDocument.tables[0]
myRow = myTable.rows[2]
myRow._element.getparent().remove(myRow._element)
myDocument.save('我的 Word 文件 - 快捷键.docx')
```

在上面这段代码中,myTable＝myDocument.tables[0]表示 Word 文件(myDocument)的第 1 个表格(myTable)。myRow＝myTable.rows[2]表示第 1 个表格(myTable)的第 3 行(myRow)。myRow._element.getparent().remove(myRow._element)表示移除第 1 个表格(myTable)的第 3 行(myRow)。

此案例的源文件是 MyCode\B082\B082.py。

观看视频

323　根据列号删除在表格中的列

此案例主要通过使用表格的 columns 属性、cells 属性以及 remove()方法,从而实现在 Word 文件中根据列号删除在表格中的列。当运行此案例的 Python 代码(B083.py 文件)之后,将在"快捷键.docx"文件中删除表格的第 2 列,代码运行前后的效果分别如图 323-1 和图 323-2 所示。

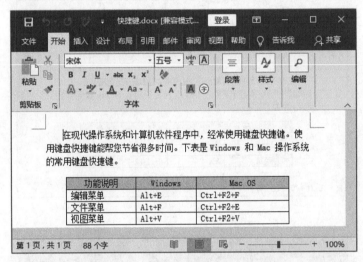

图　323-1

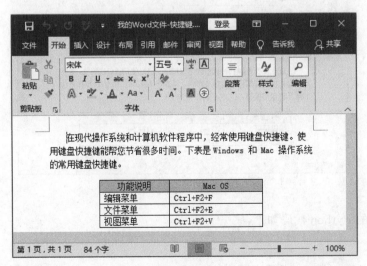

图　323-2

B083.py 文件的 Python 代码如下：

```python
import docx
myDocument = docx.Document('快捷键.docx')
myTable = myDocument.tables[0]
myColumn = myTable.columns[1]
for myCell in myColumn.cells:
    myCell._element.getparent().remove(myCell._element)
myDocument.save('我的 Word 文件 - 快捷键.docx')
```

在上面这段代码中，myTable＝myDocument.tables[0]表示 Word 文件（myDocument）的第 1 个表格（myTable）。myTable.columns 表示第 1 个表格（myTable）的所有列。myColumn＝myTable.columns[1]表示第 1 个表格（myTable）的第 2 列（myColumn）。myColumn.cells 表示第 2 列（myColumn）的所有单元格。myCell._element.getparent().remove(myCell._element)表示删除单元格 myCell。当删除指定列的所有单元格之后，该列自动隐藏。

此案例的源文件是 MyCode\B083\B083.py。

324　根据条件删除在表格中的行

观看视频

此案例主要通过使用 Python 语言的关键字 in 和 remove()方法等，从而实现在 Word 文件的表格中根据指定的条件删除行。当运行此案例的 Python 代码（B085.py 文件）之后，将在"新员工.docx"文件的表格中删除单元格文本包含"投资"的行，代码运行前后的效果分别如图 324-1 和图 324-2 所示。

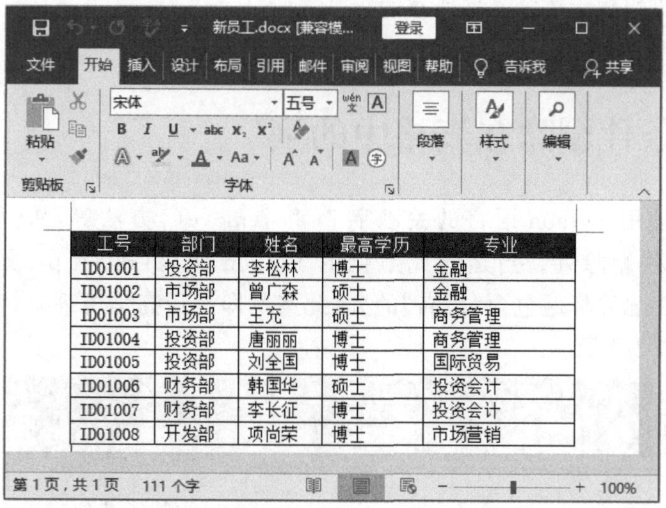

工号	部门	姓名	最高学历	专业
ID01001	投资部	李松林	博士	金融
ID01002	市场部	曾广森	硕士	金融
ID01003	市场部	王充	硕士	商务管理
ID01004	投资部	唐丽丽	博士	商务管理
ID01005	投资部	刘全国	博士	国际贸易
ID01006	财务部	韩国华	硕士	投资会计
ID01007	财务部	李长征	博士	投资会计
ID01008	开发部	项尚荣	博士	市场营销

图　324-1

B085.py 文件的 Python 代码如下：

```python
import docx
myDocument = docx.Document('新员工.docx')
# 获取 Word 文件(myDocument)的第 1 个表格(myTable)
myTable = myDocument.tables[0]
# 循环第 1 个表格(myTable)的行(myRow)
for myRow in myTable.rows:
    # 循环行(myRow)的单元格(myCell)
```

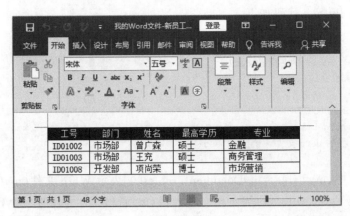

图 324-2

```
for myCell in myRow.cells:
    # 如果单元格(myCell)的文本包含'投资'
    if '投资' in myCell.text:
        # 则删除行(myRow)
        myRow._element.getparent().remove(myRow._element)
        # 然后跳出该行,执行下一行的循环
        break
myDocument.save('我的 Word 文件 - 新员工.docx')
```

在上面这段代码中,if '投资' in myCell.text 表示判断 myCell 单元格的文本是否包含"投资"字符,如果条件成立,则直接删除该单元格所在的行。

此案例的源文件是 MyCode\B085\B085.py。

观看视频

325 根据条件删除在表格中的列

此案例主要通过使用 Python 语言的关键字 in 和 remove()方法等,从而实现在 Word 文件的表格中根据指定的条件删除列。当运行此案例的 Python 代码(B084.py 文件)之后,将在"新员工.docx"文件的表格中删除标题包含"最高"的列(此案例即是最高学历列),代码运行前后的效果分别如图 325-1 和图 325-2 所示。

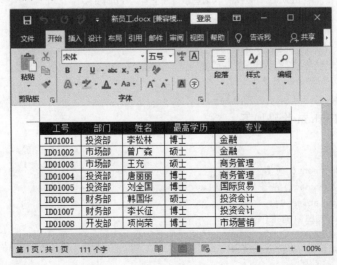

图 325-1

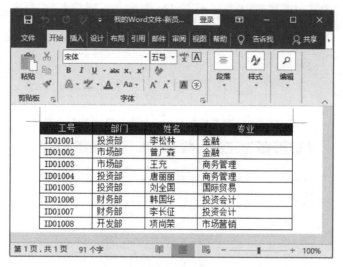

图　325-2

B084.py 文件的 Python 代码如下：

```python
import docx
myDocument = docx.Document('新员工.docx')
# 获取 Word 文件(myDocument)的第 1 个表格(myTable)
myTable = myDocument.tables[0]
# 循环第 1 个表格(myTable)的列(myColumn)
for myColumn in myTable.columns:
    # 如果列(myColumn)的标题包含'最高'
    if '最高' in myColumn.cells[0].text:
        # 则删除列(myColumn)的所有单元格(即删除该列)
        for myCell in myColumn.cells:
            myCell._element.getparent().remove(myCell._element)
myDocument.save('我的 Word 文件 - 新员工.docx')
```

在上面这段代码中，if '最高' in myColumn.cells[0].text 表示判断 myColumn.cells[0]单元格的文本(即该列的标题)是否包含"最高"，如果条件成立，则通过循环删除该列的所有单元格，即删除该列。

此案例的源文件是 MyCode\B084\B084.py。

326　根据条件筛选在表格中的行

此案例主要通过使用 Python 语言的关键字 not in 和 remove()方法等，从而实现在 Word 文件的表格中根据指定的条件筛选行。当运行此案例的 Python 代码(B090.py 文件)之后，将在"新学员.docx"文件的表格中筛选联系地址包含"渝北区"的行，代码运行前后的效果分别如图 326-1 和图 326-2 所示。

B090.py 文件的 Python 代码如下：

```python
import docx
myDocument = docx.Document('新学员.docx')
# 获取 Word 文件(myDocument)的第 1 个表格(myTable)
```

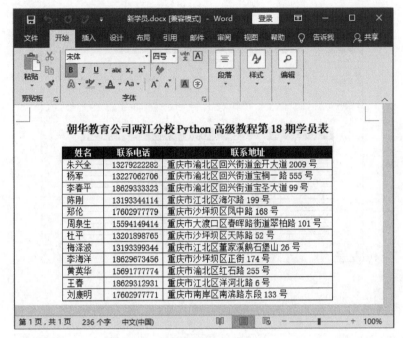

图　326-1

图　326-2

```
myTable = myDocument.tables[0]
i = len(myTable.rows) − 1
♯循环第 1 个表格(myTable)的每行
while(i > 0):
    ♯删除联系地址不包含'渝北区'的学员
    ♯即剩下的学员则为联系地址包含'渝北区'的学员
    if '渝北区' not in myTable.cell(i,2).text:
        myRow = myTable.rows[i]
        myRow._element.getparent().remove(myRow._element)
    i = i − 1
myDocument.save('我的 Word 文件 – 新学员.docx')
```

在上面这段代码中,循环表格的行采用了倒循环方式,即从最后一行开始循环。因为每执行一次删除行的操作,整个表格的行数将发生变动,如果采用从小到大的常规方式进行循环,可能导致行号

（i 值）的不准确，从而引发索引越界的情况。当然，下面这段代码也能实现相同的功能，代码如下：

```python
import docx
myDocument = docx.Document('新学员.docx')
# 获取 Word 文件(myDocument)的第 1 个表格(myTable)
myTable = myDocument.tables[0]
# 循环第 1 个表格(myTable)的行(myRow)
for myRow in myTable.rows:
    if '联系地址' == myRow.cells[2].text:
        continue
    # 删除联系地址不包含'渝北区'的学员
    # 即剩下的学员则为联系地址包含'渝北区'的学员
    if '渝北区' not in myRow.cells[2].text:
        myRow._element.getparent().remove(myRow._element)
myDocument.save('我的 Word 文件 - 新学员.docx')
```

此案例的源文件是 MyCode\B090\B090.py。

327　按行对多个单元格的数据求和

观看视频

此案例主要通过使用表格的 row_cells()方法按行操作（读写）单元格的数据，从而实现在 Word 文件的表格中按行对单元格数据求和。当运行此案例的 Python 代码（B104.py 文件）之后，将在"年度收入.docx"文件的表格中按行计算每季度的收入合计，代码运行前后的效果分别如图 327-1 和图 327-2 所示。

图　327-1

B104.py 文件的 Python 代码如下：

```python
import docx
myDocument = docx.Document('年度收入.docx')
# 获取 Word 文件(myDocument)的第 1 个表格(myTable)
myTable = myDocument.tables[0]
# 循环第 1 个表格(myTable)的第 2~5 行
for i in range(1,len(myTable.rows)):
    mySum = 0
```

图 327-2

```
#循环每行的第 2～4 列
for j in range(1,len(myTable.columns) - 1):
    #累加每行的第 2～4 列的单元格数据
    mySum += int(myTable.row_cells(i)[j].text)
    #在每行的第 5 列的单元格中写入合计
    myTable.row_cells(i)[4].text = str(mySum)
    #myTable.cell(i,4).text = str(mySum)
myDocument.save('我的 Word 文件 - 年度收入.docx')
```

在上面这段代码中，myTable＝myDocument.tables[0]表示 Word 文件(myDocument)的第 1 个表格(myTable)。myTable.row_cells(i)表示第 1 个表格(myTable)第 i 行的所有单元格。myTable.row_cells(i)[4].text 表示第 1 个表格(myTable)的第 i 行第 5 列的单元格的文本(数据)。在此案例中，实际测试表明：myTable.row_cells(i)[4].text＝str(mySum)与 myTable.cell(i,4).text＝str(mySum)实现的功能完全相同。

此案例的源文件是 MyCode\B104\B104.py。

观看视频

328 按列对多个单元格的数据求和

此案例主要通过使用表格的 column_cells()方法按列操作(读写)单元格的数据，从而实现在 Word 文件的表格中按列对单元格数据求和。当运行此案例的 Python 代码(B105.py 文件)之后，将在"年度收入.docx"文件的表格中按列计算各个类别的收入合计，代码运行前后的效果分别如图 328-1 和图 328-2 所示。

B105.py 文件的 Python 代码如下：

```
import docx
myDocument = docx.Document('年度收入.docx')
#获取 Word 文件(myDocument)的第 1 个表格(myTable)
myTable = myDocument.tables[0]
#循环第 1 个表格(myTable)的第 2～5 列
for j in range(1,len(myTable.columns)):
    mySum = 0
    #循环每列的第 2～5 行
```

图　328-1

图　328-2

```
for i in range(1,len(myTable.rows) - 1):
    #累加每列的第 2～5 行的单元格数据
    mySum += int(myTable.column_cells(j)[i].text)
    #在每列第 6 行的单元格中写入各个类别的收入合计
    myTable.column_cells(j)[5].text = str(mySum)
    #myTable.cell(5,j).text = str(mySum)
myDocument.save('我的 Word 文件－年度收入.docx')
```

在上面这段代码中,myTable＝myDocument.tables[0]表示 Word 文件(myDocument)的第 1 个表格(myTable)。myTable.column_cells(j)表示第 1 个表格(myTable)第 j 列的所有单元格。myTable.column_cells(j)[5].text 表示第 1 个表格(myTable)第 j 列第 5 行的单元格的文本(数据)。在此案例中,实际测试表明:myTable.column_cells(j)[5].text＝str(mySum)与 myTable.cell(5,j).text＝str(mySum)实现的功能完全相同。

此案例的源文件是 MyCode\B105\B105.py。

观看视频

329 在 Word 文件中创建多个节

此案例主要通过使用 Document 的 add_section()方法,从而实现在 Word 文件中创建多个节。当运行此案例的 Python 代码(B107. py 文件)之后,将在新建的"打折商品. docx"文件中创建 3 个节(Section),代码运行前后的效果分别如图 329-1~图 329-3 所示。

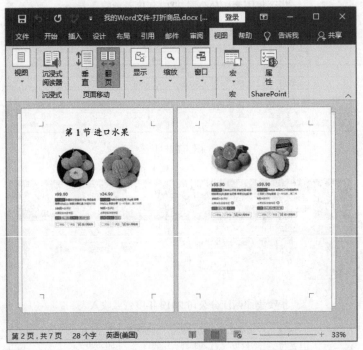

图 329-1

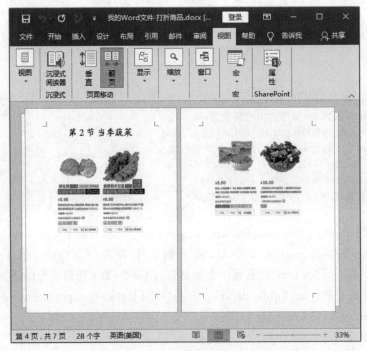

图 329-2

图 329-3

B107.py 文件的 Python 代码如下：

```python
import docx
myDocument = docx.Document()
# print(len(myDocument.sections))
myDocument.add_paragraph("打折商品推荐书")
#新建第 1 节(注意：默认将自动创建一个节,即第 0 节)
mySection1 = myDocument.add_section()
myParagraph1 = myDocument.add_paragraph("第 1 节 进口水果")
# myParagraph1.add_run().add_picture('image11.jpg')
myDocument.add_picture('image11.jpg')
myDocument.add_picture('image12.jpg')
#新建第 2 节
myDocument.add_section()
myParagraph2 = myDocument.add_paragraph("第 2 节 当季蔬菜")
# myParagraph2.add_run().add_picture('image21.jpg')
myDocument.add_picture('image21.jpg')
myDocument.add_picture('image22.jpg')
#新建第 3 节
myDocument.add_section()
myParagraph3 = myDocument.add_paragraph("第 3 节 川渝火锅")
# myParagraph3.add_run().add_picture('image31.jpg')
myDocument.add_picture('image31.jpg')
myDocument.add_picture('image32.jpg')
#设置 Word 文件的字体
for myParagraph in myDocument.paragraphs:
    myParagraph.paragraph_format.alignment = \
                    docx.enum.text.WD_ALIGN_PARAGRAPH.CENTER
```

```
    for myRun in myParagraph.runs:
        myRun.font.name = 'Times New Roman'
        myRun.font.element.rPr.rFonts.set(docx.oxml.ns.qn('w:eastAsia'),'楷体')
        myRun.font.size = docx.shared.Pt(36)
myDocument.save('我的Word文件-打折商品.docx')
```

在上面这段代码中,mySection1＝myDocument.add_section()表示在Word文件(myDocument)中新建1个节(mySection1)。myParagraph1＝myDocument.add_paragraph("第1节 进口水果")表示在新建的节(mySection1)中添加1个段落。myDocument.add_picture('image11.jpg')表示在新建的节(mySection1)中添加1幅图像。需要说明的是:当使用add_section()方法在Word文件的末尾添加一个节之后,在后面使用add_paragraph()方法添加的段落就自动在该节中;在默认情况下,在使用docx.Document()方法新建一个空白Word文件时将自动创建一个默认的节。

此案例的源文件是MyCode\B107\B107.py。

观看视频

330　强制从偶数页开始创建每个节

此案例主要通过在Document的add_section()方法中设置参数docx.enum.section. WD_SECTION.EVEN_PAGE,从而实现在Word文件中强制从偶数页开始创建每个节。当运行此案例的Python代码(B131.py文件)之后,将在"打折商品.docx"文件中创建3个节(Section),此3个节分别从该Word文件的第4页、第6页、第8页开始,效果分别如图330-1～图330-3所示。

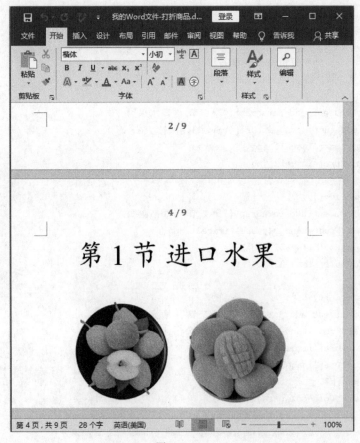

图　330-1

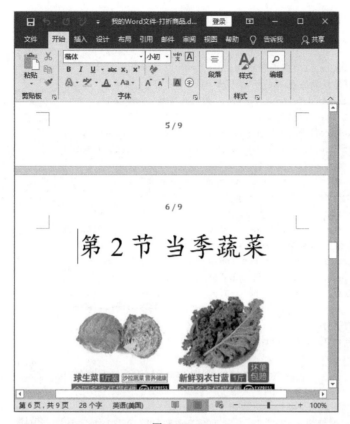

图　330-2

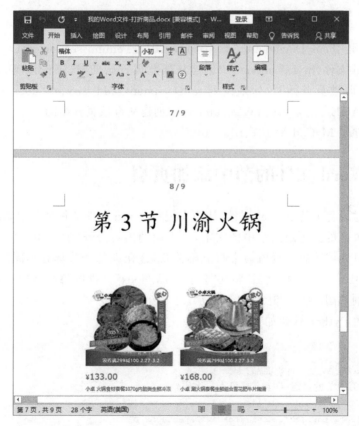

图　330-3

B131.py 文件的 Python 代码如下:

```python
import docx
myDocument = docx.Document('打折商品.docx')
# 在 Word 文件中创建从偶数页开始的第 1 节
myDocument.add_section(docx.enum.section.WD_SECTION.EVEN_PAGE)
myParagraph1 = myDocument.add_paragraph("第 1 节 进口水果")
myDocument.add_picture('image11.jpg',width = docx.shared.Inches(4.0))
myDocument.add_picture('image12.jpg',width = docx.shared.Inches(4.0))
# 在 Word 文件中创建从偶数页开始的第 2 节
myDocument.add_section(docx.enum.section.WD_SECTION.EVEN_PAGE)
myParagraph2 = myDocument.add_paragraph("第 2 节 当季蔬菜")
myDocument.add_picture('image21.jpg',width = docx.shared.Inches(4.0))
myDocument.add_picture('image22.jpg',width = docx.shared.Inches(4.0))
# 在 Word 文件中创建从偶数页开始的第 3 节
myDocument.add_section(docx.enum.section.WD_SECTION.EVEN_PAGE)
myParagraph3 = myDocument.add_paragraph("第 3 节 川渝火锅")
myDocument.add_picture('image31.jpg',width = docx.shared.Inches(4.0))
myDocument.add_picture('image32.jpg',width = docx.shared.Inches(4.0))
# 设置 Word 文件的字体
for myParagraph in myDocument.paragraphs:
    myParagraph.paragraph_format.alignment = \
                     docx.enum.text.WD_ALIGN_PARAGRAPH.CENTER
    for myRun in myParagraph.runs:
        myRun.font.name = 'Times New Roman'
        myRun.font.element.rPr.rFonts.set(docx.oxml.ns.qn('w:eastAsia'),'楷体')
        myRun.font.size = docx.shared.Pt(36)
myDocument.save('我的 Word 文件 – 打折商品.docx')
```

在上面这段代码中,myDocument.add_section(docx.enum.section.WD_SECTION.EVEN_PAGE)表示在 Word 文件(myDocument)中创建从偶数页开始的节(不论该 Word 文件已经有多少页,新建的节总是从偶数页开始)。如果设置 myDocument.add_section(docx.enum.section.WD_SECTION.ODD_PAGE),则表示在 myDocument 中创建从奇数页开始的节。

此案例的源文件是 MyCode\B131\B131.py。

331 在 Word 文件的节中添加页眉

观看视频

此案例主要通过设置节的 header 属性,从而实现在 Word 文件的每个节中添加不同内容的页眉。页眉是出现在每个页面的上边距区域中的文本,与页面的内容分开,通常用于传达上下文信息,如文件标题、作者、创建日期或页码。页眉通常与节相关联,这允许每个节具有不同的页眉。当运行此案例的 Python 代码(B108.py 文件)之后,将在"打折商品.docx"文件的每个节中设置不同的页眉,代码运行前后的效果分别如图 331-1 和图 331-2 所示。

B108.py 文件的 Python 代码如下:

```python
import docx
myDocument = docx.Document('打折商品.docx')
# 设置 Word 文件第 1 节的页眉(注意: 从第 0 节开始)
myDocument.sections[1].header.is_linked_to_previous = False
myParagraph1 = myDocument.sections[1].header.paragraphs[0]
```

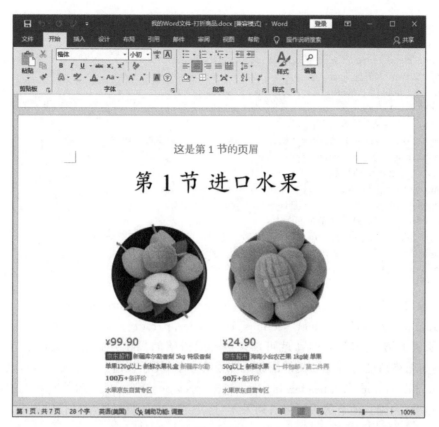

图　331-1

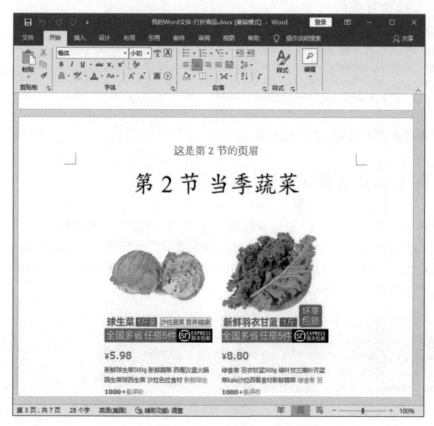

图　331-2

```
myParagraph1.text = '这是第 1 节的页眉'
myParagraph1.alignment = docx.enum.text.WD_PARAGRAPH_ALIGNMENT.CENTER
myParagraph1.runs[0].font.size = docx.shared.Pt(16)
# 设置 Word 文件第 2 节的页眉
myDocument.sections[2].header.is_linked_to_previous = False
myParagraph2 = myDocument.sections[2].header.paragraphs[0]
myParagraph2.text = '这是第 2 节的页眉'
myParagraph2.alignment = docx.enum.text.WD_PARAGRAPH_ALIGNMENT.CENTER
myParagraph2.runs[0].font.size = docx.shared.Pt(16)
# 设置 Word 文件第 3 节的页眉
myDocument.sections[3].header.is_linked_to_previous = False
myParagraph3 = myDocument.sections[3].header.paragraphs[0]
myParagraph3.text = '这是第 3 节的页眉'
myParagraph3.alignment = docx.enum.text.WD_PARAGRAPH_ALIGNMENT.CENTER
myParagraph3.runs[0].font.size = docx.shared.Pt(16)
myDocument.save('我的 Word 文件 - 打折商品.docx')
```

在上面这段代码中,myDocument.sections[1].header 表示 Word 文件(myDocument)第 1 节的页眉。myParagraph1=myDocument.sections[1].header.paragraphs[0]表示第 1 节页眉的第 1 个段落,当获取了页眉的第 1 个段落之后,就可以按照普通段落的操作方式自定义每个节的页眉了。注意:本书案例如无特别说明,Word 文件的起始节为第 0 节,即在新建 Word 文件时自动创建的节。

myDocument.sections[1].header.is_linked_to_previous=False 表示禁止将"这是第 1 节的页眉"扩展到其他节,否则其他节的页眉将自动采用"这是第 1 节的页眉",测试代码如下:

```
import docx
myDocument = docx.Document('打折商品.docx')
myParagraph1 = myDocument.sections[1].header.paragraphs[0]
myParagraph1.text = '这是第 1 节的页眉'
myParagraph1.alignment = docx.enum.text.WD_PARAGRAPH_ALIGNMENT.CENTER
myParagraph1.runs[0].font.size = docx.shared.Pt(16)
myDocument.save('我的 Word 文件 - 打折商品.docx')
```

此案例的源文件是 MyCode\B108\B108.py。

332 在 Word 文件的节中添加分区页眉

观看视频

此案例主要通过在节的 header 属性中使用制表符,并设置节的段落的 style 属性值为 styles["Header"],从而实现在 Word 文件的每个节中添加分区页眉。当运行此案例的 Python 代码(B118.py 文件)之后,将在"打折商品.docx"文件的每个节中添加分区页眉,效果如图 332-1 和图 332-2 所示。

B118.py 文件的 Python 代码如下:

```
import docx
myDocument = docx.Document('打折商品.docx')
# 使用分区样式设置 Word 文件第 1 节的页眉(注意:从第 0 节开始)
myDocument.sections[1].header.is_linked_to_previous = False
myParagraph1 = myDocument.sections[1].header.paragraphs[0]
myParagraph1.text = "人气指数:        \t 第 1 节 进口水果 \t 推荐指数:♥♥♥"
```

图　332-1

图　332-2

```
myParagraph1.style = myDocument.styles["Header"]
myParagraph1.runs[0].font.size = docx.shared.Pt(14)
#使用分区样式设置 Word 文件第 2 节的页眉
myDocument.sections[2].header.is_linked_to_previous = False
myParagraph2 = myDocument.sections[2].header.paragraphs[0]
myParagraph2.text = "人气指数:        \t 第 2 节 当季蔬菜\t 推荐指数: ♥♥♥♥"
myParagraph2.style = myDocument.styles["Header"]
myParagraph2.runs[0].font.size = docx.shared.Pt(14)
#使用分区样式设置 Word 文件第 3 节的页眉
myDocument.sections[3].header.is_linked_to_previous = False
myParagraph3 = myDocument.sections[3].header.paragraphs[0]
myParagraph3.text = "人气指数:        \t 第 3 节 川渝火锅\t 推荐指数♥♥♥"
# myParagraph3.text = "第 3 节 川渝火锅\t\t 推荐指数: ♥♥♥"
myParagraph3.style = myDocument.styles["Header"]
myParagraph3.runs[0].font.size = docx.shared.Pt(14)
myDocument.save('我的 Word 文件 – 打折商品.docx')
```

在上面这段代码中,myDocument.sections[1].header 表示 Word 文件(myDocument)第 1 节的页眉。myParagraph1＝myDocument.sections[1].header.paragraphs[0]表示第 1 节页眉的第 1 个段落。myParagraph1.text＝"人气指数:\t 第 1 节 进口水果\t 推荐指数: ♥♥♥"表示在第 1 节页眉的段落文本中使用制表符("\t")分隔左、中、右对齐的页眉内容。myParagraph1.style＝myDocument.styles["Header"]表示使用页眉样式设置页眉的段落文本。

此案例的源文件是 MyCode\B118\B118.py。

观看视频

333 在指定节中自定义偶数页的页眉

此案例主要通过使用节的 even_page_header 属性,并设置 Document 的 settings.odd_and_even_pages_header_footer 属性值为 True,从而实现在 Word 文件的指定节中自定义偶数页的页眉。当运行此案例的 Python 代码(B121.py 文件)之后,将在"背诵名篇.docx"文件第 1 节的偶数页和奇数页的页眉上自定义不同的内容,效果分别如图 333-1 和图 333-2 所示。

B121.py 文件的 Python 代码如下:

```
import docx
myDocument = docx.Document('背诵名篇.docx')
#在 Word 文件中禁止在第 1 节之外的节中显示页眉(注意: 从第 0 节开始)
myDocument.sections[1].header.is_linked_to_previous = False
myDocument.sections[2].header.is_linked_to_previous = False
myDocument.sections[3].header.is_linked_to_previous = False
myDocument.sections[1].even_page_header.is_linked_to_previous = False
myDocument.sections[2].even_page_header.is_linked_to_previous = False
myDocument.sections[3].even_page_header.is_linked_to_previous = False
#允许在 Word 文件中启用偶数页页眉
myDocument.settings.odd_and_even_pages_header_footer = True
#在 Word 文件的第 1 节中添加普通页眉
myParagraph1 = myDocument.sections[1].header.paragraphs[0]
myParagraph1.text = '这是第 1 节奇数页的页眉'
myParagraph1.alignment = docx.enum.text.WD_PARAGRAPH_ALIGNMENT.CENTER
myParagraph1.runs[0].font.size = docx.shared.Pt(12)
#在 Word 文件的第 1 节中添加偶数页页眉
```

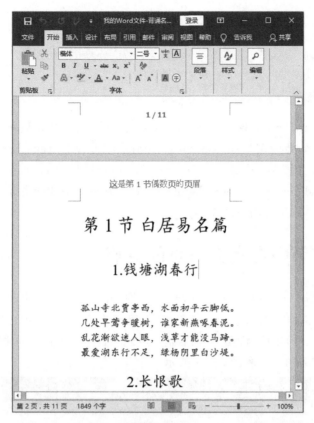

图　333-1

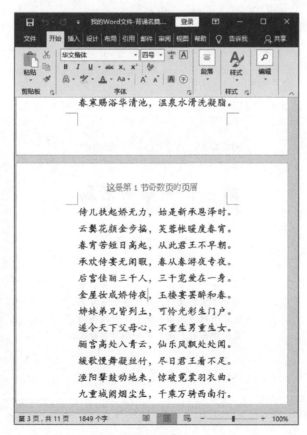

图　333-2

```
myParagraph11 = myDocument.sections[1].even_page_header.paragraphs[0]
myParagraph11.text = '这是第 1 节偶数页的页眉'
myParagraph11.alignment = docx.enum.text.WD_PARAGRAPH_ALIGNMENT.CENTER
myParagraph11.runs[0].font.size = docx.shared.Pt(12)
myDocument.save('我的 Word 文件－背诵名篇.docx')
```

在上面这段代码中，myDocument. sections[1]. even_page_header 表示 Word 文件（myDocument）第 1 节的偶数页的页眉。myParagraph11＝myDocument. sections[1]. even_ page_header. paragraphs[0]表示第 1 节的偶数页页眉的第 1 个段落。注意：myDocument. sections[1]. even_page_header 属性必须在设置 myDocument. settings. odd_and_even_ pages_header_footer＝True 之后才能生效。

此案例的源文件是 MyCode\B121\B121. py。

观看视频

334　在指定节中自定义首页的页眉

此案例主要通过使用节的 first_page_header 属性，并设置节的 different_first_ page_header_footer 属性值为 True，从而实现在 Word 文件的指定节中自定义首页的页眉。当运行此案例的 Python 代码（B123. py 文件）之后，将在"背诵名篇. docx"文件第 1 节的首页和普通页的页眉上自定义不同的内容，效果分别如图 334-1 和图 334-2 所示。

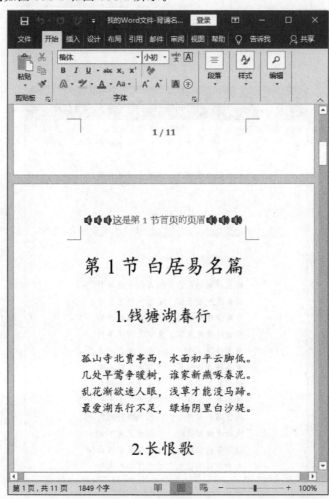

图　334-1

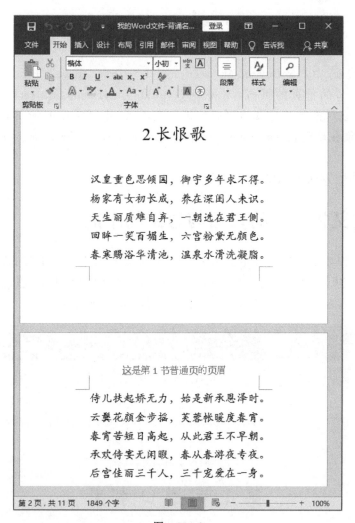

图　334-2

B123.py 文件的 Python 代码如下：

```
import docx
myDocument = docx.Document('背诵名篇.docx')
# 在 Word 文件中禁止在第 1 节之外的节中显示页眉(注意:从第 0 节开始)
myDocument.sections[1].header.is_linked_to_previous = False
myDocument.sections[2].header.is_linked_to_previous = False
myDocument.sections[3].header.is_linked_to_previous = False
# 允许在 Word 文件的第 1 节中启用首页个性化的页眉页脚
myDocument.sections[1].different_first_page_header_footer = True
# 在 Word 文件的第 1 节中添加普通页眉
myParagraph1 = myDocument.sections[1].header.paragraphs[0]
myParagraph1.text = '这是第 1 节普通页的页眉'
myParagraph1.alignment = docx.enum.text.WD_PARAGRAPH_ALIGNMENT.CENTER
myParagraph1.runs[0].font.size = docx.shared.Pt(12)
# 在 Word 文件的第 1 节中添加个性化的首页页眉
myParagraph11 = myDocument.sections[1].first_page_header.paragraphs[0]
myParagraph11.text = '    这是第 1 节首页的页眉     '
myParagraph11.alignment = docx.enum.text.WD_PARAGRAPH_ALIGNMENT.CENTER
```

```
myParagraph11.runs[0].font.size = docx.shared.Pt(12)
myDocument.save('我的 Word 文件 - 背诵名篇.docx')
```

在上面这段代码中,myDocument. sections[1]. first _ page _ header 表示 Word 文件 (myDocument)第 1 节的首页的页眉。myParagraph11 = myDocument. sections[1]. first_ page_ header. paragraphs[0]表示第 1 节首页的页眉的第 1 个段落。注意:myDocument. sections[1]. first_ page_header 属性必须在设置 myDocument. sections[1]. different_ first_page_header_footer = True 之后才能生效。

此案例的源文件是 MyCode\B123\B123. py。

观看视频

335 自定义指定节的页眉与边缘的距离

此案例主要通过设置节的 header_distance 属性,从而实现自定义指定节的页眉与页面上边缘的距离。当运行此案例的 Python 代码(B113. py 文件)之后,将在"打折商品. docx"文件中自定义第 1 节的页眉与页面上边缘的距离,效果分别如图 335-1 和图 335-2 所示。

图 335-1

B113. py 文件的 Python 代码如下:

```
import docx
myDocument = docx.Document('打折商品.docx')
```

图 335-2

```
#获取 Word 文件(myDocument)的第 1 节(注意：从第 0 节开始)
mySection1 = myDocument.sections[1]
#设置第 1 节的页眉与页面上边缘的距离(0 距离即为页面上边缘)
mySection1.header_distance = docx.shared.Cm(0)
# #如果该属性值等于页面上边距,则页眉从上方进入正文
# mySection1.header_distance = mySection1.top_margin
# #如果该属性值过大,则挤压正文
# mySection1.header_distance = docx.shared.Cm(10)
myDocument.save('我的 Word 文件 - 打折商品.docx')
```

在上面这段代码中,mySection1＝myDocument.sections[1] 表示 Word 文件(myDocument)的第
1 节。mySection1.header_distance 表示第 1 节的页眉与页面上边缘的距离。

此案例的源文件是 MyCode\B113\B113.py。

336 在 Word 文件的节中添加页脚

此案例主要通过自定义节的 footer 属性,从而实现在 Word 文件的每节中添加不同内容的页脚。
页脚与页眉类似,只不过它出现在页面底部；页脚也与节关联,这允许每节具有不同的页脚。当运行
此案例的 Python 代码(B109.py 文件)之后,将在"打折商品.docx"文件的每节中添加不同的页脚,效
果分别如图 336-1 和图 336-2 所示。

观看视频

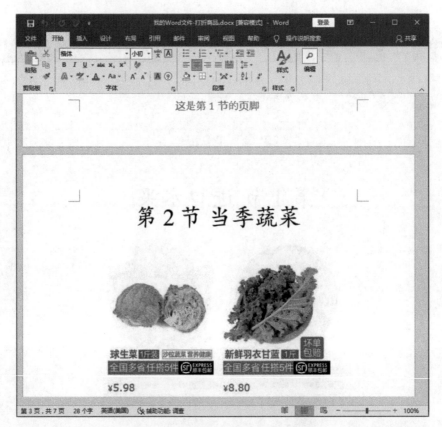

图 336-1

图 336-2

B109.py 文件的 Python 代码如下：

```
import docx
myDocument = docx.Document('打折商品.docx')
#设置 Word 文件(myDocument)第 1 节的页脚(注意：从第 0 节开始)
myDocument.sections[1].footer.is_linked_to_previous = False
myParagraph1 = myDocument.sections[1].footer.paragraphs[0]
myParagraph1.text = '这是第 1 节的页脚'
myParagraph1.alignment = docx.enum.text.WD_PARAGRAPH_ALIGNMENT.CENTER
myParagraph1.runs[0].font.size = docx.shared.Pt(16)
#设置 Word 文件(myDocument)第 2 节的页脚
myDocument.sections[2].footer.is_linked_to_previous = False
myParagraph2 = myDocument.sections[2].footer.paragraphs[0]
myParagraph2.text = '这是第 2 节的页脚'
myParagraph2.alignment = docx.enum.text.WD_PARAGRAPH_ALIGNMENT.CENTER
myParagraph2.runs[0].font.size = docx.shared.Pt(16)
#设置 Word 文件(myDocument)第 3 节的页脚
myDocument.sections[3].footer.is_linked_to_previous = False
myParagraph3 = myDocument.sections[3].footer.paragraphs[0]
myParagraph3.text = '这是第 3 节的页脚'
myParagraph3.alignment = docx.enum.text.WD_PARAGRAPH_ALIGNMENT.CENTER
myParagraph3.runs[0].font.size = docx.shared.Pt(16)
myDocument.save('我的 Word 文件 - 打折商品.docx')
```

在上面这段代码中，myDocument.sections[1].footer 表示 Word 文件(myDocument)第 1 节的页脚。myParagraph1＝myDocument.sections[1].footer.paragraphs[0]表示第 1 节页脚的第 1 个段落，当获取了页脚的第 1 个段落之后，就可以按照普通段落的操作方式自定义每个节的页脚了。myDocument.sections[1].footer.is_linked_to_previous＝False 表示在 Word 文件(myDocument)中禁止将"这是第 1 节的页脚"扩展到其他节，否则其他节的页脚将自动采用"这是第 1 节的页脚"。需要说明的是：每个节的页眉(Header)和页脚(Footer)可以同时设置。

此案例的源文件是 MyCode\B109\B109.py。

337 在 Word 文件的节中添加分区页脚

此案例主要通过在节的 footer 属性中使用制表符，并设置节的段落的 style 属性值为 styles["Footer"]，从而实现在 Word 文件的每个节中添加分区页脚。当运行此案例的 Python 代码(B119.py 文件)之后，将在"打折商品.docx"文件的每个节中添加分区页脚，效果分别如图 337-1 和图 337-2 所示。

B119.py 文件的 Python 代码如下：

```
import docx
myDocument = docx.Document('打折商品.docx')
#使用分区样式设置 Word 文件(myDocument)第 1 节的页脚(注意：从第 0 节开始)
myDocument.sections[1].footer.is_linked_to_previous = False
myParagraph1 = myDocument.sections[1].footer.paragraphs[0]
myParagraph1.text = "物流指数：    \t第 1 节 进口水果\t服务指数：    "
myParagraph1.style = myDocument.styles["Footer"]
myParagraph1.runs[0].font.size = docx.shared.Pt(14)
#使用分区样式设置 Word 文件(myDocument)第 2 节的页脚
myDocument.sections[2].footer.is_linked_to_previous = False
myParagraph2 = myDocument.sections[2].footer.paragraphs[0]
```

观看视频

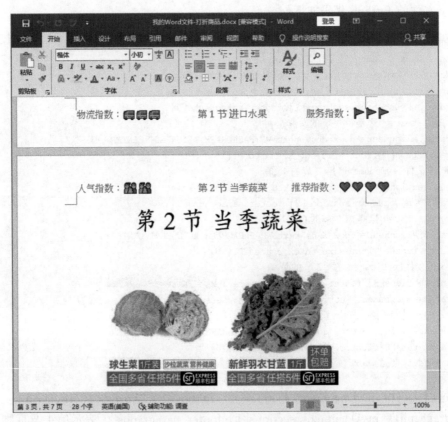

图　337-1

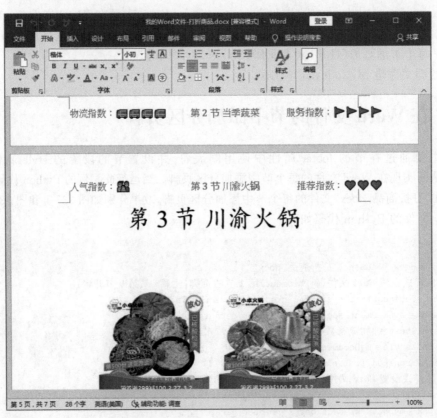

图　337-2

```
myParagraph2.text = "物流指数：        \t 第 2 节 当季蔬菜\t 服务指数：        "
myParagraph2.style = myDocument.styles["Footer"]
myParagraph2.runs[0].font.size = docx.shared.Pt(14)
#使用分区样式设置 Word 文件(myDocument)第 3 节的页脚
myDocument.sections[3].footer.is_linked_to_previous = False
myParagraph3 = myDocument.sections[3].footer.paragraphs[0]
myParagraph3.text = "物流指数：        \t 第 3 节 川渝火锅\t 服务指数：        "
myParagraph3.style = myDocument.styles["Footer"]
myParagraph3.runs[0].font.size = docx.shared.Pt(14)
myDocument.save('我的 Word 文件－打折商品.docx')
```

在上面这段代码中,myDocument. sections[1]. footer 表示 Word 文件(myDocument)第 1 节的页脚。myParagraph1＝myDocument. sections[1]. footer. paragraphs[0]表示第 1 节的页脚的第 1 个段落。myParagraph1. text＝"物流指数：   \t 第 1 节 进口水果\t 服务指数：   "表示在第 1 节页脚的第 1 个段落的文本中使用制表符("\t")分隔左、中、右对齐页脚内容。myParagraph1. style＝myDocument. styles["Footer"]表示使用页脚样式设置第 1 节页脚的第 1 个段落的文本。

此案例的源文件是 MyCode\B119\B119. py。

338　在指定节中自定义偶数页的页脚

观看视频

此案例主要通过设置节的 even_page_footer 属性,并设置 Document 的 settings. odd_and_even_pages_header_footer 属性值为 True,从而实现在指定节中自定义偶数页的页脚。当运行此案例的 Python 代码(B122. py 文件)之后,将在"背诵名篇.docx"文件第 1 节的偶数页和奇数页的页脚上自定义不同的内容,效果分别如图 338-1 和图 338-2 所示。

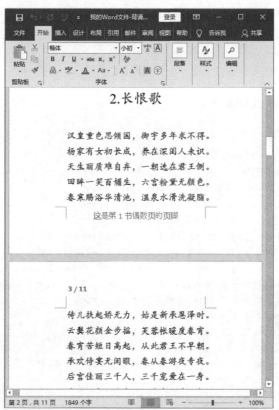

图　338-1

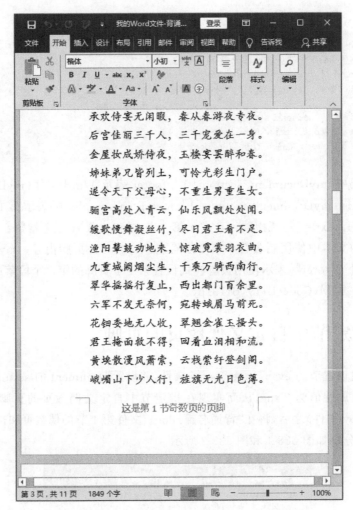

图　338-2

B122.py 文件的 Python 代码如下：

```python
import docx
myDocument = docx.Document('背诵名篇.docx')
# 在 Word 文件(myDocument)中禁止在第 1 节之外的节中显示页脚(注意: 从第 0 节开始)
myDocument.sections[1].footer.is_linked_to_previous = False
myDocument.sections[2].footer.is_linked_to_previous = False
myDocument.sections[3].footer.is_linked_to_previous = False
myDocument.sections[1].even_page_footer.is_linked_to_previous = False
myDocument.sections[2].even_page_footer.is_linked_to_previous = False
myDocument.sections[3].even_page_footer.is_linked_to_previous = False
# 允许在 Word 文件(myDocument)中启用偶数页脚
myDocument.settings.odd_and_even_pages_header_footer = True
# 在 Word 文件(myDocument)的第 1 节中添加普通页脚
myParagraph1 = myDocument.sections[1].footer.paragraphs[0]
myParagraph1.text = '这是第 1 节奇数页的页脚'
myParagraph1.alignment = docx.enum.text.WD_PARAGRAPH_ALIGNMENT.CENTER
myParagraph1.runs[0].font.size = docx.shared.Pt(12)
# 在 Word 文件(myDocument)的第 1 节中添加偶数页页脚
myParagraph11 = myDocument.sections[1].even_page_footer.paragraphs[0]
```

```
myParagraph11.text = '这是第 1 节偶数页的页脚'
myParagraph11.alignment = docx.enum.text.WD_PARAGRAPH_ALIGNMENT.CENTER
myParagraph11.runs[0].font.size = docx.shared.Pt(12)
myDocument.save('我的 Word 文件 - 背诵名篇.docx')
```

在上面这段代码中，myDocument. sections[1]. even_page_footer 表示 Word 文件（myDocument）第 1 节的偶数页的页脚。myParagraph11＝myDocument. sections[1]. even_ page_footer. paragraphs[0]表示第 1 节偶数页的页脚的第 1 个段落。需要注意的是：myDocument. sections[1]. even_page_footer 属性必须在设置 myDocument. settings. odd_ and_even_pages_header_footer＝True 之后才能生效。

此案例的源文件是 MyCode\B122\B122. py。

339　在指定节中自定义首页的页脚

观看视频

此案例主要通过设置节的 first_page_footer 属性和 different_first_page_header_ footer 属性，从而实现在指定节中自定义首页的页脚。当运行此案例的 Python 代码（B124. py 文件）之后，将在"背诵名篇.docx"文件第 1 节的首页和普通页的页脚上自定义不同的内容，效果分别如图 339-1 和图 339-2 所示。

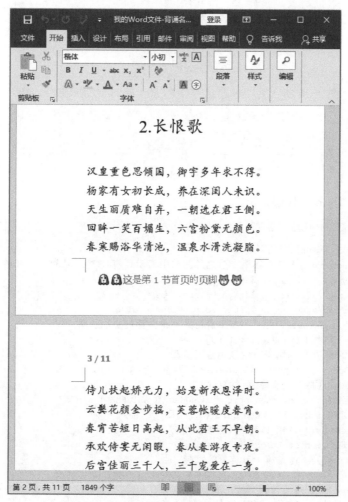

图　339-1

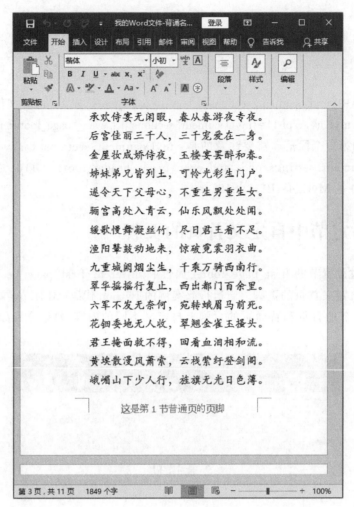

图　339-2

B124.py 文件的 Python 代码如下：

```
import docx
myDocument = docx.Document('背诵名篇.docx')
#在 Word文件(myDocument)中禁止在第 1 节之外的节中显示页脚(注意: 从第 0 节开始)
myDocument.sections[1].footer.is_linked_to_previous = False
myDocument.sections[2].footer.is_linked_to_previous = False
myDocument.sections[3].footer.is_linked_to_previous = False
#允许在 Word文件(myDocument)的第 1 节中启用首页个性化的页眉页脚
myDocument.sections[1].different_first_page_header_footer = True
#在 Word文件(myDocument)的第 1 节中添加普通页脚
myParagraph1 = myDocument.sections[1].footer.paragraphs[0]
myParagraph1.text = '这是第 1 节普通页的页脚'
myParagraph1.alignment = docx.enum.text.WD_PARAGRAPH_ALIGNMENT.CENTER
myParagraph1.runs[0].font.size = docx.shared.Pt(12)
#在 Word文件(myDocument)的第 1 节中添加首页页脚
myParagraph11 = myDocument.sections[1].first_page_footer.paragraphs[0]
myParagraph11.text = '      这是第 1 节首页的页脚      '
myParagraph11.alignment = docx.enum.text.WD_PARAGRAPH_ALIGNMENT.CENTER
myParagraph11.runs[0].font.size = docx.shared.Pt(12)
myDocument.save('我的 Word文件 – 背诵名篇.docx')
```

在上面这段代码中,myDocument. sections[1]. first_page_footer 表示 Word 文件(myDocument)第 1 节的首页的页脚。myParagraph11＝myDocument. sections[1]. first_ page_footer. paragraphs[0]表示第 1 节首页的页脚的第 1 个段落。需要注意的是:myDocument. sections[1]. first_page_footer 属性必须在设置 myDocument. sections[1]. different_first_page_header_footer＝True 之后才能生效。

此案例的源文件是 MyCode\B124\B124. py。

340　自定义指定节的页脚与边缘的距离

观看视频

此案例主要通过设置节的 footer_distance 属性,从而实现自定义指定节的页脚与页面下边缘的距离。当运行此案例的 Python 代码(B114. py 文件)之后,将在"打折商品. docx"文件中自定义第 1 节的页脚与页面下边缘的距离,效果分别如图 340-1 和图 340-2 所示。

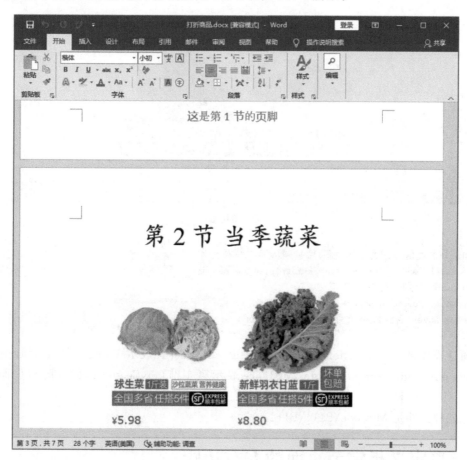

图　340-1

B114. py 文件的 Python 代码如下:

```python
import docx
myDocument = docx.Document('打折商品.docx')
＃获取 Word 文件(myDocument)的第 1 节(注意: 从第 0 节开始)
mySection1 = myDocument.sections[1]
＃设置第 1 节的页脚与页面下边缘的距离(0 距离即为页面下边缘)
mySection1.footer_distance = docx.shared.Cm(0)
```

图　340-2

```
＃ ＃如果该属性值等于页面下边距,则页脚从下方进入正文
＃ mySection1.footer_distance = mySection1.bottom_margin
＃ ＃如果该属性值过大,则挤压正文
＃ mySection1.footer_distance = docx.shared.Cm(16)
myDocument.save('我的 Word 文件 - 打折商品.docx')
```

在上面这段代码中,mySection1＝myDocument.sections[1]表示 Word 文件(myDocument)的第 1 节(mySection1)。mySection1.footer_distance 表示第 1 节(mySection1)的页脚与页面下边缘的距离。

此案例的源文件是 MyCode\B114\B114.py。

观看视频

341　自定义指定节页面的左右边距

此案例主要通过设置节的 left_margin 属性和 right_margin 属性,从而实现自定义指定节页面的左边距和右边距。当运行此案例的 Python 代码(B110.py 文件)之后,将在"背诵名篇.docx"文件中自定义第 1 节页面的左边距和右边距,效果分别如图 341-1 和图 341-2 所示。

B110.py 文件的 Python 代码如下:

```
import docx
myDocument = docx.Document('背诵名篇.docx')
```

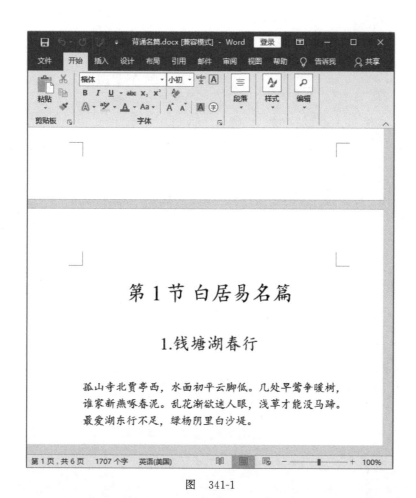

图 341-1

```
# 获取 Word 文件(myDocument)的第 1 节(注意:从第 0 节开始)
mySection1 = myDocument.sections[1]
# 设置第 1 节(mySection1)的左边距
mySection1.left_margin = docx.shared.Cm(7)
# 设置第 1 节(mySection1)的右边距
mySection1.right_margin = docx.shared.Cm(7)
# # 设置第 1 节(mySection1)的上边距
# mySection1.top_margin = docx.shared.Cm(10)
# # 设置第 1 节(mySection1)的下边距
# mySection1.bottom_margin = docx.shared.Cm(10)
myDocument.save('我的 Word 文件 - 背诵名篇.docx')
```

在上面这段代码中,mySection1=myDocument.sections[1]表示 Word 文件(myDocument)的第 1 节(mySection1)。mySection1.left_margin=docx.shared.Cm(7)表示设置第 1 节(mySection1)的页面左边距为 7 厘米。mySection1.right_margin=docx.shared.Cm(7)表示设置第 1 节(mySection1)的页面右边距为 7 厘米。同理,mySection1.top_margin=docx.shared.Cm(10)表示设置第 1 节(mySection1)的页面上边距为 10 厘米,mySection1.bottom_margin=docx.shared.Cm(10) 表示设置第 1 节(mySection1)的页面下边距为 10 厘米。该代码实现的功能与在 Word 中选择"布局\页边距"菜单实现的功能基本类似。在 Word 中,如果 Word 文件只有一个节,则选择"布局\页边距"菜单设置的页边距对 Word 文件(myDocument)的所有内容有效;如果 Word 文件包含多个节,则选择"布局\页边距"菜单设置的页边距仅对当前光标所在的节有效,因此可以据此为不同的节设置

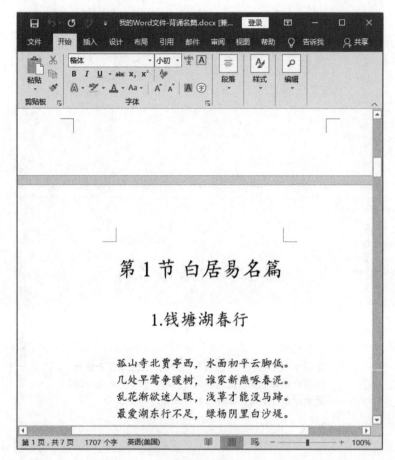

图 341-2

不同的页边距。

此案例的源文件是 MyCode\B110\B110.py。

观看视频

342 自定义指定节页面的纸张大小

此案例主要通过设置节的 page_width 属性和 page_height 属性,从而实现自定义指定节的纸张大小。当运行此案例的 Python 代码(B111.py 文件)之后,将在"背诵名篇.docx"文件中自定义第 1 节的纸张大小,代码运行前后的效果分别如图 342-1 和图 342-2 所示。

B111.py 文件的 Python 代码如下:

```python
import docx
myDocument = docx.Document('背诵名篇.docx')
#获取 Word 文件(myDocument)的第 1 节(注意:从第 0 节开始)
mySection1 = myDocument.sections[1]
#设置第 1 节(mySection1)的页面宽度
mySection1.page_width = docx.shared.Cm(14)
#设置第 1 节(mySection1)的页面高度
mySection1.page_height = docx.shared.Cm(20.3)
#以厘米为单位获取页面的宽度和高度
#print(mySection1.page_width.cm)
#print(mySection1.page_height.cm)
myDocument.save('我的 Word 文件 - 背诵名篇.docx')
```

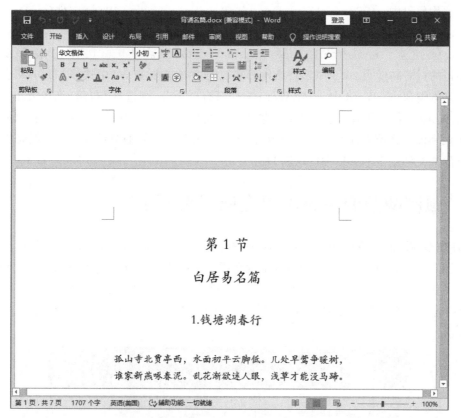

图　342-1

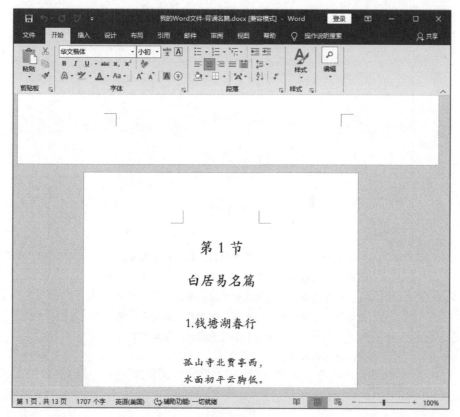

图　342-2

在上面这段代码中，mySection1＝myDocument. sections[1]表示 Word 文件（myDocument）的第 1 节（mySection1）。mySection1. page_width＝docx. shared. Cm(14)表示设置第 1 节（mySection1）的页面宽度为 14 厘米。mySection1. page_height ＝ docx. shared. Cm（20. 3）表示设置第 1 节（mySection1）的页面高度为20. 3厘米。该代码实现的功能与在 Word 中选择"布局\纸张大小"菜单实现的功能基本类似，在 Word 中，如果 Word 文件只有一个节，则选择"布局\纸张大小"菜单设置的纸张大小对 Word 文件的所有内容有效；如果 Word 文件包含多个节，则选择"布局\纸张大小"菜单设置的纸张大小仅对当前光标所在的节有效，因此可以据此为不同的节设置不同的纸张大小。

此案例的源文件是 MyCode\B111\B111. py。

343　强制两节的内容出现在同一页面中

此 案 例 主 要 通 过 设 置 节 的 start _ type 属 性 值 为 docx. enum. section. WD _ SECTION. CONTINUOUS，从而实现强制两节的内容出现在同一页面中。在默认情况下，每节的开始内容总是出现在新的一页中。当运行此案例的 Python 代码（B116. py 文件）之后，"背诵名篇. docx"文件第 3 节的开始内容与第 2 节的末尾内容将出现在同一页面中，代码运行前后的效果分别如图 343-1 和图 343-2 所示。

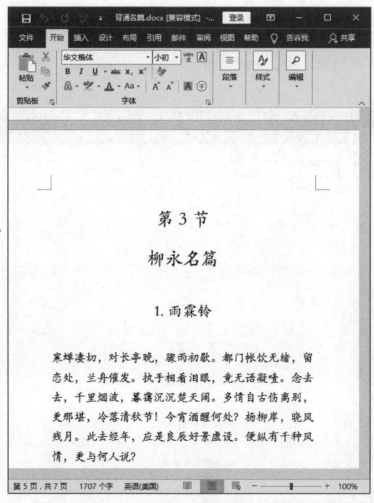

图　343-1

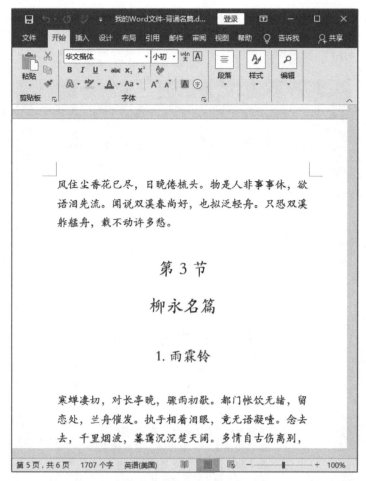

图 343-2

B116.py 文件的 Python 代码如下：

```python
import docx
myDocument = docx.Document('背诵名篇.docx')
#获取 Word 文件(myDocument)的第 3 节(注意：从第 0 节开始)
mySection = myDocument.sections[3]
#允许第 3 节与前一节连在一起(即不开启新页)
mySection.start_type = docx.enum.section.WD_SECTION.CONTINUOUS
myDocument.save('我的 Word 文件－背诵名篇.docx')
```

在上面这段代码中，mySection＝myDocument.sections[3]表示 Word 文件(myDocument)的第 3 节。mySection.start_type＝docx.enum.section.WD_SECTION.CONTINUOUS 表示允许第 3 节的开始内容与第 2 节的末尾内容出现在同一页面中，在默认情况下，Section 的 start_type 属性值为 docx.enum.section.WD_SECTION.NEW_PAGE，即每节的开始内容总是出现在新的独立的页面中。

此案例的源文件是 MyCode\B116\B116.py。

344 强制指定的节从奇数页开始

观看视频

此案例主要通过设置节的 start_type 属性值为 docx.enum.section.WD_SECTION.ODD_PAGE，从而实现强制指定的节从奇数页开始。当运行此案例的 Python 代码(B117.py 文件)之后，将强制"背诵名篇.docx"文件的第3节从奇数页面开始，即第3节从第11页开始，第10页是专门为此新增的空白页（当把此Word文件输出为PDF文件时即可看到第10页这个空白页），代码运行前后的效果分别如图344-1和图344-2所示。

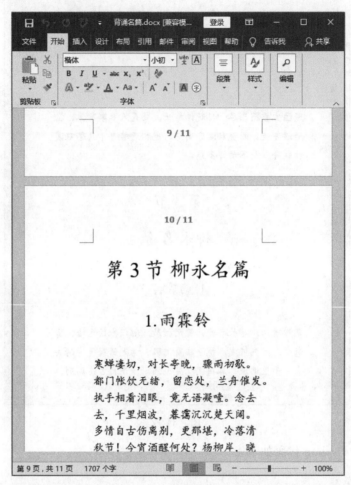

图　344-1

B117.py文件的Python代码如下：

```python
import docx
myDocument = docx.Document('背诵名篇.docx')
＃获取Word文件(myDocument)的第3节(注意：从第0节开始)
mySection = myDocument.sections[3]
＃强制第3节从奇数页开始
mySection.start_type = docx.enum.section.WD_SECTION.ODD_PAGE
myDocument.save('我的Word文件－背诵名篇.docx')
```

在上面这段代码中，mySection＝myDocument.sections[3]表示Word文件(myDocument)的第3节(mySection)。mySection.start_type＝docx.enum.section.WD_SECTION.ODD_PAGE表示强制第3节(mySection)从奇数页开始(无论此前有多少页)。如果mySection.start_type ＝ docx.enum.section.WD_SECTION.EVEN_PAGE，则表示强制第3节(mySection)从偶数页开始(此案例使用第2节myDocument.sections[2]进行测试更能清楚地演示WD_SECTION.EVEN_PAGE)。

此案例的源文件是MyCode\B117\B117.py。

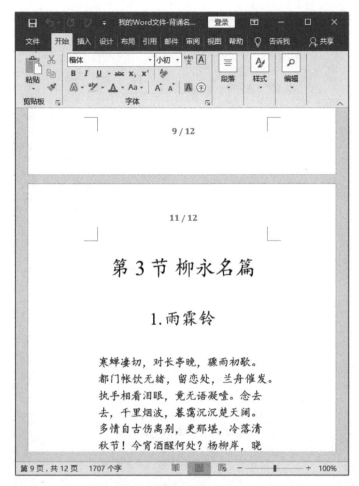

图　344-2

345　在 Word 文件的页面上添加线框

观看视频

　　此案例主要通过使用 docx.oxml.shared.OxmlElement('w:pgBorders')创建页边框元素,从而实现在 Word 文件的页面上添加指定颜色的边框。当运行此案例的 Python 代码(B115.py 文件)之后,将在"背诵名篇.docx"文件的页面上添加红色的边框,代码运行前后的效果分别如图 345-1 和图 345-2 所示。

　　B115.py 文件的 Python 代码如下:

```python
import docx
#根据元素和属性创建对应的集合(批量设置元素属性)
def createElementsWithAttr(elements,attrs):
 myElements = [ ]
 for element in elements:
     myElement = docx.oxml.shared.OxmlElement(element)
     for attr in attrs:
         myElement.set(docx.oxml.ns.qn(attr),attrs[attr])
     myElements.append(myElement)
 return myElements
myDocument = docx.Document('背诵名篇.docx')
```

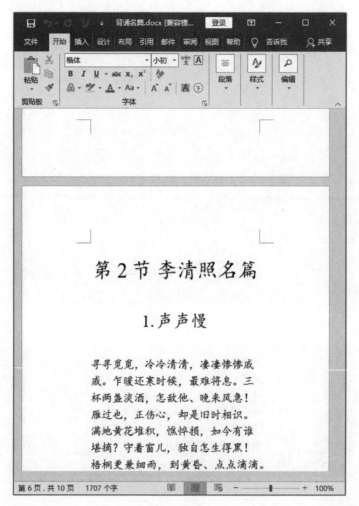

图   345-1

```
myParagraphs = myDocument.paragraphs
for myParagraph in myParagraphs:
    myInnerSectPr = myParagraph._element.pPr.sectPr
    if(myInnerSectPr is not None):
        #创建 pgBorders 元素
        myInnerPgBorders = docx.oxml.shared.OxmlElement('w:pgBorders')
        #设置该元素的 w:offsetFrom 属性
        myInnerPgBorders.set(docx.oxml.ns.qn('w:offsetFrom'),'page')
        #设置子元素名称列表
        myInnerElements = ['w:top','w:left','w:bottom','w:right']
        #设置子元素所对应的属性
        myInnerAttrs = {'w:val':'double','w:sz':'4',
                        'w:space':'24','w:color':'ff0000'}
        #根据元素和属性创建对应的集合
        myInnerElements = createElementsWithAttr(myInnerElements,myInnerAttrs)
        #通过循环操作将元素批量插入 pgBorders 节点
        for myInnerElement in myInnerElements:
            myInnerPgBorders.append(myInnerElement)
        #将 pgBorders 插入 sectPr 节点
        myInnerSectPr.append(myInnerPgBorders)
```

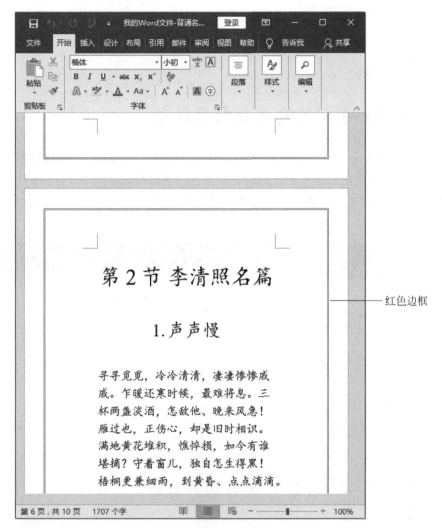

红色边框

图　345-2

```
#获取 sectPr 节点(处理最后的章节)
mySectPr = myDocument._element.body.sectPr
#创建 pgBorders 元素
myPgBorders = docx.oxml.shared.OxmlElement('w:pgBorders')
#设置该元素的 w:offsetFrom 属性
myPgBorders.set(docx.oxml.ns.qn('w:offsetFrom'),'page')
#设置子元素名称列表
myElements = ['w:top','w:left','w:bottom','w:right']
#设置子元素对应的属性
myAttrs = {'w:val':'double','w:sz':'4','w:space':'24','w:color':'ff0000'}
#根据元素和属性创建对应的集合
myElements = createElementsWithAttr(myElements,myAttrs)
#通过循环操作插入 pgBorders 节点
for myElement in myElements:
    myPgBorders.append(myElement)
#将 pgBorders 插入 sectPr 节点
mySectPr.append(myPgBorders)
myDocument.save('我的 Word 文件 - 背诵名篇.docx')
```

在上面这段代码中，myPgBorders＝docx.oxml.shared.OxmlElement('w:pgBorders')表示创建页边框元素。myAttrs＝{'w:val':'double','w:sz':'4','w:space':'24','w:color':'ff0000'}表示设置与页边框相关的属性值。

此案例的源文件是 MyCode\B115\B115.py。

观看视频

346　设置 Word 文件的页面背景颜色

此案例主要通过使用 docx.oxml.shared.OxmlElement('w:background')创建背景元素，从而实现在 Word 文件中根据指定的颜色自定义页面背景颜色。当运行此案例的 Python 代码（B112.py 文件）之后，"背诵名篇.docx"文件的页面背景将被设置为灰色，代码运行前后的效果分别如图 346-1 和图 346-2 所示。

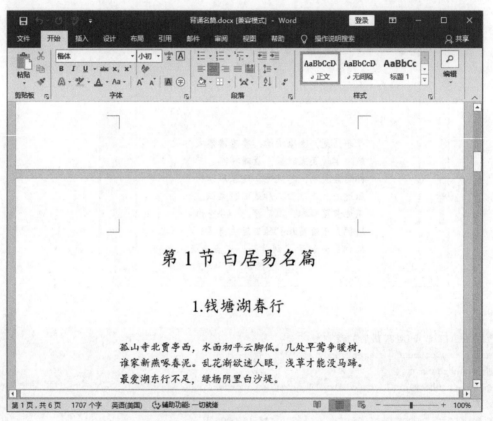

图　346-1

B112.py 文件的 Python 代码如下：

```
import docx
myDocument = docx.Document('背诵名篇.docx')
# 创建 background 元素
myBackground = docx.oxml.shared.OxmlElement('w:background')
# 设置该元素的 color 属性值为指定颜色 E0E0E0
myBackground.set(docx.oxml.ns.qn('w:color'),'E0E0E0')
# 在 Word 文件(myDocument)中添加 background 元素
myDocument.element.append(myBackground)
myDocument.save('我的 Word 文件 - 背诵名篇.docx')
```

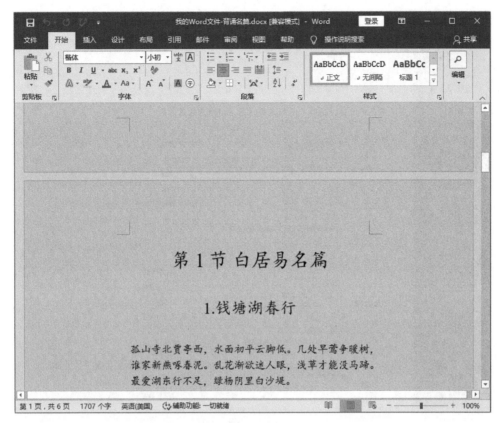

图　346-2

在上面这段代码中，myBackground=docx. oxml. shared. OxmlElement('w：background')表示创建 background 元素。myBackground. set(docx. oxml. ns. qn('w：color'),'E0E0E0')表示设置元素（myBackground)的 color 属性值为 E0E0E0(浅灰色)。myDocument. element. append(myBackground)表示在 Word 文件(myDocument)中添加元素(myBackground)，以此设置页面的背景颜色。该代码实现的功能与在 Word 中选择"设计\页面颜色"菜单实现的功能基本相同。

此案例的源文件是 MyCode\B112\B112. py。

347　自定义 Word 文件的作者等信息

此案例主要通过设置 Document 的 core_properties 属性下的多个子属性，从而实现自定义 Word 文件的作者、备注等信息。当运行此案例的 Python 代码(B120. py 文件)之后，将在"打折商品. docx"文件中自定义作者等信息，代码运行前后的效果分别如图 347-1 和图 347-2 所示。

B120. py 文件的 Python 代码如下：

```
import docx
myDocument = docx.Document('打折商品.docx')
#重新设置 Word 文件(myDocument)信息
myDocument.core_properties.author = '作者:罗帅 罗斌'
myDocument.core_properties.keywords = '关键词:Python 实战 Word 案例'
myDocument.core_properties.comments = '备注:精彩案例,永久收藏'
myDocument.save('我的 Word 文件-打折商品.docx')
```

观看视频

图   347-1

图   347-2

　　在上面这段代码中,myDocument.core_properties.author='作者：罗帅 罗斌'表示设置Word文件(myDocument)的作者信息。myDocument.core_properties.keywords='关键词：Python实战Word案例'表示设置Word文件(myDocument)的关键词信息。myDocument.core_properties.comments='备注：精彩案例,永久收藏'表示设置Word文件(myDocument)的备注信息。Word文件类似的信息(属性)还有：category、content_status、created、identifier、language、last_modified_by、last_printed、modified、revision、subject、title、version等。

　　此案例的源文件是MyCode\B120\B120.py。